Betriebswirtschaft in Studium und Praxis

Kostenrechnung 1
Grundlagen

Mit
Fragen und Aufgaben
Antworten und Lösungen
Testklausuren

Von
Professor Klaus-Dieter Däumler
und Professor Jürgen Grabe

8., vollständig neubearbeitete Auflage

nwb
Verlag Neue Wirtschafts-Briefe
Herne/Berlin

Die Deutsche Bibliothek – CIP-Einheitsaufnahme

Däumler, Klaus-Dieter:
Kostenrechnung / von Klaus-Dieter Däumler und Jürgen Grabe.
– Herne ; Berlin : Verl. Neue Wirtschafts-Briefe

1. Grundlagen : mit Fragen und Aufgaben, Antworten und Lösungen, Testklausuren. – 8., vollst. neubearb. Aufl. – 2000
ISBN 3-482-**70738**-3

ISBN 3-482-**70738**-3 – 8., vollständig neubearbeitete Auflage 2000

Druck: Druckerei Plump OHG, Rheinbreitbach.

Vorwort zur achten Auflage

Dieses Buch ist Teil einer fünfbändigen Darstellung der Kostenrechnung:

Band 1: Grundlagen,
Band 2: Deckungsbeitragsrechnung,
Band 3: Plankostenrechnung,
Band 4: Kalkulationsvorschriften bei öffentlichen Aufträgen,
Band 5: Kostenrechnungslexikon.

Die fünf Bände bauen begrifflich und systematisch aufeinander auf, sind jedoch auch unabhängig voneinander zu verwenden.

Beim Gang durch den Lehrtext unterstützt Sie das Buch durch zahlreiche Beispiele, Abbildungen und Übersichten sowie durch die praxisorientierte Stoffauswahl. Am Ende eines jeden Kapitels stehen Checklisten, die der Stoffwiederholung dienen, sowie Fragen und Aufgaben zur Sicherung Ihres Lernerfolgs und der Festigung des Gelernten. Zur Selbstkontrolle können Sie, liebe Leser, die Antworten und Lösungen dem Anhang entnehmen. Sie sollten das Buch mit dem Bleistift in der Hand durcharbeiten und alle angebotenen Übungsmöglichkeiten nutzen, denn das Fachgebiet Kostenrechnung lässt sich nicht durch bloßes Lesen, sondern nur durch selbständiges Üben durchdringen.

Wir haben das Buch so aufgebaut, dass Sie es nicht nur als Lehrbuch, sondern auch als Grundlage zum Selbststudium verwenden können. Betrachten Sie jedes Kapitel als eine Lektion. Gehen Sie erst dann zur Folgelektion über, wenn Sie die verbal zu beantwortenden Fragen und die rechnerisch zu lösenden Aufgaben bearbeitet sowie die Testklausur am Ende des Kapitels gelöst haben. Die Klausur ist nach dem Multiple-choice-Verfahren aufgebaut. Wenn Sie bei der Klausur mindestens 50 % der Gesamtpunktzahl erreichen, haben Sie Ihre Zeit vorteilhaft investiert.

Das Buch wurde an der Fachhochschule Kiel und an der Wirtschaftsakademie Schleswig-Holstein erprobt und enthält Erfahrungen aus Weiterbildungsveranstaltungen für Führungskräfte der Wirtschaft, ist also für Studierende und Praktiker geschrieben. Es eignet sich für das Studium an Hochschulen ebenso wie für die Ausbildung an Berufs-, Wirtschafts- und Verwaltungsakademien. Es spricht neben

Wirtschaftlern auch betriebswirtschaftlich interessierte Vertreter ingenieurwissenschaftlicher Fachrichtungen an.

Ein Kaufmann ist nach den §§ 238 ff. HGB verpflichtet, einmal im Jahr eine Gewinn- und Verlustrechnung und eine Bilanz aufzustellen; es gibt jedoch keine gesetzliche Verpflichtung, die ihn zwingt, eine Kostenrechnung einzuführen. In Rezessionsphasen zeigt sich, wie wichtig eine aussagefähige Kostenrechnung für die Existenz einer Unternehmung sein kann. Mit Hilfe der nach außen gerichteten Gewinn- und Verlustrechnung und der Bilanz lässt sich ein Unternehmen nicht optimal führen, da die Informationen zum einen für interne Steuerungszwecke nicht geeignet sind und zum anderen viel zu selten (einmal im Jahr) und in der Regel immer erst nach den zu treffenden Entscheidungen vorliegen. Die sinnvolle Steuerung des betrieblichen Leistungsprozesses kann nur durch eine moderne Kostenrechnung erfolgen. Das vorliegende Buch geht ausführlich auf den Aufbau der Kostenrechnung als Führungsinstrument ein. Es gliedert den Stoff in sieben Kapitel:

- Überblick über das Rechnungswesen,
- Grundlagen einer modernen Kosten- und Leistungsrechnung,
- Kostenartenrechnung,
- Betriebsergebnisrechnung I (Gesamtkostenverfahren),
- Kostenstellenrechnung,
- Kostenträgerstückrechnung (Kalkulation),
- Betriebsergebnisrechnung II (Umsatzkostenverfahren).

Für die achte Auflage wurde das Buch vollständig überarbeitet. Zahlen- und Literaturangaben wurden aktualisiert, Beispiele, Abbildungen und Übersichten ergänzt. Die Dimension der Währung wurde auf EURO umgestellt.

Für Anregungen und konstruktive Kritik danken wir unseren Studenten und Frau Dipl.-Ing. S. Hoffmann, Frau Dipl.-Volkswirt R. Zachos, Herrn Dipl.-Volkswirt H. Dittmann, Herrn Dipl.-Betriebswirt G. Ziegler und Herrn Dipl.-Volkswirt W. Zierke.

Kiel, im Januar 2000

Klaus-Dieter Däumler
Jürgen Grabe

Inhaltsverzeichnis

1. Überblick über das Rechnungswesen

1.1 Begriff des Rechnungswesens

Unternehmen stellen Produkte und/oder Dienstleistungen her, um sie zu verkaufen. Der betriebliche Leistungsprozess erfordert den Einsatz von Produktionsfaktoren. Dabei handelt es sich um alle im Produktionsprozess eingesetzten Güter (= Sachgüter, Dienstleistungen und Energien). Diese Einsatzgüter bezeichnet man auch als Inputs. Produktionsfaktoren lassen sich nach verschiedenen Gesichtspunkten unterscheiden. Eine in der Betriebswirtschaftslehre häufig gewählte Einteilung der Produktionsfaktoren stammt von Gutenberg[1]:

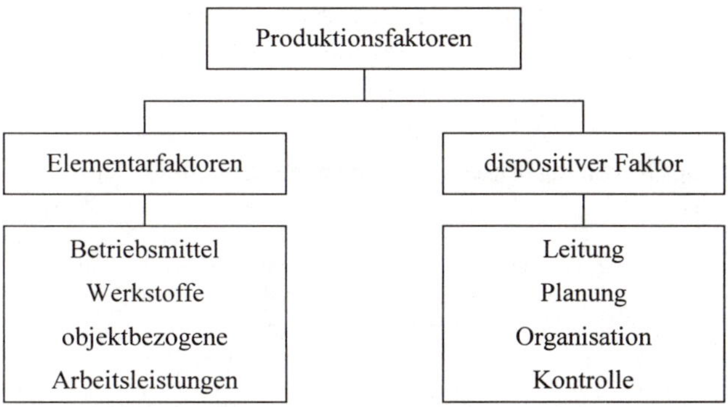

Übers. 1.1: Einteilung der betrieblichen Produktionsfaktoren nach Gutenberg

(1) Betriebsmittel

Das sind alle im Produktionsprozess verwendeten Gegenstände, die nicht zum Bestandteil der erzeugten Leistung werden (Grundstücke, Gebäude, Maschinen, Werkzeuge).

(2) Werkstoffe

Das sind alle Roh-, Hilfs- und Betriebsstoffe sowie Halb- und Fertigfabrikate, die ganz oder teilweise in die produzierten Leistungseinheiten eingehen, also Bestandteil des Erzeugnisses werden.

[1] Vgl. E. Gutenberg, Grundlagen der Betriebswirtschaftslehre, Erster Band, Die Produktion, S. 11 ff.

(3) Objektbezogene menschliche Arbeit
Sie befaßt sich unmittelbar mit dem Produktionsprozess und ist ausführender Natur.

(4) Dispositive menschliche Arbeit
Sie bewirkt im Unterschied zur objektbezogenen Arbeit keine unmittelbaren Veränderungen an den Erzeugnissen. Man rechnet zur dispositiven Arbeit die Unternehmungsleitung, Planung, Organisation und Kontrolle.

Die elementaren Produktionsfaktoren werden im Produktionsprozess in Leistungen (Absatzleistungen, Halb- und Fertigfabrikate, aktivierte Eigenleistungen) umgewandelt. Die Planung, Leitung und Kontrolle des gesamten Betriebsgeschehens ist Aufgabe des dispositiven Faktors, der Betriebs- und Geschäftsleitung. Die Abgrenzung zwischen objektbezogener und dispositiver Arbeit ist oft schwierig, da diese gelegentlich in einer Person vereinigt sind.

Für Zwecke des Rechnungswesens ist eine andere Einteilung der Produktionsfaktoren sinnvoller[1]:

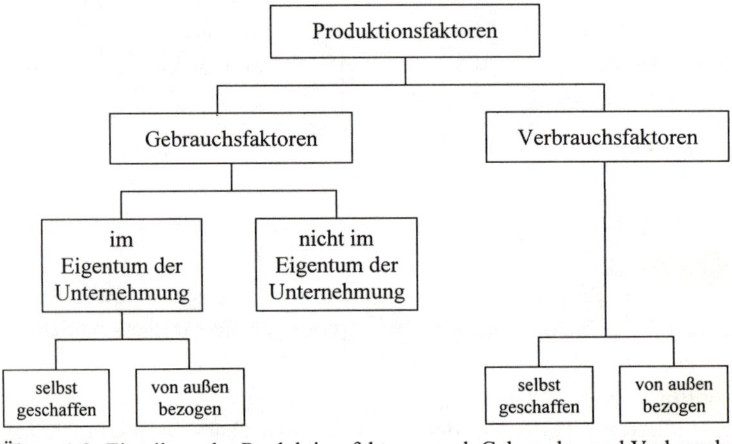

Übers. 1.2: Einteilung der Produktionsfaktoren nach Gebrauchs- und Verbrauchsfaktoren

[1] Vgl. J. Weber, Einführung in das Rechnungswesen II, Kostenrechnung, S. 37.

Diese Einteilung unterscheidet danach,

(1) ob der Produktionsfaktor im Produktionsprozess sofort verbraucht wird oder über eine längere Zeit dem Unternehmen zur Verfügung steht,

(2) ob der Produktionsfaktor dem Unternehmen gehört oder ob er aufgrund eines Vertrages dem Unternehmen auf Zeit zur Verfügung steht,

(3) ob der Produktionsfaktor selbst geschaffen oder von außen bezogen wurde.

Der Kern unternehmerischer Tätigkeit ist die Produktion, d. h. die Umwandlung von Inputs (= Produktionsfaktoren) mit Hilfe einer bestimmten Technik in Outputs.

Input → Betrieb → Output

In marktwirtschaftlich orientierten Wirtschaftssystemen erfolgt die Erstellung und der Absatz von Wirtschaftsgütern und Dienstleistungen nach dem erwerbswirtschaftlichen Prinzip, d. h.: Eine Unternehmung verfolgt das Ziel, Gewinne zu erzielen. Das bedeutet, dass das Unternehmen auf der Absatzseite alle Marktchancen nutzt und auf der Produktionsseite das Prinzip der Wirtschaftlichkeit verfolgt. Die Einhaltung des Prinzips der Wirtschaftlichkeit erfordert es, den Einsatz der Produktionsfaktoren so zu steuern, dass entweder

(1) mit bestimmten Einsatzmengen eine maximale Ausbringung an Gütern oder Dienstleistung erstellt oder

(2) eine vorgegebene Gütermenge mit einem minimalen Einsatz von Produktionsfaktoren erreicht wird.

Dem Gewinnziel sind Nebenziele untergeordnet, wie Wahrung der Liquidität, Wachstum der Unternehmung, Erhaltung der Arbeitsplätze usw.

Die wirtschaftliche und auf eine bestimmte Zielsetzung ausgerichtete Führung der Unternehmung ist in mittleren und größeren Unternehmen nur möglich, wenn ein Führungs- und Überwachungsinstrument zur Verfügung steht: das betriebliche Rechnungswesen.

Als betriebliches Rechnungswesen[1] bezeichnet man die systematische, regelmäßig und/oder fallweise durchgeführte Erfassung, Aufbereitung, Auswertung und Über-

[1] Vgl. S. Hummel/W. Männel, Kostenrechnung 1, S. 15.

mittlung der das Betriebsgeschehen betreffenden quantitativen Daten (Mengen- und Wertgrößen) mit dem Ziel, sie intern für Planungs-, Steuerungs- und Kontrollzwecke und extern zur Information und Beeinflussung Außenstehender zu verwenden.

1.2 Aufgaben des Rechnungswesens

Die Hauptaufgaben des betrieblichen Rechnungswesens lassen sich folgendermaßen zusammenfassen:

(1) Nach außen gerichtet:

(a) Dokumentation und Rechenschaftslegung
Alle Geschäftsvorfälle werden auf Grund von Belegen zeitlich und sachlich geordnet, um die Vermögens-, Schulden- und Erfolgslage des Unternehmens darstellen zu können:
- gegenüber den Eigentümern,
- gegenüber den Gläubigern,
- gegenüber den Gewerkschaften,
- gegenüber der Öffentlichkeit.

(b) Steuerbemessungsgrundlage
Das Rechnungswesen bildet die Grundlage für die Bemessung der Einkommen- bzw. Körperschaftsteuer und zahlreicher anderer Steuern.

(2) Nach innen gerichtet:

(a) Betriebsergebnisrechnung
Die Unternehmensleitung braucht laufend Informationen darüber, wie das Unternehmen dasteht.

(b) Wirtschaftlichkeitskontrolle
Das Rechnungswesen muss jederzeit eine Überwachung der Wirtschaftlichkeit und Rentabilität der betrieblichen Prozesse ermöglichen.

(c) Steuerungsaufgabe
Das Rechnungswesen stellt Unterlagen für Unternehmensentscheidungen bereit, wie
- Investitionsentscheidungen,
- Finanzplanung,
- Preisgestaltung,
- Programmpolitik,
- Verfahrenswahl,
- Eigenfertigung oder Fremdbezug usw.

Die unterschiedlichen Aufgaben des Rechnungswesens lassen sich nicht mit einer einzigen Rechnung erfüllen, denn die Rechenschaftslegung nach außen unterliegt einer völlig anderen Zielsetzung als die Darstellung der wirtschaftlichen Lage nach innen.

Nach außen gerichtet soll entweder
(1) eine hervorragende Unternehmenslage schlechter dargestellt werden, um zu hohe Gewinnausschüttungen an die Unternehmenseigner (Aktionäre) oder zu hohe Steuerzahlungen an das Finanzamt zu vermeiden, oder
(2) eine schlechte Unternehmenslage besser dargestellt werden, um die Unternehmenseigner und Gläubiger „bei der Stange" zu halten.

Für interne Auswertungen dagegen soll die Unternehmenssituation realistisch aufgezeigt werden, um richtige Entscheidungen treffen zu können.

1.3 Teilgebiete des Rechnungswesens

Die unterschiedlichen Zielsetzungen erfordern daher eine Trennung des Rechnungswesens in eine externe und interne Erfolgsrechnung[1]:

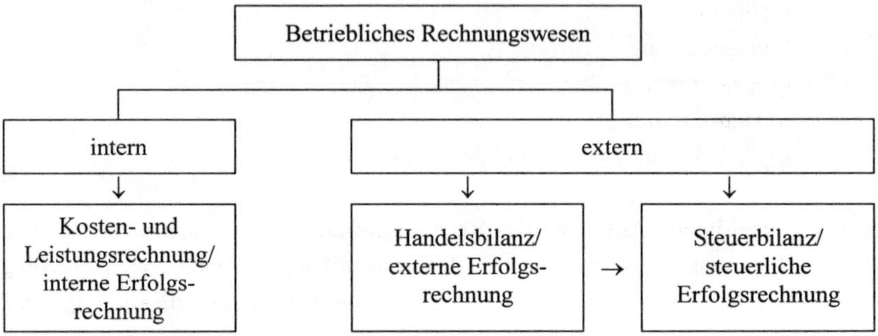

Übers. 1.3: Betriebliches Rechnungswesen (extern und intern)

Die Kostenrechnung oder Betriebsbuchhaltung (interne Erfolgsrechnung) ermittelt die angefallenen Kosten und rechnet sie den Stellen und Produkten zu, die sie verursacht haben. Dieser Teil des Rechnungswesens ist Gegenstand dieses Lehrbuches.

Die Finanz- oder Geschäftsbuchhaltung (externe Erfolgsrechnung) gibt einen Überblick über die Vermögens- und Ertragslage des Unternehmens. Grundlegende Kenntnisse der Finanzbuchhaltung werden im folgenden vorausgesetzt.

Häufig werden auch die Betriebsstatistik und die Planungsrechnung als unterstützende Funktionsbereiche dem Rechnungswesen zugeordnet. Die Betriebsstatistik verarbeitet das betriebliche Zahlenmaterial u. a. zu Kennzahlen, Tabellen und graphischen Darstellungen. Planungsrechnungen, wie die Investitionsrechnung und die Finanzplanung, dienen der Unternehmungsführung (Beispiele: Bestimmung der Vorteilhaftigkeit von Investitionen, Ermittlung optimaler Bestellmengen, Seriengrößen, Fertigungsprogramme, Verfahrenswahl- und Fremdbezugsentscheidungen).

[1] Vgl. E. Schneider, Industrielles Rechnungswesen, S. 8 und S. 22.

Die interne und externe Erfolgsrechnung stellen den Kernbereich des betrieblichen Rechnungswesens dar. Sie sollen daher zunächst anhand ausgewählter Unterscheidungsmerkmale näher charakterisiert werden:

Rechnung ⇒ Unterscheidungs-merkmal ⇓	Internes Rechnungswesen	Externes Rechnungswesen	
	Kostenrechnung	Handelsbilanz	Steuerbilanz
Gewinnbegriff Aussage/Zweck	interner Erfolg oder Betriebserfolg gibt an, wie der Betrieb gearbeitet hat	externer Erfolg oder Geschäftserfolg oder Gewinn gibt an, was das Unternehmen aus Transaktionen mit der Umwelt verdient hat	steuerlicher Erfolg oder zu versteuernder Gewinn gibt an, welche Bemessungsgrundlage der Besteuerung zugrunde zu legen ist
Ziel	Auswertung für interne Zwecke	Darstellung nach außen	Darstellung gegenüber dem Finanzamt
Organisation	Betriebsbuchhaltung/ Kostenrechnung	Geschäftsbuchhaltung/ Finanzbuchhaltung	Steuerberater/ Geschäftsbuchhaltung/ Steuerabteilung
Gesetzliche Verpflichtung	keine (Ausnahme: öffentliche Aufträge)	Handelsgesetzbuch (HGB) ggf. Publizitätspflicht	Einkommensteuergesetz (EStG), Abgabenordnung (AO)
Durchführungs-häufigkeit Planungszeitraum	mehrmals jährlich (z. B. monatlich) 1 Jahr	jährlich 1 Jahr	jährlich 1 Jahr
Aufgaben	(1) Ermittlung des kurzfristigen Betriebserfolges (z. B. Monatserfolg) (2) Entscheidungsaufgaben (Sortiment, Eigenfertigung/Fremdbezug usw.) (3) Überwachungsaufgaben (Abweichungsanalyse)	(1) Ermittlung des Jahreserfolges (G+V-Rechnung) (2) Ermittlung der Vermögens- und Schuldbestände (Bilanz) (3) Bereitstellung von Zahlenmaterial für dispositive Zwecke (z. B. Liquiditäts- und Finanzplanung)	Ermittlung des zu versteuernden Gewinns
Zielgrößen und Zielgrößenermittlung	Interner Erfolg = Leistung - Kosten	Externer Erfolg = Ertrag - Aufwand	Steuerlicher Erfolg (1) durch Betriebsvermögensvergleich (§ 4 Abs. 1 EStG) (2) durch Gegenüberstellung von Betriebseinnahmen und -ausgaben

Übers. 1.4: Gegenüberstellung von externer und interner Erfolgsrechnung

1.4 Grundbegriffe des Rechnungswesens

1.4.1 Grundbegriffe der externen Erfolgsrechnung

Die externe und interne Erfolgsrechnung rechnen mit unterschiedlichen ökonomischen Grundbegriffen oder Rechnungselementen, für die sich bestimmte Bezeichnungen herausgebildet haben. Eine Verwendung unterschiedlicher Begriffe in den beiden Teilbereichen ist notwendig, um eine klare Abgrenzung zwischen der internen und externen Erfolgsrechnung zu erreichen, da beide Rechnungen unterschiedlichen Zielen dienen. Die externe Erfolgsrechnung kennt folgende Grundbegriffe:

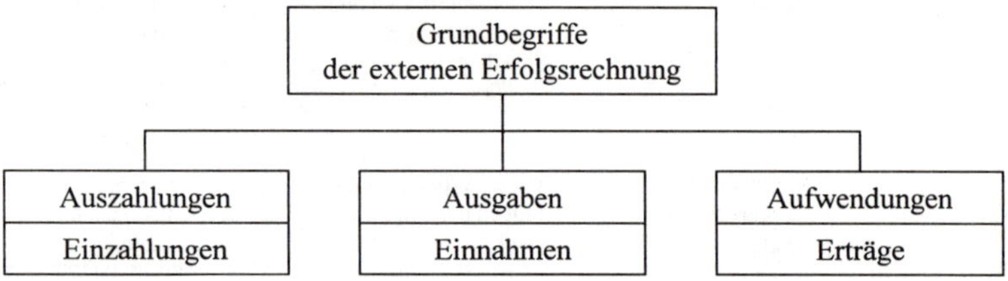

Diese Begriffe werden folgendermaßen definiert[1]:

Begriff	Kurzdefinition	Dimensionen
Auszahlungen	Abgang liquider Mittel pro Periode	€/Per
Einzahlungen	Zugang liquider Mittel pro Periode	€/Per
Ausgaben	Geldwert der Einkäufe an Gütern und Dienstleistungen	€/Per
Einnahmen	Geldwert der Verkäufe von Gütern und Dienstleistungen pro Periode	€/Per
Aufwendungen	zur Erfolgsermittlung periodisierte Ausgaben einer Periode (= jede Eigenkapitalminderung, die keine Kapitalrückzahlung darstellt)	€/Per
Erträge	zur Erfolgsermittlung periodisierte Einnahmen einer Periode (= jede Eigenkapitalerhöhung, die keine Kapitaleinzahlung darstellt)	€/Per

Übers. 1.5: Begriffe der externen Erfolgsrechnung

[1] Vgl. u. a. K.-D. Däumler, Grundlagen der Investitions- und Wirtschaftlichkeitsrechnung, S. 21, K. D. Däumler/J. Grabe, Kostenrechnungs- und Controllinglexikon, S. 130.

Das folgende Beispiel zeigt die unterschiedliche Bedeutung der Grundbegriffe des Rechnungswesens in der Praxis.

Beispiel 1.1 (Auszahlung, Ausgabe und Aufwand bei Rohstoffkauf)

Ein Unternehmen kauft im Oktober 10 dz Rohstoffe zu 120 €/dz. Die Bezahlung erfolgt im Oktober und November mit je 600 €. Der Rohstoff wird in der Produktion im November (2 dz), im Dezember (3 dz) und im Januar (5 dz) verbraucht.
In welchen Monaten sind in welcher Höhe Auszahlungen, Ausgaben und Aufwand angefallen?

Lösung

		01			02
	Summe	Oktober	November	Dezember	Januar
Auszahlung (€/Mon)	1.200	600	600		
Ausgabe (€/Mon)	1.200	1.200			
Aufwand (€/Mon)	1.200		240	360	600

Die Gewinn- und Verlustrechnung zum 31.12. darf das abgelaufene Jahr nur mit dem Teil des Rohstoffeinkaufs belasten, der in diesem Jahr verbraucht worden ist, d. h. mit 240 + 360 = 600 €. In der Gewinn- und Verlustrechnung können sich nur Aufwendungen und Erträge erfolgswirksam auswirken. Die Ausgabe (bzw. Auszahlung) für die Rohstoffmenge, die sich am 31.12. noch auf dem Lager befindet, belastet das abgelaufene Jahr noch nicht als Aufwand, denn mit diesen Rohstoffmengen wird erst in der nächsten Periode durch die Verarbeitung in der Produktion ein Ertrag erzielt.

Daher ist es notwendig, in der externen Erfolgsrechnung sehr genau zwischen Auszahlungen, Ausgaben und Aufwendungen einerseits und zwischen Einzahlungen, Einnahmen und Erträgen andererseits zu unterscheiden. Auszahlungen und Ausgaben (bzw. Einzahlungen und Einnahmen) unterscheiden sich, wenn eine Ware oder eine Dienstleistung nicht bar bezahlt, sondern ein Zahlungsziel eingeräumt oder eine Vorauszahlung geleistet wird. Für die Gewinn- und Verlustrechnung ist dieser Unterschied ohne Bedeutung, er wirkt sich beim Kassenbestand und bei den Forderungen und Verbindlichkeiten aus. Die Beziehungen zwischen Auszahlungen, Ausgaben und Aufwand lassen sich zusammenfassend folgendermaßen darstellen:

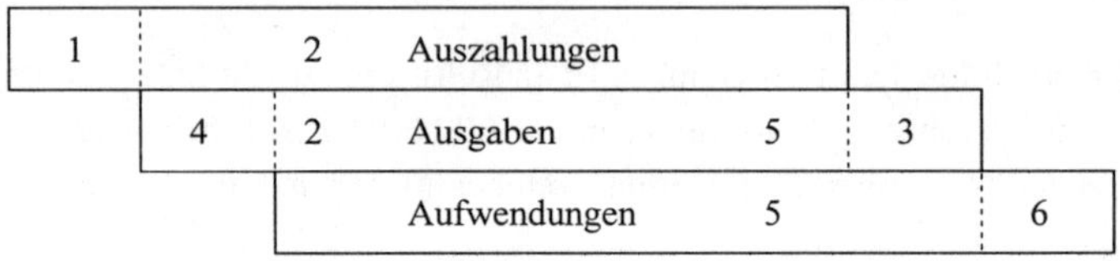

Bereich	Begriff	Beispiel
1	Auszahlungen, die keine Ausgaben sind	Entnahme von Gewinnen durch den Unternehmer (Barauszahlung), Tilgung von Fremdkapital
2	Auszahlungen, die gleichzeitig Ausgaben sind	Barkauf von Rohstoffen
3	Ausgaben, die keine Auszahlungen sind	Zielkauf von Waren
4	Ausgaben, die keine Aufwendungen sind	Kauf von Rohstoffen und Verbrauch in einer späteren Periode
5	Ausgaben, die gleichzeitig Aufwendungen sind	Kauf von Rohstoffen und Verbrauch in der gleichen Periode
6	Aufwendungen, die keine Ausgaben sind	Abschreibung einer früher angeschafften Maschine oder Materialverbrauch aus Lagerbeständen

Übers. 1.6: Abgrenzung von Auszahlungen, Ausgaben und Aufwendungen

Die Beziehungen zwischen Einzahlungen, Einnahmen und Ertrag lassen sich analog zu den Auszahlungen, Ausgaben und Aufwendungen darstellen:

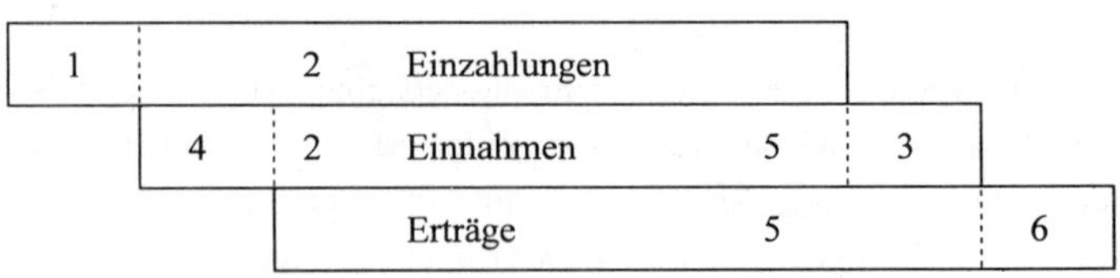

Bereich	Begriff	Beispiel
1	Einzahlungen, die keine Einnahmen sind	Einzahlungen des Unternehmers zur Erhöhung des Kapitalanteils, Aufnahme von Fremdkapital
2	Einzahlungen, die gleichzeitig Einnahmen sind	Barverkauf von Erzeugnissen
3	Einnahmen, die keine Einzahlungen sind	Zielverkauf von Waren
4	Einnahmen, die keine Erträge sind	erhaltene Anzahlungen
5	Einnahmen, die gleichzeitig Erträge sind	Verkauf von Fertigerzeugnissen, die in der Periode erstellt wurden
6	Erträge, die keine Einnahmen sind	Produktion von Fabrikaten auf Lager/ innerbetriebliche Leistungen, wie selbsterstellte Anlagen

Übers. 1.7: Abgrenzung von Einzahlungen, Einnahmen und Erträgen

Durch die Gegenüberstellung von Erträgen und Aufwendungen ergibt sich der externe Gesamterfolg des Unternehmens. Um die Ursachen des Erfolges genauer aufzuzeigen, wird er in seine Bestandteile zerlegt. Ein Teil des Erfolges ist mit dem Betriebszweck erzielt worden. Der andere Teil resultiert aus Transaktionen, die nichts mit dem Betriebszweck zu tun haben. Daher ist es sinnvoll und notwendig, das Gesamtergebnis (= Gewinn) in einen betrieblichen und einen betriebsfremden Anteil zu zerlegen. Unter einem weiteren Gesichtspunkt ist es erforderlich, den Gesamterfolg in den Teil, der regelmäßig wiederkehrt, und jenen, der nur gelegentlich oder einmalig anfällt, zu zerlegen. Daher unterscheidet man den ordentlichen (regelmäßigen) vom außerordentlichen (unregelmäßigen) Erfolg.

Für die Erträge ergibt sich damit folgende Unterteilung:

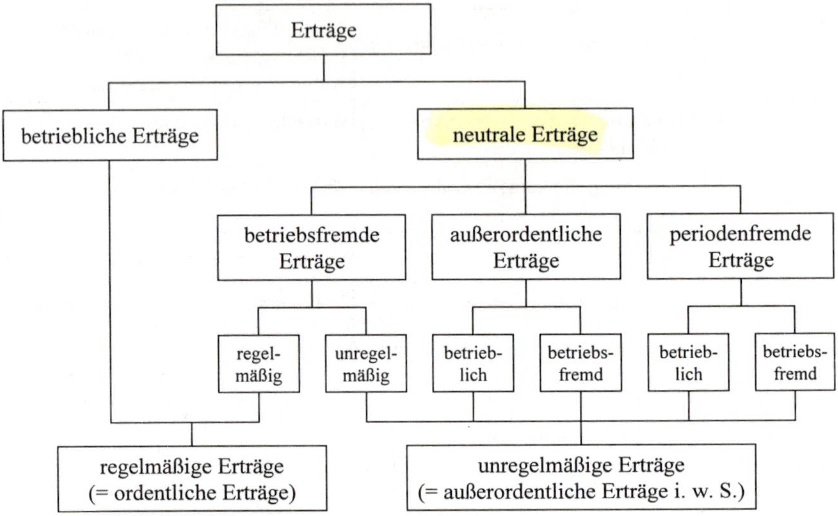

Übers. 1.8: Aufspaltung des Ertrages

Betriebliche Erträge sind regelmäßig anfallende Erträge aus dem eigentlichen Betriebszweck, z. B. bei einem Automobilwerk die in einer Periode erstellten und verkauften Fahrzeuge.

Zu den neutralen Erträgen gehören:

(1) Betriebsfremde Erträge, die nicht aus dem Betriebszweck resultieren, wie Erträge aus Beteiligungen an anderen Unternehmen (Finanzerträge), die aber regelmäßig anfallen. Betriebsfremde Erträge, die nicht regelmäßig anfallen, z. B. der Verkauf eines nicht betrieblich genutzten Grundstücks, werden üblicherweise den außerordentlichen Erträgen zugeordnet.

(2) Außerordentliche Erträge, die betrieblich oder betriebsfremd sind, aber wegen ihrer unregelmäßigen Entstehung nicht in das ordentliche Betriebsergebnis gehören, wie Erträge durch den Verkauf einer Maschine, die durch eine kostengünstigere ersetzt wird.

(3) Periodenfremde Erträge, die betrieblich oder betriebsfremd sind, aber nicht in die laufende, sondern in eine bereits abgerechnete Periode gehören, z. B. Gewerbesteuerrückzahlungen.

Die Aufwendungen lassen sich wie die Erträge gliedern:

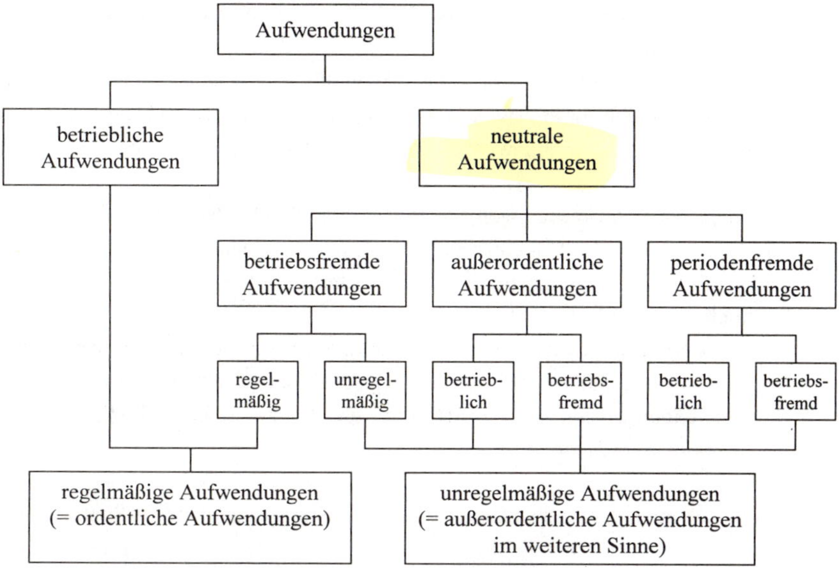

Übers. 1.9: Aufspaltung des Aufwandes

Betriebliche Aufwendungen sind regelmäßig anfallende Aufwendungen für den Betriebszweck, z. B. Rohstoffaufwendungen in einem Industriebetrieb oder Gehälter für das Verkaufspersonal in einem Handelsbetrieb.

Zu den neutralen Aufwendungen gehören:

(1) Betriebsfremde Aufwendungen, die nicht durch den Betriebszweck verursacht sind; beispielsweise die regelmäßig anfallenden Zuschüsse zum Betriebskindergarten. Betriebsfremde Aufwendungen, die nicht regelmäßig anfallen (z. B. gelegentliche steuerlich abzugsfähige Spenden), zählen zu den außerordentlichen Aufwendungen.

(2) Außerordentliche Aufwendungen, „die außerhalb der gewöhnlichen Geschäftstätigkeit anfallen“ (§ 277 Abs. 4 HGB), betrieblich oder betriebsfremd sein können und die selten und/oder in ungewöhnlicher Höhe auftreten und deshalb nicht im ordentlichen Betriebsergebnis berücksichtigt werden.
Beispiele:
- außerordentliche Aufwendungen für Stilllegung und Umstrukturierung von Betriebsteilen,
- Schäden wegen Betrugs und Unterschlagung,
- Aufwendungen für ungewöhnliche Abfindungszahlungen an Mitarbeiter,
- Aufwendungen für ungewöhnlich hohe Schadensfälle.

(3) Periodenfremde Aufwendungen, sie können betrieblich oder betriebsfremd sein. Ihre Verursachung liegt in einer anderen als der Abrechnungsperiode. Dennoch sind sie in der Abrechnungsperiode zu verrechnen.
Beispiele:
- Gewerbesteuernachzahlungen, Aufwendungen zur Beseitigung früher entstandener Schäden, für die keine Rückstellungen gebildet wurden,
- Aufwendungen für solche Schäden, für die zu geringe Rückstellungen gebildet wurden.

Damit läßt sich auch der externe Gesamterfolg in seine Bestandteile auflösen:

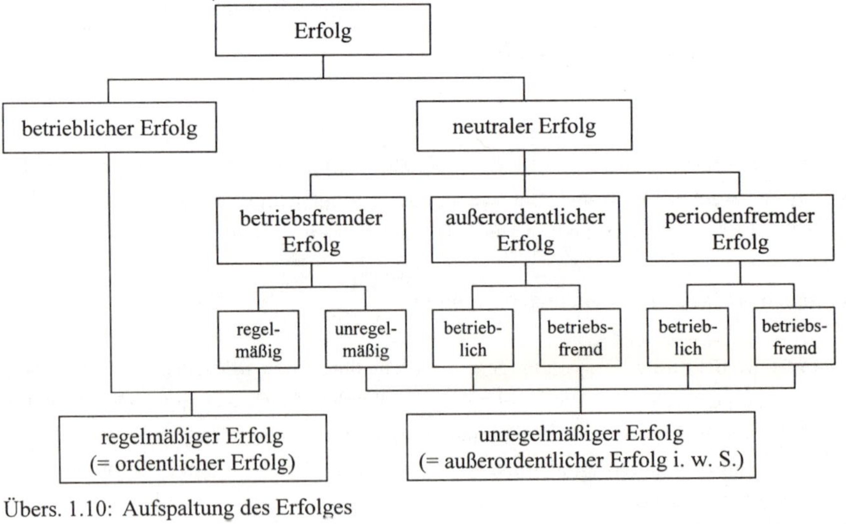

Übers. 1.10: Aufspaltung des Erfolges

Beispiel 1.2 (Betrieblicher Erfolg / neutraler Erfolg)

Ein Unternehmen weist in einer Periode folgende Aufwendungen und Erträge aus:

Aufwand	Gewinn- und Verlustrechnung (in T€)		Ertrag
Materialaufwand	8.000	Umsatzerlöse	32.000
Personalaufwand	15.000	Eigenleistungen	3.000
Abschreibungen	4.000	Mieterträge	2.000
Büromaterial	1.000	Erträge aus dem Verkauf von	
Steuern	2.500	Vermögensgegenständen	1.000
Verluste aus Wertpapierverkauf	500	Zinserträge	400
Außerordentlicher Aufwand	300		
Unternehmenserfolg	**7.100**		
	38.400		38.400

Wie hoch sind der betriebliche Erfolg und der neutrale Erfolg?

Lösung

Betrieblicher Aufwand	Betriebsergebnis (in T€)		Betrieblicher Ertrag
Materialaufwand	8.000	Umsatzerlöse	32.000
Personalaufwand	15.000	Eigenleistungen	3.000
Abschreibungen	4.000		
Büromaterial	1.000		
Steuern	2.500		
Betriebserfolg	**4.500**		
	35.000		35.000

Neutraler Aufwand	Neutrales Ergebnis (in T€)		Neutraler Ertrag
Verluste aus Wertpapierverkauf	500	Mieterträge	2.000
Außerordentlicher Aufwand	300	Erträge aus dem Verkauf von	
		Anlagevermögen	1.000
Neutraler Erfolg	**2.600**	Zinserträge	400
	3.400		3.400

Das folgende Beispiel geht auf die Zusammenhänge zwischen den verschiedenen Begriffen der externen Erfolgsrechnung ein.

Beispiel 1.3 (Rechnungsgrößen in einer Möbelfabrik)

In einer Möbelfabrik wurden folgende Vorgänge aufgezeichnet: Am 3. Juni liefert ein Lieferant Profilholz für insgesamt 4.000 € ein. 2.000 € wurden am 5. Mai überwiesen, der Rest wird am 2. Juli bezahlt. Am 10. Juli verarbeitet die Fertigungsabteilung das Holz und stellt 10 Tische her. Dabei fallen neben den Materialaufwendungen Lohnaufwendungen in Höhe von 2.000 € und sonstige Aufwendungen (Hilfsmaterial, Energie usw.) in Höhe von 500 € an. Am 25. Juli und am 4. August werden jeweils fünf Tische für je 1.000 € an den Einzelhandel verkauft. Der eine Händler zahlt am 9. August, der andere am 2. September.

a) Ordnen Sie die Einzahlungen/Auszahlungen, Einnahmen/Ausgaben und Erträge/Aufwendungen den einzelnen Monaten zu.

b) Welche Bedeutung haben die von Ihnen ermittelten Differenzen im Rechnungswesen?

Lösung a)

	Periode					
	Mai	Juni	Juli	August	Sept.	Summe
Einzahlung[1]				5.000	5.000	10.000
Auszahlung[2]	- 2.000		- 4.500			- 6.500
Differenz I	- 2.000		- 4.500	+ 5.000	+ 5.000	+ 3.500

Einnahme[3]			5.000	5.000		10.000
Ausgabe[4]	- 4.000		- 2.500			- 6.500
Differenz II	- 4.000		+ 2.500	+ 5.000		+ 3.500

Ertrag[5]			8.250	1.750		10.000
Aufwand[6]			- 6.500			- 6.500
Differenz III			+ 1.750	+ 1.750		+ 3.500

Übers. 1.11: Werte der Rechengrößen im Zeitablauf

1 Die Einzahlung liegt vor, wenn die Kunden zahlen (August und September).

2 Die Auszahlung im Mai erfolgt durch die Anzahlung. Im Juli müssen weitere 2.000 € überwiesen werden und Löhne in Höhe von 2.000 € sowie sonstige Kosten in Höhe von 500 € gezahlt werden.

3 Die Einnahme ist den Monaten Juli und August zuzurechnen, in denen die Tische verkauft wurden.

4 Die Ausgabe für den Rohstoff entsteht rechtlich mit dem Abschluß des Kaufvertrages, der spätestens bei der Anzahlung des Holzes am 5. Mai erfolgt[1]. Die Ausgabe im Juli in Höhe von 2.500 € wird durch die Löhne und sonstigen Kosten verursacht.

5 Ertrag liegt vor, wenn die Produktions- und Absatzleistung erbracht wird. Im Juli werden zehn Tische produziert, aber nur fünf Tische verkauft. Daher ist dem Juli

- für die verkauften Tische ein Ertrag von $5 \cdot 1.000 = 5.000$ € und
- für die noch nicht verkauften Tische ein Ertrag in Höhe der auf sie entfallenden Aufwendungen von 3.250 € zuzurechnen.

Im August werden weitere fünf Tische verkauft, die aber schon mit den in ihnen enthaltenen Aufwendungen im Juli als Ertrag erfasst sind, so dass im August nur noch $1.000 - 650 = 350$ € je Tisch als Ertrag zu berücksichtigen sind.

Um den Zusammenhang deutlich zu machen, soll der Sachverhalt auch in der T-Konten-Darstellung gezeigt werden.

1 Im Rechnungswesen wird die Ausgabe im Gegensatz zur hier gewählten rechtlich orientierten Darstellung erst erfasst, wenn ein Beleg (eine Rechnung) vorliegt.

Juli

Fertigerzeugnisse (FE)

AB	0	SB/5 Tische	3.250
BV	3.250		
	3.250		3.250

Bestandsveränderung (BV)

G+V	3.250	FE	3.250

G+V

Rohstoffe	4.000	Umsatz	5.000
Hilfstoffe	500	BV	3.250
Löhne	2.000		
Gewinn	1.750		
	8.250		8.250

Umsatzerlöse (U)

G+V	5.000	Ford.	5.000

August

Fertigerzeugnisse (FE)

AB	3.250	SB	0
		BV	3.250
	3.250		3.250

Bestandsveränderung (BV)

FE	3.250	G+V	3.250

G+V

BV	3.250	Umsatz	5.000
Gewinn	1.750		
	5.000		5.000

Umsatzerlöse (U)

G+V	5.000	Ford.	5.000

6 Der Aufwand entsteht in dem Monat, in dem die Tische produziert werden. Er beläuft sich auf 6.500 € für die eingesetzten Produktionsfaktoren: Holz, Löhne und sonstige Güter- und Dienstleistungen.

Lösung b)

Die Differenz I gibt Auskunft über die Veränderung der Liquiditätssituation der Möbelfabrik in den einzelnen Monaten und zeigt, dass in den Monaten Mai und Juli ein Liquiditätsbedarf besteht, der sich auf 6.500 € summiert und sich erst durch die Einzahlungen im August und September zum Liquiditätsüberschuß (3.500 €) wandelt. Man bezeichnet den Liquiditätssaldo der Monate Mai bis September auch als Cash-Flow.

Die Differenz II gibt Auskunft über die Veränderung des Forderungs- und Verbindlichkeitsbestandes.

Die Differenz III zeigt den externen Erfolg, den die Möbelfabrik in den einzelnen Monaten erzielt.

Beispiel 1.4 (Unzureichende Steuerung eines Unternehmens mit Hilfe der G+V-Rechnung)

Ein Unternehmen weist für eine Periode folgende Gewinn- und Verlustrechnung aus:

Aufwand	G+V		Ertrag
	€		€
Materialaufwand	720.000	Umsatz	1.000.000
Personalaufwand	80.000	Zinserträge	100.000
Abschreibungen	100.000	Außerordentliche Erträge	50.000
Außerordentlicher Aufwand	160.000		
Unternehmensgewinn	90.000		
	1.150.000		1.150.000

Warum ist die G+V-Rechnung zur Kontrolle und Steuerung des Unternehmens nicht geeignet?

Lösung

Die G+V-Rechnung ist aus mehreren Gründen zur Steuerung eines Unternehmens nicht geeignet:

1. Da der Abschluß der externen Erfolgsrechnung in der Regel nur einmal im Jahr erfolgt, kommen die Informationen für betriebliche Entscheidungen zu spät.

2. Der Unternehmensgewinn enthält außerordentliche, betriebsfremde oder periodenfremde Bestandteile (z. B. durch Schadensfälle oder Sonderabschreibungen). Dadurch läßt sich das betriebliche ordentliche Ergebnis nur unzureichend genau ermitteln.

3. Die Aufwendungen können den Produkten nicht zugeordnet werden. Daher gibt es keine Erkenntnisse über Gewinne oder Verluste einzelner Produkte.

4. Es ist kein Soll-Ist-Vergleich möglich, da das externe Rechnungswesen im Regelfall nur mit Istdaten arbeitet. Planbilanzen und -erfolgsrechnungen werden selten erstellt.

1.4.2 Grundbegriffe der internen Erfolgsrechnung

Der interne Erfolg errechnet sich aus der Differenz von betrieblichen Leistungen und Kosten. Er ist das Ergebnis der betrieblichen Leistungserstellung, hat also nur mit dem eigentlichen Betriebszweck zu tun.

Interner Erfolg = Leistung - Kosten

Kosten

Unter Kosten versteht man den bewerteten Verzehr von Gütern und Diensten im Produktionsprozess für Herstellung und Absatz der betrieblichen Leistungen sowie zur Aufrechterhaltung der hierfür notwendigen Kapazitäten[1]. Die Definition der Kosten ist durch folgende Merkmale gekennzeichnet:

- Es muss ein Verzehr an Gütern und/oder Dienstleistungen vorliegen.
- Der Verzehr von Gütern und/oder Diensten ist zu bewerten.
- Der Verzehr muss im Betrieb, im Produktionsprozess, stattfinden.
- Der Verzehr muss leistungsbezogen sein.

Aufwand und Kosten stimmen nur zum Teil überein, was sich aus der folgenden Gegenüberstellung ablesen läßt:

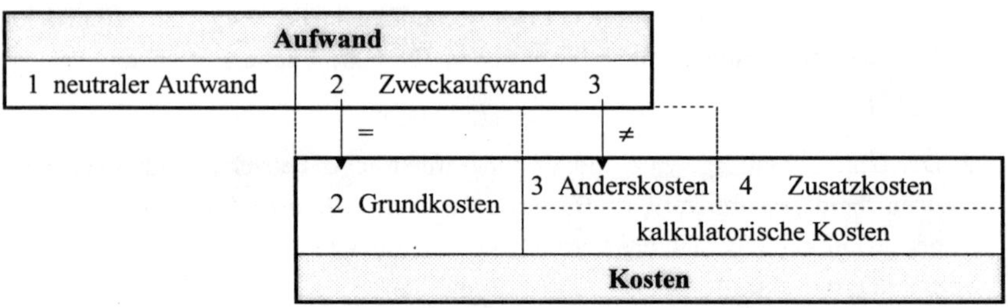

Übers. 1.12: Abgrenzung von Aufwand und Kosten

[1] Vgl. K.-D. Däumler/J. Grabe, Kostenrechnungs- und Controllinglexikon, S. 176.

1 Neutraler Aufwand ist der Aufwand, der nicht durch den ordentlichen (= regelmäßigen) betrieblichen Leistungsprozess bedingt ist, also keinen Kostencharakter hat. Man gliedert ihn in
- betriebsfremden Aufwand (Abschreibungen auf Beteiligungen),
- außerordentlichen Aufwand (Verlust bei Anlagenverkauf),
- periodenfremden Aufwand (Steuernachzahlung aus früheren Jahren).

2 Aufwendungen, die durch den Betriebszweck verursacht wurden (Zweckaufwendungen), übernimmt man entweder unverändert (Grundkosten) oder mit einem anderen Wert in die Kostenrechnung (Anderskosten). Zu den Zweckaufwendungen, die gleichzeitig Grundkosten sind, zählen z. B. Energieaufwendungen und Versicherungsaufwendungen.

3 Anderskosten sind Kosten, denen Aufwand in anderer Höhe gegenübersteht[1]. So können die kalkulatorischen Zinsen von den tatsächlich zu zahlenden Zinsen abweichen, weil in der Kostenrechnung auch das Eigenkapital zu verzinsen ist[2]. Die kalkulatorischen Abschreibungen können leistungsabhängig, die bilanziellen Abschreibungen zeitabhängig sein. Die tatsächlich eingetretenen Wagnisverluste weichen von den kalkulatorisch verrechneten Wagniskosten ab.

4 Zusatzkosten gehören zusammen mit den Anderskosten zu den kalkulatorischen Kosten. Sie sind dadurch gekennzeichnet, dass ihnen keinerlei Aufwendungen gegenüberstehen; auch führen sie nicht zu Ausgaben. Sie dienen der Vergleichbarmachung der Kostenrechnungen unterschiedlicher Unternehmungen und haben den Charakter von Opportunitätskosten (= entgangener Nutzen). Beispiele: kalkulatorischer Unternehmerlohn für die Arbeitsleistung des Eigentümer-Unternehmers (er verzichtet auf Arbeitseinkünfte aus einer anderen Beschäftigung), kalkulatorische Miete für Eigenräume (sie hätten an einen Dritten vermietet werden können).

---

1 Vgl. Kapitel 3, S. 177 ff.

2 Die kalkulatorischen Zinsen auf das Eigenkapital können auch Zusatzkosten sein, wenn man das Eigenkapital als eigenständige Größe und nicht als Teil des Gesamtkapitals betrachtet.

Abgrenzung	Definition	Beispiele
1 Aufwendungen, die keine Kosten sind (neutraler Aufwand)	nicht betriebsnotwendiger Güter- und Dienstleistungs-verzehr, dem keine Kosten gegenüberstehen	
- betriebsfremder Aufwand		Abschreibung auf Finanz-anlagen
- außerordentlicher Aufw.		Verkauf einer Anlage unter Buchwert
- periodenfremder Aufw.		Steuernachzahlung
2 Kosten, die Aufwendungen sind (Grundkosten = Zweckaufwand)	betriebsbedingter Güter- und Dienstleistungsver-zehr, dem Aufwand in gleicher Höhe gegen-übersteht	Wareneinsatz, Energie-kosten, Versicherungen
3 Kosten, denen Aufwand in anderer Höhe gegen-übersteht (Anderskosten)	betriebsbedingter Güter- und Dienstleistungsver-zehr, der in der internen Erfolgsrechnung anders bewertet wird als in der externen Erfolgsrechnung	kalkulatorische Abschrei-bung, kalkulatorisches Wagnis, kalkulatorische Zinsen
4 Kosten, die keine Auf-wendungen sind (Zusatzkosten)	betriebsbedingter Güter- und Dienstleistungsver-zehr, dem kein Aufwand gegenübersteht	kalkulatorischer Unterneh-merlohn, kalkulatorische Miete

Übers. 1.13: Abgrenzung von Aufwand und Kosten

Die Auswirkungen der unterschiedlichen Begriffsinhalte verdeutlicht das folgende Beispiel.

Beispiel 1.5 (Rechnungsgrößen bei Maschinennutzung)

Die Nordmilch AG bestellt am 15. September 01 eine Reinigungs- und Abfüllmaschine für 300.000 €, die am 01. Januar 02 geliefert und sofort eingesetzt wird. Am 01. November 01 hatte die Nordmilch AG eine Anzahlung über 100.000 € geleistet. Am 20. Januar 02 überweist sie weitere 100.000 €, das letzte Drittel am 15. April 02.

Das Steuerrecht sieht für die Maschine eine Nutzungsdauer von 8 Jahren vor. Aufgrund betrieblicher Erfahrungen rechnet man mit einer 10jährigen Maschinennutzung. Weiter erwartet man, dass der Wiederbeschaffungspreis einer gleichwertigen Anlage nach 10 Jahren mit 450.000 € um 50 % über dem jetzigen Anschaffungspreis der Abfüllmaschine liegt.
In der externen Erfolgsrechnung wird, wie in der internen, linear abgeschrieben.

a) Bestimmen Sie die Auszahlungen, Ausgaben, Aufwendungen und Kosten für die ersten drei Jahre.
b) Welche Art von Kosten liegt vor?

Lösung a)

Jahr	01	02	03
Auszahlungen[1]	100.000	200.000	
Ausgaben[2]	300.000		
Aufwand[3]		37.500	37.500
Kosten[4]		45.000	45.000

1 Auszahlungen fallen in den Perioden an, in denen gezahlt wird.

2 Die Ausgabe entsteht zum Zeitpunkt des Kaufabschlusses.

3 Die Abschreibung in der externen Erfolgsrechnung verteilt die Anschaffungskosten von 300.000 € gleichmäßig auf die Laufzeit von 8 Jahren.

4 In der internen Erfolgsrechnung kann vom höheren Wiederbeschaffungspreis abgeschrieben werden, damit zum Zeitpunkt des Ersatzes der Maschine genügend Mittel zur Verfügung stehen.

	Anschaffungskosten	300.000 €
+	50 % Preissteigerung	150.000 €
	Wiederbeschaffungskosten	450.000 €

Die Laufzeit richtet sich in der internen Erfolgsrechnung nicht nach steuerrechtlichen Gesichtspunkten, sondern nach den betriebsinternen Erfahrungen, so dass der Wiederbeschaffungspreis von 450.000 € auf 10 Jahre verteilt wird.

Lösung b)

Da die Abschreibungen in der internen Erfolgsrechnung in anderer Höhe als in der externen Erfolgsrechnung erfolgen, handelt es sich hier um Anderskosten.

Leistung

Das Gegenstück zu den Kosten ist in der Leistung des Betriebes zu sehen. Man versteht unter Leistung in Geld bewertete, aus dem betrieblichen Produktionsprozess hervorgehende Güter und Dienste einer Abrechnungsperiode (= wertmäßiger Output). In diesem Zusammenhang verwendet man zunehmend den Begriff „Erlös“. Seltener interpretiert man Leistung als mengenmäßigen Output (produzierte Stückzahl, geförderte Tonnen Erz, Zahl der bearbeiteten Akten).

Der Zusammenhang zwischen dem mengenmäßigen und dem wertmäßigen Leistungsbegriff (= Erlöse) läßt sich folgendermaßen darstellen:

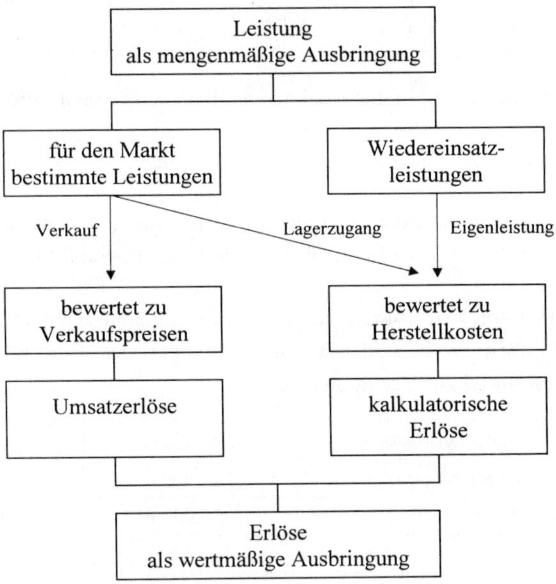

Übers. 1.14: Mengenmäßiger und wertmäßiger Leistungsbegriff

Des weiteren kennt man neben dem wirtschaftlichen den naturwissenschaftlichen Leistungsbegriff. Danach ist Leistung der Quotient aus Arbeit und hierfür benötigter Zeit: Leistung = Arbeit/Zeit.

Leistung als Ergebnis der betrieblichen Faktorkombination ist also durch drei Merkmale gekennzeichnet:

1. Es müssen Sachgüter und/oder Dienstleistungen erstellt werden.
2. Die Leistungserstellung ist in Geldeinheiten zu bewerten.
3. Die Leistungserstellung muss betriebsbedingt sein.

Weil die aus dem Betrieb hervorgehenden Leistungen letztlich die Kosten tragen müssen, nennt man die betrieblichen Leistungen auch Kostenträger, wobei Absatzleistungen und innerbetriebliche Leistungen zu unterscheiden sind.

	Umsatzerlöse für Erzeugnisse	Absatzleistungen
+	Umsatzerlöse für Dienstleistungen	
+	Umsatzerlöse für Handelswaren	
+	Bestandserhöhung der fertigen Erzeugnisse	
+	Bestandserhöhung der unfertigen Erzeugnisse	
+	aktivierte innerbetriebliche Leistungen (selbsterstellte Maschinen und Werkzeuge)	
=	Leistungen gesamt	

Zwischen Leistung und dem verwandten Begriff Ertrag muss eine Abgrenzung erfolgen, da es einerseits Erträge gibt, denen keine Leistungen gegenüberstehen, und es andererseits Leistungen gibt, die anders bewertet werden als die Erträge oder denen keine Erträge gegenüberstehen.

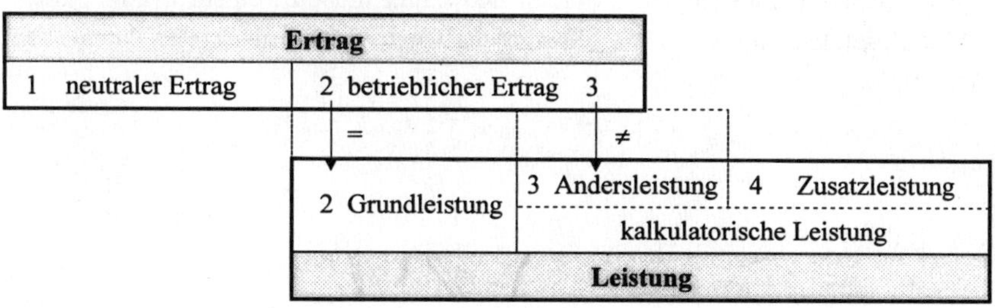

Übers. 1.15: Abgrenzung von Leistung und Ertrag

1 Neutraler Ertrag ist der Ertrag, der nicht aus dem ordentlichen (regelmäßigen) betrieblichen Leistungsprozeß stammt, also keinen Leistungscharakter besitzt und deshalb nicht in der internen Erfolgsrechnung (Kostenrechnung) angesetzt werden darf. Man gliedert ihn in
- betriebsfremden Ertrag (Zinsen aus Finanzanlagen),
- außerordentlichen Ertrag (Gewinn bei Anlagenverkauf über Buchwert),
- periodenfremden Ertrag (Steuerrückzahlung).

2 Erträge, die im Zusammenhang mit dem Betriebszweck entstehen (= Betriebserträge), übernimmt man entweder unverändert (Grundleistung) oder mit einem anderen Wert in die interne Erfolgsrechnung (Andersleistung). Die wichtigsten Grundleistungen (betriebliche Erträge) sind die Umsätze.

3 Andersleistungen sind Leistungen, denen Erträge in anderer Höhe gegenüberstehen. So sind Mehrbestände an Halb- und Fertigfabrikaten und aktivierte innerbetriebliche Leistungen in der externen Erfolgsrechnung (Gewinn- und Verlustrechnung) zu den darin enthaltenen Aufwendungen und in der internen Erfolgsrechnung (Kostenrechnung) zu darin enthaltenen Kosten zu bewerten. Das heißt: Bilanziell ist nur die Bewertung zu Anschaffungs- oder Herstellungskosten gemäß § 255 HGB erlaubt. Kostenrechnerisch kann die Bestandsbewertung zu Vollkosten, Teilkosten, Wiederbeschaffungskosten, Marktpreisen oder Planerlösen erfolgen.

4 Zusatzleistungen gehören zusammen mit den Andersleistungen zu den kalkulatorischen Leistungen. Sie sind dadurch gekennzeichnet, dass ihnen keinerlei Erträge gegenüberstehen, auch führen sie nicht zu Einnahmen. Sie dienen der Vergleichbarmachung der Kostenrechnung unterschiedlicher Unternehmungen. Eine Zusatzleistung liegt vor, wenn Sachgüter, Dienstleistungen und/oder Energien unentgeltlich abgegeben werden und damit nicht zu einem Ertrag führen. Eine Zusatzleistung ist auch in selbstgeschaffenen nicht vermarkteten Patenten zu sehen.

Abgrenzung	Definition	Beispiele
1 Erträge, die keine Leistungen sind (neutraler Ertrag)	Erhöhung des Erfolges durch nicht betriebsbedingte Transaktionen	
- betriebsfremder Ertrag		Erträge aus nicht betriebsnotwendigem Vermögen
- außerordentlicher Ertrag		Verkauf einer Anlage über Buchwert
- periodenfremder Ertrag		Steuerrückzahlung
2 Leistungen, die Erträge sind (Grundleistung = betrieblicher Ertrag)	gleiche betriebsbedingte Erhöhung des Erfolges in der internen und externen Erfolgsrechnung	Erträge aus betriebsbedingter Tätigkeit (Verkauf von Fertigerzeugnissen oder Dienstleistungen oder Waren)
3 Leistungen, denen Erträge in anderer Höhe gegenüberstehen (Andersleistung)	unterschiedliche betriebsbedingte Erhöhung des Erfolges in der internen und externen Erfolgsrechnung	Mehrbestände an Halb- und Fertigfabrikaten und aktivierte innerbetriebliche Leistungen, bewertet zu Kosten
4 Leistungen, die keine Erträge sind (Zusatzleistungen)	Erhöhung des Erfolges in der internen Erfolgsrechnung, der kein Ertrag gegenübersteht	unentgeltlich abgegebene Fertigerzeugnisse oder Dienstleistungen

Übers. 1.16: Abgrenzung von Ertrag und Leistung

Das folgende Beispiel erläutert zusammenfassend die Abgrenzung der Grundbegriffe des Rechnungswesens.

Beispiel 1.6 (Ermittlung des externen und internen Erfolges)

Ein Kaffeehändler hat von der Sorte Arabica ständig einen eisernen Bestand von 2.000 kg auf Lager, den er zu Beginn des Monats 1 mit 10 €/kg bewertet. Zu diesem Zeitpunkt stockt er den Bestand um 10.000 kg für 10 €/kg auf.
Im Zeitablauf verkauft er folgende Mengen zu folgenden Preisen:

Monat	1	2	3	4
Verkaufsmenge (kg/Monat)	2.000	3.000	1.000	4.000
Verkaufspreis (€/kg)	14	16	15	16

Die Lieferantenrechnung begleicht der Händler zu jedem Zeitpunkt mit einem Zahlungsziel von einem Monat ohne Abzüge. Die Umsatzerlöse gehen sofort bar ein.

a) Ermitteln Sie die Einzahlungen/Auszahlungen, Einnahmen/Ausgaben, Erträge/Aufwendungen und Leistungen/Kosten und die zugehörigen Salden für die ersten vier Monate tabellarisch.

b) Stellen Sie die Ergebnisse sowohl für die Finanzbuchhaltung als auch für die Kostenrechnung auf T-Konten dar.

c) Die Kosten werden auf der Basis des Wiederbeschaffungspreises ermittelt. Was spricht für die Bewertung des Wareneinsatzes zu Wiederbeschaffungspreisen?
Für die Aufstockung des Lagers rechnet der Kaffee-Händler mit einem Wiederbeschaffungspreis von 12 €/kg. Er beschafft wiederum 10.000 kg.

Lösung a)

	Monat				
	1	2	3	4	Summe
Einzahlung	28.000	48.000	15.000	64.000	155.000
Auszahlung[1]		- 100.000			- 100.000
Liquidität	+ 28.000	- 52.000	+ 15.000	+ 64.000	+ 55.000

Einnahme	28.000	48.000	15.000	64.000	155.000
Ausgabe[2]	- 100.000				- 100.000
Ford./Verb.	- 72.000	+ 48.000	+ 15.000	+ 64.000	+ 55.000

Ertrag	28.000	48.000	15.000	64.000	155.000
Aufwand[3]	- 20.000	- 30.000	- 10.000	- 40.000	- 100.000
Externer Erfolg	+ 8.000	+ 18.000	+ 5.000	+ 24.000	+ 55.000

Leistung	28.000	48.000	15.000	64.000	155.000
Kosten[4]	- 24.000	- 36.000	- 12.000	- 48.000	- 120.000
Interner Erfolg	+ 4.000	+ 12.000	+ 3.000	+ 16.000	+ 35.000

1 Die Zahlung erfolgt mit einem Zahlungsziel von einer Periode.

2 Die Ausgabe erfolgt zum Zeitpunkt der Bestellung.

3 Der Aufwand fällt in der Periode an, in der verkauft wird.

4 Die Kosten werden auf der Basis des Wiederbeschaffungspreises von 12 € ermittelt.

Lösung b)

Finanzbuchhaltung

G+V / Periode 1

Wareneins.	20.000	Umsatz	28.000
Gewinn	8.000		
	28.000		28.000

G+V / Periode 2

Wareneins.	30.000	Umsatz	48.000
Gewinn	18.000		
	48.000		48.000

G+V / Periode 3

Wareneins.	10.000	Umsatz	15.000
Gewinn	5.000		
	15.000		15.000

G+V / Periode 4

Wareneins.	40.000	Umsatz	64.000
Gewinn	24.000		
	64.000		64.000

Kostenrechnung

Betriebsergebnis / Periode 1

Wareneins.	24.000	Umsatz	28.000
Betriebserg.	4.000		
	28.000		28.000

Betriebsergebnis / Periode 2

Wareneins.	36.000	Umsatz	48.000
Betriebserg.	12.000		
	48.000		48.000

Betriebsergebnis / Periode 3

Wareneins.	12.000	Umsatz	15.000
Betriebserg.	3.000		
	15.000		15.000

Betriebsergebnis / Periode 4

Wareneins.	48.000	Umsatz	64.000
Betriebserg.	16.000		
	64.000		64.000

Lösung c)

Die Verwendung des Wiederbeschaffungspreises zur Kostenermittlung führt dazu, dass die interne Erfolgsrechnung nur ein Ergebnis von 35.000 € ausweist. Grund: Sie bewertet den Wareneinsatz zum Wiederbeschaffungspreis von 12 €/kg. Damit erhält das Unternehmen einen deutlichen Hinweis, dass der externe Erfolg in Höhe von 55.000 € nicht vollständig ausgeschüttet werden sollte, um einen zu starken Geldmittelabfluss an die Eigentümer zu verhindern und das Unternehmen in die Lage zu versetzen, die Waren zum Wiederbeschaffungszeitpunkt zu einem großen Teil aus eigenen Mitteln zu finanzieren.

1.5 Verbindung von externer und interner Erfolgsrechnung

Die externe und die interne Erfolgsrechnung stehen nicht beziehungslos nebeneinander, sondern sie sind in bestimmter Weise miteinander verknüpft. Beziehungen zwischen den beiden Erfolgsrechnungen ergeben sich durch:

(1) Überschneidungen in den Grundbegriffen[1]

Die Grundbegriffe der Finanzbuchhaltung und der Kostenrechnung umfassen unterschiedliche Tatbestände, sie bauen jedoch aufeinander auf. Dabei werden Bestandsgrößen durch Strömungsgrößen verändert, was in folgender Übersicht gezeigt wird[2]:

[1] Die Abgrenzung der Begriffe erfolgt in der Abgrenzungsrechnung, die in Kapitel 4, S. 207 ff., dargestellt wird.

[2] Ähnlich bei: L. Haberstock, Grundzüge ..., S. 16.

Ebene	Strömungsgrößen	Bestandsgrößen	Strömungsgrößen
I	Auszahlung	(Kasse)	Einzahlung
II	Ausgabe	(Netto-Geldvermögen)	Einnahme
III	Aufwand	(Reinvermögen)	Ertrag
IV	Kosten	(betriebsnotwendiges Vermögen)	Leistung

I - III Ebene der Finanzbuchhaltung
- Investitions-, Finanz- und Liquiditätsplanung (I)
- Forderungen und Verbindlichkeiten (II)
- Gewinn- und Verlustrechnung (III)

IV Ebene der Kostenrechnung

Bestandsgrößen:

Kasse	= Bestand an liquiden Mitteln (Bargeld, Sichtguthaben)
Netto-Geldvermögen	= Kasse + Forderungen - Verbindlichkeiten
Reinvermögen	= Netto-Geldvermögen + Sachvermögen
betriebsnotw. Vermögen	= Reinvermögen - nicht betriebsnotwendiges Vermögen

Übers. 1.17: Zusammenhang zwischen der externen und internen Erfolgsrechnung in den Grundbegriffen

(2) Datenströme

Zwischen der externen und internen Erfolgsrechnung werden einerseits Informationen ausgetauscht, andererseits beziehen beide Rechnungen von anderen Abteilungen die gleichen Informationen (z. B. von der Materialabrechnung, Lohn- und Gehaltsabrechnung usw.) oder liefern Informationen an andere Bereiche (kurzfristige Erfolgsrechnung, Planungsrechnung, Betriebsstatistik)[1].

[1] Vgl. L. Haberstock, Grundzüge ..., S. 13.

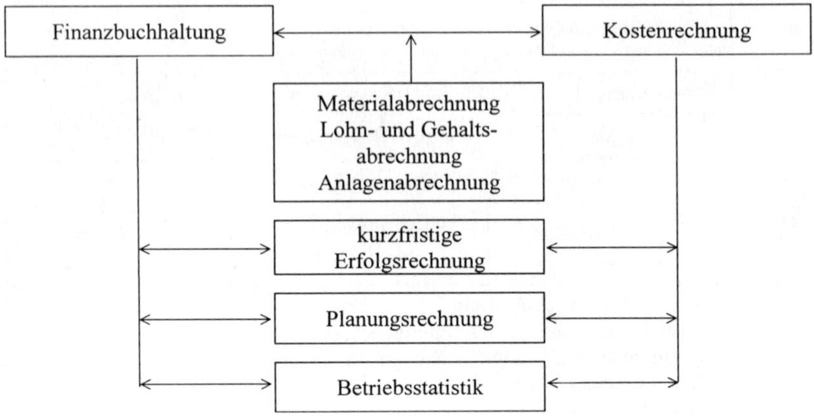

Übers. 1.18: Zusammenhang zwischen der externen und internen Erfolgsrechnung in den Datenströmen

(3) Die Organisation des Rechnungswesens

Die externe und interne Erfolgsrechnung können entweder gemeinsam in einem organisatorischen Rahmen, dem Einkreissystem, oder voneinander getrennt, im Zweikreissystem, vorgenommen werden.

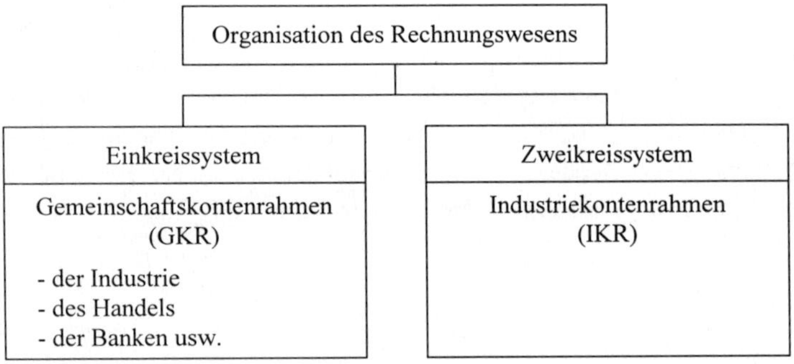

Beim traditionellen Einkreissystem wird die interne und externe Erfolgsrechnung in einem Rechnungskreis erstellt. Die Abgrenzung zwischen Kosten und Leistungen einerseits und Aufwendungen und Erträgen andererseits wird in der Klasse 2 (neutrale Aufwendungen und Erträge) vorgenommen. Das moderne Zweikreissystem trennt die externe von der internen Erfolgsrechnung und erstellt beide Rechnungen in getrennten Rechnungskreisen. Die Kosten und Leistungen werden in einer Abgrenzungsrechnung aus den Aufwendungen und Erträgen[1] entwickelt.

1.6 Zusammenfassung und Checkliste

Aufgaben des Rechnungswesens

(1) Dokumentation und Rechenschaftslegung
(2) Wirtschaftlichkeitskontrolle
(3) Steuerung (Disposition)

Teilgebiete des Rechnungswesens

(1) Externe Erfolgsrechnung
  (a) Handelsbilanz
  (b) Steuerbilanz
(2) Interne Erfolgsrechnung

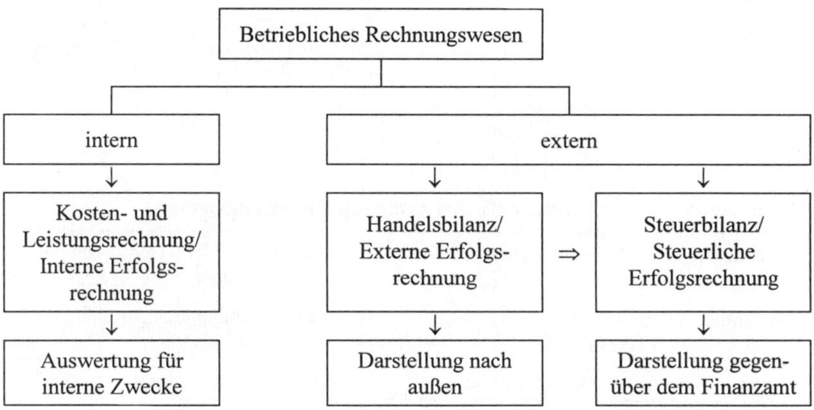

[1] Vgl. Kapitel 4, S. 207 ff.

Grundbegriffe des externen Rechnungswesens

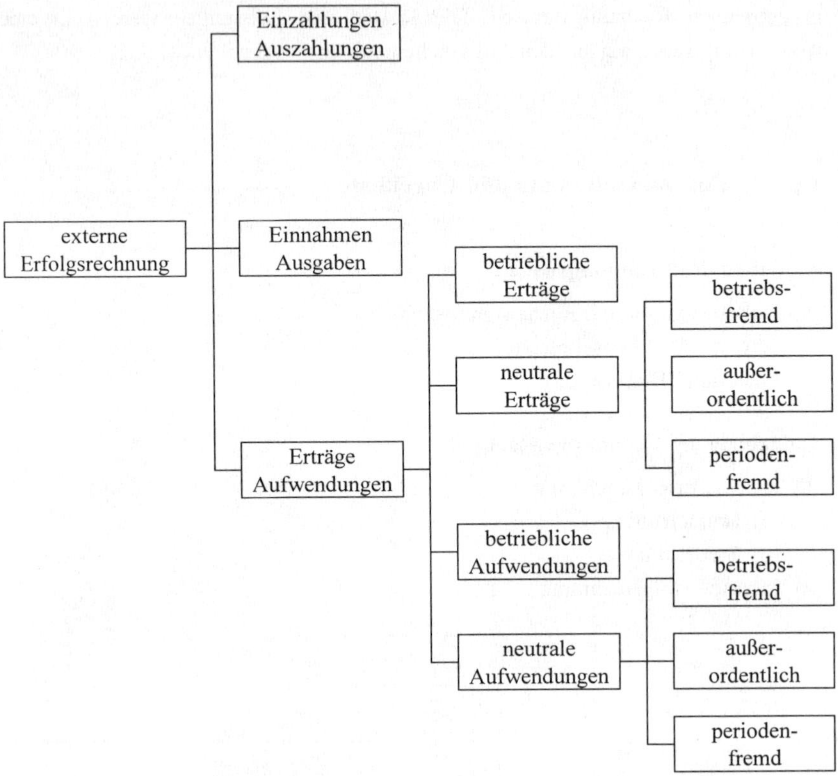

Definitionen der Grundbegriffe des externen Rechnungswesens

Einzahlung	Geldbewegung von der Umwelt an die Unternehmung	Auszahlung	Geldbewegung von der Unternehmung an die Umwelt
Einnahme	monetäres Äquivalent eines Verkaufs	Ausgabe	monetäres Äquivalent eines Einkaufs
Ertrag	periodisierte Einnahme	Aufwand	periodisierte Ausgabe

Grundbegriffe des internen Rechnungswesens

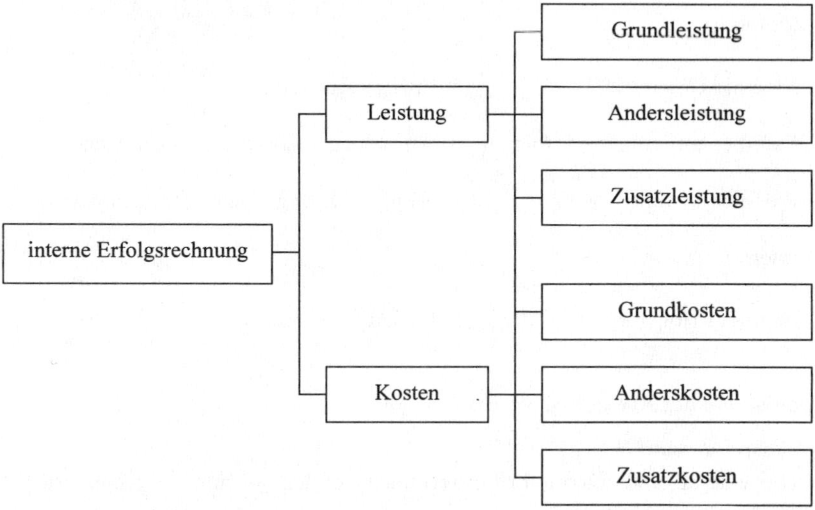

Definitionen der Grundbegriffe des internen Rechnungswesens

Leistung	in Geld bewertete, aus dem betrieblichen Produktionsprozeß hervorgegangene Güter und Dienste einer Abrechnungsperiode
Kosten	bewerteter Verzehr von Gütern und Diensten im Produktionsprozeß für Herstellung und Absatz der betrieblichen Leistungen und die Aufrechterhaltung der hierfür notwendigen Kapazitäten in einer Abrechnungsperiode

Abgrenzung von Ertrag/Leistung und Aufwand/Kosten

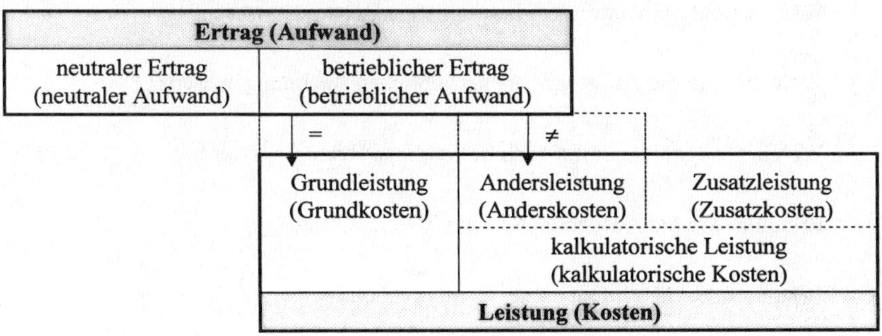

Gewinnermittlung

(1) Extern:

Externer Gesamterfolg	= Ertrag - Aufwand
Externer betrieblicher Erfolg	= Betrieblicher Ertrag - Zweckaufwand
Externer neutraler Erfolg	= Neutraler Ertrag - Neutraler Aufwand

(2) Intern:

Interner Erfolg	= Leistung - Kosten

Organisation des Rechnungswesens

(1) Einkreissystem
Die externe und interne Erfolgsrechnung werden in einem Rechnungskreis kontenmäßig abgewickelt.

(2) Zweikreissystem
Die externe und interne Erfolgsrechnung werden in getrennten Rechnungskreisen abgewickelt; die externe Erfolgsrechnung in Kontenform, die interne in tabellarischer Form.

Fragen und Aufgaben

1.1 Was versteht man unter dem betrieblichen Rechnungswesen?

1.2 Welches sind die Aufgaben des betrieblichen Rechnungswesens?

1.3 Welche Teilgebiete umfaßt das betriebliche Rechnungswesen?

1.4 Erläutern Sie die Aufgaben der Finanzbuchhaltung.

1.5 Erläutern Sie die Aufgaben der Kostenrechnung.

1.6 Worin bestehen die Unterschiede zwischen Finanzbuchhaltung und Kostenrechnung?

1.7 Warum wird der Erfolg in zwei Teilgebieten des Rechnungswesens ermittelt?

1.8 Warum sind der externe und der interne Erfolg einer Unternehmung in der Regel unterschiedlich hoch?

1.9 Definieren Sie
- Einzahlung
- Betriebsertrag
- Ausgaben
- Kosten
- Ertrag
- Auszahlung
- Aufwand

1.10 Was versteht man unter neutralem Aufwand, und in welche Unterarten läßt er sich gliedern?
Geben Sie jeweils ein Beispiel für verschiedene Arten des neutralen Aufwands.

1.11 Warum ist es notwendig, in der internen Erfolgsrechnung kalkulatorische Kosten anzusetzen?

1.12 Gliedern Sie den neutralen Ertrag in Analogie zum neutralen Aufwand, und geben Sie jeweils ein Beispiel für die verschiedenen Arten des neutralen Ertrags.

1.13 Unter welcher Voraussetzung gilt

Einzahlung = Einnahme = Ertrag = Leistung?

1.14 Die Maschinenbau GmbH hat am 1.5. drei gebrauchte Lastwagen zum Stückpreis von 20.000 € von der Firma Auto-Müller gekauft. Die Lastwagen werden am gleichen Tag angeliefert, jedoch erst am 1.6. von der Maschinenbau GmbH bezahlt.
In welcher Höhe sind zum 1.5. und zum 1.6. Auszahlungen und Ausgaben entstanden?

1.15 Geben Sie für die folgenden Geschäftsvorfälle der Schwartau AG an, ob und in welcher Höhe

Auszahlung	(a)	Einzahlung	(d)
Ausgabe	(b)	Einnahme	(e)
Aufwand	(c)	Ertrag	(f)

vorliegt.

	a	b	c	d	e	f
(1) Die AG verbraucht Geliermittel zur Herstellung von Marmelade, das in der Vorperiode für 500 € beschafft wurde.						
(2) Die AG kauft Erdbeeren für 2.000 € gegen Barzahlung. Die Erdbeeren gehen sofort in die Produktion ein.						
(3) Die AG verkauft Marmelade für 20.000 €, die sie bereits in der Vorperiode mit einem Aufwand von 15.000 € produziert hat, bei gleichzeitiger Hereinnahme eines Schecks.						
(4) Die AG gewährt einem Mitarbeiter ein Belegschaftsdarlehen in Höhe von 10.000 € durch Überweisung auf sein Konto.						
(5) Die AG verkauft an ALDI Nussfit-Brotaufstrich aus der laufenden Produktion für 50.000 € mit einem Zahlungsziel von 30 Tagen.						
(6) Die AG verkauft einen voll abgeschriebenen Schreibtisch an einen Mitarbeiter für 300 € gegen Barzahlung.						

1.16 Entscheiden Sie, ob in einem Industrieunternehmen, das Möbel produziert, folgende Erträge

betriebliche Erträge	(a)
betriebsfremde Erträge	(b)
außerordentliche Erträge	(c)
periodenfremde Erträge	(d)

sind?

		a	b	c	d
(1)	Zinserträge				
(2)	Mehrbestand an fertigen Erzeugnissen				
(3)	Erträge aus Wertpapieren (Dividende)				
(4)	Erträge aus Vermietung und Verpachtung				
(5)	Aktivierte Eigenleistungen				
(6)	Erträge aus dem Abgang von Gegenständen des Anlagevermögens				
(7)	Erträge aus der Auflösung von Rückstellungen				
(8)	Umsatzerlöse für fertige Erzeugnisse				

1.17 Entscheiden Sie, ob in einem Industrieunternehmen, das elektrische Geräte herstellt, folgende Aufwendungen

betriebliche Aufwendungen	(a)
betriebsfremde Aufwendungen	(b)
außerordentliche Aufwendungen	(c)
periodenfremde Aufwendungen	(d)

sind?

	a	b	c	d
(1) Nachzahlung von Gewerbesteuer für das Vorjahr				
(2) Abschreibungen auf Gegenstände des Anlagevermögens				
(3) Zinsaufwendungen für Fremdkapital				
(4) Brandschäden im Materiallager, das nicht versichert ist				
(5) Aufwendungen für Rohstoffe				
(6) Verluste aus Wertpapiergeschäften				
(7) Aufwendungen für Wohnungen, die das Unternehmen an Mitarbeiter vermietet hat				
(8) gesetzliche soziale Abgaben				
(9) hoher Konkursverlust bei einem Kunden				
(10) Löhne und Gehälter für Mitarbeiter				
(11) Instandhaltungskosten für Fertigungsmaschinen				
(12) Reparaturaufwendungen für den Aufzug im Betriebsgebäude				
(13) bezahlte Vertreterprovision				
(14) Abschreibungen auf Forderungen				
(15) Regelung eines Schadens, der im Vorjahr verursacht wurde				

1.18 Ein Unternehmen kauft im Mai Rohstoffe auf Ziel und legt sie auf Lager. Für den Rechnungsbetrag erhält der Lieferant im Juni einen Wechsel. Im Juli werden die Rohstoffe für Produktionszwecke verbraucht. Im Oktober wird der Wechsel bar eingelöst.

Wann entstehen die entsprechenden Auszahlungen, Ausgaben, Aufwendungen und Kosten, wenn als Abrechnungsperiode

a) der Kalendermonat,

b) das Kalenderjahr

gewählt wird?

1.19 Prüfen Sie für jede der folgenden Positionen, in welchen Zweig des Rechnungswesens sie gehört.

(1) Kreuzen Sie alle Positionen an, bei denen es sich um Aufwand handelt.

(2) Kreuzen Sie an, welche Positionen auch oder nur Kostencharakter haben.

(3) Kreuzen Sie alle Positionen an, die weder Aufwand noch Kosten sind.

Sachverhalt	Aufwand	Kosten	weder/noch
1. Materialkosten			
2. Anschaffungsausgaben für unbebautes Grundstück			
3. Miete für Produktionsräume			
4. Bilanzielle Abschreibung			
5. Einkommensteuerzahlung für den Geschäftsinhaber			
6. Kalkulatorisches Wagnis			
7. Vertreterprovisionen			
8. Zinsen für Darlehen			
9. Privatentnahme des Eigentümers			
10. Kosten für fremdbezogenen Strom			

1.20 Ein Unternehmen bestellt am 01.07.01 für die Betriebsfeuerwehr einen Feuerlöschwagen für 400.000 €. Bei Bestellung muß eine Anzahlung in Höhe von 20 % des Kaufpreises geleistet werden. Die Lieferung und Zahlung des Restkaufpreises erfolgt am 01.04.02.

Der Feuerlöschwagen kann steuerrechtlich (nach AfA-Tabelle) innerhalb von 8 Jahren abgeschrieben werden. Man rechnet mit einer betriebsgewöhnlichen Nutzungsdauer von 10 Jahren. Bei einer Wiederbeschaffung des Feuerlöschwagens erwartet man einen Kaufpreis von mindestens 600.000 €.

Füllen Sie aufgrund dieser Angaben nachfolgendes Schema für die ersten vier Jahre aus:

	1	2	3	4
Auszahlung (€/Jahr)				
Ausgabe (€/Jahr)				
Aufwand (€/Jahr)				
Kosten (€/Jahr)				

1.21 In einem Bäckereibetrieb werden im Februar 10 t Weizen im Werte von 4.000 € bestellt. Der Weizen wird im März angeliefert und bezahlt. Im Mai wird 1 t Weizen zu Backwaren verarbeitet, die einen Verkaufswert von 2.400 € haben. Dabei fallen Lohnkosten in Höhe von 600 € und sonstige Kosten in Höhe von 200 € an. 75 % der Mai-Produktion wird im selben Monat verkauft, der Rest im Juni. Die Kunden zahlen mit einem Zahlungsziel von einem Monat.

Für ein Mietshaus erhält der Bäckereibesitzer im Juli Mieteinnahmen in Höhe von 3.000 €. Für eine Dachreparatur des Mietshauses im Juli erhält er eine Rechnung über 5.000 €, die er im August bezahlt.

a) Füllen Sie nachfolgendes Schema aus:

	Periode							Summe
	Februar	März	April	Mai	Juni	Juli	August	
Einzahlung					1800	3600		
Auszahlung		4000		-800			-5000	
Differenz I								

Einnahme				1800	600	3000		
Ausgabe	4000			800		5000		
Differenz II								

Ertrag				1800	600	3000		
Aufwand				800		5000		
Differenz III								

Leistung				2400				
Kosten				800				
Differenz IV								

b) Welche Bedeutung haben die in Aufgabe a) ermittelten vier Differenzen im Rechnungswesen?

1.22 Stellen Sie für die folgenden Geschäftsvorfälle fest, ob und in welcher Höhe neutrale Aufwendungen, Zweckaufwendungen, Grundkosten, Anderskosten und Zusatzkosten angefallen sind:

(1) Im Anlagevermögen ist ein Wertpapierpaket enthalten, das mit 10.000 € bewertet ist. Es tritt ein Kursverlust von 10 % auf.

(2) Verkauf einer Maschine für 6.000 €, deren Buchwert 8.000 € betrug.

(3) Überweisung von 3.000 € im April 2000 an das Finanzamt; darin sind 1.200 € Gewerbesteuer für das laufende Jahr enthalten, der restliche Betrag ist eine Steuernachzahlung für 1998.

(4) Einkauf von Rohstoffen, die sofort in die Produktion gegeben werden, für 1.650 €.

(5) Die bilanzmäßigen Abschreibungen betragen 90.000 €, kalkulatorisch sind 80.000 € angesetzt.

(6) Die tatsächlich gezahlten Zinsen betragen 13.000 €, kalkulatorisch sind 30.000 € angesetzt.

(7) Der kalkulatorische Ansatz der Wagnisse ist 1.500 €, tatsächlich eingetreten sind Wagnisverluste von 3.000 €.

(8) Es werden Löhne gezahlt: 5.000 €.

(9) Der Unternehmer setzt für seine Mitarbeit einen kalkulatorischen Unternehmerlohn von 20.000 € an.

(10) Die Kfz-Versicherung beträgt 1.200 €.

(11) Die Betriebsräume gehören dem Unternehmer, eine Vermietung würde 8.000 € erbringen.

Tragen Sie Ihre Lösung in folgendes Schema ein:

Geschäftsvorfall	Neutraler Aufwand (€)	Zweck-aufwand (€)	Grund-kosten (€)	Anders-kosten (€)	Zusatz-kosten (€)
(1)					
(2)					
(3)					
(4)					
(5)					
(6)					
(7)					
(8)					
(9)					
(10)					
(11)					

1.23 Geben Sie für die folgenden Geschäftsvorfälle an, ob und in welcher Höhe Einzahlungen, Einnahmen, neutrale Erträge, Zweckerträge, Grundleistung, Andersleistung und Zusatzleistung vorliegen.

(1) Ein Arbeitnehmer zahlt ein ihm gewährtes Darlehen (5.000 €) und angefallene Zinsen für das laufende Jahr (250 €) zurück.

(2) Ein gebrauchter Computer, der mit 1 € zu Buche steht, wird an einen Mitarbeiter für 400 € verkauft.

(3) Eine Fahrradfabrik verwendet ein gerade fertiggestelltes Fahrrad für betriebliche Zwecke. Die Herstellungskosten betragen 250 €, der Verkaufspreis ab Fabrik 400 €.

(4) In der Vorperiode produzierte Waren werden vom Lager verkauft. Der Warenbestand war mit 1.000 € in der Bilanz bewertet und wird bar für 1.500 € verkauft.

(5) Eine Möbelfabrik hatte in früheren Jahren überschüssige finanzielle Mittel im Wohnungsbau angelegt. Die Mieter, die nicht im Betrieb arbeiten, überweisen die Miete für den laufenden Monat auf das Bankkonto der Unternehmung (6.000 €).

(6) Für einen Brandschaden überweist die Feuerversicherung 50.000 € auf das Bankkonto der Unternehmung.

(7) Ein Radiogerätehändler hat Räume an einen selbständigen Radioreparaturdienst vermietet. Das Reparaturunternehmen überweist 4.000 € Miete; davon betreffen 2.000 € den laufenden und 2.000 € den nächsten Monat.

(8) Mehrbestände an Fertigfabrikaten sind in der externen Erfolgsrechnung zu Aufwendungen (5.000 €) bewertet worden. Den Beständen sind 500 € kalkulatorische Kosten zuzurechnen.

(9) Den Kunden wurden unentgeltlich Produktproben im Wert von 10.000 € zur Verfügung gestellt.

Tragen Sie Ihre Lösung in folgende Tabelle ein:

Sachverhalt	Einzahlung (€)	Einnahme (€)	Neutraler Ertrag (€)	Betrieblicher Ertrag (€)	Grundleistung (€)	Andersleistung (€)	Zusatzleistung (€)
(1)							
(2)							
(3)							
(4)							
(5)							
(6)							
(7)							
(8)							
(9)							

Testklausur zu Kapitel 1

Die folgenden Behauptungen sind auf ihre Richtigkeit zu überprüfen.
(Es können mehrere Behauptungen richtig sein.)

Kennzeichnen Sie die Behauptungen mit
richtig (+),
weiß nicht (   ),
falsch (-).

Punktvergabe:
Kennzeichen richtig = 1 Punkt,
Kennzeichen weiß nicht oder falsch = 0 Punkte.

1. Das externe Rechnungswesen
   a) ist allein Bestandteil des betrieblichen Rechnungswesens; (−)
   b) bildet die Vorgänge finanzieller Art ab, die sich zwischen dem Unternehmen und seiner Umwelt abspielen; (+)
   c) findet seinen Abschluß nur in der Gewinn- und Verlustrechnung; (−)
   d) ist für die Zwecke der Kontrolle der Wirtschaftlichkeit bei der Leistungserstellung und -verwendung beliebig gestaltbar. (−)

2. Stimmt es,
   a) dass es für das interne Rechnungswesen im Gegensatz zum externen Rechnungswesen kaum zwingende gesetzliche Vorschriften gibt? (+)
   b) dass nach dem Handelsrecht (HGB) Kapitalgesellschaften sämtliche Zahlen veröffentlichen müssen? (+)
   c) dass es für die Zwecke des internen Rechnungswesens ausreicht, einmal jährlich einen Abschluß zu machen? (−)
   d) dass mit Hilfe des internen Rechnungswesens die Liquidität des Unternehmens überwacht wird? (−)

3. Die interne Erfolgsrechnung hat u. a. die Aufgabe,
   a) unfertige und fertige Lagerbestände in der Bilanz zu bewerten; (−)
   b) die Marktpreise für die zu verkaufenden Produkte und Dienstleistungen zu bestimmen; (+)
   c) Informationen über betriebliche Entscheidungen zu liefern; (+)

d) die Kosten einer Periode vollständig und richtig zu erfassen, den Leistungen gegenüberzustellen und daraus das Unternehmensergebnis zu ermitteln. (+)

4. In der Kosten- und Leistungsrechnung sind zu berücksichtigen

a) die Aufnahme bzw. Tilgung eines Kredits; (–)
b) der Verkauf einer Maschine zu einem über dem Restbuchwert liegenden Preis; (+)
c) die Zahlung von Löhnen und Gehältern; (+)
d) die Zahlung bzw. der Erhalt von Spenden; (–)
e) der Kauf eines betrieblich genutzten Grundstücks. (–)

5. Ausgaben einer früheren Periode können in der laufenden Periode

a) zu Abschreibungen führen; (+)
b) neutralen Aufwand bewirken; (+)
c) zu Grundkosten führen; (–)
d) zu Zusatzkosten werden; (+)
e) zu einer Auszahlung führen. (+)

6. Stimmt es,

a) dass der Mehrbestand an Halb- und Fertigfabrikaten in der externen Erfolgsrechnung als Einnahme verbucht wird? (–)
b) dass die Differenz zwischen der Summe der Einzahlungen und der Summe der Auszahlungen eines Jahres den Finanzsaldo eines Unternehmens in diesem Jahr ergibt? (+)
c) dass der Erfolg einer Periode den gesamten innerhalb dieses Zeitraums realisierten in Geldeinheiten ausgedrückten Wertzuwachs eines Unternehmens ergibt? (–)
d) dass die Gesamtleistung eines Jahres einer Unternehmung gleich der Summe der in diesem Jahr erzielten Umsatzerlöse ist? (–)
e) dass neutraler Ertrag und Zweckertrag in ihrer Summe der Gesamtleistung einer Periode entspricht? (–)

7. Zu den betrieblichen Erträgen zählen

a) Dividenden aus der Beteiligung an einer anderen Unternehmung; (–)
b) Fertigerzeugnisse, die in dieser Periode auf Lager genommen werden; (–)
c) Erträge aus der Vermietung eines betrieblichen Grundstücks an ein anderes Unternehmen; (–)

d) Erträge aus dem Verkauf einer Maschine über dem Buchwert; ( )
e) Umsatzerlöse für fertige Erzeugnisse. ( )

8. Betriebliche Aufwendungen sind

a) Nachzahlungen von Gewerbesteuer für das vergangene Jahr; ( )
b) Zinsaufwendungen für eingesetztes Fremdkapital; ( )
c) Verluste aus Wertpapierverkäufen; ( )
d) Instandhaltungsaufwendungen für eine Fertigungsmaschine; ( )
e) bezahlte Vertreterprovision. ( )

9. Kalkulatorische Kosten

a) sind Kosten, denen keine Aufwendungen oder Aufwendungen in anderer Höhe gegenüberstehen; ( )
b) brauchen nur dann berücksichtigt werden, wenn es um die Vorkalkulation eines Auftrages geht; ( )
c) müssen nach den Prinzipien der kaufmännischen Vorsicht bestimmt werden; ( )
d) setzen sich aus Zusatzkosten und Anderskosten zusammen; ( )
e) sind immer zahlungswirksam. ( )

10. Sind folgende Behauptungen zutreffend?

a) Betriebsergebnis + betriebsfremdes Ergebnis = Gesamtergebnis. ( )
b) Das außerordentliche Ergebnis hat nichts mit dem Betriebszweck zu tun. ( )
c) Betriebliche und neutrale Erfolge sind Ergebnis der betrieblichen Leistungserstellung. ( )
d) Die Leistungen des Betriebes in einer Periode setzen sich aus umgesetzten Leistungen, Lagerleistungen und Eigenleistungen zusammen. ( )

11. Stimmt es,

a) dass sich das Betriebsergebnis aus der Gegenüberstellung von Kosten und Erträgen ergibt? ( )
b) dass periodenfremde Erträge zu den betrieblichen Erträgen zählen? ( )
c) dass Rückstellungen für einen außergewöhnlich hohen Schaden unverändert in die Kosten- und Leistungsrechnung übernommen werden? ( )
d) dass außerordentliche, periodenfremde und betriebsfremde Erträge nicht in die interne Erfolgsrechnung eingehen? ( )

2. Grundlagen einer modernen Kosten- und Leistungsrechnung

2.1 Die Kosten- und Leistungsrechnung als Informationsinstrument

2.1.1 Einführungsgründe für eine Kosten- und Leistungsrechnung

Für fast alle Unternehmen, gleich ob es sich um Industrie-, Handels- oder Dienstleistungsbetriebe handelt, besteht heute die Notwendigkeit, eine aussagefähige Kosten- und Leistungsrechnung einzuführen oder die bestehende zu verbessern. Dafür gibt es sowohl externe als auch interne Gründe, von denen einige beispielhaft genannt werden:

Externe Gründe:

(1) In vielen Branchen nimmt der Wettbewerb zu (Öffnung der Märkte in der EU). Sinkende Margen zwingen die Unternehmen, ihre Kostensituation zu überprüfen.

(2) Soll das Angebot ausgeweitet werden, um den Nachfragewünschen nach einer stärkeren Produktdifferenzierung nachzukommen (Farb- und Ausstattungswünsche in der Automobilbranche)? Die Frage, ob sich die Differenzierung lohnt, lässt sich nur mit einer aussagefähigen Kosten- und Leistungsrechnung beantworten.

(3) Die Produktlebenszyklen werden kürzer (Das beste PERSIL, das es je gab!). Die gesamtwirtschaftlichen Rahmenbedingungen ändern sich in immer kürzeren Abständen (Bedarfsverschiebungen, Umweltschutz usw.). Die hohen Entwicklungskosten müssen in kürzerer Zeit durch die erstellten Leistungen verdient werden.

(4) Die Anforderungen an Lieferbereitschaft, Lieferservice und Produktqualität steigen (Just-in-time-Produktion in der Automobilindustrie). Dadurch steigen die Logistik- und Qualitätskosten.

Interne Gründe:

(1) Die Unternehmensleitung ist mit der Genauigkeit der bisherigen Kalkulation unzufrieden.

(2) Das Unternehmen möchte eine Kostenplanung einführen und die Wirtschaftlichkeitskontrolle verbessern.

(3) Es soll ein Controlling-System eingeführt werden.

(4) Das Unternehmen plant die Einführung von Profit-Centern.

Mit Hilfe der nach außen gerichteten Gewinn- und Verlustrechnung und der Bilanz lässt sich ein Unternehmen nicht optimal führen, da die Informationen für interne Steuerungszwecke nicht geeignet sind, viel zu selten (einmal im Jahr) und in der Regel erst dann vorliegen, wenn die Entscheidungen schon getroffen sind. Die sinnvolle Steuerung der betrieblichen Leistungsprozesse kann nur durch eine moderne Kosten- und Leistungsrechnung erfolgen, die Teil einer Unternehmensplanung ist.

2.1.2 Aufgaben der Kosten- und Leistungsrechnung

Unternehmen setzen sich langfristige und kurzfristige Ziele[1]. Zu den langfristigen Zielen gehört die Gewinnabsicht; daraus wiederum lässt sich das Ziel der wirtschaftlichen Leistungserstellung ableiten. Kurzfristig werden Einzelziele bestimmt, wie: Erreichung einer Umsatzrentabilität von 5 % oder Erhöhung des Gewinns auf 500 T€. Um überprüfen zu können, ob diese Unternehmensziele erreicht werden, muss die Kosten- und Leistungsrechnung Informationen bereitstellen. Mit Hilfe dieser Informationen sind in einer modernen Kosten- und Leistungsrechnung folgende Aufgaben zu erfüllen[2]:

---

[1] Vgl. K.-D. Däumler/J. Grabe, Kostenrechnung 3, Plankostenrechnung, S. 12 f.

[2] Vgl. J. Weber, Einführung der Kostenrechnung in mittelständischen Unternehmen, in: Praxis des Rechnungswesens, Heft Nr. 3 v. 28.6.1990, Gruppe 8, S. 5 ff.

Übers. 2.1: Aufgaben der Kostenrechnung

Betriebsergebnisrechnung

In der Betriebsergebnisrechnung wird der interne Erfolg mehrere Male im Jahr (z. B. monatlich oder vierteljährlich) ermittelt, um laufend über den Grad der Zielerfüllung informiert zu sein. Der kurzfristige Erfolg wird nach Produkten, Kunden, Absatzgebieten usw. differenziert, um den Erfolg einzelner Kostenträger bestimmen zu können[1].

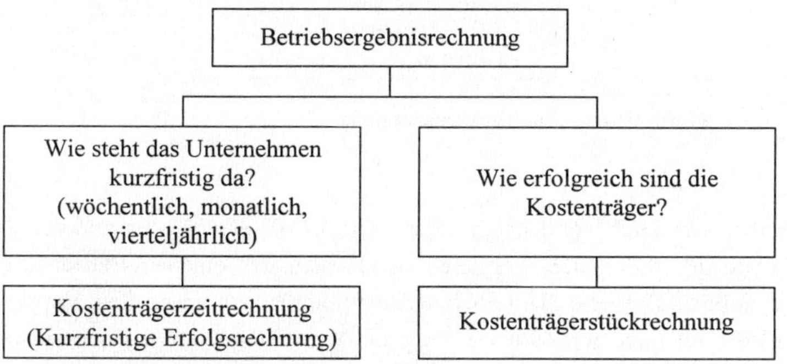

[1] Die Betriebsergebnisrechnung wird ausführlich in den Kapiteln 4 und 7 behandelt.

Überwachungsaufgaben

Zu den Überwachungsaufgaben gehört die Kontrolle des kurzfristigen Erfolges, der Kostenarten, der Kostenstellen und der Kostenträger. Der Zweck der Überwachung ist es, die Geschäftsleitung auf Schwachpunkte aufmerksam zu machen, so dass sie Korrekturhandlungen vornehmen kann. Der Schwerpunkt der Wirtschaftlichkeitskontrolle liegt in den Funktionsbereichen (Kostenstellen), weil sich in der Regel nur „vor Ort“ klären lässt, wo Kosten eingespart werden können.

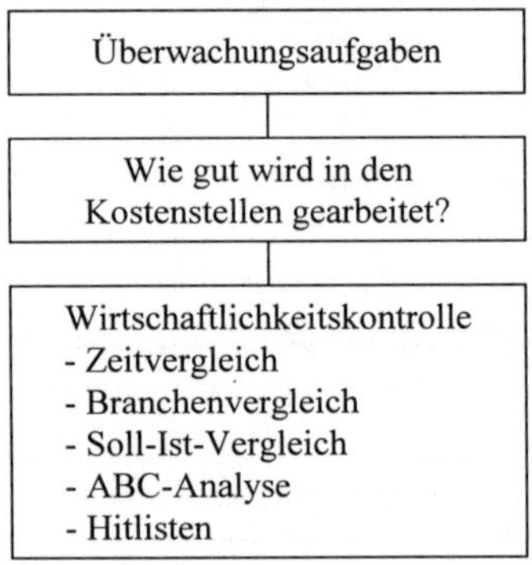

Übers. 2.2: Kontrolle der Unternehmensbereiche

Durch den Vergleich der Kosten einer Periode mit den Kosten anderer Perioden (Zeitvergleich), durch den Vergleich der Kosten des eigenen Betriebes mit den Kosten anderer Betriebe (Unternehmensvergleich) oder durch den Vergleich von Plankosten mit Istkosten (Soll-Ist-Vergleich)[1] werden Kosteneinsparungsmöglichkeiten aufgezeigt. Dem gleichen Ziel dienen ABC-Analysen (Welche Roh-, Hilfs- und Betriebsstoffe gehören zur A-Gruppe der lagerintensiven Stoffe?) oder "Hitlisten" (Welches sind die personalkostenintensivsten Bereiche?).

[1] Vgl. K.-D. Däumler/J. Grabe, Kostenrechnung 3, Plankostenrechnung, S. 79 ff.

Entscheidungsaufgaben

Die Kostenrechnung ist nicht mehr nur ein Instrument der Selbstkostenermittlung und Preisuntergrenzenkalkulation, sie ist heute ein Instrument der Unternehmensführung, das die Unternehmensleitung beim Vorbereiten, Treffen und Überwachen von insbesondere kurzfristigen Entscheidungen informatorisch unterstützen soll[1]. Exemplarisch sollen einige Beispiele aus drei Funktionsbereichen genannt werden:

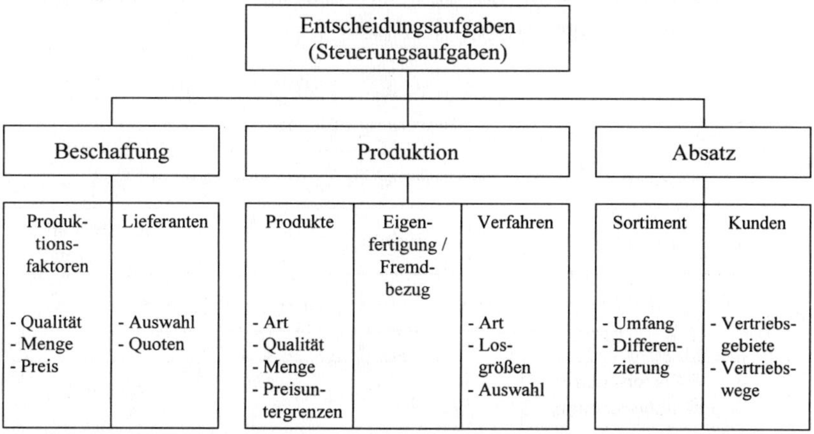

Übers. 2.3: Entscheidungen mit Hilfe der Kostenrechnung

Für mittel- und langfristige Entscheidungen benötigt der Kostenrechner zusätzliche Instrumente, wie die stufenweise Fixkostendeckungsrechnung[2], die Prozesskostenrechnung[3] und die dynamischen Investitionsrechnungsverfahren[4].

[1] Vgl. W. Männel, Entwicklungstendenzen entscheidungsorientierter Kostenrechnungskonzepte, in: WISU 3/88, S. 142.
[2] Vgl. K.-D. Däumler/J. Grabe, Kostenrechnung 2, Deckungsbeitragsrechnung, S. 147 ff.
[3] Vgl. dieselben, Kostenrechnung 3, Plankostenrechnung, S. 222 ff.
[4] Vgl. K.-D. Däumler, Grundlagen der Investitions- und Wirtschaftlichkeitsrechnung, S. 42 ff.

Bewertungsaufgaben

Selbsterstellte Anlagen, Halbfabrikate und Fertigfabrikate müssen in der internen und externen Erfolgsrechnung bewertet werden. Eine Bewertung zum Verkaufspreis ist nicht sinnvoll bzw. in der externen Erfolgsrechnung nach dem Imparitätsprinzip nicht zulässig, weil dadurch Gewinne, die erst in der Zukunft entstehen, heute schon ausgewiesen werden. Daher müssen selbsterstellte Anlagen und Bestände zu den dafür angefallenen Kosten (in der Kostenrechnung) bzw. Aufwendungen (in der Handels- und Steuerbilanz) bewertet werden.

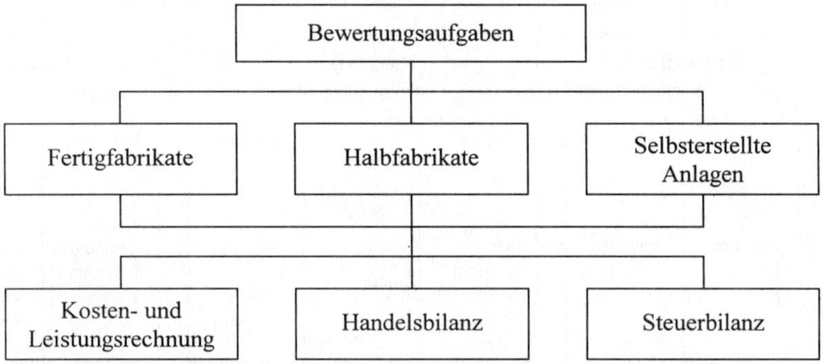

Übers. 2.4: Bestandsbewertung mit Hilfe der Kostenrechnung

In der Kostenrechnung ermittelt man die Herstellkosten der auf Lager gehenden Halb- und Fertigfabrikate. Durch Zusatzrechnungen bestimmt die Finanzbuchhaltung für die Bestandsbewertung in der Bilanz die für die Bestände entstandenen Aufwendungen[1].

[1] Nach § 255 HGB sind die Bestände zu „Herstellungskosten" zu bewerten, tatsächlich sind damit aber „Herstellungsaufwendungen" gemeint.

2.1.3 Anforderungen an die Kostenrechnung

Um die Aufgaben der Kostenrechnung optimal erfüllen zu können, muss sie schnell, flexibel und integrativ sein[1].

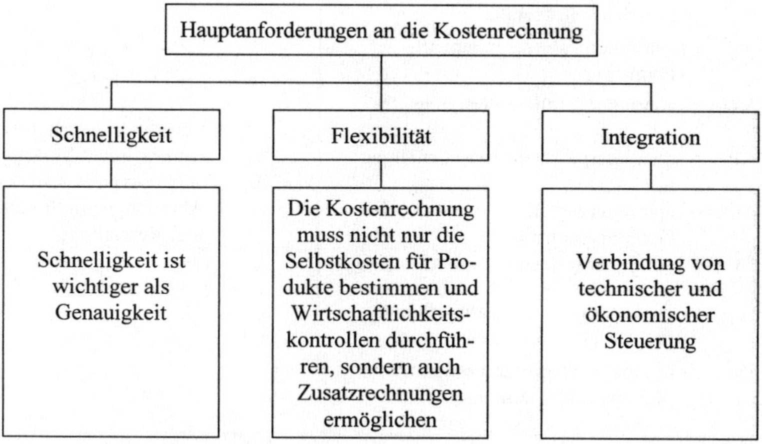

Übers. 2.5: Anforderungen an ein Kostenrechnungssystem

Die Ergebnisse der Kosten- und Leistungsrechnung müssen schnell zur Verfügung stehen, um notwendige Konsequenzen z. B. aus Kostenüberschreitungen ziehen und um unternehmerische Entscheidungen treffen zu können. Dabei ist Schnelligkeit wichtiger als Genauigkeit.

Die Kosten- und Leistungsrechnung darf nicht nur Informationen für die Selbstkostenbestimmung von Produkten und für Wirtschaftlichkeitskontrollen liefern, sie muss auch Kosten- und Leistungsinformationen über Kunden, Absatzgebiete, Investitionen usw. erbringen.

Computer werden in allen Bereichen des Unternehmens zunehmend eingesetzt. Es ist abzusehen, dass die Fabrik der Zukunft ein computerintegriertes Unternehmen (CIB) ist, das die nebeneinander existierenden Informationssysteme miteinander

[1] Vgl. J. Weber, 10 Thesen zu Stand und Entwicklungslinien der Kostenrechnung, in: Buchführung, Bilanz, Kostenrechnung (BBK), Heft 23 vom 3. 12. 1986, Fach 21, S. 1367.

verknüpft und die strikte Kompetenztrennung von Entwicklung, Fertigung, Vertrieb und Verwaltung auflöst[1].

CAD =	computergestützte Entwurfs- und Entwicklungstechnik	CIB = Computerintegriertes Unternehmen/Verknüpfung aller computergestützten Abteilungen in Produktion und Verwaltung
CAE =	computergestützte Ingenieurtätigkeiten	
CAM =	computergestützte Fertigung	
CAP =	computergestützte Arbeitsplanung	
CAQ =	computergestützte Qualitätskontrolle	
CNC =	computergesteuerte Arbeitsabläufe	
CIF =	computergestützte Fabrikplanung und Objektmanagement	
CIM =	computerintegrierte Fertigungsplanung und -steuerung	

CAD =	computer aided design
CAE =	computer aided engineering
CAM =	computer aided manufactoring
CAP =	computer aided planning
CAQ =	computer aided quality assurance
CNC =	computerized numerical control
CIF =	computer integrated factory planning
CIM =	computer integrated manufacture
CIB =	computer integrated business

Übers. 2.6: Computergestützte Arbeitsabläufe

[1] Vgl. imu-bildinfo vom 12.06.1990, Fach 900631-5.

2.2 Kosten- und Erlösverläufe

2.2.1 Kostenbestimmungsfaktoren und Kostenfunktion

Für eine Unternehmung ist es wichtig, zu wissen, von welchen Faktoren und in welcher Weise die Höhe der Kosten beeinflußt wird. Dabei lassen sich als wichtigste Kostenbestimmungsfaktoren nennen:

1. Beschäftigung (Maschinenstunden, Arbeitsstunden, Ausbringungsmenge)
2. Preise der Produktionsfaktoren
3. Qualität der Produktionsfaktoren
4. Betriebsgröße (Kapazität)
5. Produktionsverfahren

Hier soll zunächst nur die Beziehung zwischen der Ausbringungsmenge und den Kosten in Form einer Kostenfunktion dargestellt werden. Dabei wird angenommen, dass die anderen Kostenbestimmungsfaktoren konstant bleiben.

Eine Kostenfunktion gibt an, in welcher Weise die gesamten Kosten K eines Betriebes von der Höhe der Ausbringung x abhängen.

Die Kosten setzen sich aus zwei Bestandteilen zusammen:

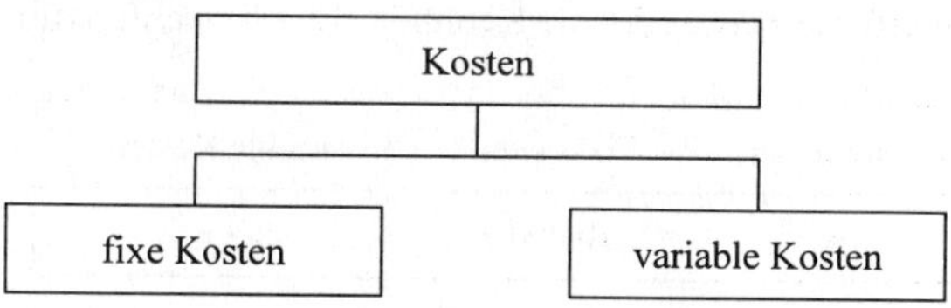

Die fixen Kosten K_f fallen unabhängig von der Ausbringungsmenge an. Sie ergeben sich aus der Bereitstellung einer bestimmten Kapazität und werden deshalb auch Bereitschaftskosten genannt. Als Beispiele sind zu nennen: kalkulatorische Mieten und Pachten, kalkulatorische Zinsen und Abschreibungen auf das Anlagevermögen, Kosten für Beratung, Versicherung, Beleuchtung, Bewachung.
Die variablen Kosten K_v sind Kosten, die sich mit der Ausbringungsmenge verändern. Normalerweise steigen (sinken) die variablen Kosten bei einer Erhöhung (Einschränkung) der Produktion. Beschäftigungsabhängige Kosten sind: Fertigungslöhne, Roh-, Hilfs- und Betriebsstoffkosten, Frachtkosten usw.

Unter Verwendung dieser Begriffe lässt sich eine Kostenfunktion beispielhaft in ein Kostendiagramm einzeichnen:

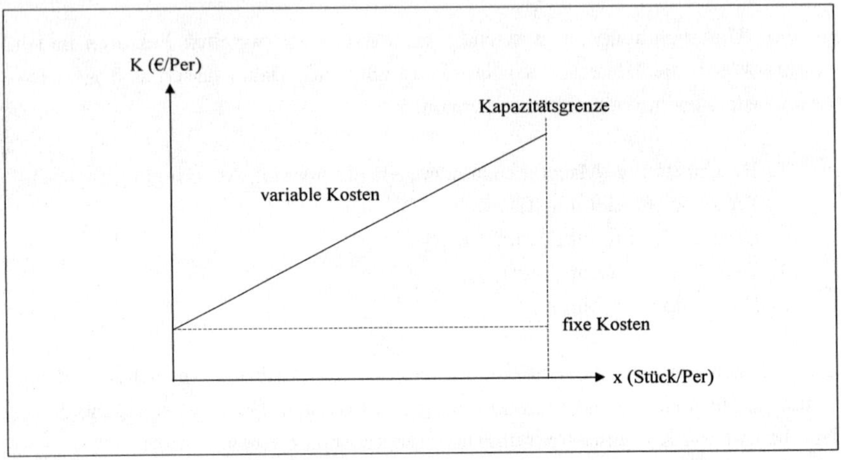

Abb. 2.1: Kostenfunktion

Im allgemeinen kann die Kostenfunktion nur für einen Kostenplatz oder eine Kostenstelle, nicht aber für den Gesamtbetrieb ermittelt werden. Die Darstellung einer Kostenkurve erfordert entweder die Kenntnis einer Kostenfunktion, z. B.:

Gesamtkosten	= Fixkosten	+ variable Kosten
K	= 10.000	+ 20 · x

oder die Kenntnis einzelner Kostenpunkte. In der Praxis kann man die Kostenfunktion eines Betriebes selten genau bestimmen; meistens sind nur die Kosten für einige alternative Ausbringungsmengen bekannt. Daraus lässt sich dann der Kostenverlauf für den relevanten Produktionsbereich des Unternehmens annäherungsweise ermitteln.

Die Kosten lassen sich mit verschiedenen Methoden in ihre fixen und variablen Bestandteile auflösen[1]. Die Freihand-Methode (= Streupunktdiagramm) beruht auf

[1] Vgl. K.-D. Däumler/J. Grabe, Kostenrechnung 3, Plankostenrechnung, S. 156 ff.

der Beobachtung früherer Istkosten und den dazugehörigen Werten der betreffenden Bezugsgröße. Als Beispiel sei die Entwicklung der Reparaturkosten in Abhängigkeit von der Ausbringungsmenge in einer Fertigungsabteilung genannt.

Beispiel 2.1 (Freihand-Methode)

In der Kostenstelle Endmontage sind in den letzten Monaten die aus der Tabelle hervorgehenden Reparaturkosten und Ausbringungsmengen angefallen.

Monat	Ausbringung (Stück/Mon)	Reparaturkosten (€/Mon)
Januar	300	500
Februar	325	650
März	400	600
April	300	575
Mai	200	650
Juni	425	750
Juli	450	700
August	550	775
September	375	650
Oktober	450	800
November	525	850
Dezember	600	700
Summe	4.900 : 12	8.200 : 12
Monatsdurchschnitt	= 408	= 683

Übers. 2.7: Zeitliche Entwicklung von Ausbringung und Reparaturkosten

Wie lautet die Kostenfunktion?

Lösung

Man trägt die empirisch ermittelten Werte in ein Koordinatensystem ein und erhält Abbildung 2.2. Die Genauigkeit kann erhöht werden, wenn man den Gesamtdurchschnittspunkt P (408/683) berücksichtigt.

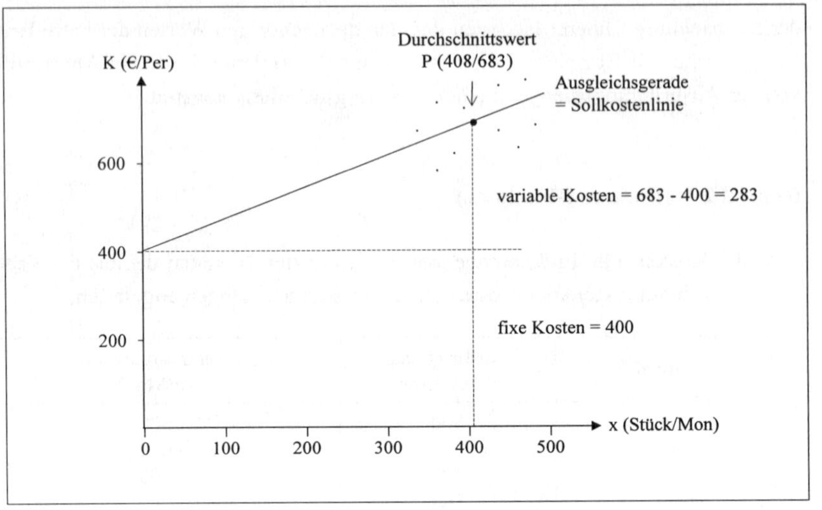

Abb. 2.2: Streupunktdiagramm mit Ausgleichsgerade

Die Kostenfunktion ergibt sich in Abbildung 2.2 als Ausgleichsgerade, d. h. sie wird so in die Punktwolke gelegt, dass sich die positiven und negativen Abweichungen einzelner Wertepaare in etwa ausgleichen, außerdem soll sie durch P (408/683) gehen, der den Gesamtdurchschnitt repräsentiert. Man nutzt Punkt P als Anhaltspunkt und dreht die Ausgleichsgerade nach Maßgabe der empirischen Wertepaare. Aus der auf zeichnerischem Wege gefundenen Sollkostenlinie lassen sich Fixkosten von etwa 400 € pro Monat und variable Stückkosten von rund 0,70 € je Stück (683 - 400 / 408) ablesen. Somit gilt die folgende Kostenfunktion:

$$K = 400 + 0{,}70\ x \qquad (x = \text{Stück})$$

Die Untersuchung der Gesamtkosten eines Betriebes, die sich aus der Summe einer Vielzahl von Kostenarten zusammensetzt, reicht nicht aus, daneben muss man u. a. die Durchschnittskosten für eine Produktionseinheit bestimmen. Insgesamt ist die Untersuchung folgender Größen zur Charakterisierung von Kostenverläufen notwendig:

Begriff	Symbol	Begriffsbestimmung	Dimension
Gesamtkosten	K	Gesamtkosten eines Betriebes für die Erstellung der betrieblichen Leistung in einer Periode	€/Per
variable Kosten	K_v	Kosten, die mit steigender Produktion steigen und mit fallender Produktion fallen	€/Per
fixe Kosten	K_f	Kosten der Betriebsbereitschaft, die bei einer Änderung der Ausbringungsmenge konstant bleiben	€/Per
Stückkosten (Durchschnittskosten)	k	$k = \frac{\text{Gesamtkosten}}{\text{Produktionsmenge}} = \frac{K}{x}$	€/Stück
variable Stückkosten	k_v	$k_v = \frac{\text{Variable Kosten}}{\text{Produktionsmenge}} = \frac{K_v}{x}$	€/Stück
fixe Stückkosten	k_f	$k_f = \frac{\text{Fixkosten}}{\text{Produktionsmenge}} = \frac{K_f}{x}$	€/Stück

Übers. 2.8: Kostenbegriffe

Eine wichtige Rolle spielen in der modernen Kostenrechnung die Grenzkosten. Unter den Grenzkosten K' versteht man die zusätzlich entstehenden (einzusparenden) Kosten bei einer Erhöhung (Verringerung) der Ausbringungsmenge um eine Einheit. Die Grenzkosten werden mathematisch durch die 1. Ableitung der Kostenfunktion bestimmt:

$$\text{Grenzkosten} = K' = \frac{dK}{dx}$$

Ist die Kostenfunktion nicht bekannt, bestimmt man die Grenzkosten näherungsweise durch eine Differenzbetrachtung. Man ermittelt die Kosten zweier nahe beieinander liegender Ausbringungsmengen und bezieht die Kostendifferenz $(K_2 - K_1)$ auf die Ausbringungsänderung $(x_2 - x_1)$. Als Ergebnis erhält man die durchschnittlichen Grenzkosten für einen bestimmten Ausbringungsmengenabschnitt.

$$\text{durchschnittliche Grenzkosten} = K' = \frac{K_2 - K_1}{x_2 - x_1}$$

2.2.2 Erlösbestimmungsfaktoren und Erlösfunktion

Für das Unternehmen ist es gleichermaßen wichtig zu wissen, von welchen Faktoren und in welcher Weise die Höhe des Umsatzes beeinflußt wird. Dabei lassen sich u. a. folgende wichtige Umsatzbestimmungsfaktoren nennen:

1. Verkaufsmenge
2. Verkaufspreis
3. Qualität des Produktes
4. Präferenzen der Käufer

Gewöhnlich stellt man den Umsatz in Abhängigkeit von der Verkaufsmenge dar, wobei die anderen Umsatzbestimmungsfaktoren als konstant angesehen werden. Der Umsatzverlauf hängt dabei entscheidend von der Marktform, in der das Unternehmen anbietet, ab:

(1) Umsatzfunktion im Polypol,
(2) Umsatzfunktion im Monopol.

Im Polypol, der Marktform mit vielen Anbietern (Polypolisten), kann ein einzelner Anbieter den Marktpreis nicht beeinflussen. Er hat den Marktpreis als Datum hinzunehmen. Ein Mehrangebot des Polypolisten führt nicht zu einer Senkung des Marktpreises; ein Minderangebot vermag den Marktpreis nicht zu erhöhen. In einem Polypol beeinflußt eine Mengenänderung den Marktpreis nicht.

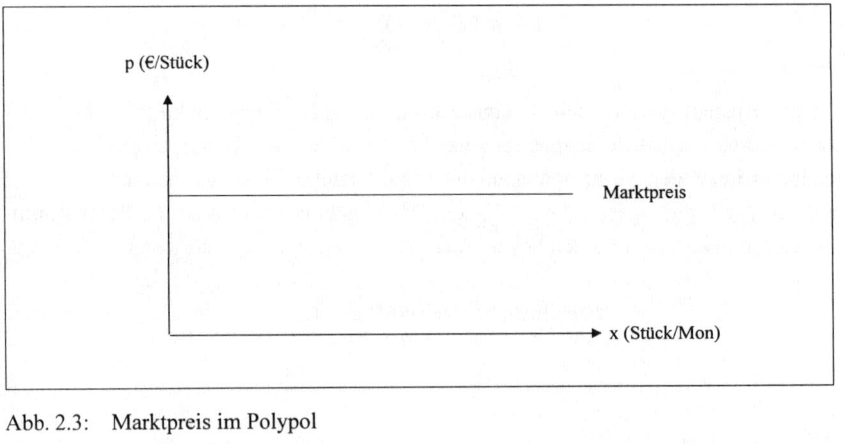

Abb. 2.3: Marktpreis im Polypol

Die Umsatzfunktion lässt sich entwickeln, indem man die Absatzmenge mit dem zugehörigen Preis multipliziert ($U_1 = x_1 \cdot p_1$). Da der Preis im Polypol konstant ist, verläuft die Umsatzfunktion linear.

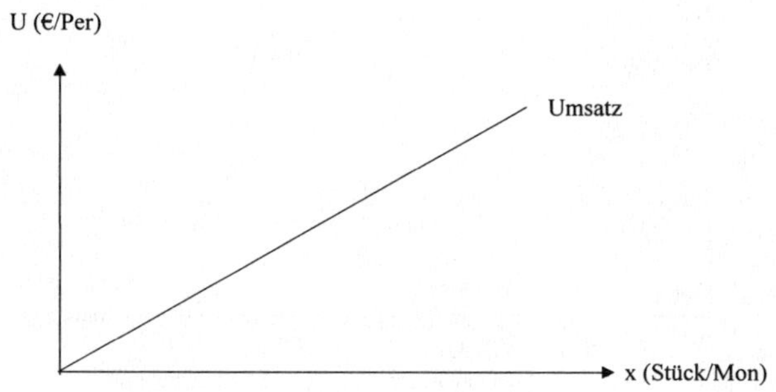

Abb. 2.4: Umsatzfunktion im Polypol

Im Monopol, der Marktform mit nur einem Anbieter (Monopolist), vermag der Monopolist den Preis zu setzen, wobei er mit der Reaktion der Nachfrager auf diesen von ihm gesetzten Preis rechnet. Die Beziehung zwischen dem geforderten Verkaufspreis und der absetzbaren Menge bei einem bestimmten Produkt lässt sich durch die Preis-Absatz-Funktion beschreiben. Sie kann in ihrem Verlauf nur geschätzt werden. In der Praxis kennt man lediglich einzelne Punkte dieser Funktion, etwa den gegenwärtigen Preis und die gegenwärtige Absatzmenge sowie entsprechende Werte der Vormonate. Praktisch bedeutsam sind vor allem solche Werte, die in der Nähe der gegenwärtigen Preis-Mengen-Kombination liegen. Die Preisabsatzfunktion verläuft im einfachsten Fall gradlinig. Dabei gibt p_h den Höchstpreis an, bei dem jede Nachfrage verschwindet. Jede Preissenkung um Δp führt zu einer Zunahme der nachgefragten Menge um Δx. Beim Preis von Null wird eine begrenzte Menge, die Sättigungsmenge x_s nachgefragt.

Im Oligopol, der Marktform mit wenigen großen Anbietern (Oligopolisten), gelten grundsätzlich die gleichen Voraussetzungen. Es sind hier jedoch zusätzlich die Reaktionen der Konkurrenten zu berücksichtigen.

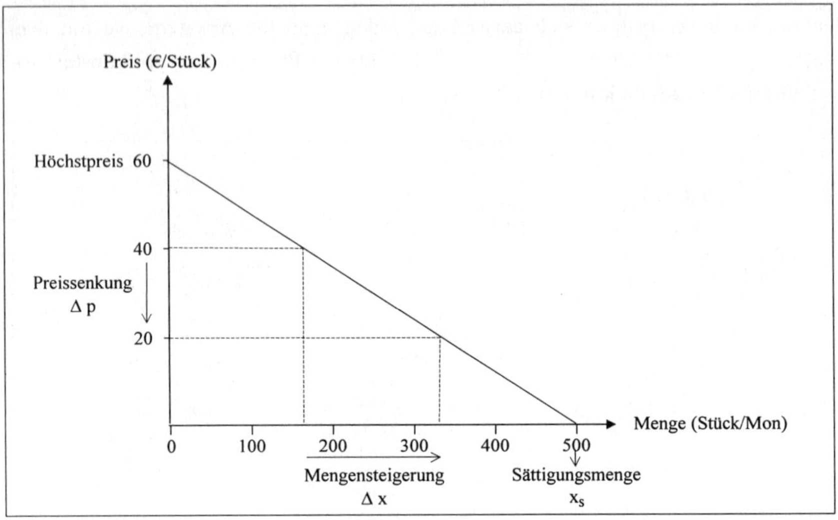

Abb. 2.5: Preisabsatzfunktion im Monopol

Die Umsatzfunktion verläuft in diesem Falle nicht mehr linear, sondern parabelförmig.

Beispiel 2.2 (Umsatzfunktion eines Fernsehgerätes)

Ein Fernsehgeräteehersteller will ein neuartiges Fernsehgerät mit übergroßem Bildschirm auf den Markt bringen. Nach Einschätzung des Marktes glaubt der Anbieter, dass sich das Gerät nur für Preise unter 12.000 € je Stück absetzen lässt. Beim Stückpreis von 12.000 € (= Höchstpreis oder Prohibitivpreis) gibt es keinerlei Nachfrage. Bei einer Preissenkung um jeweils 1.000 € steigt die nachgefragte Menge um 1, 2, 3 ... Stück pro Monat. Beim Preis von Null wird die Sättigungsmenge von 12 Stück monatlich nachgefragt.

Zeichnen Sie die Preis-Absatz-Funktion und die Umsatzfunktion in ein Diagramm, und stellen Sie die Zusammenhänge tabellarisch und in Gleichungsform dar. Bei welchem Verkaufspreis erzielt der Hersteller den maximalen Umsatz?

Lösung

p (€/Stück)	x (Stück/Monat)	U = p · x (€/Monat)
12.000	0	0
11.000	1	11.000
10.000	2	20.000
9.000	3	27.000
8.000	4	32.000
7.000	5	35.000
6.000	6	36.000
5.000	7	35.000
4.000	8	32.000
3.000	9	27.000
2.000	10	20.000
1.000	11	11.000
0	12	0

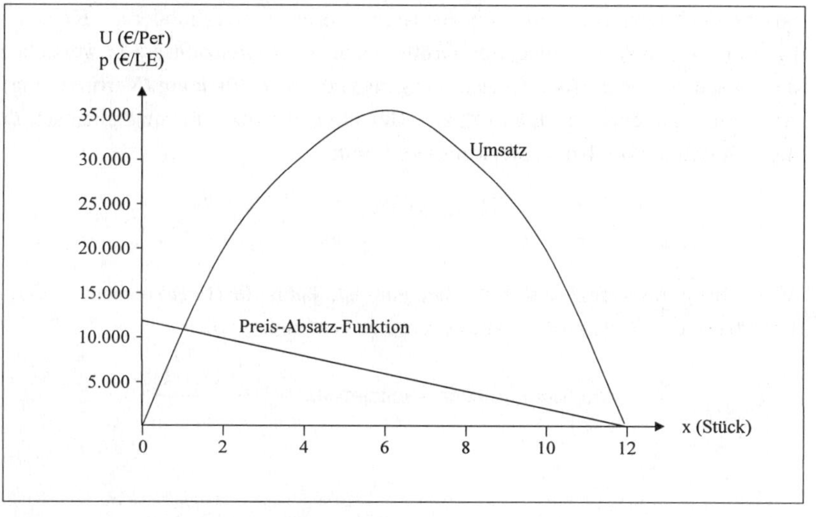

Abb. 2.6: Umsatzfunktion im Monopol

Preis-Absatz-Funktion:
$p = 12.000 - 1.000\,x$

Umsatzfunktion:
$U = p \cdot x$
$U = (12.000 - 1.000\,x) \cdot x$
$U = 12.000\,x - 1.000\,x^2$

Die Darstellung einer Umsatzkurve erfordert entweder die Kenntnis einer Umsatzfunktion oder die Kenntnis einzelner Umsatzpunkte. In der Praxis kann man die Umsatzfunktion eines Betriebes selten genau bestimmen; meistens sind nur die Umsätze für einige alternative Ausbringungsmengen bekannt. Daraus lässt sich dann der Umsatzverlauf für den relevanten Produktionsbereich des Unternehmens annäherungsweise ermitteln.

So wie die Grenzkosten ist auch der Grenzumsatz in einer modernen Kosten- und Leistungsrechnung eine wichtige Größe. Unter dem Grenzumsatz U' versteht man die Umsatzsteigerung (den Umsatzrückgang) bei einer Erhöhung (Verringerung) der Ausbringungsmenge um eine Einheit. Der Grenzumsatz wird mathematisch durch die 1. Ableitung der Umsatzfunktion bestimmt:

$$\text{Grenzumsatz} = U' = \frac{dU}{dx}$$

Wenn die Umsatzfunktion nicht bekannt ist, kann der Grenzumsatz analog zur Ermittlung der Grenzkosten näherungsweise bestimmt werden.

$$\text{durchschnittlicher Grenzumsatz} = U' = \frac{U_2 - U_1}{x_2 - x_1}$$

2.2.3 Linearer Kosten- und linearer Umsatzverlauf

Beispiel 2.3 (Lineare Kosten- und Umsatzfunktion)

In einem Unternehmen liegen folgende Kosteninformationen vor:

Menge (Stück/Periode)	0	10	20	30	40	50
Kosten (€/Periode)	1.000	1.500	2.000	2.500	3.000	3.500

Jede Produkteinheit erzielt einen Verkaufserlös von 100 €/Stück. Die Kapazitätsgrenze des Unternehmens liegt bei 50 Stück.

a) In einem Umsatz- und Kostendiagramm sind
(1) die Gesamtkosten K,
(2) die variablen Kosten K_v,
(3) die Fixkosten K_f,
(4) der Umsatz U,
(5) der Gewinn G,
(6) die Gewinnschwelle,
(7) das Gewinnmaximum
einzuzeichnen.

b) Stellen Sie
(1) die gesamten Durchschnittskosten k,
(2) die variablen Durchschnittskosten k_v,
(3) den Preis pro Stück,
(4) den Gewinn pro Stück,
(5) die Grenzkosten K',
(6) den Grenzumsatz U'
in einem Durchschnittskostendiagramm dar.

c) Wie lautet
(1) die Kostenfunktion,
(2) die Umsatzfunktion?

Lösung a)

Mit Hilfe einer Wertetabelle lassen sich Umsatzwerte und Kostenpunkte bestimmen:

Menge x (Stück/Per)	Umsatz U	Kosten K	Fixe Kosten K_f (€/Per)	Variable Kosten K_v	Gewinn G
0	0	1.000	1.000		- 1.000
10	1.000	1.500	1.000	500	- 500
20	2.000	2.000	1.000	1.000	0
30	3.000	2.500	1.000	1.500	+ 500
40	4.000	3.000	1.000	2.000	+ 1.000
50	5.000	3.500	1.000	2.500	+ 1.500

Zeichnerische Lösung:

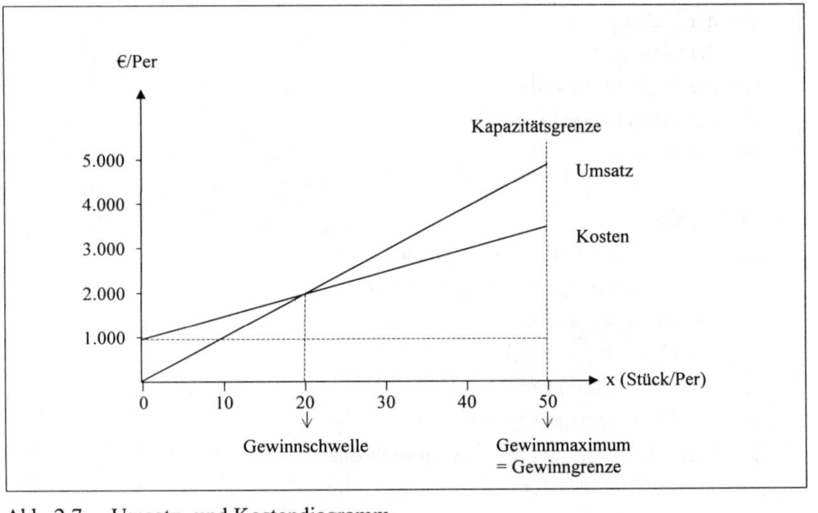

Abb. 2.7: Umsatz- und Kostendiagramm

Im Umsatz-/Kostendiagramm lassen sich kritische Punkte bestimmen. Die Umsatz- und Kostenkurve schneiden sich bei der Ausbringungsmenge 20. Vor dieser Menge arbeitet das Unternehmen mit Verlust, danach wird die Gewinnzone erreicht. Deshalb bezeichnet man den Schnittpunkt von Umsatz- und

Kostenfunktion, in dem der Gewinn gerade gleich Null ist, als Gewinnschwelle (Nutzenschwelle). Dieser Punkt wird auch als „Break-even-point“ bezeichnet.

Die Gewinngrenze (Nutzengrenze) ist der Punkt, bei dessen Überschreitung man die Gewinnzone wieder verläßt. Das bedeutet, dass die Umsatz- und Kostenfunktionen sich ein zweites Mal schneiden. Im Beispiel 2.3 wird die Gewinngrenze nicht erreicht, weil die beiden Funktionen linear verlaufen und sich ein zweiter Schnittpunkt bei Geraden theoretisch erst im Unendlichen ergibt. Praktisch liegt daher die Gewinngrenze an der Kapazitätsgrenze.

Das Gewinnmaximum liegt im Beispiel 2.3 theoretisch im Unendlichen, denn je größer die produzierte Menge ist, um so höher wird der Gewinn, weil die Umsatz- und die Kostenkurve linear verlaufen und der Grenzumsatz immer konstant über den Grenzkosten liegt. Praktisch liegt das Gewinnmaximum an der Kapazitätsgrenze dieses Unternehmens, denn eine höhere Produktion ist mit dem vorhandenen Produktionsapparat nicht möglich.

Lösung b)

Wertetabelle:

Menge x (Stück/Per)	Kosten pro Stück k	Variable Kosten pro Stück k_v	Preis pro Stück p (€/Stück)	Gewinn pro Stück g	Grenzkosten* K'	Grenzumsatz* U'
0						
5					50	100
10	150	50	100	- 50		
15					50	100
20	100	50	100	0		
25					50	100
30	83	50	100	+ 17		
35					50	100
40	75	50	100	+ 25		
45					50	100
50	70	50	100	+ 30		

* Die Grenzkosten und der Grenzumsatz werden jeweils bei den Zwischenwerten (5, 15, ... 45) eingetragen, weil sie nicht mathematisch exakt bestimmt, sondern als Durchschnittswerte zwischen zwei Mengenabschnitten ermittelt werden.

Zeichnerische Lösung:

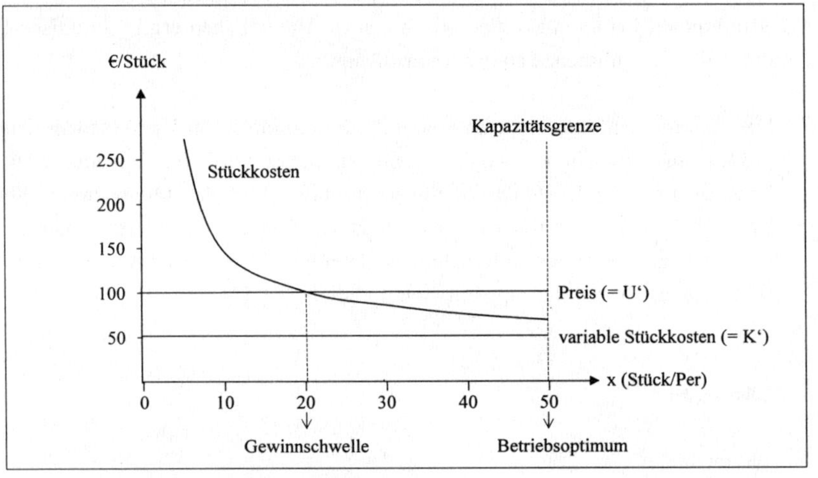

Abb. 2.8: Durchschnittskostendiagramm

Bei linearem Kostenverlauf sind die Grenzkosten identisch mit den variablen Durchschnittskosten, weil jede zusätzliche Produktionseinheit die gleichen variablen Kosten pro Stück verursacht.

Auch im Durchschnittskostendiagramm lassen sich kritische Punkte ermitteln. Dort, wo die gesamten Stückkosten am geringsten sind, liegt das Betriebsoptimum. Im Beispiel 2.3 liegt das Betriebsoptimum theoretisch im Unendlichen, da die Stückkosten bei steigender Stückzahl stetig sinken. Praktisch werden die niedrigsten Stückkosten an der Kapazitätsgrenze erreicht.

Damit fallen bei einer linearen Umsatz- und einer linearen Kostenfunktion die gewinnmaximale Ausbringungsmenge und das Betriebsoptimum an der Kapazitätsgrenze zusammen.

Dort, wo die variablen Stückkosten ihr Minimum erreichen, liegt das Betriebsminimum. Im Beispiel 2.3 sind die variablen Stückkosten konstant, daher liegt das Betriebsminimum bei jeder produzierbaren Menge. Während die beiden kritischen Punkte Betriebsoptimum und Betriebsminimum für ein Unternehmen eher theoretische Bedeutung haben, da sich die zu produzierende Menge nicht allein nach der Kostensituation eines Unternehmens richtet, sondern vor allem von der Marktsituation abhängt, ist die Bestimmung der lang- und kurzfristigen Preisuntergrenze von erheblicher praktischer Bedeutung.

Die langfristige Preisuntergrenze gibt an, welchen Preis ein Unternehmen langfristig bei einer bestimmten Beschäftigung gerade noch akzeptieren kann, ohne Verluste hinzunehmen. Dabei muss der Preis so gesetzt werden, dass er die gesamten Kosten pro Stück abdeckt. Bei dieser Preisstellung könnte die Unternehmung langfristig existieren, denn der Preis deckt variable und fixe Kosten ab, in denen auch kalkulatorische Kosten enthalten sind, wie kalkulatorische Zinsen, Wagnisse und Unternehmerlöhne.

Im Beispiel 2.3 reicht bei einer Produktion von 20 Stück der Marktpreis von 100 € gerade aus, um die gesamten Kosten zu decken. Die langfristige Preisuntergrenze liegt daher bei dieser Beschäftigung bei 100 €. Produziert das Unternehmen dagegen 50 Stück, liegt die langfristige Preisuntergrenze bei 70 €.

Die kurzfristige Preisuntergrenze ergibt sich in Höhe der variablen Kosten pro Stück bei einer bestimmten realisierten Produktionsmenge. Es kann für ein Unternehmen kurzfristig sinnvoll sein, einen Preis zu akzeptieren, der unter den gesamten und über den variablen Stückkosten liegt. Bei diesem Preis werden nämlich die variablen Kosten pro Stück abgedeckt, und es bleibt ein weiterer Betrag, den man Deckungsbeitrag nennt, um die kurzfristig ohnehin nicht abbaubaren Fixkosten wenigstens teilweise abzudecken. Würde das Unternehmen den Auftrag zu dem Preis, der unter der langfristigen Preisuntergrenze liegt, ablehnen, so wären die Fixkosten in voller Höhe ungedeckt. Bei einem Sinken des Marktpreises unter die kurzfristige Preisuntergrenze muss allerdings die Produktion eingestellt werden, weil in dieser Situation nicht einmal mehr die variablen Kosten pro Stück gedeckt werden. Im Beispiel 2.3 liegt die kurzfristige Preisuntergrenze bei jeder Produktionsmenge bei 50 €, da die variablen Stückkosten konstant sind.

Lösung c)

Die Kostenfunktion lautet: $K = 1.000 + 50\,x$
Die Umsatzfunktion lautet: $U = 100\,x$

2.2.4 Linearer Kosten- und nicht-linearer Umsatzverlauf

Die Lage der kritischen Punkte verändert sich, wenn die Umsatzfunktion nicht linear verläuft. Ein nicht-linearer Verlauf der Umsatzfunktion ergibt sich im Fall des Monopols und Oligopols, wenn die abgesetzte Menge eines Gutes vom selbst gesetzten Preis abhängt, im Normalfall in der Weise, dass die Nachfrager bei niedrigeren Preisen größere Mengen abnehmen.

Beispiel 2.4 (Nicht-lineare Umsatzfunktion/Lineare Kostenfunktion)

In einem Unternehmen sind folgende Kosten- und Umsatzwerte bekannt:

Menge (Stück/Per)	0	10	20	30	40	50	60	70	80
Kosten (€/Per)	4.000	4.800	5.600	6.400	7.200	8.000	8.800	9.600	10.400
Umsatz (€/Per)	0	3.600	6.400	8.400	9.600	10.000	9.600	8.400	6.400

Die Kapazitätsgrenze der Unternehmung liegt bei 80 Stück.

a) Bestimmen Sie zeichnerisch
   (1) die Gewinnschwelle,
   (2) die Gewinngrenze,
   (3) das Gewinnmaximum.

b) Bestimmen Sie rechnerisch
   (1) die Gewinnschwelle,
   (2) die Gewinngrenze,
   (3) das Gewinnmaximum,
   wenn die Kosten- und Umsatzwerte folgenden Funktionen entsprechen:
   $K = 4.000 + 80\,x$
   $U = 400\,x - 4\,x^2$.

c) Wo liegt
   (1) das Betriebsoptimum und
   (2) das Betriebsminimum?

d) Wie hoch sind kurz- und langfristige Preisuntergrenze bei 60 Stück?

Lösung a)

Wertetabelle:

x (Stück/Per)	U	K	G (€/Per)	K_f	K_v
0	0	4.000	- 4.000	4.000	0
10	3.600	4.800	- 1.200	4.000	800
20	6.400	5.600	+ 800	4.000	1.600
30	8.400	6.400	+ 2.000	4.000	2.400
40	9.600	7.200	+ 2.400	4.000	3.200
50	10.000	8.000	+ 2.000	4.000	4.000
60	9.600	8.800	+ 800	4.000	4.800
70	8.400	9.600	- 1.200	4.000	5.600
80	6.400	10.400	- 4.000	4.000	6.400

Zeichnerische Lösung:

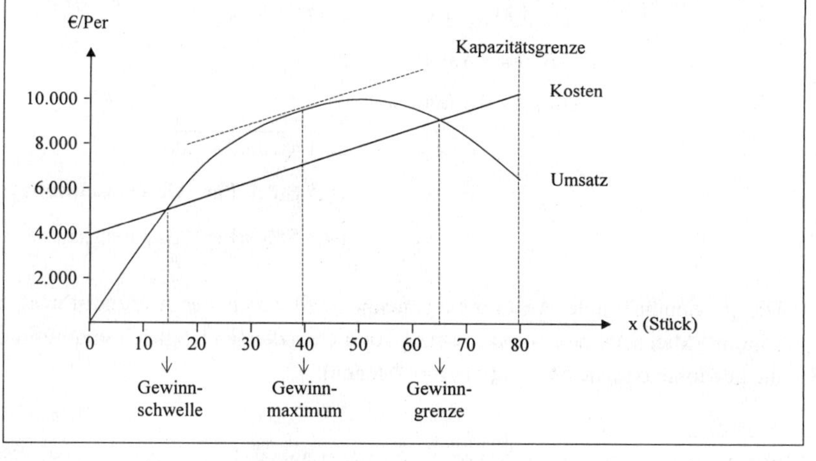

Abb. 2.9: Umsatz-/Kostendiagramm

Graphisch läßt sich das Gewinnmaximum durch eine Parallelverschiebung der Kostenfunktion bestimmen. Dort, wo die Kostenkurve die Umsatzkurve tangiert, d. h. bei der Ausbringungsmenge, bei der die Steigung der Kurven gleich ist, ist das Gewinnmaximum erreicht.

Die zeichnerisch ermittelten Werte ergeben für die kritischen Punkte:

Gewinnschwelle:	ca. 15
Gewinnmaximum:	ca. 40
Gewinngrenze:	ca. 64

Lösung b)

Für die Ermittlung der kritischen Punkte benötigt man die Umsatz- und Kostenfunktion sowie den Grenzumsatz und die Grenzkosten:

$U = p \cdot x = (400 - 4\,x) \cdot x = 400\,x - 4\,x^2$ $\quad U' = 400 - 8\,x$

$K = 4.000 + 80\,x$ $\quad K' = 80$

Die Gewinnschwelle und die Gewinngrenze lassen sich rechnerisch durch die Gleichsetzung von Umsatz und Kosten (Gewinn = 0) bestimmen:

$$U = K$$

$$400\,x - 4\,x^2 = 4.000 + 80\,x$$

$$4\,x^2 - 320\,x + 4.000 = 0$$

$$x^2 - 80\,x + 1.000 = 0$$

$$x_{1/2} = 40 \pm \sqrt{1.600 - 1.000}$$

$$x_1 = 15{,}5 \text{ Stück/Per (Gewinnschwelle)}$$

$$x_2 = 64{,}5 \text{ Stück/Per (Gewinngrenze)}$$

Die gewinnmaximale Ausbringungsmenge wird durch den Cournot-Punkt bestimmt[1]. Man setzt den Grenzumsatz U' und Grenzkosten K' gleich und bestimmt die gewinnmaximale Menge (Cournot-Menge):

[1] Der französische Mathematiker und Nationalökonom Antoine Augustin Cournot (1801 - 1877) entwickelte diese Methode zur Festlegung der gewinnmaximalen Preis-Mengen-Kombination.

$$U' = K'$$
$$400 - 8\,x = 80$$
$$8\,x = 320$$
$$x_c = 40 \text{ Stück/Per (Cournot-Menge)}$$

Durch Einsetzen der gewinnmaximalen Menge in die Preisabsatzfunktion ergibt sich:

$$p_c = 400 - 4\,x_c$$
$$p_c = 400 - 160$$
$$p_c = 240 \text{ €/Stück (Cournot-Preis)}$$

Lösung c)

Wertetabelle:

x (Stück/Per)	k	k_v	K' (€/Stück)	p	U'
0					
5			80		360
10	480	80		360	
15			80		280
20	280	80		320	
25			80		200
30	213	80		280	
35			80		120
40	180	80		240	
45			80		40
50	160	80		200	
55			80		- 40
60	147	80		160	
65			80		- 120
70	137	80		120	
75			80		- 200
80	130	80		80	

Aus der Wertetabelle ist erkennbar, dass das Betriebsoptimum an der Kapazitätsgrenze liegt, weil die Stückkosten k stetig fallen. Ein Betriebsminimum gibt es nicht, weil die variablen Stückkosten k_v konstant sind.

Zeichnerische Lösung:

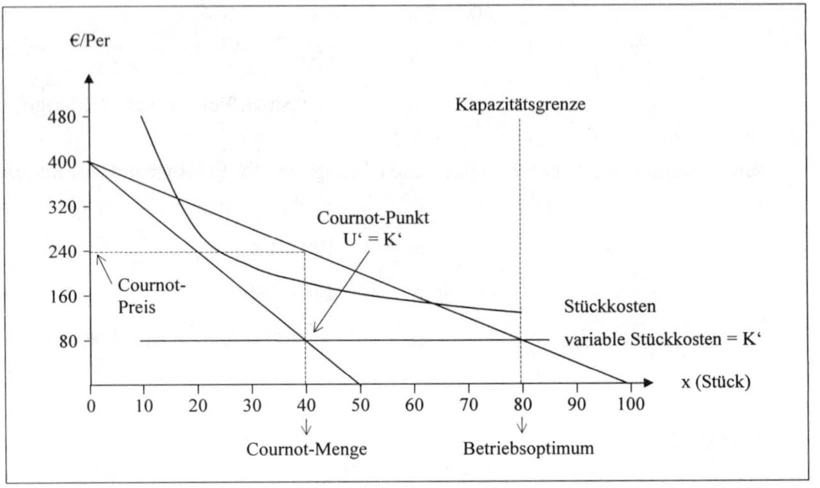

Abb. 2.10: Durchschnittskostendiagramm

Die zeichnerische Lösung bestätigt die Schlussfolgerungen aus der Wertetabelle. Das Betriebsoptimum liegt an der Kapazitätsgrenze bei 80 Stück, weil die Durchschnittskosten stetig fallen. Ein Betriebsminimum gibt es nicht, weil die variablen Durchschnittskosten konstant sind. Bei diesen beiden kritischen Punkten wird nur die Kostenseite beachtet. Bezieht man den Umsatz ein, ergibt sich eine gewinnmaximale Menge von 40 Stück bei einem Preis von 240 €/Stück.

Lösung d)

Die kurzfristige Preisuntergrenze bei 60 Stück beträgt 80 €, damit deckt man gerade die variablen Kosten. Die langfristige Preisuntergrenze liegt bei 147 €, hier werden gerade die Durchschnittskosten gedeckt.

2.2.5 Nicht-linearer Kosten- und linearer Umsatzverlauf

So wie die Umsatzfunktion kann auch die Kostenfunktion einen nicht-linearen Verlauf haben. Die variablen Kosten können progressiv (überproportional) oder degressiv (unterproportional) verlaufen.

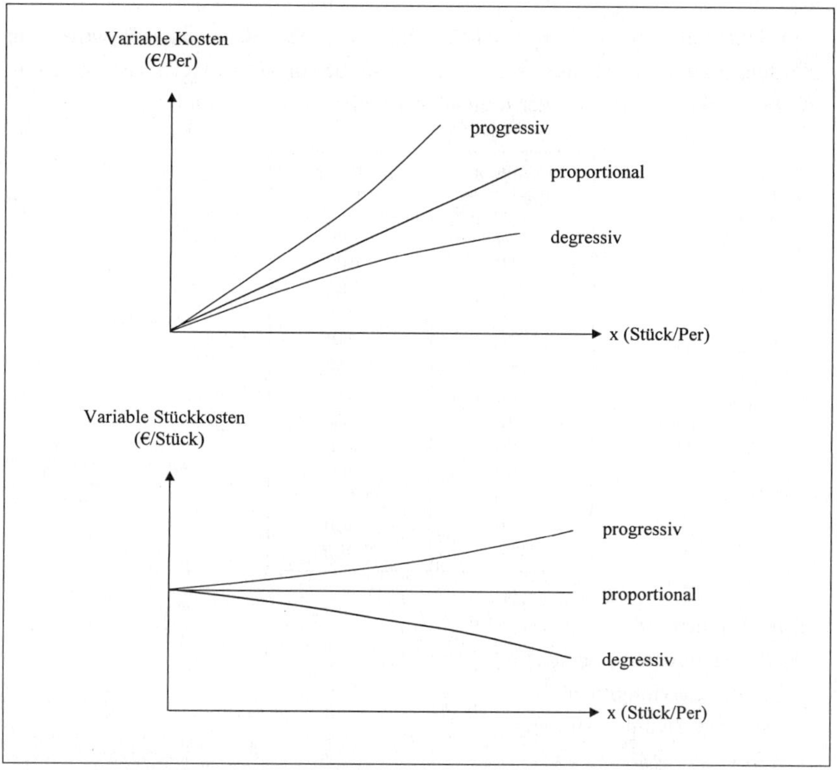

Abb. 2.11: Nicht-lineare Kostenverläufe

Degressive Kosten steigen schwächer als die Ausbringungsmenge. Sie entstehen häufig bei der Ausnutzung von Massenproduktionsvorteilen.

Progressive Kosten steigen stärker als die Beschäftigung. Sie sind typisch für Produktionen nahe der Kapazitätsgrenze, wenn die Maschinen überbeansprucht werden oder Überstundenzuschläge zu zahlen sind.

Ein zunächst degressiver, dann progressiver Kostenverlauf führt zu dem gelegentlich in der Praxis vorkommenden s-förmigen Gesamtkostenverlauf.

Beispiel 2.5 (s-förmiger Kostenverlauf/Linearer Umsatzverlauf)

Ein Unternehmen produziert ein Produkt, das für 30 € verkauft wird. Die Kostenfunktion des Unternehmens ist nicht bekannt, es liegen aber einzelne Kostenpunkte vor, die aus der folgenden Tabelle zu ersehen sind.

Menge x (Stück/Per)	Kosten K (€/Per)
0	400
10	600
20	780
30	940
40	1.080
50	1.200
60	1.350
70	1.540
80	1.840
90	2.300
100	3.000
110	3.900
120	5.000

a) Bestimmen Sie
   (1) die Gewinnschwelle,
   (2) die Gewinngrenze,
   (3) das Gewinnmaximum.

b) Berechnen Sie
   (1) das Betriebsoptimum,
   (2) das Betriebsminimum.

Lösung a)

Wertetabelle:

x (Stück/Per)	U	K	G (€/Per)	K_f	K_v
0	0	400	- 400	400	
10	300	600	- 300	400	200
20	600	780	- 180	400	380
30	900	940	- 40	400	540
40	1.200	1.080	+ 120	400	680
50	1.500	1.200	+ 300	400	800
60	1.800	1.350	+ 450	400	950
70	2.100	1.540	+ 560	400	1.140
80	2.400	1.840	+ 560	400	1.440
90	2.700	2.300	+ 400	400	1.900
100	3.000	3.000	0	400	2.600
110	3.300	3.900	- 600	400	3.500
120	3.600	5.000	- 1.400	400	4.600

Aus der Wertetabelle lässt sich erkennen, dass die Gewinnschwelle zwischen 30 und 40, das Gewinnmaximum zwischen 70 und 80 und die Gewinngrenze bei 100 Stück liegen wird.

Zeichnerische Lösung:

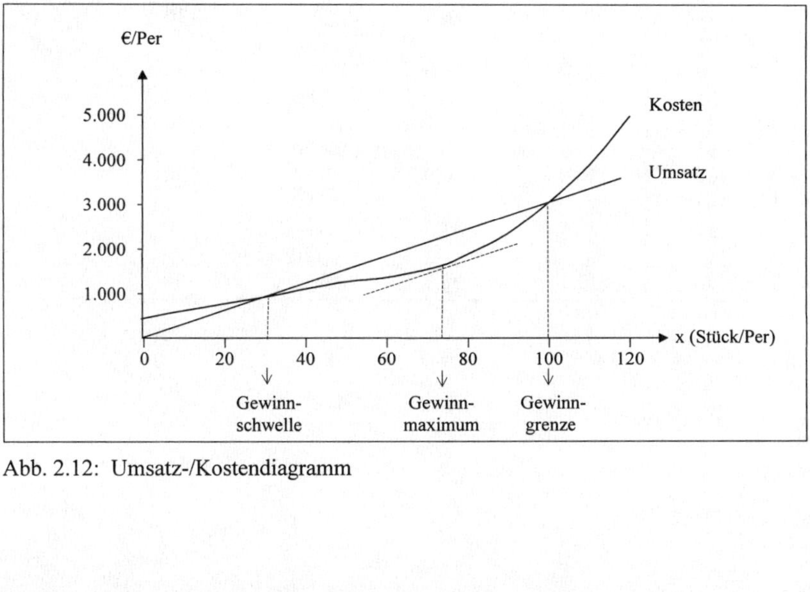

Abb. 2.12: Umsatz-/Kostendiagramm

Die zeichnerisch ermittelbaren Werte der kritischen Punkte bestätigen die anhand der Wertetabelle getroffene Einschätzung. Die Gewinnschwelle liegt bei ca. 32 Stück, das Gewinnmaximum von ca. 560 € bei etwa 74 Stück. Die Gewinngrenze befindet sich genau bei 100 Stück.

Lösung b)

Wertetabelle:

x (Stück/Per)	k	k_V	K' (€/Stück)	p	U'
0					
5			20		30
10	60,0	20,0		30	
15			18		30
20	39,0	19,0		30	
25			16		30
30	31,3	18,0		30	
35			14		30
40	27,0	17,0		30	
45			12		30
50	24,0	16,0		30	
55			15		30
60	22,5	15,8		30	
65			19		30
70	22,0	16,3		30	
75			30		30
80	23,0	18,0		30	
85			46		30
90	25,6	21,1		30	
95			70		30
100	30,0	26,0		30	
105			90		30
110	35,5	31,8		30	
115			110		30
120	41,7	38,3		30	

Zeichnerische Lösung:

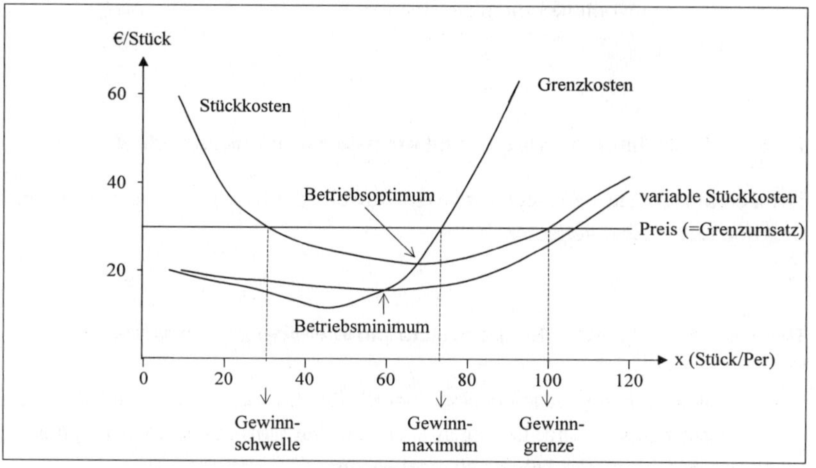

Abb. 2.13: Durchschnittskostendiagramm

Das Betriebsminimum lässt sich durch den Schnittpunkt der variablen Stückkostenkurve mit der Grenzkostenkurve[1] bestimmen. Das Betriebsoptimum liegt dort, wo sich die gesamte Stückkostenkurve und die Grenzkostenkurve schneiden. Eine rechnerische Ermittlung beider Punkte ist nicht möglich, da die Kostenfunktion nicht bekannt ist.

Die gewinnmaximale Menge ist auch im Durchschnittskostendiagramm darstellbar. Sie liegt dort, wo die Grenzkostenkurve die Grenzumsatzkurve schneidet, denn bis zu dieser Produktionsmenge entsteht bei der Produktion einer zusätzlichen Einheit jeweils ein positiver Grenzgewinn. Wird dagegen über diese Menge hinaus produziert, so entsteht für jede zusätzliche Einheit ein Grenzverlust, der den bis zum diesem Punkt entstandenen Gewinn wieder schmälert.

[1] Die Grenzkosten können nicht mathematisch abgeleitet werden, da die Kostenfunktion nicht bekannt ist. Man ermittelt sie in einer Differenzbetrachtung, indem man z. B. die Kosten bei 30 Stück (940 €) mit den Kosten bei 20 Stück (780 €) vergleicht. Die Differenz (160 €), dividiert durch 10, ergibt die durchschnittlichen Grenzkosten von 16 € pro Stück in diesem Bereich. Zeichnerisch wird dieser Wert in der Mitte dieses Bereiches, bei einer Stückzahl von 25, angesetzt.

Ergebnis: Bei einer nicht-linearen Kostenfunktion fallen Betriebsoptimum und Gewinnmaximum auseinander.

2.2.6 Nicht-linearer Kosten- und nicht-linearer Umsatzverlauf

Der komplizierteste Fall liegt vor, wenn sowohl die Kosten- als auch die Umsatzfunktion nicht linear verlaufen.

Beispiel 2.6 (s-förmiger Kostenverlauf/parabelförmiger Umsatzverlauf)

Ein Unternehmen produziert ein Produkt, für das die Umsatz- und Kostenfunktion nicht bekannt sind. Es liegen aber einzelne Umsatz- und Kostenpunkte vor, die aus der folgenden Tabelle zu ersehen sind.

Menge x (Stück/Per)	Umsatz U (€/Per)	Kosten K (€/Per)
0	0	600
10	1.725	1.070
20	3.300	1.360
30	4.725	1.590
40	6.000	1.880
50	7.125	2.350
60	8.100	3.120
70	8.925	4.310
80	9.600	6.040
90	10.125	8.430
100	10.500	11.600

a) Bestimmen Sie
   (1) die Gewinnschwelle,
   (2) die Gewinngrenze,
   (3) das Gewinnmaximum.

b) Berechnen Sie
  (1) das Betriebsoptimum,
  (2) das Betriebsminimum.

Lösung a)

Wertetabelle:

Menge (Stück/Per)	Umsatz	Kosten	Gewinn (€/Per)	Fixkosten	Var. Kosten
0	0	600	- 600	600	-
10	1.725	1.070	+ 655	600	470
20	3.300	1.360	+ 1.940	600	760
30	4.725	1.590	+ 3.135	600	990
40	6.000	1.880	+ 4.120	600	1.280
50	7.125	2.350	+ 4.775	600	1.750
60	8.100	3.120	+ 4.980	600	2.520
70	8.925	4.310	+ 4.615	600	3.710
80	9.600	6.040	+ 3.560	600	5.440
90	10.125	8.430	+ 1.695	600	7.830
100	10.500	11.600	- 900	600	11.000

Zeichnerische Lösung:

Die zeichnerisch ermittelbaren Werte für die kritischen Punkte bestätigen die anhand der Wertetabelle getroffene Einschätzung. Zwischen 0 und 10 Stück wandelt sich der Verlust in einen Gewinn um. Das Gewinnmaximum von 4.980 € wird bei 60 Stück erreicht. Die Gewinngrenze liegt zwischen 90 und 100 Stück.

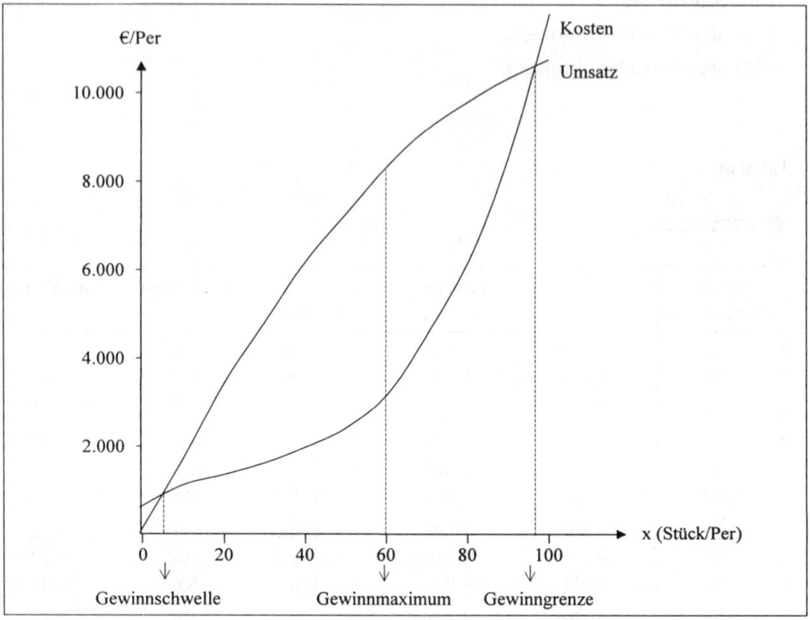

Abb. 2.14: Umsatz-/Kostendiagramm

Lösung b)

Das Betriebsminimum lässt sich durch den Schnittpunkt der variablen Stückkostenkurve mit der Grenzkostenkurve bestimmen. Das Betriebsoptimum liegt dort, wo sich die Gesamtstückkostenkurve und die Grenzkostenkurve schneiden. Eine rechnerische Ermittlung beider Punkte ist nicht möglich, da die Kostenfunktion nicht bekannt ist.

Aus der Zeichnung lassen sich die kritischen Werte folgendermaßen ableiten:

Gewinnschwelle:	5
Gewinnmaximum:	60
Gewinngrenze:	96
Betriebsminimum:	38
Betriebsoptimum:	45

Wertetabelle:

x (Stück/Per)	k	k_v	K' (€/Stück)	p	U'
0					
5			47		172,50
10	107,00	47		172,50	
15			29		157,50
20	68,00	38		165,00	
25			23		142,50
30	53,00	32		157,50	
35			29		127,50
40	47,00	32		150,00	
45			47		112,50
50	47,00	35		142,50	
55			77		97,50
60	52,00	42		135,00	
65			119		82,50
70	62,00	53		127,50	
75			173		67,50
80	75,50	68		120,00	
85			239		52,50
90	93,70	87		112,50	
95			317		37,50
100	116,00	110		105,00	

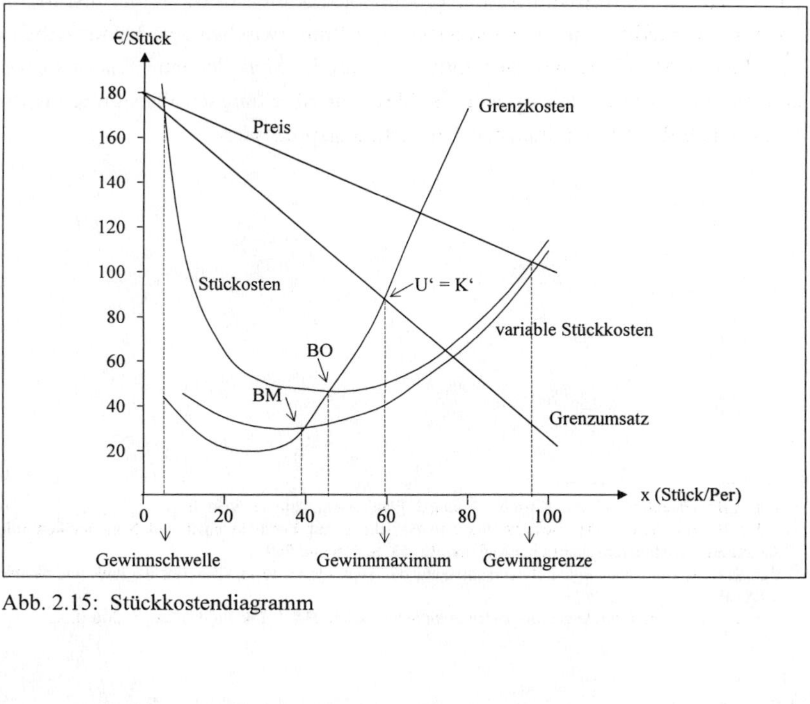

Abb. 2.15: Stückkostendiagramm

2.2.7 Kostenverläufe in der Praxis

Der Kostenverlauf ist abhängig von den Produktionsbedingungen, unter denen eine Leistung erbracht wird[1]. In der Landwirtschaft wurden die Produktionsbedingungen schon im 19. Jahrhundert durch Heinrich von Thünen empirisch untersucht[2], der nachwies, dass bei zunehmendem Einsatz eines Produktionsfaktors (z. B. Dünger) und Konstanz aller anderen Faktoren Erträge erzielt werden, die zunächst progressiv ansteigen, dann degressiv steigen und schließlich abnehmen (Gesetz vom abnehmenden Ertragszuwachs). Daraus ergab sich die Ableitung eines s-förmigen Kostenverlaufs. Produktionsverhältnisse wie die in der Landwirtschaft, bei denen der gleiche Ertrag entsteht, wenn man einen Produktionsfaktor durch einen anderen ersetzt (substitutionale Produktionsfaktoren), werden heute mit der Produktionsfunktion vom Typ A beschrieben. Die Betriebswirtschaftslehre, die sich Anfang des 20. Jahrhunderts entwickelte, ist davon ausgegangen, dass der s-förmige Kostenverlauf auch in industriellen Produktionsprozessen gelte. Empirische Untersuchungen in der Industrie haben jedoch schon Anfang dieses Jahrhunderts gezeigt, dass die Kostenverläufe in vielen Betrieben eher linear sind[3]. Erst Gutenberg hat in den fünfziger Jahren die theoretische Grundlage für diese Beobachtung gelegt, indem er die Produktionsfunktion vom Typ B entwickelte[4]. Er erkannte, dass in der Industrie die Einsatzmengenverhältnisse der Produktionsfaktoren in der Regel fest bestimmt und nicht variierbar sind, d. h. ein festes Verhältnis zwischen dem Faktor Arbeit und dem Faktor Maschine bestehen müsse. Damit limitiert der eine Faktor den (die) anderen Faktor(en). Diese Erkenntnis führte zur Ableitung der linearen Kostenfunktion als dem Regelfall in industriellen Fertigungsprozessen.

---

[1] Vgl. K.-D. Däumler/J. Grabe, Kostenrechnung 3, Plankostenrechnung, S. 99 ff.

[2] Vgl. J. H. von Thünen, Der isolierte Staat in Beziehung auf Landwirtschaft und Nationalökonomie, in: Sammlung sozialwissenschaftlicher Meister, Bd. 13, S. 416 und 569 ff.

[3] Vgl. P. Rott, Unkosten- und Lohnverschiebung bei wechselnder Produktion, in: Technik und Wirtschaft, S. 681 ff.

[4] Vgl. E. Gutenberg, Grundlagen der Betriebswirtschaftslehre, Bd. 1, Die Produktion, S. 306 ff.

2.3 Konzeption eines geeigneten Kostenrechnungssystems

Bei der Einführung oder dem Ausbau einer Kostenrechnung in einem Unternehmen sind einige Grundsatzentscheidungen zu treffen, die von den konkreten Anforderungen, die das Unternehmen an die Kostenrechnung stellt, abhängig sind[1]. Es ist unter anderem zu entscheiden:

(1) wie die Kosten auf die Kostenträger zu verrechnen sind,

(2) ob die Kostenrechnung als Ist-, Normal- oder Plankostenrechnung aufgebaut wird,

(3) welchen Kostenträgern die Kosten zugerechnet werden sollen,

(4) wie die Kostenrechnungsdaten erhoben und weitergegeben werden.

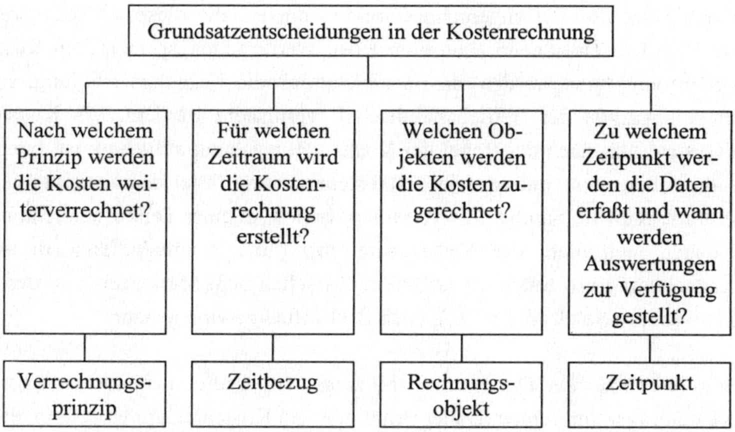

Übers. 2.14: Anforderungskriterien

[1] Vgl. J. Weber, Einführung der Kostenrechnung in mittelständischen Unternehmen, S. 9 f.

(1) Verrechnungsprinzipien

Die Verrechnung der Kosten auf die Rechnungsobjekte muss nach einem einheitlichen Prinzip erfolgen, wenn die Kostenrechnung aussagefähig sein soll:

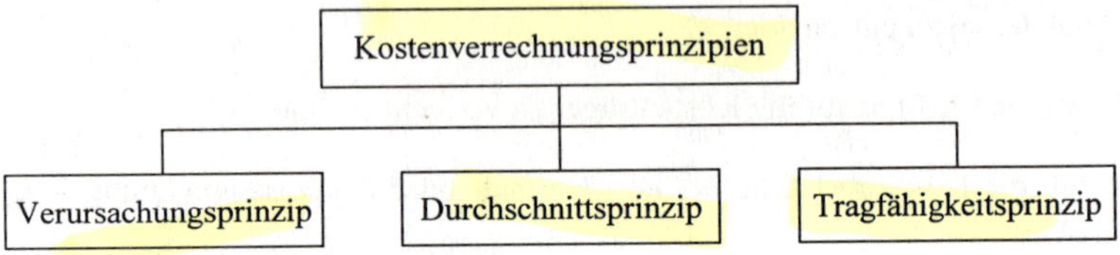

Übers. 2.15: Kostenverrechnungsprinzipien

Das Prinzip der Kostenverursachung besagt, dass die Kosten nur jenen Kostenträgern und Kostenstellen zugerechnet werden dürfen, die diese Kosten verursacht haben. Fixe Kosten können nach dem Kostenverursachungsprinzip den Kostenträgern nicht angelastet werden, da sie nicht durch die Leistungserstellung, sondern durch den Aufbau der Betriebsbereitschaft verursacht werden[1]. Ein Kostenrechnungssystem, das nach der Regel der Kostenverursachung aufgebaut ist, bezeichnet man als Teilkostenrechnung. Die Teilkostenrechnung lastet den Kostenträgern nur Teile der Kosten an, nämlich die variablen Kosten. In einer Teilkostenrechnung läßt sich daher auch nicht der Nettogewinn pro Stück ermitteln, sondern nur der Deckungsbeitrag pro Stück als Differenz zwischen dem Marktpreis und den variablen Kosten pro Stück ($d = p - k_v$), auch Bruttostückgewinn genannt.

Nach dem Prinzip der Durchschnittsbildung werden alle entstandenen Kosten auf die Kostenträger verrechnet. Daher nennt man ein Kostenrechnungssystem, das nach diesem Grundsatz aufgebaut ist, Vollkostenrechnung. Die Aussagefähigkeit der traditionellen Vollkostenrechnung wird erheblich beeinträchtigt, weil die Fixkosten mit Hilfe von Kostenschlüsseln teilweise willkürlich auf die Kostenträger verteilt werden müssen.

Beim Prinzip der Kostentragfähigkeit werden die Kosten nicht verursachungsgerecht auf die Kostenträger verteilt, sondern man fragt, ob die Kostenträger auf

---

[1] In einer längerfristigen Betrachtung kann man in einem Mehr-Produkt-Unternehmen eventuell mit Hilfe einer stufenweisen Fixkostendeckungsrechnung einzelnen Produkten, Produktgruppen, Unternehmensbereichen usw. Fixkostenteile zurechnen. Siehe K.-D. Däumler/J. Grabe, Kostenrechnung 2, Deckungsbeitragsrechnung, S. 147 ff.

Grund des erzielbaren hohen oder niedrigen Marktpreises mehr oder weniger Kosten tragen können. Ein Kostenrechnungssystem, das die Kosten nach diesem Grundsatz verteilt, ist allerdings als Basis für betriebliche Entscheidungen völlig ungeeignet. Es darf daher nur in Notfällen Anwendung finden, wenn das Verursachungsprinzip oder das Durchschnittsprinzip versagen, weil auf Grund des Produktionsprozesses z. B. in der Rohöl-Verarbeitung eine Zurechnung der Kosten auf einzelne Produkte nicht möglich ist.

Die unterschiedliche Vorgehensweise bei der Voll- und Teilkostenrechnung lässt sich anhand der Gewinnermittlung zeigen:

Vollkosten			Teilkosten		
g_1	=	$p_1 - k_1$	d_1	=	$p_1 - k_{v1}$
$x_1 \cdot g_1$	=	$(p_1 - k_1) \cdot x_1$	$x_1 \cdot d_1$	=	$(p_1 - k_{v1}) \cdot x_1$
	=	$p_1 \cdot x_1 - k_1 \cdot x_1$		=	$p_1 \cdot x_1 - k_{v1} \cdot x_1$
G_1	=	$U_1 - K_1$	D_1	=	$U_1 - K_{v1}$
G_2	=	$U_2 - K_2$	D_2	=	$U_2 - K_{v2}$
.			.		
.			.		
G_n	=	$U_n - K_n$	D_n	=	$U_n - K_{vn}$
$\sum G_i$	=	$\sum U_i - \sum K_i$	$\sum D_i$	=	$\sum U_i - \sum K_{vi}$
			D	=	$U - K_v$
G	=	$U - K$	G	=	$D - K_f$

Der zentrale Unterschied zwischen der Vollkostenrechnung und der Teilkostenrechnung liegt in der Behandlung der Fixkosten. In der Vollkostenrechnung werden die Fixkosten dem einzelnen Stück zugerechnet, in der Teilkostenrechnung dagegen als Block von den gesamten Deckungsbeiträgen subtrahiert. In den USA wird diese Form der Teilkostenrechnung als „direct costing“ bezeichnet, der BDI bezeichnet dieses System als „einfache Direktkostenrechnung“[1].

Die Bedeutung der verschiedenen Kostenverrechnungsprinzipien zeigt das folgende Beispiel, das den wesentlichen Unterschied zwischen dem traditionellen Durchschnittsprinzip und dem modernen Verursachungsprinzip demonstriert.

---

[1] Vgl. Bundesverband der deutschen Industrie (Hrsg.), Empfehlungen zur Kosten- und Leistungsrechnung, Band 1, Kosten- und Leistungsrechnung als Istrechnung, S. 94 ff.

Beispiel 2.7 (Vollkostenrechnung in einem Möbelwerk)

In einem Möbelwerk werden drei Produkte hergestellt:

Stühle (A), Tische (B) und Schränke (C).

Die produzierten Leistungen werden in der gleichen Periode abgesetzt, d. h. es gibt keine Bestandsveränderungen. Der Kostenrechner ermittelt den Betriebserfolg nach dem Vollkostenrechnungssystem. Es stehen ihm folgende Daten zur Verfügung:

Produkt	x (Stück/Monat)	p (€/Stück)	k (€/Stück)
A	200	150	160
B	100	500	400
C	50	1.000	750

Ermitteln Sie den Betriebserfolg für die Abrechnungsperiode (Monat).

Lösung

In der Vollkostenrechnung wird der Betriebserfolg aus der Differenz zwischen Umsatz und Kosten errechnet. Es gilt daher:

Produkt	g = p - k (€/Stück)	G = x · (p - k) (€/Monat)
A	- 10	- 2.000
B	+ 100	+ 10.000
C	+ 250	+ 12.500
Nettobetriebserfolg		+ 20.500

Der Betriebserfolg verändert sich nicht, wenn in dem Möbelwerk eine Teilkostenrechnung eingeführt wird, er wird aber in anderer Weise ermittelt.

Beispiel 2.8 (Teilkostenrechnung in einem Möbelwerk)

Der Kostenrechner teilt die Kosten in ihre fixen und variablen Bestandteile auf und ermittelt nach dem Teilkostenrechnungssystem folgende Daten:

Produkt	x (Stück/Monat)	p (€/Stück)	k_v (€/Stück)
A	200	150	110
B	100	500	300
C	50	1.000	550

Die Fixkosten betragen in einem Monat 30.000 €.

Wie hoch ist der Betriebserfolg in der Teilkostenrechnung?

Lösung

Da den Produkten nur die variablen Kosten zurechenbar sind, errechnet man in der Teilkostenrechnung den Stückdeckungsbeitrag d, man bildet also die Differenz zwischen dem Preis und den variablen Kosten pro Stück. Für das Produkt A gilt dann:

$$d_A = p_A - k_{vA}$$

Der Deckungsbeitrag[1] gibt an, wieviel eine verkaufte Einheit von A zur Deckung der fixen Kosten beiträgt. Der Deckungsbeitrag pro Stück multipliziert mit der produzierten Menge ergibt den Gesamtdeckungsbeitrag der Produktart:

$$D_A = d_A \cdot x_A$$

Um den Betriebserfolg des Unternehmens zu ermitteln, werden dann von den Gesamtdeckungsbeiträgen aller produzierten und verkauften Produkte die gesamten fixen Kosten abgezogen. Für das Möbelwerk ergibt sich:

[1] Eine ausführliche Darstellung der Deckungsbeitragsrechnung finden Sie bei: K.-D. Däumler/J. Grabe, Kostenrechnung 2, Deckungsbeitragsrechnung, S. 23 ff.

Produkt	$d = p - k_v$ (€/Stück)	$D = x \cdot (p - k_v)$ (€/Monat)
A B C	+ 40 + 200 + 450	+ 8.000 + 20.000 + 22.500
Gesamtdeckungsbeitrag - Fixkosten		+ 50.500 - 30.000
Nettobetriebserfolg		+ 20.500

Ergebnis

Der Erfolg beträgt sowohl in der Voll- als auch in der Teilkostenrechnung 20.500 €.

Es lässt sich nachweisen, dass der Vollkostenrechner ebenfalls 30.000 € Fixkosten verrechnet hat:

Produkt	k (€/Stück)	k_v (€/Stück)	k_f (€/Stück)	K_f (€/Mon)
A B C	160 400 750	110 300 550	50 100 200	10.000 10.000 10.000
Summe				30.000

Von einer modernen Kostenrechnung verlangt man, dass sie Informationen für betriebliche Entscheidungen zur Verfügung stellt, u. a. über das Produktionsprogramm. Es lässt sich zeigen, dass die Vollkostenrechnung nicht zu optimalen Entscheidungen führt.

Beispiel 2.9 (Bestimmung des optimalen Produktionsprogramms)

In dem Möbelwerk soll das Produktionsprogramm so verändert werden, dass der Gewinn optimiert wird.

a) Wie lautet die Entscheidung in der Vollkostenrechnung?

b) Wie lautet die Entscheidung in der Teilkostenrechnung?

Lösung a)

Zur Beurteilung der Frage, wie die einzelnen Produkte zum Erfolg der Unternehmung beitragen und ob möglicherweise die Produktion eines oder mehrerer Produkte eingestellt werden soll, stehen in der Vollkostenrechnung folgende Daten zur Verfügung:

			Vollkosten		
Produkt	x (Stück/Mon)	p (€/Stück)	k (€/Stück)	g (€/Stück)	G (€/Mon)
A	200	150	160	- 10	- 2.000
B	100	500	400	+ 100	+ 10.000
C	50	1.000	750	+ 250	+ 12.500

In der Vollkostenrechnung ist der Stückgewinn g die Grundlage der Programmentscheidung.

Entscheidungsregel: $g = p - k$	Entscheidung
$g > 0$	Produktion wird beibehalten
$g = 0$	Produktion wird beibehalten oder eingestellt
$g < 0$	Produktion wird eingestellt

Bei einem positiven Stückgewinn wird das Produkt weiter produziert, bei einem Stückverlust wird die Produktion eingestellt. Entsteht weder ein Gewinn noch ein Verlust, dann kann das Unternehmen die Produktion weiterführen oder aufgeben. Für das Möbelwerk ergibt sich bei der Stuhlproduktion ein Verlust von 10 € pro

Stück; daher muss die Stuhlproduktion eingestellt werden, soweit nicht sortimentspolitische Erwägungen dagegen sprechen. Hier soll zusätzlich angenommen werden, dass bei einer Einstellung der Stuhlproduktion die Produktion von Tischen und Schränken aus absatzpolitischen Gründen nicht ausgedehnt werden kann. Der Entscheidung, die Stuhlproduktion aufzugeben, liegt folgende Erwartung zugrunde:

Umsatz von A sinkt um	200 · 150 = 30.000 €
Kosten von A sinken um	200 · 160 = 32.000 €

Es wird daher eine Einsparung (= Gewinnerhöhung) von 2.000 € erwartet. Tatsächlich erfüllt sich diese Erwartung nicht. Die Gewinnsituation wird ungünstiger als erwartet, weil die Kosten nicht um 32.000 € sinken, sondern nur um die variablen Kosten, d. h. um 200 · 110 = 22.000 €. Der Grund liegt darin, dass sich die fixen Kosten kurzfristig nicht abbauen lassen. Die Vollkostenentscheidung führt daher nicht zu einer Gewinnsteigerung von 2.000 €, sondern zu einer Gewinnsenkung um 8.000 €. Das lässt sich mit Hilfe der Teilkostenrechnung beweisen. Die Produkte B und C müssen jetzt den gesamten Fixkostenblock tragen, der Deckungsbeitrag von A fällt durch die Einstellung der Produktion des Produktes A weg:

$$G = D_A + D_B + D_C - K_f$$

$$G = 0 + 20.000 + 22.500 - 30.000$$

$$G = 12.500 \text{ €/Monat}$$

Eine Erfolgsanalyse im Vollkostenrechnungssystem kann also zu falschen Entscheidungen führen, weil das Fixkostenproblem nicht richtig gelöst wird. Sind sowohl der Gewinn in der Vollkostenrechnung als auch der Deckungsbeitrag in der Teilkostenrechnung positiv (negativ), so wird in beiden Rechnungen die gleiche Entscheidung getroffen. Ist jedoch der Gewinn in der Vollkostenrechnung negativ und der Deckungsbeitrag in der Teilkostenrechnung noch positiv, so fallen unterschiedliche Entscheidungen über das optimale Produktionsprogramm.

Lösung b)

In der Teilkostenrechnung stehen für die Entscheidung folgende Daten zur Verfügung:

			Teilkosten			Fixkosten
Produkt	x (Stück/Mon)	p (€/Stück)	k_v (€/Stück)	d (€/Stück)	D (€/Mon)	K_f (€/Mon)
A	200	150	110	+ 40	+ 8.000	30.000
B	100	500	300	+ 200	+ 20.000	
C	50	1.000	550	+ 450	+ 22.500	

In der Teilkostenrechnung ist der Deckungsbeitrag pro Stück (d) die Grundlage für Programmentscheidungen.

Entscheidungsregel $d = p - k_v$	Entscheidung
$d > 0$	Produktion wird beibehalten
$d = 0$	Produktion wird beibehalten oder eingestellt
$d < 0$	Produktion wird eingestellt

In unserem Beispiel hat jedes Produkt einen positiven Deckungsbeitrag, somit trägt jedes Produkt zur Deckung der fixen Kosten bei. Die Entscheidung im Teilkostenrechnungssystem muss also lauten: Die Produktion von A wird kurzfristig nicht eingestellt!

Die Unternehmung erzielt dann einen Gewinn, wenn die Summe der Deckungsbeiträge aller produzierten und verkauften Produkte größer ist als die fixen Kosten.

Deckungsbeitrag (€/Monat)	>=<	Fixe Kosten (€/Monat)
$D_A + D_B + D_C$	>=<	K_f
8.000 + 20.000 + 22.500	>	30.000
50.500	>	30.000

Zusammenfassend lässt sich folgende Beurteilung der Voll- und Teilkostenrechnung vornehmen:

(1) Nur die Teilkostenrechnung führt zu richtigen Programmentscheidungen in der kurzen Periode.

(2) Nur die Teilkostenrechnung liefert die kurzfristige Preisuntergrenze, die der Unternehmer kennen muss, wenn er z. B. über einen Zusatzauftrag entscheiden muss.

Ergebnis

In einer modernen Kostenrechnung können die wichtigen Aufgaben der Wirtschaftlichkeitskontrolle und der Steuerung des Unternehmens nur erfüllt werden, wenn das Kostenrechnungssystem die für die jeweilige Entscheidung relevanten Kosten zur Verfügung stellt. Das traditionelle Durchschnittsprinzip und das Tragfähigkeitsprinzip liefern diese Informationen nicht. Das richtige Kostenverteilungsprinzip ist das Verursachungsprinzip!

(2) Zeitbezug der Kostenrechnung

Neben der Entscheidung, ob das Voll- oder Teilkostenrechnungssystem anzuwenden ist, muss in einer Unternehmung auch darüber entschieden werden, zu welchem Zeitpunkt die Kostenrechnung erstellt werden soll:

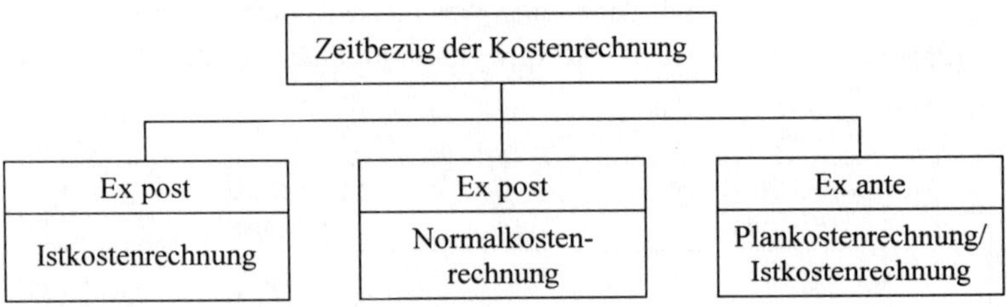

Übers. 2.16: Zeitbezug der Kostenrechnung

Istkostenrechnung

Istkosten sind die tatsächlich während der Abrechnungsperiode angefallenen Kosten; sie ergeben sich als Produkt von Istmengen und Istpreisen und sind stets vergangenheitsorientiert.
Die Istkostenrechnung erfasst die in einer vergangenen Periode tatsächlich angefallenen Kosten und verrechnet sie ohne Korrekturen auf die erstellten und verkauften Produkteinheiten der betreffenden Periode.

Die Istkostenrechnung hat damit zwei wesentliche Nachteile:
(1) sie ist vergangenheitsbezogen und somit eine Rechnung im nachhinein (= ex post-Rechnung),
(2) sie unterliegt den Einflüssen zufälliger Ereignisse.

Normalkostenrechnung

Zur Beschleunigung und Verbesserung der Abrechnung entwickelte man die Normalkostenrechnung. Hier verzichtet man auf die durch Belege zu dokumentierende Erfassung der effektiv angefallenen Kosten und arbeitet statt dessen mit „Normalkosten", die sich als statistische Mittelwerte aus den Istkosten mehrerer früherer Abrechnungsperioden ergeben. Normalkosten sind also Durchschnittswerte, denen der normale, durchschnittliche Verbrauch an Kostengütern zugrunde liegt.

Die Normalkostenrechnung hat zwar gegenüber der Istkostenrechnung den Vorteil der beschleunigten Abrechnung und der teilweisen Ausschaltung von Zufallsschwankungen durch Durchschnittsbildung, jedoch ist die Normalkostenrechnung für die betriebliche Steuerung und Kontrolle nicht optimal, da sie noch zu stark vergangenheitsbezogen ist. In der Praxis wird sie dennoch von vielen Unternehmen für Steuerungs- und Kontrollzwecke eingesetzt, weil sie keine oder nur eine unvollständige Plankostenrechnung haben. So werden z. B. in Angebotskalkulationen die Einzelkosten als Plankosten bestimmt und die Gemeinkosten mit einem Normalkostenzuschlag vorgegeben[1].

---

[1] Indirekt werden die Normalkosten auch für die Finanzbuchhaltung bei der Ermittlung der Herstellungskosten vorgeschrieben, vgl. RL 33 (8) Satz 2.

Plankostenrechnung

Nur eine voll zukunftsorientierte Rechnung, die Plankostenrechnung, erlaubt eine wirksame Steuerung des Betriebsgeschehens[1]. Plankosten sind die im voraus für eine geplante Beschäftigung methodisch ermittelten, bei ordnungsmäßigem Betriebsablauf und unter gegebenen Produktionsverhältnissen als erreichbar betrachteten Kosten, die dadurch Norm- und Vorgabe-Charakter besitzen[2].
Eine Plankostenrechnung liegt dann vor, wenn die Einzelkosten nach Produktarten (Kostenträgern) und die Gemeinkosten nach Kostenstellen differenziert für eine bestimmte Planungsperiode, im Regelfall ein Jahr, im voraus festgelegt werden. Die Kosten werden hier also nicht aus Vergangenheitswerten abgeleitet, sondern sie gehen aus der betrieblichen Planung hervor. Es handelt sich um eine Rechnung im vorhinein (= ex ante-Rechnung).

(3) Zurechnungsobjekte der Kostenrechnung

Rechnungsobjekten werden Kosten zugerechnet. Traditionell sind Kostenstellen und/oder Kostenträger (Sachgüter oder Dienstleistungen) Zurechnungsobjekte für die Kostenarten.

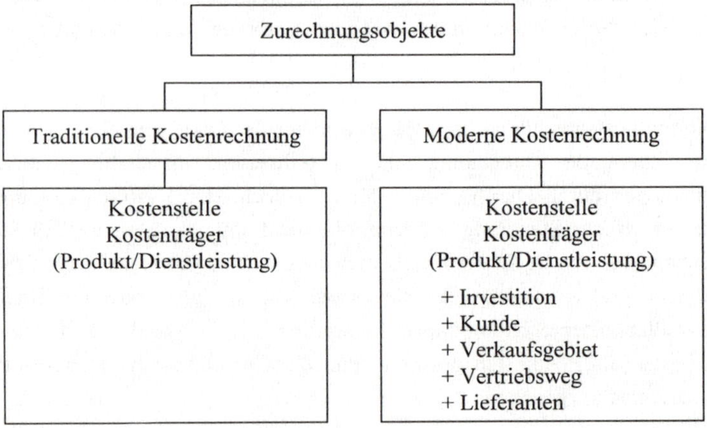

Übers. 2.16: Zurechnungsobjekte in der Kostenrechnung

---

[1] Eine ausführliche Darstellung der Plankostenrechnung findet sich bei: K.-D. Däumler/J. Grabe, Kostenrechnung 3, Plankostenrechnung.

[2] S. Hummel/W. Männel, Kostenrechnung 1, Grundlagen, Aufbau und Anwendung, S. 114.

Von einer modernen Kostenrechnung verlangt man, dass die Kosten auch anderen Rechnungsobjekten zugerechnet werden können. Das Management stellt heute andere Schwerpunktfragen an die Kostenrechnung als in den sechziger und siebziger Jahren. Aktuelle Fragen sind:

- Wodurch wird der schnelle Anstieg der fixen Gemeinkosten verursacht?
- Was kostet die Änderung einer bestehenden oder die Einführung einer neuen Produktvariante?
- Was kostet ein Produkt über den gesamten Lebenszyklus?
- Was kostet die Betreuung von Kunden, die Erschließung neuer Absatzgebiete und -wege, die Sicherung der Qualität, die Abwicklung eines Auftrages?

Die Kostenrechnung muss so aufgebaut werden, dass sie flexibel auf neue Fragestellungen reagieren und sie beantworten kann.

(4) Zeitpunkt der Datenerfassung und Zurverfügungstellung von Auswertungen

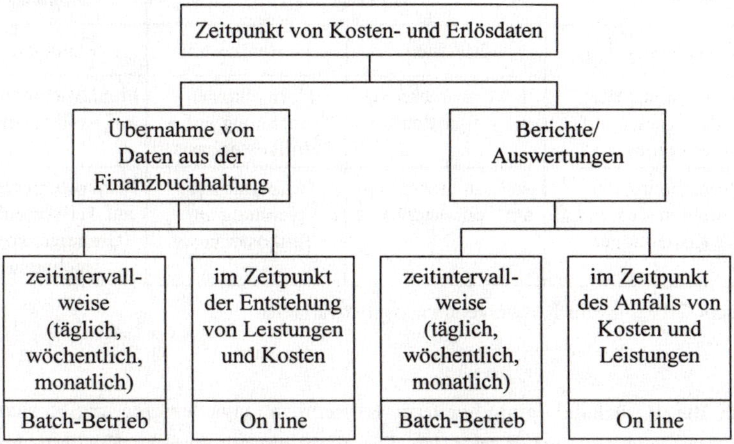

Übers. 2.18: Erfassung und Weitergabe von Informationen

Durch die rasanten Fortschritte in der Computer-Hard- und Software besteht bereits teilweise heute und zunehmend in der Zukunft die Möglichkeit, Informationen zeitnaher zu verarbeiten und zur Verfügung zu stellen. War es in der Vergangenheit der Normalfall, dass man Belege zunächst sammelte, sie dann am Ende einer Periode verarbeitete und nach einer gewissen Zeit den Interessenten zur Verfügung stellte

(Batch-Betrieb), wird es zukünftig in großen Teilen des Rechnungswesens möglich sein, Informationen im Zeitpunkt der Entstehung zu erfassen (on line) und Auswertungen zeitgleich zur Verfügung zu stellen.

Zusammenfassung

1. Unter einem Kosten- und Leistungsrechnungssystem versteht man die Kombination verschiedener Kostenrechnungselemente zu einem idealtypischen System. Dabei haben sich zwei gegensätzliche Systemtypen entwickelt: der Vollkostenrechnung stehen verschiedene Varianten der Teilkostenrechnung gegenüber.

2. Bei der Wahl des Kostenrechnungssystems hat eine Unternehmung z. B. die Möglichkeit, die Voll- oder Teilkostenrechnung mit der Ist-, Normal- oder Plankostenrechnung zu kombinieren, so dass sich dabei folgende Kombinationen ergeben[1]:

Zeitbezug ⇒	Vergangenheit		Zukunft
Verrechnung ⇓	Istkosten	Normalkosten	Plankosten
Verrechnung der vollen Kosten auf die Kostenträger	Istkostenrechnung auf Vollkostenbasis	Normalkostenrechnung auf Vollkostenbasis	Plankostenrechnung auf Vollkostenbasis
Verrechnung der variablen Kosten auf die Kostenträger	Istkostenrechnung auf Teilkostenbasis	Normalkostenrechnung auf Teilkostenbasis	Plankostenrechnung auf Teilkostenbasis (Grenzplankostenrechnung)

Übers. 2.19: Sechs Kostenrechnungssystemvarianten

Durch die Berücksichtigung weiterer Kostenrechnungselemente ergibt sich eine Fülle verschiedener Systemvarianten. Die Wahl eines konkreten Kostenrechnungssystems in einem Unternehmen hängt davon ab, welche Anforderungen an die Kosten- und Leistungsrechnung gestellt werden.

---

[1] Vgl. K.-D. Däumler/J. Grabe, Kostenrechnung 3, Plankostenrechnung, S. 25.

Die folgende Übersicht zeigt, mit welchem System eine bestimmte Aufgabe erfüllt werden kann:

Aufgaben der Kostenrechnung		Kostenrechnungssystem, das die Aufgaben erfüllt	
		Istkosten/ Plankosten ?	Vollkosten/ Teilkosten ?
Betriebsergebnisrechnung	Kostenträgerzeitrechnung (Kurzfristige Erfolgsrechnung)	IKR	VKR
Entscheidungsaufgaben (Steuerungsaufgaben)	Beschaffung - Produktionsfaktoren - Lieferanten Produktion - Produktionsprogramm - Eigenfertigung/Fremdbezug - Fertigungsverfahren Absatz - Preisuntergrenzen - Menge - Vertriebsgebiete - Vertriebswege - Kunden	PKR	TKR
Überwachungsaufgaben	Wirtschaftlichkeitskontrolle	PKR/IKR	TKR
Bewertungsaufgaben	Selbsterstellte Anlagen Halbfabrikate Fertigfabrikate	IKR	VKR

Übers. 2.20: Erfüllung der Aufgaben der Kostenrechnung durch ein Kostenrechnungssystem

Ergebnis

Es gibt kein Kostenrechnungssystem, das allen Aufgaben der Kostenrechnung gerecht wird. Um alle Aufgaben der Kostenrechnung gleichermaßen zu erfüllen, braucht ein Unternehmen sowohl eine Plan- und Istkostenrechnung als auch eine Voll- und Teilkostenrechnung.

2.4 Aufbau der Kosten- und Leistungsrechnung

Die Mindestform einer Kosten- und Leistungsrechnung umfasst lediglich die kurzfristige Ergebnisrechnung nach dem Gesamtkostenverfahren[1], für die nur eine Kostenarten- und Leistungsartenrechnung erforderlich sind, die auf den Ist-Daten der Geschäftsbuchhaltung basieren.

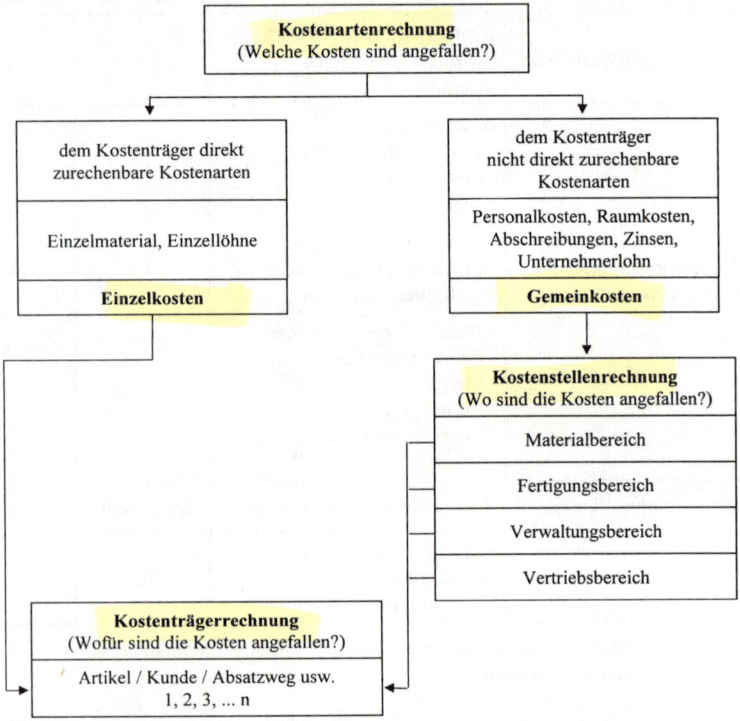

Übers. 2.21: Zusammenhang zwischen Kostenarten-, Kostenstellen- und Kostenträgerrechnung

Damit kann man ein Unternehmen aber nur unzureichend steuern, weil eine Zurechnung der Kosten auf die Kostenträger in diesem System nicht gelingt. Außerdem ist die Überwachung nur eingeschränkt möglich, weil die Kosten nicht auf die Funktionsbereiche (Kostenstellen) des Unternehmens verteilt werden. Um diese Aufga-

[1] Vgl. Kapitel 4, S. 212 ff.

ben erfüllen zu können, muss die Kostenartenrechnung um eine Kostenstellenrechnung und eine Kostenträgerrechnung erweitert werden.

Die Kostenartenrechnung steht am Anfang der Kostenrechnung und dient der Erfassung und Gliederung der Kosten je Abrechnungsperiode. Sie unterteilt die Kostenarten in Einzel- und Gemeinkostenarten. In der traditionellen Kostenrechnung war diese Trennung allein auf das Produkt (= Sachgut oder Dienstleistung) ausgerichtet. Die moderne Kostenrechnung verrechnet die Kostenarten auch auf andere Kostenträger, wie Vertriebswege oder Kunden. Das bedeutet, dass für jeden Kostenträger eine andere Zuordnung von Einzel- und Gemeinkosten und von fixen und variablen Kosten in der Kostenartenrechnung vorzunehmen ist[1]. Damit steigen die Anforderungen an die Erfassung und Weiterverrechnung der Kosten in der Kostenartenrechnung.

Die Kostenstellenrechnung steht als zweite Stufe der Kostenrechnung zwischen der Kostenarten- und der Kostenträgerrechnung. Sie verteilt die Kosten, die den Kostenträgern nicht direkt zugerechnet werden können (Gemeinkosten in bezug auf den Kostenträger), zunächst auf die Betriebsbereiche, in denen sie angefallen sind. Die Kostenträger werden dann möglichst in dem Maße mit diesen Gemeinkosten belastet, wie sie Leistungen der Kostenstellen in Anspruch genommen haben. Die Kostenstellenrechnung dient damit der Erhöhung der Kalkulationsgenauigkeit. Außerdem lassen sich Gemeinkosten nur sinnvoll in den Kostenstellen des Unternehmens kontrollieren.

Die Kostenträgerrechnung hat die Aufgabe, die Kosten für einen Kostenträger (Produkt, Dienstleistung, Kunde, Absatzweg, Absatzgebiet, Investition usw.) zu ermitteln. Die Kostenträgerrechnung wird sowohl für die Gesamtstückzahl einer Leistungsart in der Periode (Kostenträgerzeitrechnung) als auch für das einzelne Stück, die einzelne Leistungseinheit, durchgeführt (Kostenträgerstückrechnung). In der Praxis bezeichnet man die Kostenträgerstückrechnung meist als Kalkulation. Die Kostenträgerrechnung hat die Aufgabe, die Ertragskraft eines Kostenträgers durch Vergleich von Verkaufserlösen und zugerechneten Kosten zu beurteilen, sie soll die kurzfristigen und langfristigen Preisuntergrenzen der betrieblichen Leistungen bereitstellen, sie dient der Bewertung von Halb- und Fertigfabrikaten, und sie

[1] Eine endgültige Trennung der Kosten in fixe und variable Bestandteile gelingt häufig erst in der Kostenstellenrechnung. Vgl. Kapitel 5, S. 246 ff.

liefert Informationen für betriebliche Entscheidungen (z. B. Produktionsprogramm, Verfahrenswahl, Eigenfertigung oder Fremdbezug).

Ergebnis: Eine Kostenrechnung, die aussagefähig sein soll, muss neben der Kostenartenrechnung auch eine Kostenstellen- und Kostenträgerrechnung enthalten[1]. Soll sie daneben auch Informationen für kurzfristige Entscheidungen liefern, muss sie als Teilkostenrechnung (Deckungsbeitragsrechnung) ausgestaltet werden. Für eine effektive Wirtschaftlichkeitskontrolle ist der Vollausbau der Kostenrechnung zu einer Plankostenrechnung erforderlich[2].

<table>
<tr><th></th><th>Traditionelle Aufgabenstellung</th><th>Moderne Aufgabenstellung</th></tr>
<tr><td rowspan="2">Kostenartenrechnung</td><td colspan="2">Erfassung und Gliederung der Kosten,</td></tr>
<tr><td>um sie auf Produkte oder Dienstleistungen (über die Kostenstellenrechnung) weiterzuverrechnen</td><td>um sie darüber hinaus auch auf andere Kostenträger zu verrechnen</td></tr>
<tr><td rowspan="2">Kostenstellenrechnung</td><td colspan="2">Zurechnung der Gemeinkosten auf die Funktionsbereiche,</td></tr>
<tr><td>um sie den Produkten oder Dienstleistungen differenziert zuzurechnen</td><td>um darüber hinaus auch innerbetriebliche Leistungsprozesse nachzuvollziehen</td></tr>
<tr><td rowspan="2">Kostenträgerrechnung</td><td colspan="2">Ermittlung der Kosten und des Erfolges einer Kostenträgereinheit</td></tr>
<tr><td>Sachgut/Dienstleistung</td><td>Sachgut/Dienstleistung und/oder Verkaufsgebiet und/oder Absatzweg und/oder Kunde usw.</td></tr>
</table>

Übers. 2.22: Traditionelle und moderne Kostenrechnung

In den folgenden Kapiteln werden die zentralen Bausteine jeder Kostenrechnung, die Kostenarten-, Kostenstellen- und Kostenträgerrechnung ausführlich dargestellt.

[1] Sind Kostenstellen- und Kostenträgerrechnung aufgebaut, wird die Betriebsergebnisrechnung nach dem Umsatzkostenverfahren durchgeführt. Vgl. Kapitel 7, S. 363 ff.

[2] Die Deckungsbeitragsrechnung und die Plankostenrechnung werden ausführlich dargestellt in: K.-D. Däumler/J. Grabe, Kostenrechnung 2, Deckungsbeitragsrechnung, und dieselben, Kostenrechnung 3, Plankostenrechnung.

2.5 Zusammenfassung und Checkliste

Aufgaben der Kostenrechnung

(1) Betriebsergebnisrechnung (kurzfristige Erfolgsrechnung),
(2) Steuerungsaufgabe (Entscheidungsaufgabe),
(3) Überwachungsaufgabe (Wirtschaftlichkeitskontrolle),
(4) Bewertungsaufgabe (Lieferung von Zahlenmaterial für die Bewertung von selbsterstellten Anlagen und Halb- und Fertigfabrikaten in der Bilanz).

Anforderungen an die Kostenrechnung

(1) Schnelligkeit,
(2) Flexibilität,
(3) Integration.

Kostenbestimmungsfaktoren

(1) Leistung (gemessen in Stunden, kg, Stück),
(2) Preise der Produktionsfaktoren,
(3) Qualität der Produktionsfaktoren,
(4) Kapazität,
(5) Produktionsverfahren usw.

Kostenfunktion

Eine Kostenfunktion gibt an, in welcher Weise die Kosten K einer Kostenart (eines Unternehmens) von einem oder mehreren (allen) Kostenbestimmungsfaktoren abhängen.

Kostenverläufe

(1) Proportionaler Gesamtkostenverlauf = die Gesamtkosten steigen proportional zur Ausbringungsmenge, die Durchschnittskosten sind konstant.
(2) Progressiver Gesamtkostenverlauf = die Gesamtkosten steigen stärker als proportional zur Ausbringungsmenge, die Durchschnittskosten verlaufen progressiv.
(3) Degressiver Gesamtkostenverlauf = die Gesamtkosten steigen geringer als proportional zur Ausbringungsmenge, die Durchschnittskosten verlaufen degressiv.
(4) Fixer Gesamtkostenverlauf = Die Gesamtkosten sind unabhängig von der Ausbringungsmenge, die Durchschnittskosten verlaufen degressiv.

Kostenbegriffe

	Begriff	Definition
(1)	Gesamtkosten	K
(2)	variable Kosten	$K_v = K - K_f$
(3)	fixe Kosten	$K_f = K - K_v$
(4)	durchschnittliche totale Kosten (Stückkosten)	$k = \frac{K}{x}$
(5)	durchschnittliche variable Kosten (variable Stückkosten)	$k_v = \frac{K_v}{x}$
(6)	durchschnittliche fixe Kosten (fixe Stückkosten)	$k_f = \frac{K_f}{x}$
(7)	Grenzkosten	$K' = \frac{dK}{dx}$

Kritische Punkte

(1) Gewinnschwelle = Produktionsmenge, bei der das Unternehmen aus der Verlustzone in die Gewinnzone gelangt.

(2) Gewinnmaximum = Produktionsmenge, bei der der höchste Gewinn erreicht wird.

(3) Gewinngrenze = Produktionsmenge, bei der das Unternehmen aus der Gewinngrenze in die Verlustzone gelangt.

(4) Betriebsoptimum = Produktionsmenge, bei der die durchschnittlichen Kosten pro Stück ihr Minimum erreichen.

(5) Betriebsminimum = Produktionsmenge, bei der die durchschnittlichen variablen Kosten pro Stück ihr Minimum erreichen.

Preisuntergrenzen

sind als Entscheidungsgrundlagen für die Preisfindung der Verkaufsabteilung notwendig.

(1) langfristige Preisuntergrenze PU_l = Preis, bei dem bei einer bestimmten Produktionsmenge gerade noch die gesamten Kosten pro Stück gedeckt sind (Selbstkosten, Stückkosten, k).

(2) kurzfristige Preisuntergrenze PU_k = Preis, bei dem bei einer bestimmten Produktionsmenge gerade noch die variablen Kosten pro Stück gedeckt sind (variable Selbstkosten, variable (proportionale) Stückkosten, k_v).

Rechnungsobjekte der Kostenrechnung

Traditionell:
(1) Kostenstelle,
(2) Kostenträger.

Modern:
(1) Kostenstelle,
(2) Kostenträger,
(3) Investition,
(4) Kunde,
(5) Absatzgebiet usw.

Kostenrechnungssysteme

(1) Istkostenrechnung = traditionelle Form der Kostenrechnung, bei der die in der vergangenen Abrechnungsperiode tatsächlich angefallenen Kosten ohne Korrekturen auf die Kostenstellen und Kostenträger verrechnet werden.
Die Istkostenrechnung wird nahezu ausschließlich als Vollkostenrechnung aufgebaut.

(2) Normalkostenrechnung = ein Kostenrechnungssystem, das mit vergangenheitsorientierten Durchschnitten früherer Istkosten (statistische Mittelwerte) oder durch aktuelle Informationen korrigierte Werte (aktualisierte Mittelwerte) arbeitet.
Die Normalkostenrechnung ist ebenfalls meistens eine Vollkostenrechnung.

(3) Plankostenrechnung = ein Kostenrechnungssystem, das zukunftsorientiert ist. Durch Messungen, Berechnungen und Schätzungen werden Mengenvorgaben festgelegt, die mit Planpreisen bewertet werden.
Um alle Anforderungen zu erfüllen, die an eine moderne Kostenrechnung gestellt werden, kombiniert man die Plankostenrechnung mit einer Teilkostenrechnung.

Kostenverteilungsprinzipien

(1) Verursachungsprinzip = rechnet einem Bezugsobjekt nur dann Kosten zu, wenn diese durch das Bezugsobjekt bedingt sind.
(2) Durchschnittsprinzip = rechnet einem Bezugsobjekt sämtliche Kosten zu, wobei die Kosten, die durch das Bezugsobjekt nicht verursacht sind, mittels eines Schlüssels zugerechnet werden.
(3) Tragfähigkeitsprinzip = verteilt die Kosten nach Maßgabe der Belastbarkeit auf die Bezugsobjekte. Als Indiz für die Belastbarkeit wählt man z. B. den Preis oder den Umsatz.

Die Teilkostenrechnung

belastet ein Rechnungsobjekt (Produkt, Abteilung, Kunde usw.) nur mit den durch das Objekt verursachten variablen Kosten und stellt sie den Erlösen gegenüber (Deckungsbeitragsrechnung). Sie ist daher als Grundlage für kurzfristige unternehmerische Entscheidungen geeignet.

Der Deckungsbeitrag

ist das Ergebnis der Gegenüberstellung des Umsatzes und der variablen Kosten eines Rechnungsobjektes. Solange der Deckungsbeitrag positiv ist, wird dieses Rechnungsobjekt (Produkt, Abteilung, Kunde usw.) in der kurzen Periode positiv beurteilt.

Das Verursachungsprinzip

erfordert die Anwendung der Deckungsbeitragsrechnung für kurzfristige Entscheidungen, weil bei der Vollkostenrechnung auch nicht entscheidungsrelevante Kosten in die Entscheidung mit eingehen.

Die Vollkostenrechnung

verteilt auch die Fixkosten auf die Kostenträger, wobei eine verursachungsgerechte Zuordnung nicht möglich ist. Da die Fixkosten kurzfristig nicht veränderbar und damit nicht entscheidungsrelevant sind, eignen sich die Vollkosten pro Stück nicht als Grundlage für kurzfristige Entscheidungen. Für langfristige Entscheidungen stellen die Vollkosten pro Stück die langfristige Preisuntergrenze dar.

Fragen und Aufgaben

2.1 Was versteht man unter einer Kostenfunktion?

2.2 Nennen Sie drei Beispiele für fixe Kosten.
Stellen Sie den Fixkostenverlauf in einer Zeichnung dar.

2.3 Nennen Sie drei Beispiele für variable Kosten.
Stellen Sie drei mögliche Verläufe der variablen Kosten graphisch dar.

2.4 Geben Sie jeweils ein Beispiel für Kostenarten, die sich proportional, degressiv, progressiv oder fix verhalten.

2.5 Erläutern Sie die Formel: $k = \frac{K_f}{x} + k_v$

2.6 Haben die fixen Kosten einen Einfluss auf die Höhe der Grenzkosten?

2.7 Wie kann man Durchschnitts- und Grenzkosten graphisch aus dem Gesamkostenverlauf bestimmen?

2.8 Wie verläuft die Gesamtkostenfunktion, wenn die Grenzkosten kontinuierlich steigen?

2.9 Welche Bedeutung hat die Bestimmung der Grenzkosten in der Praxis?

2.10 Welche Aufgaben soll eine Kostenrechnung erfüllen?

2.11 Nennen und beschreiben Sie die Prinzipien der Kostenrechnung.

2.12 Was versteht man unter dem Deckungsbeitrag eines Produktes?

2.13 Welche Bedeutung haben d und D?

2.14 Beschreiben Sie die wichtigsten Unterschiede zwischen der Vollkostenrechnung und der Teilkostenrechnung.

2.15 Warum sind die Gewinne in der Vollkosten- und in der Teilkostenrechnung gleich hoch, wenn alle produzierten Leistungen in der gleichen Periode verkauft werden?

2.16 Ein Industriebetrieb, der nur ein Produkt herstellt, hat 10.000 € fixe Kosten je Periode. Die maximale Kapazität beträgt 4.000 Stück. Die proportionalen variablen Kosten belaufen sich auf 20 € je Stück. Das Produkt kann für 25 € je Stück abgesetzt werden.

a) Zeichnen Sie die Gesamtkostenkurve und die Umsatzkurve.
Bestimmen Sie die Gewinnschwelle, das Gewinnmaximum, die Gewinngrenze und tragen Sie die Punkte in die Zeichnung ein.

b) Zeichnen Sie die Grenzkostenkurve, die Kurven der durchschnittlichen Gesamtkosten und der durchschnittlichen variablen Kosten sowie die Grenzumsatzkurve.
Bestimmen Sie das Betriebsoptimum und das Betriebsminimum, und tragen Sie die Punkte in die Zeichnung ein.

c) Welche kritischen Punkte fallen zusammen und warum?

2.17 Für eine Unternehmung gilt die Kostenfunktion $K = 3.600 + 60\ x$ und die Preisabsatzfunktion $p = 300 - 3\ x$. Die Kapazitätsgrenze liegt bei $x = 70$.

a) Tragen Sie die Kostenfunktion und die Umsatzfunktion in eine Zeichnung ein und bestimmen Sie rechnerisch und zeichnerisch die Gewinnschwelle, das Gewinnmaximum und die Gewinngrenze.

b) Zeichnen Sie die Grenzkostenkurve, die Kurven der durchschnittlichen Gesamtkosten und der durchschnittlichen variablen Kosten sowie die Grenzumsatzkurve und bestimmen Sie rechnerisch und zeichnerisch das Betriebsoptimum und das Betriebsminimum.

c) Bestimmen Sie die langfristige und kurzfristige Preisuntergrenze bei $x = 40$.

2.18 In einer Unternehmung besteht zwischen der Ausbringungsmenge x und den Gesamtkosten K folgende Abhängigkeit:

x (Stück/Per)	K (€/Per)
0	2.500
10	4.090
20	5.020
30	5.530
40	5.860
50	6.250
60	6.940
70	8.170
80	10.180
90	13.210
100	17.500

Der Marktpreis für das hergestellte Produkt beträgt 150 €.

a) Ermitteln Sie die Fixkosten, die variablen Gesamtkosten und den Umsatz und tragen Sie die Werte in ein Umsatz-/Kostendiagramm ein.

b) Ermitteln Sie die durchschnittlichen Gesamtkosten, die durchschnittlichen variablen Kosten, die Grenzkosten und den Grenzumsatz und tragen Sie die Werte in ein Durchschnittskostendiagramm ein.

c) Bestimmen Sie die Gewinnschwelle, das Gewinnmaximum und die Gewinngrenze.

d) Ermitteln Sie das Betriebsoptimum und das Betriebsminimum und zeichnen Sie die Punkte ein.

e) Die Unternehmung beabsichtigt, die gewinnmaximale Ausbringungsmenge zu erstellen. Wie hoch sind bei dieser Menge die kurz- und langfristige Preisuntergrenze?

f) Angenommen, der Absatzpreis sinkt auf 116 € je Stück. Wie muss das Unternehmen reagieren?
Welche kritischen Punkte fallen zusammen?

g) Angenommen, der Absatzpreis sinkt auf 70 € je Stück. Welche Überlegungen muss die Geschäftsleitungen anstellen?

h) Welche praktische Bedeutung haben die kritischen Punkte?

i) Leiten Sie die Kostenfunktion mathematisch exakt ab und überprüfen Sie die für a) - d) ermittelten Werte.

2.19 Gegeben ist die Kostenfunktion $K = 1.000 + 90\,x - 1{,}5\,x^2 + 0{,}02\,x^3$. Die Preis-Absatz-Funktion lautet: $p = 220 - x$.
Die Kapazitätsgrenze liegt bei 100 Stück/Periode.

a) Bestimmen Sie rechnerisch und zeichnerisch die Gewinnschwelle, das Gewinnmaximum und die Gewinngrenze.

b) Bestimmen Sie rechnerisch und zeichnerisch das Betriebsoptimum und das Betriebsminimum.

c) Bestimmen Sie die langfristige und die kurzfristige Preisuntergrenze bei $x = 50$ Stück/Periode.

2.20 Eine Unternehmung stellt einen Elektroartikel her. Im vergangenen Monat wurden 8.000 Stück produziert und zu 200.000 € verkauft. Die fixen Kosten betrugen dabei 72.000 €, die proportional-variablen Kosten 104.000 €. Die Kapazität des Betriebes beläuft sich auf 9.600 Stück pro Monat.

a) Bestimmen Sie den Betriebserfolg in der Ausgangssituation.

b) Bestimmen Sie die Gewinnschwelle, das Gewinnmaximum und die Gewinngrenze.

c) Mit welchem Beschäftigungsgrad arbeitete das Unternehmen im vergangenen Monat?

d) Die Marketingabteilung erwartet bei einer 8 %-igen Preissenkung einen Absatz von 9.600 Stück.
Bei wieviel Stück liegt dann die Gewinnschwelle?
Wie hoch ist der Betriebserfolg, wenn die Absatzsteigerung gelingt?

e) Wie verändert sich der Betriebserfolg, wenn trotz der Preissenkung eine Absatzsteigerung nicht möglich ist, weil die Konkurrenz ebenfalls die Preise senkt?

2.21 Aus einem Ein-Produktunternehmen sind folgende Angaben bekannt:
K_f = 60.000 DM/Periode
k_v = 10 DM/Stück
Die maximal mögliche Ausbringungsmenge liegt bei 150.000 Stück/Periode.

a) Ermitteln Sie den Break-even-point (Gewinnschwelle) bei einem Absatzpreis von 12 DM/Stück.

b) Bestimmen Sie die langfristige Preisuntergrenze, wenn das Unternehmen langfristig mit einer Absatzmenge von 100.000 Stück rechnet?

c) Bis auf welchen Preis könnte das Unternehmen kurzfristig bei einer Absatzmenge von 100.000 Stück runtergehen?

d) Bei welcher Menge liegt das Gewinnmaximum?
Wie hoch ist der maximal mögliche Gewinn?

e) Mit einem anderen Verfahren könnte das gleiche Produkt bei Fixkosten von 40.000 DM und variablen Kosten von 10,50 DM/Stück hergestellt werden.
Sollte das Unternehmen dieses Verfahren wählen?

f) Wie beurteilen Sie
(1) die Anwendungsbereiche,
(2) den Aussagewert
der Break-even-Analyse?

2.22 In einem Unternehmen werden vier Produkte hergestellt. Die Gesamtkosten in einer Periode betragen 291.000 €. Weiterhin gelten folgende entscheidungsrelevanten Daten:

Produkt	Produzierte und abgesetzte Menge (Stück/Per)	Preis (€/Stück)
A	1.000	44
B	2.000	32
C	6.000	17
D	3.000	26

Bei einer Änderung des Produktionsprogramms können aus sortiments- und absatzpolitischen Gründen von jeder Produktart nur in folgender Weise mehr oder weniger Einheiten produziert werden:

Produkt	Mögliche Mengenveränderung (Stück/Periode)
A	± 200
B	± 500
C	± 2.000
D	± 1.000

a) Die Betriebsabrechnung der Unternehmung erfolgt nach dem Vollkostenprinzip. Dabei werden die Gesamtkosten der Periode in Höhe von 291.000 € in folgender Weise auf die Produkte verteilt:

Produkt	K (€/Periode)
A	45.000
B	60.000
C	96.000
D	90.000

Bestimmen Sie den Betriebserfolg der Unternehmung in der Ausgangssituation.
Welche Änderung des bestehenden Produktionsprogramms ist nach dem Vollkostenprinzip vorzunehmen?

b) Die Betriebsabrechnung des Unternehmens erfolgt nach dem Teilkostenprinzip. Von den Gesamtkosten sind 27.000 € fixe Kosten. Die variablen Kosten verteilen sich wie folgt auf die Produkte:

Produkt	K_v (€/Periode)
A	40.000
B	56.000
C	84.000
D	84.000

Bestimmen Sie den Betriebserfolg in der Ausgangssituation.
Optimieren Sie das Produktionsprogramm und bestimmen Sie den Betriebserfolg nach der Änderung des Produktionsprogramms.

c) Bestimmen Sie den Betriebserfolg, der sich bei der Optimierung des Produktionsprogramms nach dem Vollkostenprinzip ergibt.

d) Warum führt die Optimierung des Produktionsprogramms nach dem Vollkostenprinzip nicht zu einem maximalen Gewinn?

e) Begründen Sie, warum in der Praxis bestimmte Produktarten auf der einen Seite nicht vollständig aus dem Produktionsprogramm genommen werden können und auf der anderen Seite mengenmäßig nicht beliebig gesteigert werden können.

2.23 Ein Unternehmen hat im vergangenen Monat (April) fünf Produkte hergestellt und verkauft. Dafür gelten folgende Vollkosteninformationen:

Produkt	x (Stück/Per)	p (€/Stück)	Gesamtkosten je Produktart K (€/Per)
A	50.000	10	400.000
B	60.000	9	720.000
C	30.000	15	360.000
D	80.000	7	480.000
E	20.000	18	400.000

a) 1. Ermitteln Sie den Gewinn der Unternehmung nach der Vollkostenrechnung.

2. Wie muss das Produktionsprogramm nach den vorliegenden Vollkosteninformationen im Mai verändert werden, um den Gewinn zu optimieren? Dabei ist zu beachten, dass die Menge bei jeder Produktart um 10 % gesteigert werden kann und dass es möglich ist, jede Produktart völlig aus dem Markt zu nehmen.
Welchen Gewinn erwartet der Kostenrechner aufgrund seiner Entscheidung?

b) 1. Wie hätte der Kostenrechner den Gewinn im April ermittelt, wenn er folgende Teilkosteninformationen zur Verfügung gehabt hätte?

Produkt	x (Stück/Per)	p (€/Stück)	Variable Gesamtkosten je Produktart K_v (€/Per)	K_f (€/Per)
A	50.000	10	300.000	530.000
B	60.000	9	600.000	
C	30.000	15	270.000	
D	80.000	7	400.000	
E	20.000	18	260.000	

2. Wie hätte seine Programmentscheidung im Monat Mai ausgesehen, wenn die gleichen Restriktionen wie unter a. gelten?
Wie hoch wäre dann sein erwarteter Gewinn gewesen?

c) Wie hoch wäre der tatsächliche Gewinn in der
1. Vollkostenrechnung,
2. Teilkostenrechnung
ausgefallen?

2.24 Ein Uhrenhersteller produziert monatlich 10.000 Uhren. Der Verkaufspreis an den Uhreneinzelhandel beträgt 90 € für eine Uhr. Die Kapazitätsgrenze liegt bei 12.000 Uhren pro Monat.
Eine Handelskette garantiert dem Uhrenhersteller für ein Jahr eine Abnahme von 2.000 Uhren pro Monat zu einem Preis von 55 €. Der Uhrenhersteller rechnet bei diesem Zusatzauftrag aufgrund der Seriengröße mit einer Kosteneinsparung von 5 € pro Uhr gegenüber der bisherigen Produktion.

a) Der Uhrenhersteller wendet eine Vollkostenrechnung an. Er ermittelt für die Normalproduktion von 10.000 Uhren 700.000 € Gesamtkosten pro Monat.
Wie hoch ist der Betriebserfolg für die Normalproduktion?
Nimmt der Vollkostenrechner den Zusatzauftrag an?
Wie hoch ist der Betriebserfolg nach seiner Entscheidung?

b) Wie wird sich der Uhrenhersteller in Bezug auf den Zusatzauftrag entscheiden, wenn er eine Teilkostenrechnung einführt und feststellt, dass sich die Gesamtkosten in Höhe von 700.000 € für die Normalproduktion in einem Monat in 400.000 € variable Kosten und 300.000 € fixe Kosten aufspalten.
Wie hoch ist dann der Betriebserfolg?

c) Wie hoch ist die kurzfristige und langfristige Preisuntergrenze bei einer Produktion von 10.000 (12.000) Uhren?

2.25 Ein Fotogerätehersteller produziert drei Kameratypen, für die folgende Daten gelten:

Produkt	zur Zeit produzierte und abgesetzte Stückzahl (Stück/Per)	Preis (€/Stück)	variable Kosten (€/Stück)
A	4.000	100	50
B	1.000	400	300
C	200	800	550

Die Fixkosten des Unternehmens betragen 300.000 €/Periode.
Es können mit der angegebenen Kapazität entweder 10.000 Stück von A oder 4.000 Stück von B oder 1.000 Stück von C oder eine Kombination von A, B und C hergestellt werden.

a) Wie hoch ist das Betriebsergebnis der Periode?

b) Wie hoch ist der Beschäftigungsgrad des Unternehmens?

c) Eine volle Kapazitätsauslastung kann durch eine intensive Werbung erreicht werden. Die zusätzlichen Werbekosten, gleich für welchen Kameratyp geworben wird, werden auf 50.000 € geschätzt. Das bisherige Produktprogramm bleibt bestehen.
Für welche Kamera sollte zusätzlich geworben werden?
Wie hoch ist dann das Betriebsergebnis?

d) Die freie Kapazität könnte in dieser Periode auch mit einem Auftrag eines Versandhauses über 2.000 Billigkameras (Produkt D) pro Periode ausgefüllt werden. Die variablen Kosten betragen 35 € pro Kamera, der Preis 55 €. Weitere Aufträge durch das Versandhaus sind in Aussicht gestellt worden. Wie wirkt sich diese Alternative im Vergleich zu c) auf das Betriebsergebnis aus?

2.26 Die Glanz AG stellt drei verschiedene Sorten Haarpflegemittel her, die von den Drogerien zu empfohlenen Richtpreisen (incl. 16 % MWSt) verkauft werden:

	A	B	C
Endverbraucherpreis	6,04 €	10,03 €	14,02 €
Die Glanz AG gewährt ihren Abnehmern einen Wiederverkäuferrabatt auf den Netto-Warenwert von	20 %	25 %	30 %
Die verkauften Mengen betragen im März:	10.000 Pack.	12.000 Pack.	6.000 Pack.
Materialeinzelkosten je Packung:	1,50 €	2,00 €	3,50 €
Fertigungslöhne je Packung:	0,25 €	0,29 €	0,32 €
Variable Gemeinkosten für die im März gefertigten Mengen:	4.500,00 €	7.860,00 €	12.120,00 €

a) Errechnen Sie das Betriebsergebnis des Monats. Die fixen Kosten betragen 50.000 €. Bestandsveränderungen haben sich nicht ergeben.
(Die Preise und variablen Kosten pro Stück sind auf 2 Stellen zu runden!)

b) Die Anlagen lassen die wahlweise Fertigung aller 3 Packungen zu. Sie sind nicht voll ausgelastet, so dass die GLANZ AG für eine Drogeriekette einen Zusatzauftrag über 10.000 Packungen des Artikels A erstellen könnte, wobei sie einen Rabatt von 40 % einräumen müßte. Für den Zusatzauftrag ergibt sich aufgrund der großen Serie eine Kosteneinsparung von 0,15 € je Packung.
Soll der Auftrag angenommen werden?
Wie entwickelt sich der Gewinn?

c) Der folgende Sachverhalt bezieht sich auf die Ausgangslage: Die Geschäftsleitung der Glanz AG überlegt, ob die Fertigung des Artikels mit dem kleinsten Deckungsbeitrag je Stück eingestellt werden sollte, um die Fertigung des Artikels mit dem höchsten Deckungsbeitrag je Stück zu erhöhen. Sie erhofft sich dadurch eine Steigerung des Betriebsergebnisses um 20 %.
Um wieviel Stück müsste die Fertigung dieses Artikels gesteigert werden?

d) Welches Problem müssen Sie lösen, wenn Sie die gesamten Kosten pro Stück für jeden Artikel ermitteln sollen?

e) Wie würde ein Vollkostenrechner die Fragen a) und b) beantworten, wenn er die Fixkosten im Rahmen seiner Kostenumlage proportional zu den gesamten variablen Kosten der Artikel verteilt hätte?

Testklausur zu Kapitel 2

Die folgenden Behauptungen sind auf ihre Richtigkeit zu überprüfen. (Es können mehrere Behauptungen richtig sein.) Kennzeichnen Sie die Behauptungen mit richtig (+) , weiß nicht (   ) , falsch (-) . Punktvergabe: Kennzeichen richtig = 1 Punkt, Kennzeichen weiß nicht oder falsch = 0 Punkte.

1. Kosten werden im Rechnungswesen definiert als

   a) zu Einstandspreisen bewerteter Verzehr von Faktorleistungen; (   )
   b) bewerteter, leistungsbezogener Verzehr von Produktionsfaktoren in einer Periode; (   )
   c) periodisierte Ausgaben eines Unternehmens; (   )
   d) betrieblicher Aufwand. (   )

2. Der Kostenbegriff ist gekennzeichnet durch

   a) Leistungsbezogenheit; (   )
   b) Abgang von Zahlungsmitteln; (   )
   c) Bewertung; (   )
   d) Verbrauch von Produktionsfaktoren; (   )
   e) Verminderung des Eigenkapitals. (   )

3. Eine Kosten- und Leistungsrechnung liefert Informationen

   a) für die Festlegung der Preisuntergrenze eines Produktes; (   )
   b) über die Liquidität des Unternehmens; (   )
   c) für die Wahl zwischen Fremdbezug und Eigenfertigung; (   )
   d) für die Wahl zwischen verschiedenen Fertigungsverfahren; (   )
   e) für die Ermittlung des Produkterfolges, der von einem Unternehmen innerhalb einer Periode erwirtschaftet wird. (   )

4. Einzelkosten

a) sind Kosten, die einer Bezugsgröße direkt zugerechnet werden können (z. B. einem Kostenträger oder einer Kostenstelle); ( )
b) sind Kosten, die unabhängig von der Ausbringungsmenge anfallen; ( )
c) sind immer fixe Kosten; ( )
d) sind die Kosten, die bei Einzelfertigung anfallen. ( )

5. Stimmt es,

a) dass variable Kosten immer proportional sind? ( )
b) dass überproportionale variable Gesamtkostenverläufe zu steigenden variablen Stückkosten führen? ( )
c) dass ein linearer Gesamtkostenverlauf in der Regel zu sinkenden Stückkosten führen? ( )
d) dass unterproportionale variable Gesamtkostenverläufe immer zu sinkenden Stückkosten führen? ( )

6. Grenzkosten

a) geben die Kosten an, die für die Herstellung der letzten zusätzlich produzierten Gütereinheit angefallen sind; ( )
b) sind unabhängig von den Fixkosten; ( )
c) sind immer konstant, solange die Faktorpreise unverändert bleiben; ( )
d) sind bei einem steigenden Gesamtkostenverlauf immer positiv. ( )

7. Bei progressiv steigenden Gesamtkosten

a) sind die Grenzkosten immer größer als die variablen Stückkosten; ( )
b) steigen die variablen Stückkosten ständig; ( )
c) existiert kein Minimum der gesamten Stückkosten; ( )
d) liegt das Minimum der gesamten Stückkosten an der Kapazitätsgrenze. ( )

8. Stimmt es,

a) dass das Betriebsoptimum immer an der Kapazitätsgrenze liegt? ( )

b) dass das Betriebsoptimum im Minimum der Durchschnittskostenkurve liegt? ( )
c) dass das Betriebsminimum durch das Minimum der Grenzkostenkurve bestimmt wird? ( )
d) dass das Betriebsminimum nur geringe praktische Bedeutung hat? ( )

9. Stimmt es,

a) dass die Gewinnschwelle durch den Schnittpunkt der Umsatzkurve mit der Kostenkurve ermittelt wird? ( )
b) dass die Gewinnschwelle als Break-even-point bezeichnet wird? ( )
c) dass das Gewinnmaximum erreicht ist, wenn die Grenzkosten dem Grenzumsatz entsprechen? ( )
d) dass die Gewinngrenze immer an der Kapazitätsgrenze liegt? ( )

10. Die Aufteilung der Kosten in fixe und variable Bestandteile

a) ist abhängig von der direkten Zurechenbarkeit der Kosten auf die Kostenträger; ( )
b) ist inhaltsgleich mit der Aufteilung in Einzel- und Gemeinkosten; ( )
c) setzt die Kenntnis von Kosteneinflußgrößen voraus; ( )
d) ist Voraussetzung für eine optimale Wirtschaftlichkeitskontrolle einer Unternehmung. ( )

11. Der Deckungsbeitrag

a) ist die Differenz aus Erlösen und variablen Kosten; ( )
b) entspricht der Summe aus internem Erfolg und fixen Kosten; ( )
c) ist immer kleiner als die Höhe der Gemeinkosten; ( )
d) ist eine geeignete Entscheidungsregel für die kurzfristige Programmoptimierung bei freien Kapazitäten. ( )

12. Teilkostenrechnungen

a) berücksichtigen grundsätzlich nur entscheidungsrelevante Kosten; ( )
b) führen zu vorteilhafteren Betriebsergebnissen als Vollkostenrechnungen; ( )
c) verzichten auf eine Proportionalisierung von Fixkosten; ( )
d) sind geeignet zur Festlegung kurzfristiger Preisuntergrenzen. ( )

3. Kostenartenrechnung

3.1 Aufgaben und Überblick

Die Kostenartenrechnung hat die Aufgabe, die im Betrieb anfallenden Kosten geordnet zu erfassen, um

(1) in der Gegenüberstellung mit den Leistungsarten ein kurzfristiges internes Periodenergebnis (kurzfristiger Erfolg, operatives Ergebnis) zu ermitteln,

(2) die Struktur der Kosten- und Leistungsarten im Zeit- und Unternehmensvergleich darzustellen,

(3) die Weiterverrechnung der Kosten in der Kostenstellen- und Kostenträgerrechnung zu ermöglichen.

Die Erfassung der Kosten wird in mehreren Abteilungen des Unternehmens vorgenommen, z. B. in der Finanzbuchhaltung, der Lohn- und Gehaltsabrechnung, der Materialabrechnung usw. Den Hauptteil der Informationen erhält der Kostenrechner aus der Finanzbuchhaltung, die die Aufwendungen der Periode erfasst hat. Der Kostenrechner muss aus den Aufwendungen die Kosten entwickeln. Dabei geht er in vier Schritten vor[1]:

1. Schritt:
Aus den gesamten Aufwendungen der Periode sondert der Kostenrechner die neutralen Aufwendungen aus, die die interne Erfolgsrechnung nicht berühren.

2. Schritt:
Von den Zweckaufwendungen übernimmt der Kostenrechner einige Aufwandsarten unverändert; hierbei handelt es sich um die sogenannten Grundkosten.

3. Schritt:
Die anderen Zweckaufwandsarten übernimmt der Kostenrechner nicht mit dem Wert, mit dem sie in der Finanzbuchhaltung angesetzt sind. Er setzt für diese Kostenarten einen anderen Wert an; hierbei handelt es sich um die sogenannten Anderskosten.

---

[1] Vgl. Kapitel 4, S. 206 ff.

4. Schritt:

Endlich fügt der Kostenrechner noch einige Kosten hinzu, die in der Finanzbuchhaltung nicht als Aufwand erfasst werden; hierbei handelt es sich um die sogenannten Zusatzkosten.

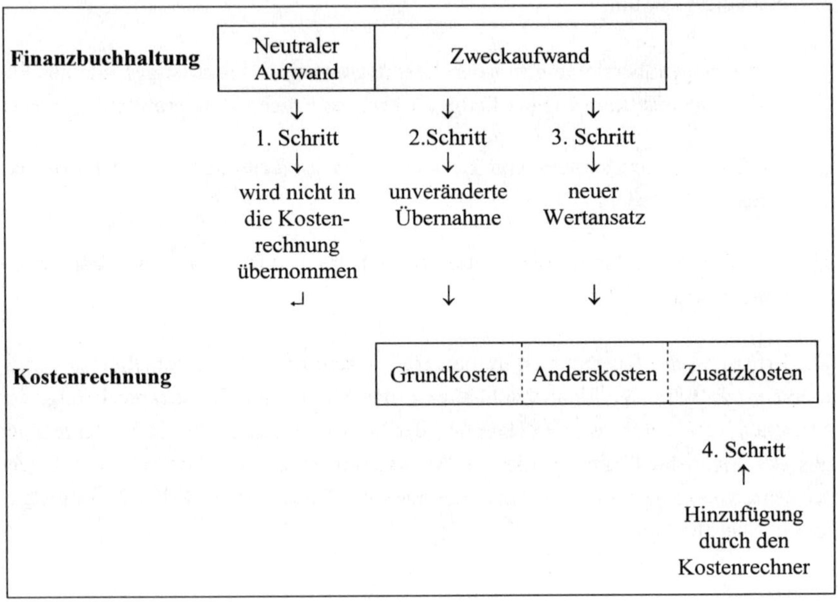

Übers. 3.1: Überleitung der Aufwendungen in Kosten

Die Gliederung der Kostenarten kann nach verschiedenen Gesichtspunkten erfolgen:

(1) Die wichtigste Einteilung erfolgt nach der Art der verbrauchten Produktionsfaktoren. Danach lassen sich die Kosten gliedern in:

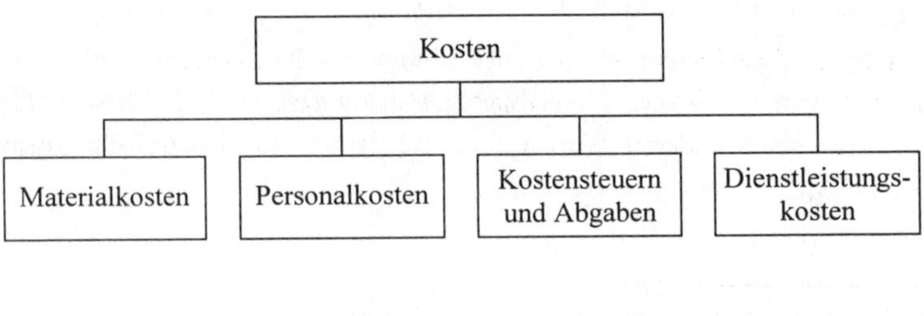

In der Praxis wird man sich bei der Aufstellung eines Kostenartenplanes an die Gliederung der Kontenklassen 6 und 7 im Industriekontenrahmen (IKR)[1] anlehnen und ihn den betrieblichen Erfordernissen anpassen.

(2) Eine weitere wichtige Unterteilung der Kosten wird nach der Art der Verrechnung der Kosten vorgenommen:

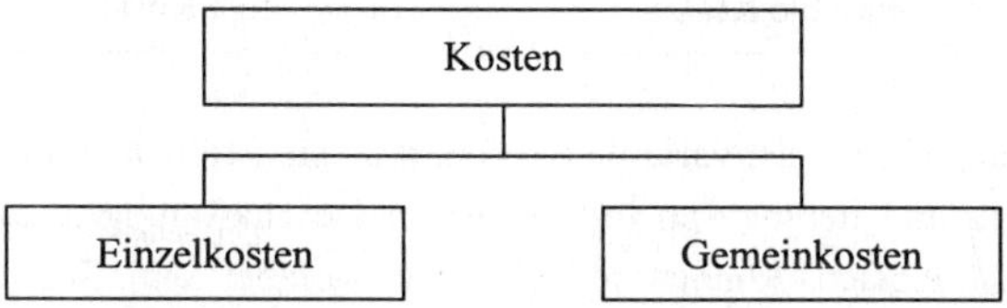

Die Einzelkosten sind den Kostenträgern direkt zurechenbar, z. B. Einzellöhne oder Einzelmaterialkosten. Gemeinkosten, wie z. B. Energiekosten oder Gehälter, lassen sich den Kostenträgern nicht direkt zurechnen. Sie können aber den Kostenstellen angelastet werden, die sie verursacht haben. Die Einteilung in Einzel- und Gemeinkosten ist damit eine wesentliche Grundlage der sich an die Kostenartenrechnung anschließenden Kostenstellen- und Kostenträgerrechnung.

(3) In einer weiteren Unterteilung können die (Gemein-)Kosten nach betrieblichen Funktionen unterteilt werden:

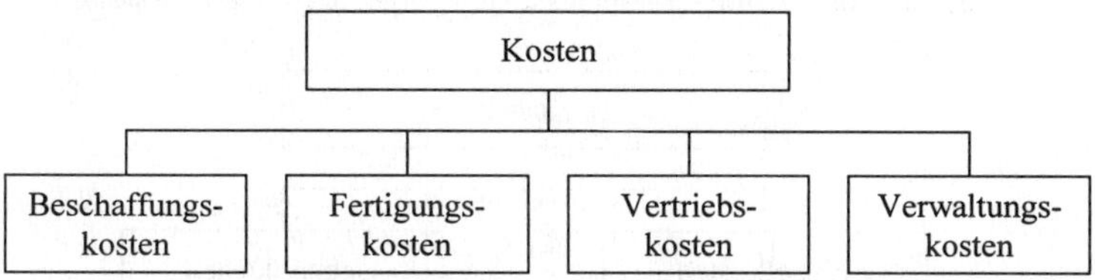

Durch die Erfassung der Kostenarten nach dem Ort ihres Entstehens kann die sich an die Kostenartenrechnung anschließende Kostenstellenrechnung schneller und genauer vorgenommen werden. Es lassen sich jedoch nicht alle Kostenarten verursachungsgerecht einzelnen Kostenstellen zurechnen; diese werden erst in der Kostenstellenrechnung mit Hilfe von Verrechnungsschlüsseln auf die Kostenstellen verteilt.

---

[1] bzw. der Kontenklasse 4 (5) in den Gemeinschaftskontenrahmen (GKR) der Industrie, des Einzel- und des Großhandels.

(4) Eine Einteilung der Kosten nach ihrem Verhalten bei Beschäftigungsschwankungen ist in der Kostenartenrechnung nur bedingt möglich:

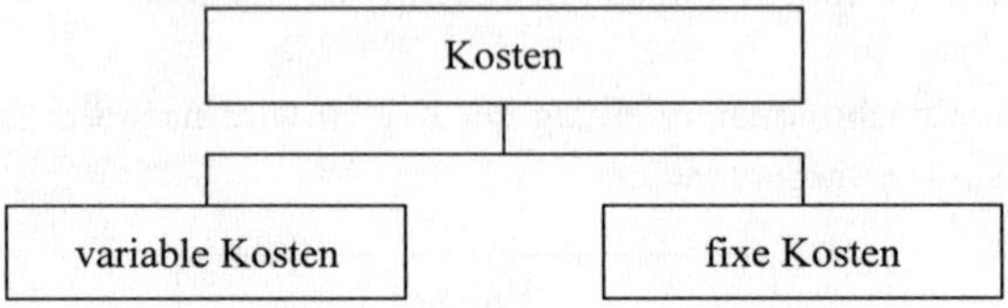

Einzelkosten sind meist variable Kosten, d. h. sie nehmen zu mit steigender Beschäftigung und nehmen ab mit sinkender Beschäftigung. Gemeinkosten sind häufig fixe Kosten, können jedoch auch variabel sein. In der Kostenartenrechnung lässt sich nicht immer zuverlässig entscheiden, ob eine Kostenart fix oder variabel ist. Diese Entscheidung lässt sich nur in den einzelnen Kostenstellen treffen, in denen die Kosten anfallen. So können z. B. die Stromkosten in der Kostenstelle „Kühlraum" fix sein, weil der Raum auch bei abnehmender Beschäftigung auf gleicher Temperatur gehalten werden muss; dagegen können die Stromkosten in der Kostenstelle „Fertigung" überwiegend variabel sein, da hier bei zurückgehender Beschäftigung die Maschinen entsprechend weniger eingeschaltet sind.

Die Beziehung zwischen Einzel- und Gemeinkosten einerseits sowie den fixen und variablen Kosten andererseits lässt sich folgendermaßen darstellen[1]:

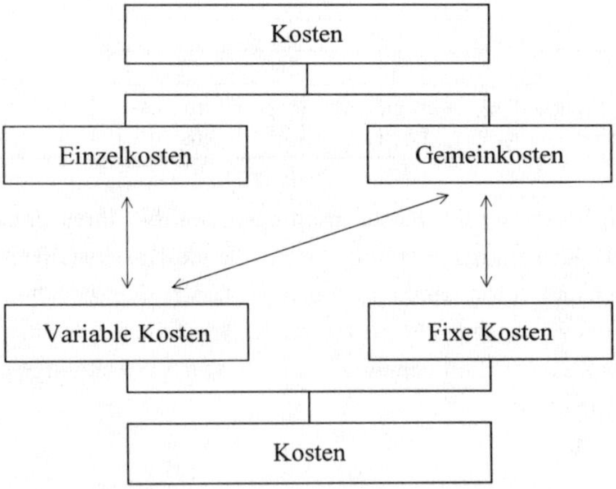

[1] Ähnlich bei: L. Haberstock, Grundzüge ..., S. 65.

In Ausnahmefällen sind auch im Mehrproduktunternehmen Fixkosten einer bestimmten Produktlinie zurechenbar, wenn z. B. auf einer Anlage nur ein bestimmtes Produkt gefertigt wird. Dennoch können diese dem Produkt zurechenbaren Fixkosten nicht direkt einzelnen Produkteinheiten angelastet werden, weil der Anteil pro Stück von der Beschäftigungshöhe abhängig ist. Sie sind damit Einzelkosten in bezug auf den Kostenträger insgesamt, aber Gemeinkosten in bezug auf die einzelne Kostenträgereinheit.

(5) Soweit es möglich ist, sollten die Kosten bereits in der Kostenartenrechnung den Kostenträgern zugeordnet werden:

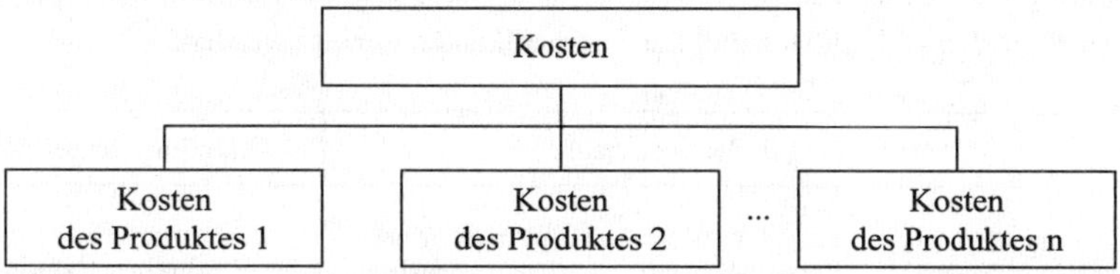

Diese Zuordnung ist unerlässlich, wenn die Kostenrechnung nach dem Prinzip der Kostenverursachung aufgebaut werden soll. Sie ist in der Kostenartenrechnung jedoch nur für einen Teil der Kosten möglich. So lassen sich z. B. im Handel jedem Produkt die Wareneinstandskosten als Einzelkosten zuordnen.

(6) Nach der Art der Kostenerfassung lassen sich unterscheiden:

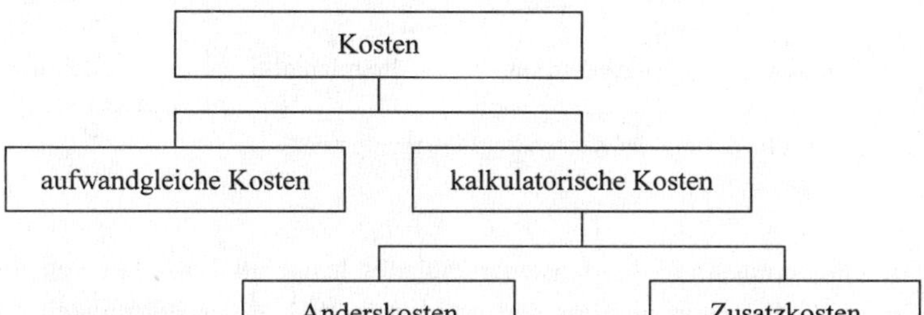

Für die aufwandgleichen Kosten gilt: Grundkosten = Zweckaufwand. Sie machen im Normalfall den größten Teil der Kosten aus und können aus der Finanzbuchhaltung übernommen werden. Dabei ist allerdings zu beachten, dass einige Kostenarten normalisiert werden müssen. So fallen Urlaubslöhne z. B. überwiegend im Sommer an. Würde man allein die Ferienmonate mit den

Urlaubslöhnen belasten, so würde sich in diesen Monaten ein extrem schlechtes Betriebsergebnis einstellen. Das gleiche gilt für Krankheits- und Feiertagslöhne und -gehälter und für das 13. bzw. 14. Monatsgehalt. Diese unregelmäßig anfallenden Aufwendungen müssen gleichmäßig auf die Monate verteilt werden, in denen der Betrieb Leistungen erstellt. Sie werden damit zu kalkulatorischen Kosten.

Die kalkulatorischen Kosten, denen kein Aufwand (Zusatzkosten) oder Aufwand in anderer Höhe (Anderskosten) gegenübersteht, müssen in der Kostenrechnung erst ermittelt werden.

Eine mögliche Unterteilung der Kosten in der Kostenartenrechnung nach verschiedenen Kriterien soll am Beispiel der Personalkosten gezeigt werden:

Aufteilung der Kosten nach:			Einteilungskriterium
Materialkosten	Personalkosten	Energiekosten	Produktionsfaktor
Gehaltskosten	Lohnkosten	Sozialkosten	Produktionsfaktor
Lagerlohn	Fertigungslohn	Fuhrparklohn	Betriebliche Funktion
Fertigungs-gemeinkostenlohn	Fertigungs-einzellohn		Art der Verrechnung
Zeitlohn	Akkordlohn	Prämienlohn	Lohnform

Übers. 3.2: Gliederung der Kostenart „Personalkosten“

Die Gliederungstiefe des Kostenartenplanes hängt im Einzelfall von der Art und Größe des Betriebes und von dem angestrebten Grad der Genauigkeit von Kostenkontrolle und Kalkulation ab. Dabei ist zwischen zunehmender Genauigkeit und steigenden Erfassungskosten bei einer stärkeren Untergliederung der Kosten abzuwägen.

In jedem Falle sind aber bei der Einordnung der Kosten in bestimmte „Schubladen“ zwei Grundsätze einzuhalten:

(1) Grundsatz der Reinheit
Die einzelnen Kostenarten sind so festzulegen, dass „saubere Kostenarten“ entstehen; Mischkostenarten wie „Sonstige Kosten“ sind zu vermeiden.

(2) Grundsatz der Einheitlichkeit
Die Kostenarten müssen so genau bestimmt sein, dass gleiche Kostengüter in jeder Abrechnungsperiode und von verschiedenen Personen den gleichen Kostenarten zugerechnet werden.

Ergebnis

Die Kostenarteneinteilung richtet sich nach den Bedürfnissen des jeweiligen Unternehmens. Je anspruchsvoller die Anforderungen an die Kostenrechnung sind, um so differenzierter muss die Kostenartenrechnung ausgestaltet werden und um so aufwendiger ist sie.

Nachstehend folgt als Übersicht ein Vorschlag für eine Gliederung der Kostenarten.

Kostenartenplan

1. Materialkosten und bezogene Leistungen

a) Materialkosten
Rohstoffe bzw. Einsatz- oder Fertigungsmaterial,
bezogene Vorprodukte,
Hilfsstoffe,
Betriebsstoffe,
Verschleißwerkzeuge,
Verpackungsmaterial,
Energiekosten,
Reparaturmaterial und Fremdinstandhaltung,
Waren (Handelswaren).

b) Kosten für bezogene Leistungen
Fremdleistungen für eigene Erzeugnisse,
Fremdleistungen für andere Umsatzleistungen,
Fremdleistungen für die Auftragsgewinnung bei Auftragsfertigung, soweit einzelnen Aufträgen zurechenbar,
fremde Entwicklungsleistungen,
Frachten und Fremdlager,
Vertriebsprovisionen,
Fremdinstandhaltung und Reparaturmaterial,
sonstige Fremdleistung.

2. Personalkosten

a) Löhne
Fertigungslöhne für geleistete Arbeitszeit,
Gemeinkostenlöhne für geleistete Arbeitszeit,
Gemeinkostenlöhne für andere Zeiten,
Ausbildungsbeihilfen für gewerblich Auszubildende,
Prämien für Verbesserungsvorschläge und Erfindervergütungen an Lohnempfänger,
sonstige tarifliche und vertragliche Vergütungen an Lohnempfänger,
sonstige freiwillige Vergütungen an Lohnempfänger.

b) Gehälter
Fertigungsgehälter,
Gemeinkostengehälter für geleistete Arbeitszeit,
Gemeinkostengehälter für andere Zeiten,
Ausbildungsbeihilfen für kaufmännische und technische Auszubildende,
Prämien für Verbesserungsvorschläge und Erfindervergütungen an Gehaltsempfänger,
sonstige tarifliche und vertragliche Vergütungen an Gehaltsempfänger,
sonstige freiwillige Vergütungen an Gehaltsempfänger.

c) Sozialkosten für Lohn- und Gehaltsbereich
Arbeitgeberanteile zur Sozialversicherung,
Beiträge zur Berufsgenossenschaft,
sonstige gesetzliche Sozialkosten,
Kosten der freiwilligen Altersversorgung und Unterstützung,
sonstige freiwillige Sozialkosten.

d) Sonstige Personalkosten

e) Kalkulatorischer Unternehmerlohn

3. Kapitalkosten

a) Kalkulatorische Abschreibungen
Abschreibungen auf immaterielle Vermögensgegenstände,
Abschreibungen auf Grundstücke (in Sonderfällen, z. B. bei Ausbeutung),
Abschreibung auf Gebäude und Grundstückseinrichtungen,
Abschreibungen auf Betriebs- und Geschäftsausstattung.

b) Kalkulatorische Zinsen auf das betriebsnotwendige Kapital
Zinsen auf das Anlagevermögen,
Zinsen auf das Umlaufvermögen.

Kostenartenplan	
4. Sonstige Kosten **a) Kosten für Rechte und Dienste** Mieten, Pachten, Leasing, Lizenzen und Konzessionen, Gebühren, Leiharbeitskräfte, Geld- und Kapitalverkehr, Provisionen, Prüfungs-, Rechts- und Beratungskosten, sonstige Dienste. **b) Kosten für Kommunikation** Büromaterialien und Literatur, Postdienste, Reisekosten und Repräsentation, Werbekosten.	**c) Wagnisse, Beiträge und andere sonstige Kosten** Kalkulatorische Wagnisse, Versicherungsbeiträge, Beiträge zu Verbänden, andere sonstige Kosten. **5. Kostensteuern und vergleichbare Abgaben** Gewerbesteuern, Besitzsteuern, Verkehrssteuern, Verbrauchssteuern.
Quelle: Bundesverband der Deutschen Industrie (Hrsg.), Empfehlungen zur Kosten- und Leistungsrechnung, Band 1, 2., überarb. Aufl., Köln 1988, S. 33 f.	

Übers. 3.3: Muster-Kostenartenplan der Industrie

Die relative Bedeutung der einzelnen Kostenarten ist von Branche zu Branche unterschiedlich. Bei Einzelhändlern sind die Wareneinstandskosten die größte Position. Bei den Handlungskosten, die z. B. im Facheinzelhandel etwa 30 % des Umsatzes ausmachen, spielen die Personalkosten und die Raumkosten die größte Rolle; sie hatten 1992 einen Anteil von 43,1 % bzw. 11,2 % an den gesamten Handlungskosten[1]. In Großhandelsunternehmen sind bei den Handlungskosten die Transportkosten von besonderer Bedeutung. Im produzierenden Gewerbe steigt der Anteil der Materialkosten an den Gesamtkosten in den letzten Jahren ständig an. Darin kommen die Bestrebungen der Unternehmen zum Ausdruck, Fertigungsverfahren zu installieren, die auf eine schlanke Produktion ausgerichtet sind und daher einen höheren Anteil an fremdbezogenen Teilen erfordern. Ähnliche Tendenzen zeigen sich in der Bauwirtschaft, in der das „outsourcing" durch das Einschalten von Subunternehmen stark zugenommen hat. Jedoch bestehen im produzierenden Gewerbe von einem Industriezweig zum anderen erhebliche Unterschiede in der Kostenstruktur.

[1] Vgl. B. Erdmann, Umsätze, Kosten, Spannen und Gewinne der Einzelhandelsfachgeschäfte im Jahre 1992, in: BBK Nr. 3 vom 4.2.1994, Fach 2, S. 988.

Die unterschiedliche Bedeutung der Kostenarten in einzelnen Branchen lässt sich am Beispiel der verarbeitenden Industrie darstellen[1].

Kostenarten	verarbeitendes Gewerbe gesamt 1996	Ernährungsgewerbe 1996	Maschinenbau 1996
	(in % des Bruttoproduktionswertes[2])		
- Personalkosten	24,3	14,6	32,2
- Material	52,6	60,9	49,2
- Dienstleistungen	2,0	1,7	1,5
- Miete und Pachten	1,6	2,1	1,6
- Sonstige Kosten	10,3	11,3	9,5
- Kostensteuern	3,5	2,9	0,7
- Abschreibungen auf Sachanlagen	3,7	3,7	3,0
- Fremdkapitalzinsen	0,9	0,9	1,1

Übers. 3.4: Kostenstruktur im verarbeitenden Gewerbe

Während im verarbeitenden Gewerbe insgesamt die Personalkosten im Jahr 1996 einen Anteil von 24,3 % und die Materialkosten 52,6 % des Bruttoproduktionswertes ausmachten (Übersicht 3.4), weichen einzelne Branchen erheblich davon ab. Im Maschinenbau ist die Produktion mit einem höheren Lohnkostenanteil (32,2 %) verbunden als im gesamten verarbeitenden Gewerbe, während die Materialkosten mit 49,2 % unter dem Durchschnitt liegen. Weit niedriger ist dagegen der Lohnkostenanteil im Ernährungsgewerbe (14,6 %), hier machen die Materialkosten aber 60,9 % des Bruttoproduktionswertes aus. Seit Anfang der neunziger Jahre sinkt der Anteil der Personalkosten an den Gesamtkosten im verarbeitenden Gewerbe ständig, weil die Unternehmen massiv rationalisiert haben - eine Reaktion auf hohe Lohnforderungen der Gewerkschaften und „den Verlust an preislicher Wettbewerbsfähigkeit auf den Auslandsmärkten infolge kräftiger Aufwertungen der D-Mark in der ersten Hälfte der neunziger Jahre“[3]. Damit hat die Kostenstruktur der Unternehmen natürlich Einfluss auf ihre Wettbewerbsfähigkeit und die Gewinnsituation. Sie ist ebenfalls bedeutungsvoll für unternehmerische Entscheidungen wie die Standortwahl. So werden z. B. lohnintensive Industriezweige ihre Betriebe eher in Billiglohnländer verlagern als solche, die nur einen geringen Lohnkostenanteil aufweisen.

---

[1] Vgl. Statistisches Jahrbuch 1998, S. 193.

[2] Bruttoproduktionswert = Umsatz ohne Mehrwertsteuer plus/minus Bestandsveränderungen an unfertigen und fertigen Erzeugnissen aus eigener Produktion plus selbsterstellte Anlagen.

[3] Monatsbericht der Deutschen Bundesbank, Oktober 1998, S. 34.

3.2 Erfassung der wichtigsten Kostenarten

3.2.1 Materialkosten (Werkstoffkosten)

Zu den Materialkosten gehört der Verbrauch an Roh-, Hilfs- und Betriebsstoffen, Fremdleistungen für eigene Erzeugnisse, Verschleißwerkzeuge, Verpackungsmaterialien und Handelswaren. Die Materialkosten werden durch die verbrauchte Menge und die Bewertung dieser Menge mit einem Preis bestimmt:

Materialkosten	=	Mengenmäßiger Verbrauch	·	Preis
		↓		↓
		Problem 1		Problem 2

Problem 1

Der mengenmäßige Verbrauch: kann in der Materialabrechnung, der Betriebsabrechnung und der Finanzbuchhaltung nach folgenden Methoden erfasst werden:

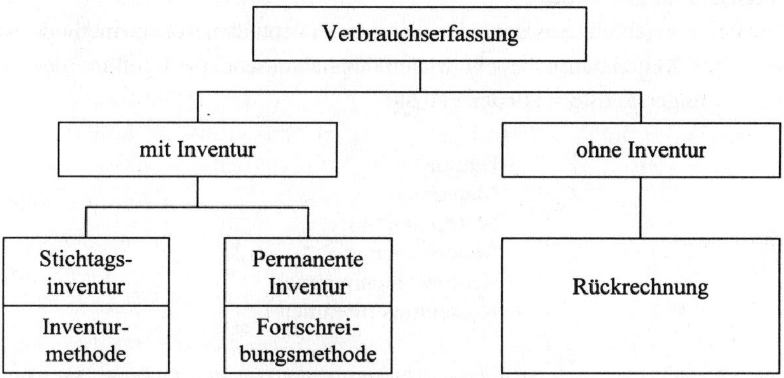

Übers. 3.5.: Erfassung des mengenmäßigen Verbrauchs

(1) Inventurmethode
Am Ende einer Abrechnungsperiode (Vierteljahr, Monat) wird durch eine körperliche Inventur der Lagerbestand festgestellt und der Materialverbrauch folgendermaßen ermittelt:

	Anfangsbestand (laut Inventur)
+	Zugang (laut Lagerkonto)
-	Endbestand (laut Inventur)
=	Materialverbrauch

Dieses Verfahren hat schwerwiegende Mängel und wird daher in der Praxis immer weniger angewendet:

a) Es ist nicht feststellbar, für welchen Kostenträger und welche Kostenstelle die Lagerentnahme erfolgte.

b) Lagerverluste durch Schwund, Verderb und Diebstahl können nicht erfasst werden.

c) Das Verfahren ist umständlich und aufwendig, weil der Materialverbrauch nur durch mehrmalige körperliche Inventuren im Jahr feststellbar ist.

(2) Fortschreibungsmethode

Bei der Fortschreibungsmethode oder Materialentnahmescheinemethode wird bei jeder Materialausgabe ein Materialentnahmeschein ausgefüllt, der mindestens folgende Informationen enthält:

Datum
Materialart
Materialnummer
Materialmenge
Kostenstellennummer
Kostenträgernummer

Der Materialverbrauch ist jederzeit feststellbar durch die Addition der Materialentnahmescheine. Der Lagersollbestand kann ebenfalls jederzeit ermittelt werden:

	Anfangsbestand (laut Inventur)
+	Zugang (laut Lagerkonto)
-	Abgang (laut Materialentnahmescheine)
+	Zugang (laut Rücknahmescheine)
=	Lagersollbestand

Einmal im Jahr wird durch eine körperliche Inventur der Lageristbestand ermittelt. Dabei wird sich in der Regel eine Differenz ergeben, die nur durch Schwund, Verderb, Diebstahl usw. entstanden sein kann.

	Lagersollbestand
-	Lageristbestand
=	Lagerverluste (Inventurdifferenz)

Während bei der Inventurmethode nur eine Stichtagsinventur durchgeführt werden kann, d. h. alle Endbestände werden am Ende einer Abrechnungsperiode zu einem Zeitpunkt ermittelt, kann bei der Fortschreibungsmethode die Inventur in Form der „permanenten Inventur" erfolgen. Während die körperliche Inventur in der Abteilung X z. B. im Mai stattfindet, wird sie in der Abteilung Y im Juni gemacht. Es muss nur sichergestellt sein, dass in jeder Abteilung spätestens nach einem Jahr die nächste körperliche Inventur stattfindet. In die Bilanz zum 31.12. gehen dann die fortgeschriebenen Sollbestände ein. Diese Inventurmethode ist von einigen Ausnahmen abgesehen auch steuerrechtlich anerkannt[1]. Sie führt zu einer wesentlichen Entlastung, da der Arbeitsanfall nicht mehr stoßweise erfolgt, wie bei der Stichtagsinventur, sondern auf das ganze Jahr verteilt wird.

Die Fortschreibungsmethode hat damit folgende Vorteile:

a) Es ist feststellbar, für welche Kostenstelle und für welchen Kostenträger die Lagerentnahme erfolgte.

b) Lagerverluste können erfasst werden.

c) Das Verfahren ist einfach zu handhaben und läuft reibungslos ab.

Allerdings setzt die Fortschreibungsmethode eine Lagerbuchhaltung und ein qualifiziertes Belegwesens voraus; in kleineren Betrieben sind diese Voraussetzungen nicht immer erfüllt.

---

[1] Vgl. R 30 Abs. 2 EStR.

(3) Rückrechnung
Bei der Rückrechnung wird der Verbrauch aus den abgelieferten Stückzahlen der Halb- und Fertigfabrikate abgeleitet. Ausgangspunkt der Berechnung sind die Konstruktionszeichnungen und die Stücklisten der einzelnen Kostenträger. Bei diesem Verfahren ist eine genaue Ermittlung des Materialverbrauchs nicht möglich, weil das Gemeinkostenmaterial nicht direkt zurechenbar ist; Lagerverluste können nicht erfasst werden.

Beispiel 3.1 (Erfassung des Materialverbrauchs)

In einem Unternehmen liegen für einen Rohstoff folgende Informationen für den Monat April vor:

Datum	Vorgang	Menge in kg
1.	Bestand	200
5.	Zugang laut Eingangsrechnung Nr. 175	400
14.	Zugang laut Eingangsrechnung Nr. 190	200
25.	Zugang laut Eingangsrechnung Nr. 210	300
29.	Rohstoffrückgabe aus der Fertigung	20

Die Rohstoff-Verbrauchsmengen sind zu ermitteln:

a) mit der Inventurmethode, wenn die körperliche Inventur am 30. April einen Bestand von 290 kg ergibt.

b) mit der Fortschreibungsmethode, wenn mit Hilfe von Materialentnahmescheinen folgende Verbräuche erfasst wurden und keine körperliche Inventur durchgeführt wird:

Datum	Vorgang	Menge in kg
3.	Verbrauch laut Materialentnahmeschein	160
17.	Verbrauch laut Materialentnahmeschein	240
21.	Verbrauch laut Materialentnahmeschein	400

c) Welche zusätzliche Information ergibt sich zu b), wenn am 30. April die körperliche Inventur einen Bestand von 290 kg ergibt?

d) mit der retrograden Methode, wenn das Unternehmen auf eine körperliche Inventur und auf die Erfassung des Verbrauchs durch Materialentnahmescheine verzichtet. Der Rohstoffverbrauch wird aus der hergestellten Anzahl der Produkte A und B abgeleitet:

Produkt	Produzierte Stückzahl	Rohstoffverbrauch je Stück
A	20	25 kg
B	50	5 kg

e) Welche zusätzliche Information ergibt sich zu d), wenn am 30. April die körperliche Inventur einen Bestand von 290 kg ergibt?

Lösung a)

Verbrauchsermittlung mit der Inventurmethode

Der Zugang laut Materialentnahme-Rückschein wird bei der Inventur-Methode nicht berücksichtigt, da man weder die Entnahme aus dem Lager noch die Zurücklegung des Rohstoffes in das Lager erfasst.

	Anfangsbestand			200 kg
+	Zugänge	5.4.	400 kg	
		14.4.	200 kg	
		25.4.	300 kg	900 kg
				1.100 kg
-	Endbestand laut Inventur			290 kg
	$\sum$ Ist-Verbrauch laut Inventurmethode			810 kg

Lösung b)

Bei der Verbrauchsermittlung mit der Fortschreibungsmethode ist eine körperliche Inventur nicht erforderlich. Der Materialverbrauch ergibt sich aus der Summe der Entnahmen laut Materialentnahmescheine.

	Verbrauch 3.4.	160 kg
	17.4.	240 kg
	21.4.	400 kg
		800 kg
-	Rückgabe 29.4.	20 kg
	∑ Soll-Verbrauch laut Fortschreibungsmethode	780 kg

Lösung c)

Wenn die körperliche Inventur wie in diesem Beispiel 290 kg ergibt, lassen sich zusätzlich Schwund, Diebstahl und Verderb ermitteln:

	Anfangsbestand (laut Inventur)	200 kg
+	Zugang (laut Lagerkonto)	900 kg
-	Abgang (laut Materialentnahmescheine)	780 kg
=	Lagersollbestand	320 kg
-	Istbestand	290 kg
=	Schwund, Diebstahl, Verderb	30 kg

Lösung d)

Bei der Verbrauchsermittlung mit der retrograden Methode ist eine körperliche Inventur nicht erforderlich. Die Verbrauchsmengen ermittelt man aus den Sollmengen der produzierten Leistungen.

Produkt	Rohstoffverbrauch je Stück	Produzierte Stückzahl	Verbrauch pro Produkt
A	25 kg	20	500 kg
B	5 kg	50	250 kg
∑ Soll-Verbrauch laut Rückrechnung			750 kg

Lösung e)

Bei dieser Methode ergibt sich folgender Lagersollbestand:

	Anfangsbestand (laut Inventur)	200 kg
+	Zugang (laut Lagerkonto)	900 kg
-	Abgang (laut Rückrechnung)	750 kg
=	Lagersollbestand	350 kg

Da die körperliche Inventur einen Istbestand von 290 kg ermittelt, entsteht eine Differenz von 60 kg, die nicht erklärbar ist.

Ergebnis

Von den zur Verfügung stehenden Methoden zur Erfassung der Materialverbrauchsmengen ist eindeutig die Materialentnahmescheinemethode zu bevorzugen.

Problem 2

Für die Bewertung des erfassten mengenmäßigen Verbrauchs kommen Istpreise und Festpreise in Frage:

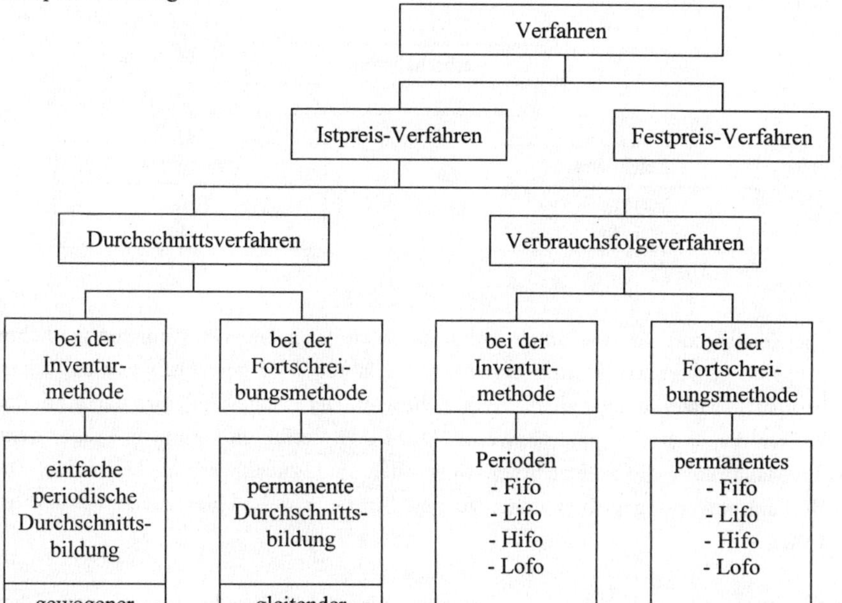

Fifo = First in, first out
Lifo = Last in, first out
Hifo = Highest in, first out
Lofo = Lowest in, first out

Übers. 3.6.: Bewertung des Verbrauchs

Der Einsatz der Verfahren hängt davon ab, welche Aufgaben in der Kostenrechnung erfüllt werden sollen und welches Kostenrechnungssystem angewendet wird. Istpreise sind erforderlich für die Nachkalkulation in Istkostenrechnungen, um den mengenmäßigen Verbrauch auf der Basis von Anschaffungskosten zu bewerten.

Bei der Durchschnittspreisbewertung werden die mengenmäßigen Verbräuche mit durchschnittlichen Einstandspreisen bewertet. Wenn die Durchschnittsbildung einmal periodisch erfolgt, wird am Ende der Abrechnungsperiode für jede Materialart ein Durchschnittspreis gebildet. Erfolgt die Durchschnittsbildung dagegen permanent, wird nach jedem Materialzugang ein neuer Durchschnittspreis errechnet.

Verbrauchsfolgeverfahren können angewendet werden, wenn der Verbrauch des Materials in einer bestimmten Reihenfolge stattfindet. Dabei unterscheidet man Zeit- und Preisfolgen.

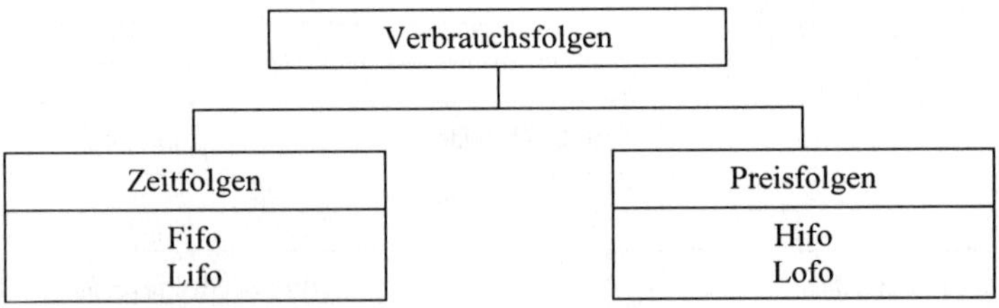

Die Zeitfolgen sind anwendbar, wenn das Material in einer bestimmten zeitlichen Reihenfolge verbraucht wird. Das FIFO-Verfahren wird gewählt, wenn das zuerst beschaffte Material auch zuerst verbraucht wird. Der Endbestand wird daher mit den Preisen der letzten Zugänge bewertet. Das LIFO-Verfahren kommt in Frage, wenn die Materialien, die zuletzt beschafft worden sind, zuerst verbraucht werden. Die Bestandsbewertung erfolgt daher zu den Einstandspreisen der zuerst beschafften Güter.

Die Preisfolgen gehen davon aus, dass das Material in einer bestimmten preislichen Reihenfolge verbraucht wird. Das HIFO-Verfahren kommt in Frage, wenn die Materialmengen mit den höchsten Einkaufspreisen zuerst verbraucht werden. Die Endbestände sind daher mit den niedrigsten Preisen bewertet. Beim LOFO-Verfahren erfolgt die entgegengesetzte Annahme. Die Materialmengen, die mit den nied-

rigsten Einkaufspreisen beschafft worden sind, werden zuerst verbraucht. Der Bestand wird daher mit den höchsten Preisen bewertet.
Die Istpreis-Bewertung mit Hilfe von Verbrauchsfolgeverfahren wird in der Kostenrechnung kaum angewendet, weil die Erfassung der zeitlichen oder preislichen Verbrauchsfolge aufwendig bzw. unmöglich ist. Dagegen spielen die Verbrauchsfolgeverfahren in der Handelsbilanz eine größere Rolle, da dort eine Verbrauchsfolge nicht nachzuweisen ist, sondern unterstellt werden kann (§ 256 HGB).

Festpreise sind geeignet für Vorkalkulationen in Normal- und Plankostenrechnungen, um den mengenmäßigen Verbrauch mit den zukünftigen Preisen bewerten zu können. Bei diesem Verfahren wird für eine längere Zeit ein gleichbleibender Verrechnungswert für die jeweilige Materialart gewählt. Dieser Verrechnungswert kann als Durchschnittswert der Vergangenheit (Normalwert) oder als zukunftsbezogener geplanter Wert (Planwert) gebildet werden. In der Praxis hat sich das Festpreis-Verfahren durchgesetzt[1], weil dadurch eine über eine Abrechnungsperiode konstante Kalkulation ermöglicht wird. Zwischen den in der Kostenrechnung angesetzten Verrechnungspreisen und den in der Finanzbuchhaltung tatsächlich erfassten Istpreisen werden sich in der Regel Differenzen ergeben, die über ein Preisdifferenzenkonto ausgeglichen werden.

Beispiel 3.2 (Erfassung und Bewertung des Materialverbrauchs)

In einem Unternehmen liegen für einen Rohstoff folgende Zahlen für die vergangene Periode vor:

Datum	Vorgang	Menge (kg)	Preis (€/kg)
01.01.	Anfangsbestand	1.000	8
08.03.	Zugang	3.000	7
12.08.	Zugang	3.000	10
28.11.	Zugang	1.400	9
31.12.	Endbestand lt. Inventur	2.000	

[1] Vgl. Bundesverband der deutschen Industrie (Hrsg.), Empfehlungen zur Kosten- und Leistungsrechnung, Band 1, S. 30 f.

a) Ermitteln Sie den mengenmäßigen Verbrauch nach der Inventurmethode und bewerten Sie ihn mit dem einfachen Durchschnittsverfahren (einfach gewogenes arithmetisches Mittel).

b) Das Unternehmen führt eine permanente Inventur ein und erfasst folgende Verbräuche:

Datum	Vorgang	Menge (kg)
15.01.	Verbrauch	200
30.04.	Verbrauch	1.200
17.09.	Verbrauch	5.000

Bewerten Sie den Verbrauch mit dem gleitenden Durchschnittsverfahren.

c) Beurteilen Sie, inwieweit die unter a) und b) verwendeten Verfahren in der Kostenrechnung geeignet sind.

Lösung a) Verbrauchsermittlung mit der Inventurmethode

	Anfangsbestand	1.000 kg
+	Zugänge	7.400 kg
		8.400 kg
-	Endbestand laut Inventur	2.000 kg
	$\sum$ Verbrauch	6.400 kg

Das einfach gewogene Durchschnittsverfahren ist dadurch gekennzeichnet, dass man aus dem Anfangsbestand der Periode und allen Zugängen während der Abrechnungsperiode einen gewogenen arithmetischen Durchschnittspreis bildet. Sowohl der Endbestand als auch die Verbräuche werden mit diesem Durchschnittspreis bewertet.

Datum	Vorgang	Menge (kg)	Preis (€/kg)	Wert (€/Per)
01.01. 08.03. 12.08. 28.11.	Anfangsbestand Zugang Zugang Zugang	1.000 3.000 3.000 1.400	8,00 7,00 10,00 9,00	8.000 21.000 30.000 12.600
		8.400	8,52	71.600

$$\text{Gewogener Perioden - Durchschnittspreis} = \frac{71.600}{8.400} = 8{,}52\ €/\text{kg}$$

31.12. Endbestand	2.000	8,52	17.048
Verbrauch/Periode	6.400	8,52	54.552

Lösung b) Gleitendes Durchschnittsverfahren

Die Besonderheit dieses Verfahrens liegt darin, dass nicht nur einmal am Ende der Periode, sondern laufend nach jedem Lagerzugang ein neuer Durchschnittspreis gebildet wird. Der Bestandswert kann jederzeit unmittelbar aus der Lagerkartei entnommen werden. Der Verbrauch ergibt sich durch die Addition der erfassten Abgänge.

Datum	Vorgang	Menge (kg)	Preis (€/kg)	Wert (€/Per)
01.01. 15.01.	Anfangsbestand Verbrauch	1.000 200	8,00 8,00	8.000 1.600
 08.03.	Bestand Zugang	800 3.000	8,00 7,00	6.400 21.000
 30.04.	Bestand Verbrauch	3.800 1.200	7,21 7,21	27.400 8.653
 12.08.	Bestand Zugang	2.600 3.000	7,21 10,00	18.747 30.000
 17.09.	Bestand Verbrauch	5.600 5.000	8,70 8,70	48.747 43.524
 28.11.	Bestand Zugang	600 1.400	8,70 9,00	5.223 12.600
31.12.	Endbestand	2.000	8,91	17.823

Der Materialverbrauch der Periode ergibt sich als Summe der Einzelverbräuche:

Datum	Vorgang	Menge (kg)	Einzelpreis (€/kg)	Gesamtpreis (€)
15.01.	Verbrauch	200	8,00	1.600
30.04.	Verbrauch	1.200	7,21	8.653
17.09.	Verbrauch	5.000	8,70	43.524
		6.400		53.777

Lösung c)

Die Istpreis-Verfahren sind in der Kostenrechnung weniger geeignet, weil durch die dauernde Preisänderung der Rohstoffe eine gleichmäßige Kalkulation gestört wird.

Ergebnis

1. Der Materialverbrauch kann mit Istpreis- oder Festpreismethoden bewertet werden.
2. Als Istpreismethoden werden der einfach gewogene Durchschnitt und der gleitende gewogene Durchschnitt verwendet; Verbrauchsfolgeverfahren spielen in der Kostenrechnung kaum eine Rolle. Die Methode der einfach gewogenen Durchschnittsbildung führt zu unbefriedigenden Ergebnissen, wenn die Preise der zu bewertenden Materialien eindeutig steigen oder fallen. Dann liegt der Durchschnittspreis erheblich unter bzw. über dem Preis am Periodenende. Die Methode des gleitenden gewogenen Durchschnitts verhindert, dass die in der Kosten- und Leistungsrechnung verwendeten Preise sich zu weit von den tatsächlich zum Zeitpunkt des Verbrauchs geltenden Materialbeschaffungspreisen entfernen.
3. Für die Kostenrechnung am besten geeignet ist der Ansatz fester Verrechnungspreise, der über einen längeren Zeitraum gilt und zukünftige Preisentwicklungen antizipiert. Dieses Verfahren ist weniger rechen- und zeitintensiv und es gewährleistet eine stabile Kalkulationsgrundlage.

3.2.2 Personalkosten

Personalkosten sind in vielen Unternehmen ein bedeutender Kostenfaktor. Das belegt folgende Übersicht[1]:

	Branche	Personalaufwand in % des Bruttoproduktionswertes in der Industrie 1996
1.	Bergbau	51,2
2.	Medizin, Meßtechnik, Optik	37,0
3.	Baugewerbe	35,0
4.	Maschinenbau	32,2
5.	Verlagsgewerbe	30,9
6.	Textilgewerbe	25,7
7.	Chemie	23,9
8.	Straßenfahrzeugbau	22,9
9.	Ernährung	14,6
10.	Energie und Wasserversorgung	14,4
11.	Tabakverarbeitung	5,1
12.	Kokerei, Mineralölverarbeitung	2,5

Übers. 3.7: Anteil der Personalkosten am Bruttoproduktionswert

Die Personalkosten machen in der Industrie im Durchschnitt rund ein Viertel des Bruttoproduktionswertes aus. Von diesem Durchschnitt weichen aber einzelne Branchen erheblich ab. So haben die Personalkosten im Bergbau und im Luft- und Raumfahrzeugbau eine besonders große Bedeutung, während ihr Anteil z. B. im Ernährungsgewerbe oder in der Mineralölverarbeitung relativ gering ist.

Einen bedeutenden Anteil an den Personalkosten haben die Personalzusatzkosten, die auch als Lohnnebenkosten oder „zweiter Lohn" bezeichnet werden. In manchen Branchen sind sie schon so hoch wie der eigentliche Lohn. Unter Lohnnebenkosten fallen alle Arbeitskosten, die nicht im direkten Bezug zur geleisteten Arbeit stehen. Dazu zählen Sonderzahlungen (z. B. Urlaubs- und Weihnachtsgeld), Vergütungen für arbeitsfreie Tage (z. B. Lohnfortzahlung im Krankheitsfall), Aufwendungen für Vorsorgeeinrichtungen (z. B. Arbeitgeberanteile zur Sozialversicherung, betriebliche Altersversorgung) und sonstige Personalnebenkosten (z. B. Verpflegungszuschüsse).

---

[1] Vgl. Statistisches Jahrbuch 1998, S. 193.

Branche	Personalzusatzkosten in % des Entgelts für geleistete Arbeit			
	1992	1994	1996	1998
1. Großhandel	66,2	67,2	67,5	69,8
2. Einzelhandel	66,4	66,8	67,1	70,4
3. Industrie	80,4	80,2	82,0	81,8
4. Versicherungen	94,1	94,0	94,5	103,1
5. Banken	98,0	97,9	98,4	103,5
Quelle: Zahlen zur wirtschaftlichen Entwicklung der Bundesrepublik Deutschland, Ausgabe 1998 (Tabelle 56) und Ausgabe 1999 (Tabelle 61/62), hrsg. v. Institut der Deutschen Wirtschaft (IW), Köln				

Übers. 3.8: Vergleich der Personalzusatzkosten in verschiedenen Branchen (West)

Das besondere Problem der Lohnnebenkosten liegt in ihrem starken Wachstum. Während 1950 in der Industrie auf 100 DM direkte Lohnkosten durchschnittlich 35 DM Lohnnebenkosten anfielen, betrug dieser Wert 1966 43,40 DM und 1994 bereits 80,20 DM[1]. Diese Entwicklung lief jedoch nicht in allen Unternehmen und Branchen gleichmäßig ab. In einigen Branchen (z. B. Banken und Versicherungen) stiegen die Lohnnebenkosten schneller als in anderen Branchen (z. B. Groß- und Einzelhandel), in großen Unternehmen ist der Anteil an Lohnnebenkosten höher als in kleinen Unternehmen.

Man unterscheidet zwischen gesetzlichen, tariflichen und außertariflichen Lohnnebenkosten. 1998 betrug der Anteil der gesetzlichen Lohnnebenkosten an den gesamten Lohnnebenkosten im produzierenden Gewerbe 46,8 %.

Die starke Steigerung der Lohnnebenkosten ist auf mehrere Gründe zurückzuführen:

- die Erhöhung der Sozialversicherungsbeiträge,
- die Strategie der Arbeitgeber, in Tarifverhandlungen höhere Lohnsteigerungen durch tariflich vereinbarte zusätzliche Urlaubstage, Urlaubsgelder usw. zu verhindern,
- das Bemühen von Unternehmen in Wachstumsbranchen, durch außertarifliche Leistungen, wie betriebliche Altersversorgungen, die Arbeitnehmer an das Unternehmen zu binden.

---

[1] Statistisches Jahrbuch und Zahlen zur wirtschaftlichen Entwicklung, hrsg. v. Institut der Deutschen Wirtschaft (IW), Köln.

Personalzusatzkosten in % des Entgelts für geleistete Arbeit im produzierenden Gewerbe (West)	1975	1981	1988	1992	1996	1998
Gesetzliche Personalzusatzkosten (Arbeitgeberbeiträge zur Sozialversicherung, bezahlte Ferientage, Ausfallzeiten, Lohnfortzahlung bei Krankheit, Betriebsunfallversicherung, Mutterschutz u. a.)	30,7	34,7	35,8	35,4	37,7	38,8
Tarifliche und betriebliche Personalzusatzkosten (Urlaubsgeld, Sonderzahlungen, betriebliche Altersversorgung, Vermögensbildung, sonstige Personalzusatzkosten)	32,1	42,8	46,8	45,0	44,3	43,5
Insgesamt	62,8	77,5	82,6	80,4	82,0	81,8
Quelle: Statistisches Jahrbuch für die Bundesrepublik Deutschland bis 1981; ab 1988 Zahlen zur wirtschaftlichen Entwicklung, hrsg. v. Institut der Deutschen Wirtschaft (IW), Köln.						

Übers. 3.9: Personalzusatzkosten im produzierenden Gewerbe in % des Entgelts für geleistete Arbeit (West)

Für die Weiterverrechnung der Personalkosten in der Kostenstellen- und Kostenträgerrechnung muss in der Kostenartenrechnung eine Aufteilung in Einzelkosten und Gemeinkosten vorgenommen werden. Löhne können sowohl Einzel- als auch Gemeinkosten darstellen. Die Einzelkostenlöhne sind meistens variabel, eine Aufteilung der Gemeinkosten in variable und fixe Bestandteile lässt sich erst in der Kostenstellenrechnung vornehmen. In Ausnahmefällen kann auch ein Teil der Gehälter Einzelkostencharakter haben. Die Erfassung der Personalkosten erfolgt in der Lohnbuchhaltung mit Hilfe verschiedener Belege, wie Gehaltslisten, Zeitlohnscheinen, Akkordscheinen, Zusatzlohnscheinen, Prämienunterlagen, Stempelkarten usw.

Die Personalkosten lassen sich daher in folgende Hauptgruppen einteilen:

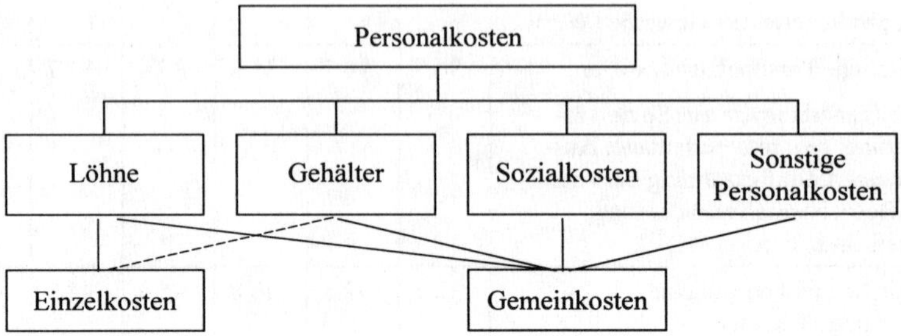

Die in der Lohnbuchhaltung erfassten Kosten können ohne Schwierigkeiten in die Kostenrechnung übernommen werden. Problematisch ist lediglich die zeitliche Verteilung der Urlaubs-, Krankheits- und Feiertagslöhne und -gehälter. Urlaubslöhne z. B. fallen überwiegend im Sommer an. Würde man allein die Ferienmonate mit den Urlaubslöhnen belasten, so würde sich in diesen Monaten ein extrem schlechtes Betriebsergebnis einstellen. Daher werden in der Kostenrechnung die Urlaubs-, Krankheits- und Feiertagslöhne und -gehälter gleichmäßig auf die Monate verteilt, in denen der Betrieb Leistungen erstellt.

3.2.3 Dienstleistungskosten

Zu den Dienstleistungskosten zählen u. a.:
- Mieten, Pachten, Leasinggebühren,
- Fremdreparaturen und Fremdinstandhaltung,
- Frachten und sonstige Kosten des Güterumschlages,
- Provisionen,
- Prüfungs- und Beratungskosten,
- Sonstige Fremdleistungen.

Die Erfassung der Dienstleistungskosten ist normalerweise unproblematisch, da für jede in Anspruch genommene Leistung ein Fremdbeleg vorliegt und damit eine Buchung in der Finanzbuchaltung erfolgt. Erforderlich ist allerdings häufig eine zeitliche Abgrenzung und Verteilung des z. B. für ein Jahr gezahlten Betrages auf die monatlichen (vierteljährlichen) Abrechnungsperioden.

3.2.4 Kalkulatorische Kosten

Bestimmte Aufwendungen der Finanzbuchhaltung sind zwar betriebsbezogen, ihre Höhe oder Berechnungsmethode entspricht jedoch nicht den Anforderungen der Kosten- und Leistungsrechnung. Manche Kostenarten haben auch gar keine Entsprechung in der Finanzbuchhaltung. In solchen Fällen arbeitet die Kosten- und Leistungsrechnung mit kalkulatorischen Kostenarten, die es ermöglichen, genau den Werteverzehr in die Kostenrechnung einfließen zu lassen, der durch die Leistungserstellung und -verwertung tatsächlich entstanden ist. Die Kosten- und Leistungsrechnung wird dadurch exakter. Außerdem können so willkürliche Schwankungen der Kosten ausgeschaltet werden, was einen Kostenvergleich mit vergangenen Perioden oder branchengleichen Betrieben ermöglicht. Zu den wichtigsten korrekturbedürftigen Aufwendungen der Finanzbuchhaltung zählen: bilanzielle Abschreibungen, Fremdkapitalzinsen, Einzelwagnisse.

3.2.4.1 Kalkulatorische Abschreibungen

3.2.4.1.1 Überblick

Allgemein versteht man unter Abschreibungen die Verteilung einer einmaligen Ausgabe auf eine Anzahl von Jahren:

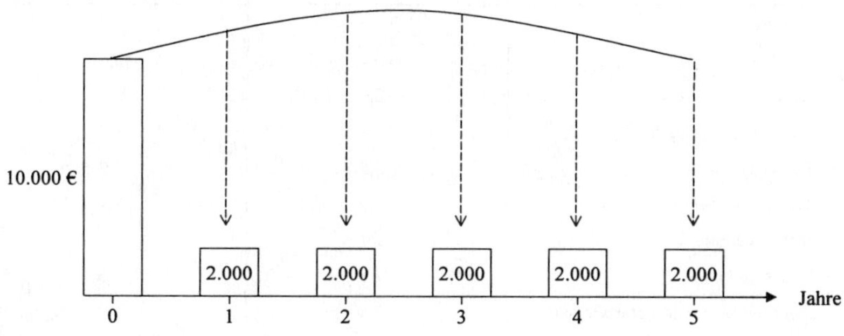

Die Art und Weise der Verteilung der Ausgabe auf die einzelnen Jahre richtet sich danach, in welchem Teilbereich des Rechnungswesens Abschreibungen bestimmt werden sollen. Es lassen sich daher folgende Arten von Abschreibungen unterscheiden:

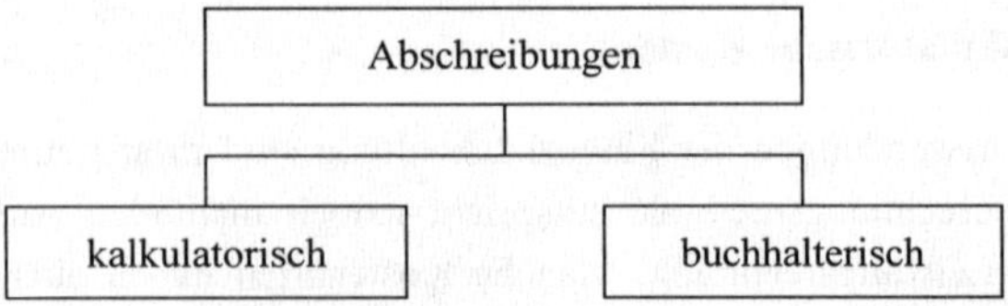

In der handelsrechtlichen Gewinn- und Verlustrechnung werden buchhalterische Abschreibungen angesetzt. Diese Abschreibungen stellen Aufwand dar und mindern den Jahresüberschuss. Steuerliche Abschreibungen sind Sonderausgaben oder Werbungskosten und mindern die Steuerbemessungsgrundlage. Das Steuerrecht (EStG) gibt dafür zwingende Vorschriften an und bezeichnet die Abschreibung als Absetzung für Abnutzung (AfA). Die handelsrechtlichen Abschreibungsvorschriften nach dem HGB lassen größere Spielräume zu.

Im Rahmen der Kostenrechnung verwendet man kalkulatorische Abschreibungen. Diese haben Kostencharakter und mindern einerseits den Betriebserfolg und gehen andererseits in die Kalkulation der betrieblichen Leistung ein.
Abschreibungen sind in anlageintensiven Unternehmen der Industrie ein wichtiger Kostenfaktor, in Dienstleistungsunternehmen und im Handel spielen sie eine geringere Rolle[1]:

Branche		Investitionen in % vom Umsatz	Abschreibungen in % des Bruttoproduktionswertes in der Industrie 1996
1.	Energie und Versorgung	12,9	9,5
2.	Bergbau	10,1	12,4
3.	Glasgewerbe, Keramik	8,0	6,8
4.	Chemische Industrie	5,8	4,6
5.	Fahrzeugbau	5,0	3,9
6.	Textilgewerbe	3,9	3,8
7.	Maschinenbau	3,1	3,0
8.	Baugewerbe	2,8	2,5
9.	Kokerei, Mineralölverarbeitung	2,1	1,2
10.	Tabakverarbeitung	1,2	1,1

Übers. 3.10: Anteil der Investitionen am Umsatz und der Abschreibungen am Bruttoproduktionswert

[1] Vgl. Statistisches Jahrbuch 1998, S. 191 u. 193.

Abschreibungen sollen in der Kostenrechnung den Werteverzehr eines Betriebsmittels für eine Abrechnungsperiode möglichst verursachungsgerecht erfassen. Das setzt Kenntnisse der Verschleißursachen von Betriebsmitteln voraus. Für die Abschreibung sind folgende Ursachen zu nennen:

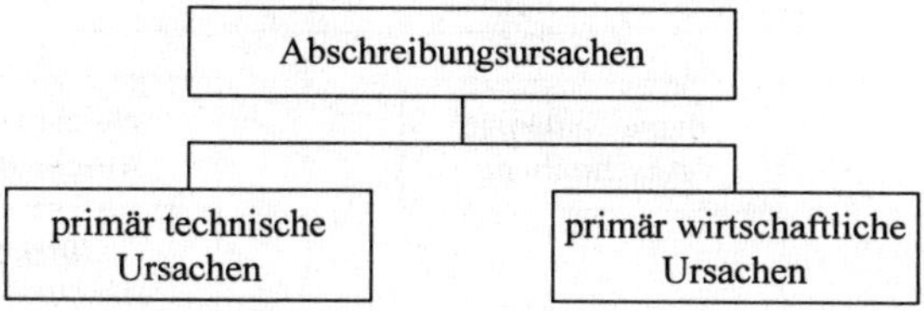

Primär technische Ursachen des Betriebsmittelverbrauchs sind technischer, natürlicher oder ruhender Verschleiß (Korrosion) und Katastrophenverschleiß.

Primär wirtschaftliche Ursachen sind technischer Fortschritt, Bedarfsverschiebungen auf den Absatzmärkten, Preisverfall für die betrieblichen Leistungen, Fristablauf für Patente, Lizenzen usw.

Die Abschreibungsursachen lassen erkennen, dass ein Teil des Werteverzehrs auf den Gebrauch des Betriebsmittels zurückzuführen ist; es handelt sich hierbei um variable Kosten. Ein anderer Teil des Werteverzehrs ist völlig unabhängig vom Gebrauch des Betriebsmittels; er entsteht auch dann, wenn es nicht genutzt wird. Hierbei handelt es sich um fixe Kosten.

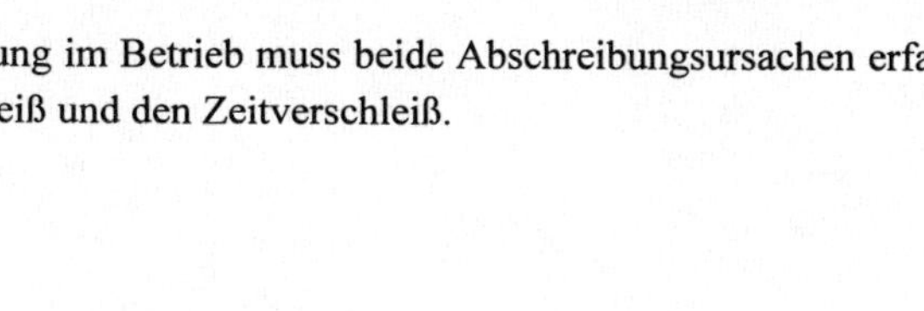

Die Abschreibung im Betrieb muss beide Abschreibungsursachen erfassen, den Gebrauchsverschleiß und den Zeitverschleiß.

Die Abschreibungsmethode ist in der Kostenrechnung frei wählbar; es kommen folgende Methoden in Frage:

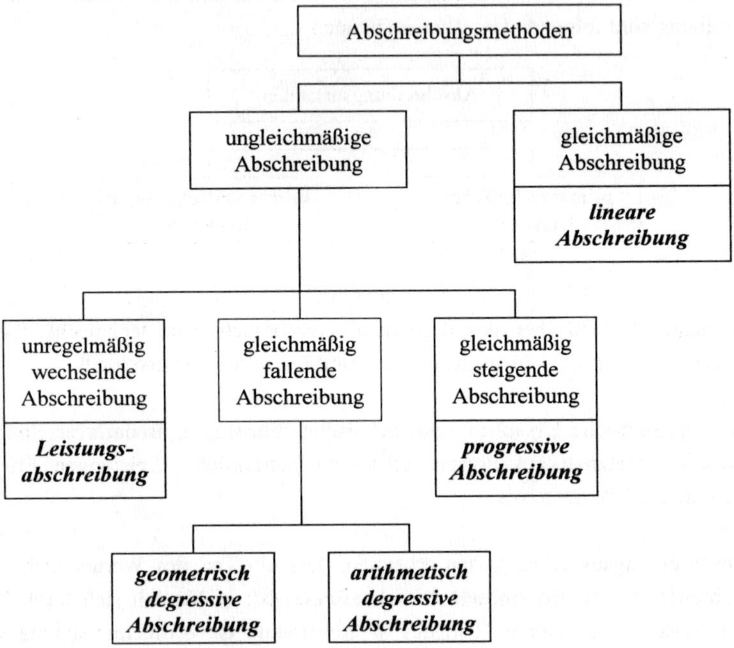

Übers. 3.11: Abschreibungsmethoden

Für die Erfassung der Ursachen des Verschleißes von Betriebsmitteln sind in der Kostenrechnung weder die progressive noch die degressiven Abschreibungsmethoden sinnvoll einzusetzen. Es lassen sich nur im Ausnahmefall Begründungen für einen gleichmäßig steigenden oder fallenden Abschreibungsverlauf finden. Die in der Kostenrechnung dominierenden Methoden sind die lineare Abschreibung und die Leistungsabschreibung.

Neben der Wahl der Abschreibungsmethode bestimmen weitere wichtige Einflussgrößen die Höhe der Abschreibungsbeträge:

(1) Schätzung der Lebensdauer (Gesamtleistung)
Die Bestimmung der Nutzungsdauer ist erforderlich für die Bewertung des Zeitverschleißes; die Ermittlung der Gesamtleistung (des Leistungsvorrats eines Betriebsmittels) ist entscheidend für die Höhe des Gebrauchsverschleißes. Bei einem zu niedrigen (hohen) Ansatz der Lebensdauer oder des Nutzungsvorrats eines Betriebsmittels werden den einzelnen Perioden zu hohe (geringe) Kosten angelastet. Diese Fehleinschätzung kann in der Kalkulation unangenehme Folgen haben. Das Unternehmen kalkuliert sich möglicherweise bei einem zu hohen Kostenansatz aus dem Markt, bei einem zu niedrigen Ansatz dagegen nimmt es Aufträge zu nicht kostendeckenden Preisen an. Daher ist das Ziel, in der Kostenrechnung die Lebensdauer und/oder die Gesamtleistung möglichst genau zu schätzen. Grundlage dieser Schätzung sind Erfahrungen der Vergangenheit mit ähnlichen Betriebsmitteln, Angaben der Hersteller, technische Verbrauchsmessungen und die steuerrechtlichen AfA-Tabellen.

(2) Bestimmung des Restwertes
Die Vernachlässigung eines Restwertes führt zu einer zu hohen Kostenbelastung der einzelnen Abrechnungsperioden, ein zu hoher Restwertansatz zu einer zu geringen Kostenbelastung. In der Praxis ist es allerdings schwer, den Restwert zu bestimmen. Man wird ihn nur berücksichtigen, wenn er im Verhältnis zum Anschaffungswert bedeutsam ist und eine Nichtberücksichtigung zu einem nicht tolerierbaren Fehler führen würde[1].

(3) Verwendung des Wiederbeschaffungswertes
Die theoretisch richtige Abschreibungsgrundlage ist in der Kostenrechnung in den Wiederbeschaffungskosten zu sehen, damit nach Nutzungsende genügend Abschreibungsgegenwerte für die Wiederbeschaffung des zu ersetzenden Betriebsmittels zur Verfügung stehen. Allerdings ist der Wiederbeschaffungswert eines langlebigen Betriebsmittels schwer zu ermitteln. In der Praxis wählt man deshalb als Ersatzlösung

   (a) den Tageswert, d. h. die Wiederbeschaffungskosten der jeweiligen Periode (= Anschaffungskosten · Preismultiplikator):

---

[1] In der Handels- und Steuerbilanz wird ein Restwert normalerweise nicht angesetzt. R 44 Abs. 3 EStR: „Die AfA ist grundsätzlich so zu bemessen, dass die Anschaffungs- oder Herstellungskosten nach Ablauf der betriebsgewöhnlichen Nutzungsdauer des Wirtschaftsguts voll abgesetzt sind."

In diesem Fall reichen bei der Ersatzbeschaffung die angesammelten Abschreibungsbeträge nicht aus.

(b) die ursprünglichen Anschaffungskosten:
In diesem Fall ist es zweckmäßig, die kalkulatorischen Abschreibungen nicht enden zu lassen, wenn die Anschaffungskosten bei Ablauf der rechnerisch zugrunde gelegten Nutzungsdauer amortisiert sind, sondern so lange weiter abzuschreiben wie die Anlage tatsächlich noch verwendet wird. Bei Nullabschreibung würde der interne Erfolg der späteren Nutzungsperioden ohne sachlichen Grund höher ausfallen. Dass die Summe der Abschreibungsbeträge bei diesem Vorgehen die früheren Anschaffungskosten übersteigt, nimmt man billigend in Kauf, weil man sich so den in der Regel höheren Wiederbeschaffungskosten nähert.

3.2.4.1.2 Lineare Abschreibung

Bei der linearen Abschreibung wird der abzuschreibende Betrag B, der der Anschaffungs-, Tages- oder Wiederbeschaffungswert sein kann, gleichmäßig auf die Perioden verteilt, in denen das Betriebsmittel voraussichtlich genutzt wird. Der jährliche Abschreibungsbetrag a wird ermittelt, indem man B durch die Anzahl der Nutzungsjahre n teilt:

$$a = \frac{B}{n}$$

Ist für das Wirtschaftsgut nach Ablauf der Nutzungsdauer ein erheblicher Restwert R vorhanden, so wird a folgendermaßen ermittelt:

$$a = \frac{B - R}{n}$$

Beispiel 3.3 (Lineare Abschreibung)

Eine Maschine, die für 180.000 € gekauft wurde, wird voraussichtlich nach Ablauf der Nutzungsdauer von 5 Jahren 200.000 € kosten. Es ist nicht mit einem erheblichen Restwert zu rechnen.

Wie hoch ist der Abschreibungsbetrag pro Jahr bei der linearen Abschreibung?

Lösung

$$a = \frac{B}{n} = \frac{200.000}{5}$$

$$a = 40.000 \text{ €/Jahr}$$

Der Abschreibungsbetrag pro Jahr wird vom Wiederbeschaffungswert errechnet.

Für die 5 Jahre der Nutzungsdauer ergibt sich daher folgendes Bild:

Jahre n	Abschreibungsbetrag pro Jahr a (€/Jahr)	Restwert am Ende des Jahres R = B - a (€)
0		200.000
1	40.000	160.000
2	40.000	120.000
3	40.000	80.000
4	40.000	40.000
5	40.000	0

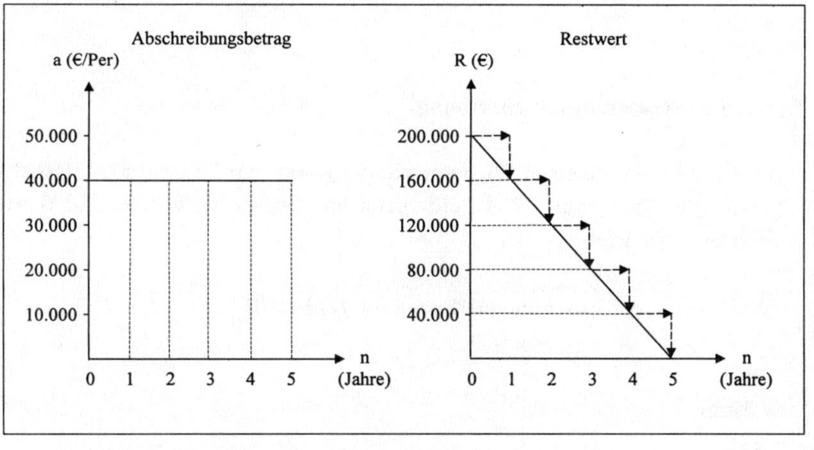

Abb. 3.1: Kostenverlauf bei linearer Abschreibung

Ergebnis

Die lineare Abschreibung hat den Vorteil, rechnerisch einfach zu sein. Sie führt zu einer gleichmäßigen Kostenbelastung pro Abrechnungsperiode. Bei einem relativ konstanten Beschäftigungsgrad kann die lineare Abschreibung durchaus zu einer verursachungsgerechten Erfassung des Werteverzehrs verwendet werden. Bei stärkeren Beschäftigungsschwankungen entspricht die lineare Abschreibung jedoch nicht mehr dem Prinzip der Kostenverursachung.

3.2.4.1.3 Leistungsabschreibung

Die leistungsbezogene Abschreibung passt sich Beschäftigungsschwankungen an, da für den jährlichen Abschreibungsbetrag der Umfang der Beanspruchung maßgebend ist. Der abzuschreibende Betrag B wird durch die geschätzte Gesamtleistung L des Betriebsmittels dividiert und mit der Periodenleistung PL multipliziert:

$$a = \frac{B}{L} \cdot PL$$

Beispiel 3.4 (Leistungsabschreibung)

Eine Maschine, die einen Wiederbeschaffungswert von 200.000 € hat, leistet voraussichtlich insgesamt 1.000 Betriebsstunden. Im Jahr 01 wurden 300 Betriebsstunden h geleistet.

Wie hoch ist der Abschreibungsbetrag für das Jahr 01?

Lösung

Es ergibt sich: $a = \frac{B}{L} \cdot PL = \frac{200.000}{1.000} \cdot 300$

$$a = 60.000 \text{ €/Jahr}$$

Wenn die Maschine in den folgenden Jahren die in der nachstehenden Tabelle angegebenen Leistungen abgibt, zeigt sich folgender Abschreibungsverlauf:

Jahre n	Perioden-leistung (h/Jahr)	Abschreibungsbetrag pro Jahr a (€/Jahr)	Restwert am Ende des Jahres R = B - a (€)
0			200.000
1	300	60.000	140.000
2	200	40.000	100.000
3	250	50.000	50.000
4	150	30.000	20.000
5	100	20.000	0

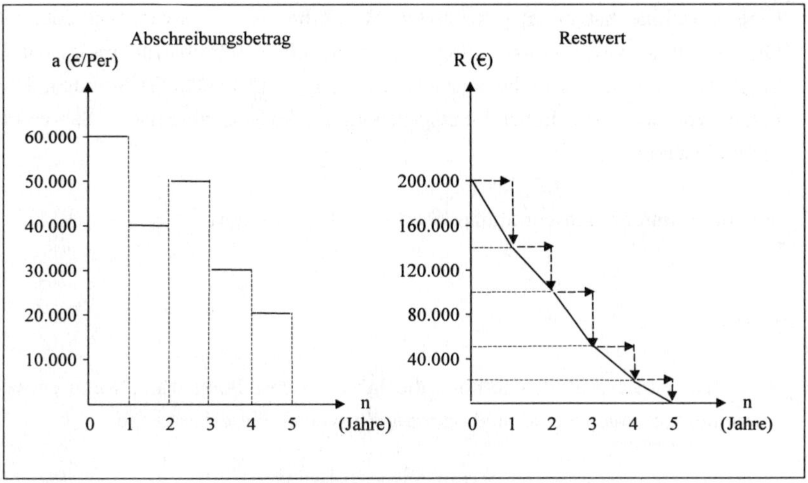

Abb. 3.2: Kostenverlauf bei Leistungsabschreibung

Ergebnis

Die Leistungsabschreibung führt zu einer verursachungsgerechten Erfassung des Gebrauchsverschleißes (variable Kosten); zur Erfassung des Zeitverschleißes (fixe Kosten) ist sie nicht geeignet.

3.2.4.1.4 Gespaltene Abschreibung

Will man beide Abschreibungsursachen exakt erfassen, kann man die lineare und die leistungsbezogene Abschreibung in einer gespaltenen Abschreibung kombinieren. Der fixe Anteil der Abschreibung, die lineare Abschreibung, ist Ausdruck des Zeitverschleißes, der variable Anteil, die Leistungsabschreibung, ist Ausdruck des Gebrauchsverschleißes.

Beispiel 3.5 (Kombination von linearer Abschreibung und Leistungsabschreibung)

Eine Maschine hat einen geschätzten Wiederbeschaffungswert von 200.000 €. Die Maschine wird voraussichtlich insgesamt 8.000 Betriebsstunden leisten. Die geschätzte durchschnittliche jährliche Leistung liegt bei 2.000 Stunden. Unabhängig von der tatsächlichen Beanspruchung ist die Maschine nach 5 Jahren nicht mehr einsetzbar.

Wie hoch sind die Abschreibungsbeträge in den 5 Jahren?

Lösung

Zunächst wird ermittelt, wie hoch die Jahresabschreibung wäre, wenn entweder allein der Gebrauchsverschleiß oder der Zeitverschleiß erfasst wird.

$$a\ (\text{Gebrauchsverschleiß}) = \frac{\text{abzuschreibender Betrag}}{\text{Gesamtleistung}} \cdot \text{Jahresleistung}$$

$$a = \frac{200.000}{8.000} \cdot 2.000 = 50.000\ \text{€/Jahr}$$

$$a\ (\text{Zeitverschleiß}) = \frac{\text{abzuschreibender Betrag}}{\text{Nutzungszeit}}$$

$$a = \frac{200.000}{5} = 40.000\ \text{€/Jahr}$$

Die Abschreibungsverläufe für den Gebrauchsverschleiß und den Zeitverschleiß werden in ein Diagramm eingetragen:

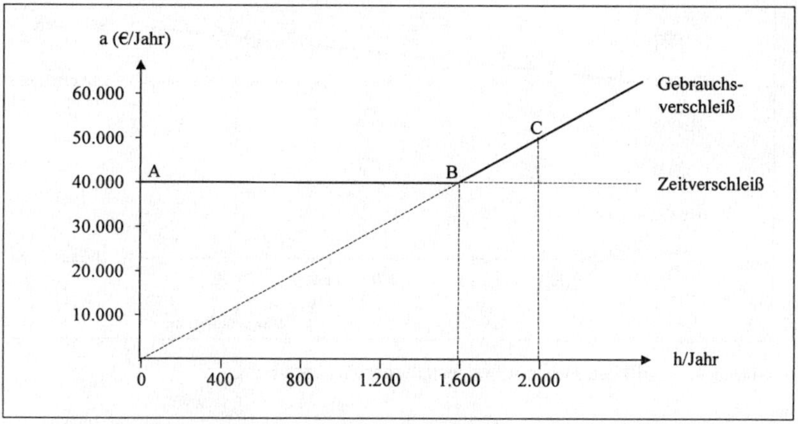

Abb. 3.3: Kostenverlauf bei gespaltener Abschreibung

Die Abbildung zeigt, dass bei einer unter 1.600 Betriebsstunden pro Jahr liegenden Leistung der Zeitverschleiß dominiert. Er ist dann alleinige Abschreibungsursache. Die kalkulatorische Abschreibung von 40.000 €/Jahr gehört zu den Fixkosten. Liegt die jährliche Leistung über 1.600 Betriebsstunden, so dominiert der Gebrauchsverschleiß. Die kalkulatorische Abschreibung von $a = 25 \cdot B$ gehört zu den variablen Kosten.

Zur Vermeidung des geknickten Linienzuges A, B, C interpretiert man die gespaltene Abschreibung auch in der Weise, dass man für eine bestimmte geplante Beschäftigung (z. B. von 2.000 Betriebsstunden) eine durchgehende Sollkostenlinie AC vorsieht. Sie stellt eine Näherungslösung bei überwiegendem Gebrauchsverschleiß dar, die stets dann akzeptabel erscheint, wenn die zu erwartenden Abweichungen zwischen tatsächlicher und geplanter Beschäftigung gering sind.

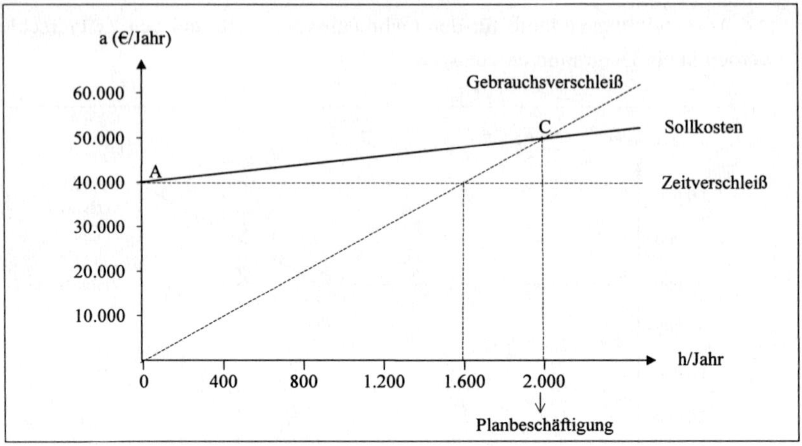

Abb. 3.4: Sollkostenverlauf bei gespaltener Abschreibung

Ergebnis: Die Kombination zweier Abschreibungsmethoden führt zu einer verursachungsgerechteren Zuordnung der Abschreibungen auf die einzelnen Perioden als bei der Anwendung nur einer Methode; sie ist jedoch durch die Notwendigkeit der Aufteilung des Verschleißes eines Anlagegutes in Zeitverschleiß und Gebrauchsverschleiß aufwendiger und theoretisch nicht unumstritten. Eine exakte Auflösung der Abschreibungskosten ist nur im Rahmen einer langfristigen Planungsrechnung möglich[1].

3.2.4.1.5 Degressive Abschreibung

Die degressive Abschreibung spielt in der Kostenrechnung im Gegensatz zur Handels- und Steuerbilanz kaum eine Rolle. Bei der degressiven Abschreibung werden die anfänglichen Jahre der voraussichtlichen Nutzungsdauer stärker belastet als die späteren. Für die Anwendung dieser Abschreibungsmethode werden drei Gründe angeführt:

[1] Vgl. W. Kilger, Flexible Plankostenrechnung und Deckungsbeitragsrechnung, Wiesbaden 1993, S. 413 ff.

a) Bei einem Betriebsmittel nimmt im Laufe der Zeit die Gebrauchsfähigkeit ab. Die degressive Abschreibung sei daher geeignet, in solchen Fällen den Zeitverschleiß verursachungsgerecht zu erfassen.

b) Den hohen Abschreibungen zu Beginn entsprechen niedrige Reparaturkosten und den niedrigen Abschreibungen am Schluß der Lebensdauer hohe Reparaturkosten. Damit will man eine gleichmäßige Verteilung der gesamten Betriebsmittelkosten erreichen. Hierbei werden jedoch zwei verschiedene Kostenarten - Reparaturkosten und Abschreibungen - unzulässig miteinander verbunden.

c) Die Minderung des potentiellen Einzelveräußerungspreises pro Jahr ist anfänglich hoch, später gering.

Einer schwankenden Beschäftigung wird die degressive Abschreibung allerdings nicht gerecht; eine verursachungsgerechte Erfassung des Gebrauchsverschleißes kann daher mit ihr nicht erreicht werden.

Die degressive Abschreibung kommt in zwei Ausprägungen vor:

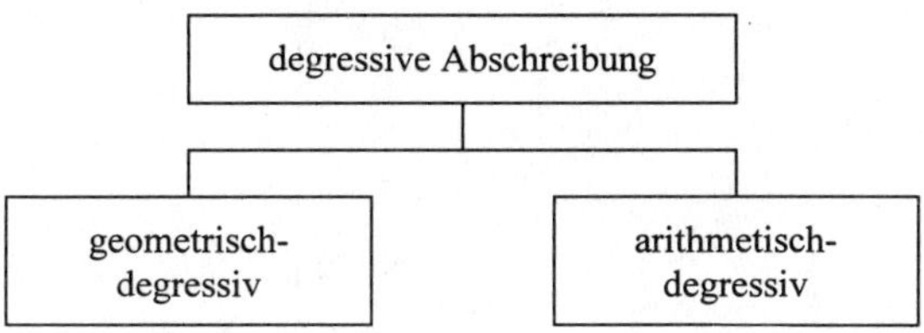

Geometrisch-degressive Abschreibung

Bei der geometrisch-degressiven Abschreibung wird vom jeweiligen Buch- oder Restwert ein gleichbleibender Prozentsatz abgeschrieben.

Beispiel 3.6 (Geometrisch-degressive Abschreibung)

Eine Maschine mit einem Wiederbeschaffungswert von 200.000 € ist mit einem Prozentsatz von 40 % geometrisch-degressiv abzuschreiben.

Lösung

Da bei der geometrisch-degressiven Abschreibung eine Abschreibung auf den Nullwert nicht möglich ist, schreibt man im ersten Jahr vom vollen Wiederbeschaffungswert ab und lässt den Restwert unberücksichtigt.

Jahre n	Abschreibungsbetrag pro Jahr a = 40 % von R (€/Jahr)	Restwert am Ende des Jahres R = B - a (€)
0		200.000
1	80.000	120.000
2	48.000	72.000
3	28.800	43.200
4	17.280	25.920
5	10.368	15.552

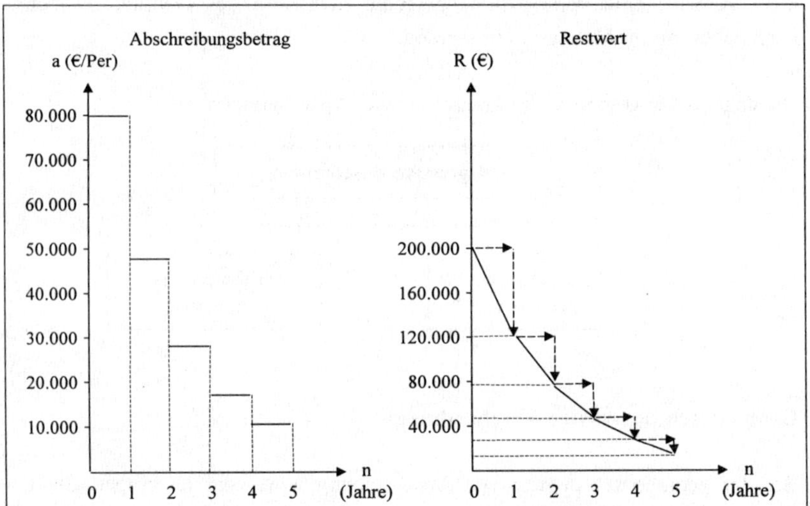

Abb. 3.5: Kostenverlauf bei geometrisch-degressiver Abschreibung

Ein Restwert von 0 € lässt sich mit der geometrisch-degressiven Abschreibung nicht erreichen. Man muss daher im letzten Jahr den verbleibenden Restwert von 15.592 €

außerplanmäßig auf 0 € abschreiben oder vorher auf die lineare Abschreibung überwechseln.

Will man einen vorgegebenen positiven Restwert genau erreichen (z. B. 20.000 €), so lässt sich der Prozentsatz p, mit dem man abschreiben muss, nach folgender Formel errechnen:

$$p = 100 \; (1 - \sqrt[n]{\frac{\text{Restwert (R)}}{\text{Anschaffungs- oder Wiederbeschaffungswert (B)}}})$$

$$p = 100 \; (1 - \sqrt[5]{\frac{20.000}{200.000}})$$

$$p = 38{,}6\ \%$$

In der Praxis spielt diese Formel keine Rolle, da in der Kostenrechnung die geometrisch-degressive Abschreibung kaum angewendet wird und in der Handels- und Steuerbilanz im Normalfall mit den steuerlich höchstzulässigen Prozentsätzen abgeschrieben wird.

Arithmetisch-degressive Abschreibung

Bei der arithmetisch-degressiven (digitalen) Abschreibung fallen die jährlichen Abschreibungsbeträge immer um den gleichen Betrag. Steuerrechtlich ist diese Methode nicht mehr zulässig.

Beispiel 3.7 (Arithmetisch-degressive Abschreibung)

Eine Maschine mit einem Wiederbeschaffungswert von 200.000 € ist arithmetisch-degressiv abzuschreiben.

Lösung

Zunächst wird der Degressionsbetrag D errechnet, um den die Abschreibung pro Jahr sinkt.

Hierzu wird der abzuschreibende Betrag durch die Summe der einzelnen Nutzungsjahre dividiert:

$$D = \frac{B}{1 + 2 + \ldots + n}$$

Es ergibt sich:

$$D = \frac{B}{1+2+3+4+5} = \frac{200.000}{15}$$

D = 13.333,33 €/Jahr

Die jährlichen Abschreibungsbeträge ergeben sich durch die Multiplikation des Degressionsbetrages mit der umgekehrten Reihenfolge der Nutzungsjahre:

$$a_1 = 13.333{,}33\ € \cdot 5 = 66.666{,}67\ €/\text{Jahr}$$
$$a_2 = 13.333{,}33\ € \cdot 4 = 53.333{,}33\ €/\text{Jahr}$$
$$a_3 = 13.333{,}33\ € \cdot 3 = 40.000{,}00\ €/\text{Jahr}$$
$$a_4 = 13.333{,}33\ € \cdot 2 = 26.666{,}67\ €/\text{Jahr}$$
$$a_5 = 13.333{,}33\ € \cdot 1 = 13.333{,}33\ €/\text{Jahr}$$

Der Abschreibungsverlauf lässt sich daher folgendermaßen darstellen:

Jahre n	Abschreibungsbetrag pro Jahr a (€/Jahr)	Restwert am Ende des Jahres R = B - a (€)
0		200.000,00
1	66.666,67	133.333,33
2	53.333,33	80.000,00
3	40.000,00	40.000,00
4	26.666,67	13.333,33
5	13.333,33	0

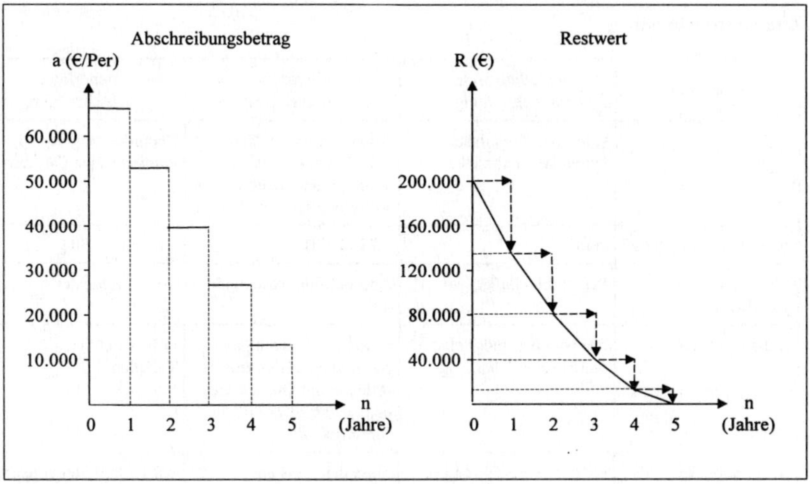

Abb. 3.6: Kostenverlauf bei arithmetisch-degressiver Abschreibung

Ergebnis: Die degressive Abschreibung eignet sich in der Kostenrechnung nur in wenigen Fällen zur Erfassung des Zeitverschleißes. Der Gebrauchsverschleiß muss dann mit einer anderen Methode erfasst werden. Damit hat die degressive Abschreibung in der Kostenrechnung praktisch keine Bedeutung.

Zusammenfassung

Kriterium	kalkulatorische Abschreibung	bilanzielle Abschreibung	steuerliche Abschreibung
Ziel	Erfassung des tatsächlichen Werteverzehrs	Bilanzpolitische Ziele (Manipulation des Gewinns, Verschleierung des Vermögens)	Beeinflussung des zu versteuernden Gewinns
gesetzliche Regelung	keine	§ 253 HGB	§ 6 und 7 EStG
Abschreibungsgrundwert	Wiederbeschaffungswert	Anschaffungskosten oder Herstellungskosten	
Nutzungsdauer	frei wählbar, möglichst realistische Schätzung	Festlegung nach bilanzpolitischen Zielen (im Rahmen der Grundsätze ordnungsmäßiger Buchführung GoB)	richtet sich nach AfA-Tabellen
Abschreibungsverfahren	sämtliche Verfahren können verwendet werden BDI-Empfehlung: Lineare Abschreibung	muss den GoB entsprechen (Prinzip der Vorsicht, planmäßiges Verfahren)	wird durch Steuergesetze geregelt (ebenfalls die Abschreibungssätze)
außerplanmäßige Abschreibung	würde in der Kostenrechnung stören, dafür Ansatz von kalkulatorischen Wagnissen	nach § 253 HGB erlaubt	nur bei linearer AfA erlaubt (§ 7 EStG), ansonsten Teilwertabschreibung möglich
Restbuchwert 1 € tatsächliche Nutzungsdauer > geschätzte Nutzungsdauer	nach der Abschreibung des Abschreibungsgrundwertes werden bis zum Ausscheiden der Anlage Abschreibungsbeträge in der bisherigen Höhe verrechnet	Nach der Abschreibung des Abschreibungsgrundwertes (Anschaffungskosten oder Herstellungskosten) sind keine weiteren Abschreibungen möglich	
Kapitalerhaltung	wenn die Abschreibungen verdient werden: Erhaltung der Substanz	wenn die Abschreibungen verdient werden: Erhaltung des nominellen Kapitals	
Quelle: Eine ähnliche Darstellung findet sich bei: G. Wöhe, H. Kaiser, U. Döring, Übungsbuch zur Einführung in die Allgemeine Betriebswirtschaftslehre, 6., überarb. Aufl. 1990, S. 488.			

Übers. 3.12: Gegenüberstellung von kalkulatorischen, bilanziellen und steuerlichen Abschreibungen

Abschreibungs-methode	Steuerbilanz (EStG)	Handelsbilanz (HGB)	Kostenrechnung
(1) lineare Abschreibung	erlaubt nach § 7 (1) EStG	erlaubt nach § 253 HGB, da die Abschreibungs-methode den Grundsätzen ordnungsmäßiger Buch-führung entspricht	erlaubt (bei der Berechnung der Herstellungskosten für die zu aktivierenden Eigen-leistungen sind die steuer-lichen Vorschriften zu beachten / R 33 Abs. 4 EStR zu § 6 EStG)
(2) Leistungs-abschreibung	erlaubt nach § 7 (1) EStG, wenn es wirtschaftlich begründet ist	erlaubt nach § 253 HGB, da die Abschreibungs-methode den Grundsätzen ordnungsmäßiger Buch-führung entspricht	erlaubt, aber mit geringer praktischer Bedeutung/ BDI empfiehlt die lineare Abschreibung als Regel-abschreibung
(3) geometrisch-degressive Abschreibung (Buchwert-abschreibung)	nach § 7 (2) EStG nur erlaubt - bei beweglichem An-lagevermögen - mit dem dreifachen Satz der linearen Abschrei-bung, höchstens jedoch 30 % (seit dem 29.07.1981)	erlaubt nach § 253 HGB, da die Abschreibungs-methode den Grundsätzen ordnungsmäßiger Buch-führung entspricht	erlaubt, aber ohne prak-tische Bedeutung
(4) andere degressive Abschrei-bungen	nicht erlaubt	erlaubt nach § 253 HGB, da die Abschreibungs-methode den Grundsätzen ordnungsmäßiger Buch-führung entspricht	erlaubt, aber ohne prak-tische Bedeutung
(5) progressive Abschreibung	im EStG nicht erwähnt, daher verboten	erlaubt, wenn die Me-thode nicht gegen die Prinzipien der Wahrheit und Vorsicht verstößt; keine praktische Bedeu-tung	erlaubt, aber ohne prak-tische Bedeutung

Übers. 3.13: Vergleich der gesetzlichen Regelung der Abschreibungsmethoden in der Steuerbilanz, Handelsbilanz und Kostenrechnung

3.2.4.2 Kalkulatorische Zinsen

Zinsen sind das Entgelt für überlassenes Kapital. In die Gewinn- und Verlustrechnung gehen nur die Zinsen für das Fremdkapital ein. In der Kostenrechnung müssen aus zwei Gründen für das gesamte dem Betriebszweck dienende Kapital, d. h. für das Fremdkapital und das Eigenkapital, Zinsen verrechnet werden:

(1) Durch den Ansatz von Zinsen auf das gesamte betriebsnotwendige Kapital werden die Kostenrechnungen zweier unterschiedlich finanzierter Unternehmen vergleichbar.

(2) Durch die Anlage des Kapitals im Unternehmen haben die Eigentümer auf eine Verzinsung bei einer anderen Anlage verzichtet. Daher muss auch das Eigenkapital verzinst werden.

Die kalkulatorischen Zinsen werden folgendermaßen errechnet:

$$\text{Kalkulatorische Zinsen} = \text{Betriebsnotwendiges Kapital} \cdot \text{Zinssatz}$$

Bei der Ermittlung der kalkulatorischen Zinsen stellen sich zwei Fragen:

(1) Welcher Zinssatz soll für die Verzinsung des betriebsnotwendigen Kapitals gewählt werden?

Eine Möglichkeit besteht darin, einen Marktzins zu nehmen: den Habenzinssatz, den Sollzinssatz oder einen Mischzinssatz. Die zweite Möglichkeit ist die, nach dem Opportunitätskostenprinzip vorzugehen. Danach richtet sich der Zinssatz für das betriebsnotwendige Kapital nach dem Ertrag, den die beste nicht gewählte Kapitalanlage erbracht hätte. Wenn unter mehreren Anlagealternativen der gleichen Risikoklasse die stille Beteiligung an einem anderen Unternehmen mit 15 % Rendite den höchsten Ertrag erbracht hätte, dann wäre dies der Maßstab für die Verzinsung des betriebsnotwendigen Kapitals.

(2) Wie hoch ist das betriebsnotwendige Kapital?

In der Regel wird man versuchen, das betriebsnotwendige Kapital aus dem in der Bilanz aufgeführten Vermögen abzuleiten. Das ist jedoch nicht ohne weiteres möglich, weil in den aufgeführten Vermögensteilen auch nicht betriebsnotwendige Vermögensteile aufgeführt sind und weil die Bewertung nach handels- und steuerrechtlichen Gesichtspunkten manipuliert sein kann. Daher müssen aus den auf der Aktivseite der Bilanz aufgeführten Vermögensteilen die nicht betriebsnotwendigen Teile ausgesondert werden. Das übrigbleibende betriebsnotwendige Vermögen muss dann mit Wertansätzen bewertet werden, die für die Kostenrechnung in Frage kommen.

Das betriebsnotwendige Anlagevermögen lässt sich in das nicht abnutzbare und abnutzbare Vermögen unterteilen. Das nicht abnutzbare Anlagevermögen wird entweder zu den Anschaffungskosten oder zu den Wiederbeschaffungskosten bewertet.

Für die Bewertung des betriebsnotwendigen Anlagevermögens kommen zwei Verfahren in Betracht:

a) Restwertverzinsung

Die kalkulatorischen Zinsen werden jeweils vom Restwert der abnutzbaren Anlagegüter am Ende der Abrechnungsperiode berechnet. Das führt zu einer Abnahme der Zinsen im Zeitablauf bei einem einzelnen Anlagegut.

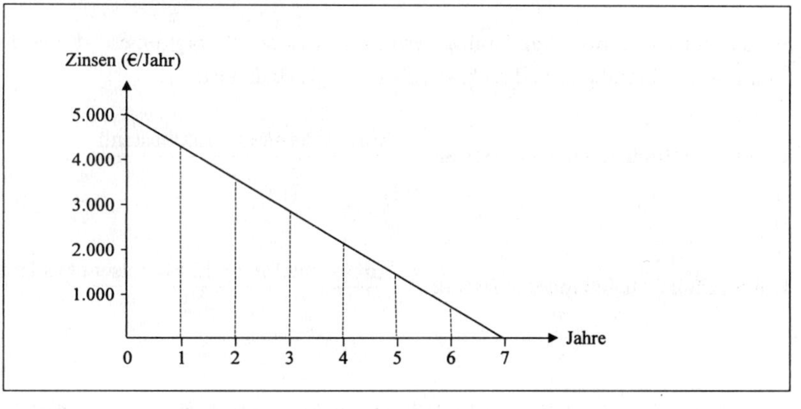

Für das gesamte abnutzbare Anlagevermögen ergibt sich eine annähernd gleiche Zinsbelastung, wenn regelmäßig neue Anlagegüter beschafft werden.

b) Durchschnittswertverzinsung[1]

Beim abnutzbaren Anlagevermögen werden die kalkulatorischen Zinsen vom halben Ausgangswert (Anschaffungs- oder Herstellungskosten oder Wiederbeschaffungswert) berechnet.

Hierdurch ist für das einzelne Anlagegut eine gleichbleibende Zinsbelastung gegeben.

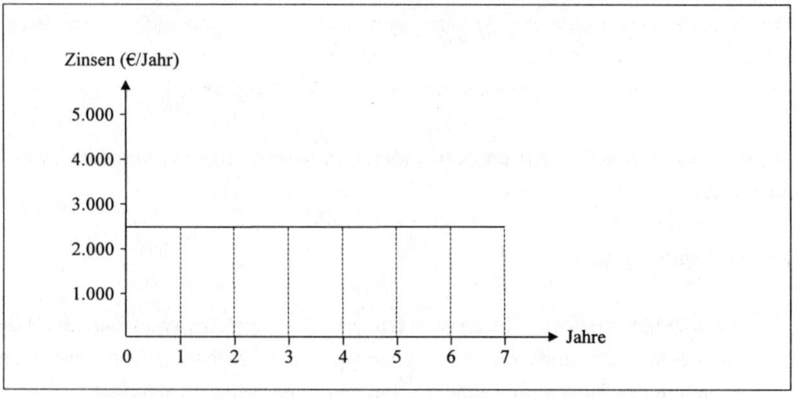

Für das betriebsnotwendige Umlaufvermögen wird der Betrag angesetzt, der durchschnittlich während einer Abrechnungsperiode gebunden ist:

$$\text{Durchschnittlich gebundener Betrag} = \frac{\text{Anfangsbestand} + \text{Endbestand}}{2}$$

oder:

$$\text{Durchschnittlich gebundener Betrag} = \frac{\text{Anfangsbestand} + 12\ \text{Monatsendbestände}}{13}$$

[1] Diese Methode wird vom BDI empfohlen. Vgl. Bundesverband der Deutschen Industrie (Hrsg.), Empfehlungen zur Kosten- und Leistungsrechnung, S. 40.

Das betriebsnotwendige Vermögen setzt sich zusammen aus:

	Betriebsnotwendiges Anlagevermögen
	(Nicht abnutzbares Anlagevermögen)
	(Abnutzbares Anlagevermögen)
+	Betriebsnotwendiges Umlaufvermögen
=	Betriebsnotwendiges Vermögen

Für die Ableitung des betriebsnotwendigen Kapitals aus dem betriebsnotwendigen Vermögen werden zwei Methoden angeboten:

a) Das betriebsnotwendige Vermögen wird mit dem betriebsnotwendigen Kapital gleichgesetzt. Diese Methode wird allgemein empfohlen.

b) Vom betriebsnotwendigen Vermögen wird das zinsfrei zur Verfügung gestellte Fremdkapital (Abzugskapital), z. B. Kundenanzahlungen und zinslose Kredite, abgezogen:

	Betriebsnotwendiges Vermögen
-	Abzugskapital
=	Betriebsnotwendiges Kapital

Diese Methode ist umstritten, weil durch sie Finanzierungseinflüsse in die Kostenrechnung übertragen werden und die Vergleichbarkeit der Kostenrechnungen beeinträchtigt wird. Sie ist daher abzulehnen[1].

[1] Der BDI empfiehlt diese Methode. Vgl. Bundesverband der Deutschen Industrie (Hrsg.), Empfehlungen zur Kosten- und Leistungsrechnung, S. 40.

Beispiel 3.8 (Ermittlung der kalkulatorischen Zinsen)

Die Meister GmbH hat ein Teil des Vermögens langfristig durch Bankkredite finanziert. Sie zahlt für 600.000 € 8 %, für 400.000 € 9 % und für die restlichen 300.000 € 10 % Fremdkapitalzinsen. Der augenblickliche Marktzinssatz liegt bei 10 %.
In der Investitionsrechnung arbeitet die Meister GmbH mit einem Kalkulationszinssatz von 20 %.

Die Bilanz weist folgende Posten auf:

Aktiva	Bilanz der Meister GmbH		Passiva
	€		€
I. Anlagevermögen		I. Eigenkapital	650.000
1. Grundstücke	140.000		
2. Gebäude	400.000	II. Fremdkapital	
3. Maschinen	750.000	1. Rückstellungen	200.000
4. Betriebsausstattung	250.000	2. Langfr. Bankschulden	1.300.000
		3. Anzahlungen	20.000
II. Umlaufvermögen		4. Verbindlichkeiten aus Warenlieferungen	80.000
1. Vorräte (∅)	450.000		
2. Forderungen (∅)	180.000		
3. Zahlungsmittel (∅)	80.000		
	2.250.000		2.250.000

Unter kostenrechnerischen Gesichtspunkten ist zu berücksichtigen:

Auf der Aktivseite:

I.	Anlagevermögen
1.	Die unbebauten Grundstücke werden nur zur Hälfte betrieblich genutzt. Sie stehen zu den Anschaffungskosten in der Bilanz und haben einen Verkehrswert von 800.000 €.
2.	20 % der Gebäude sind vermietet. Die ursprünglichen Anschaffungskosten betrugen 1.000.000 €, die derzeitigen Wiederbeschaffungskosten werden auf 1.500.000 € geschätzt. Die Gebäude haben eine Nutzungsdauer von 50 Jahren und sind bereits 30 Jahre linear abgeschrieben.
3.	Der Anschaffungswert beträgt 1.100.000 €, die Wiederbeschaffungskosten werden auf 1.400.000 € geschätzt. Der kalkulatorische Restwert beträgt 1.000.000 €.
4.	Die Betriebs- und Geschäftsausstattung wird ausschließlich betrieblich genutzt. Die Anschaffungskosten betrugen 500.000 €. Die Wiederbeschaffungskosten werden z. Z. mit 600.000 € angegeben. Von der voraussichtlichen Nutzungsdauer ist die Hälfte verstrichen.
II.	Umlaufvermögen
1.	Der Jahresdurchschnittsbestand beträgt 420.000 €.
2.	Der Jahresdurchschnittsbestand beträgt 200.000 €.
3.	Der Zahlungsmittelbestand entspricht dem Durchschnittsbestand.

Auf der Passivseite:

1.	Bei den Rückstellungen handelt es sich um Pensionsrückstellungen.
2.	Für die langfristigen Bankschulden ist ein marktüblicher Zins zu zahlen.
3.	Die Anzahlungen der Kunden stehen zinslos zur Verfügung.
4.	Die Lieferantenkredite werden unter Verzicht auf einen möglichen Skontoabzug in Anspruch genommen.

a) Bestimmen Sie das betriebsnotwendige Vermögen
   (1) mit der Restwertmethode,
   (2) mit der Durchschnittswertmethode.

b) Ermitteln Sie das betriebsnotwendige Kapital
   (1) ohne Berücksichtigung von Abzugskapital,
   (2) unter Berücksichtigung von Abzugskapital.

c) Welcher Zinssatz sollte genommen werden?

d) Berechnen Sie die kalkulatorischen Zinsen.

e) Nehmen Sie die sachliche Abgrenzung für die Durchschnittswertmethode ohne Berücksichtigung von Abzugskapital vor.

Lösung a)

(1) Restwertmethode:

	(€)	(€)
Anlagevermögen		
1. Grundstücke	400.000	
2. Gebäude	480.000	
(80 % von 600.000 €)		
3. Maschinen	1.000.000	
4. Betriebs- und Geschäftsausstattung	300.000	2.180.000
Umlaufvermögen		
1. Vorräte	420.000	
2. Forderungen	200.000	
3. Zahlungsmittel	80.000	700.000
Betriebsnotwendiges Vermögen		2.880.000

(2) Durchschnittswertmethode:

	(€)	(€)
Anlagevermögen		
1. Grundstücke	400.000	
2. Gebäude	600.000	
(80 % von 750.000 €)		
3. Maschinen	700.000	
4. Betriebs- und Geschäftsausstattung	300.000	2.000.000
Umlaufvermögen		
1. Vorräte	420.000	
2. Forderungen	200.000	
3. Zahlungsmittel	80.000	700.000
Betriebsnotwendiges Vermögen		2.700.000

Lösung b)

(1) Betriebsnotwendiges Kapital ohne Abzugskapital:
Betriebsnotwendiges Vermögen = Betriebsnotwendiges Kapital
Restwertmethode: 2.880.000 €
Durchschnittswertmethode: 2.700.000 €

(2) Betriebsnotwendiges Kapital mit Abzugskapital:

		Restwert-methode (€)	Durch-schnittswert-methode (€)
	Betriebsnotwendiges Vermögen	2.880.000	2.700.000
-	Zinsfrei überlassenes Fremdkapital		
	Pensionsrückstellungen	- 200.000	- 200.000
	Kundenanzahlungen	- 20.000	- 20.000
	Betriebsnotwendiges Kapital	2.660.000	2.480.000

Lösung c)

Als Zinssatz kommt in Frage:
(1) Der durchschnittliche Fremdkapitalzinssatz: 9 %.
(2) Der durchschnittliche gewichtete Fremdkapitalzinssatz:
$(600.000 \cdot 8 + 400.000 \cdot 9 + 300.000 \cdot 10) : 1.300.000 = 8{,}77\ \%$
(3) Der augenblickliche Fremdkapitalzinssatz: 10 %.
(4) Der Opportunitätskostensatz: 20 %.

Lösung d)

(1) Restwertmethode:

		ohne Abzugskapital		mit Abzugskapital
Kalkulatorische Zinsen	=	$2.880.000 \cdot 0{,}20$	=	$2.660.000 \cdot 0{,}20$
	=	576.000 €	=	532.000 €

(2) Durchschnittswertmethode:

	ohne Abzugskapital	mit Abzugskapital
Kalkulatorische Zinsen	= 2.700.000 · 0,20	= 2.480.000 · 0,20
	= 540.000 €	= 496.000 €

Lösung e)

Kostenrechnung	Finanzbuchhaltung	Abgrenzung
540.000 €	114.000 €	+ 426.000 €

3.2.4.3 Kalkulatorische Wagnisse

Jede Unternehmung muss mit Risiken rechnen, die zu zeitlich und in der Höhe unvorhersehbaren Aufwendungen führen können. Diese Verlustgefahr, die man als Wagnis bezeichnet, bezieht sich auf:

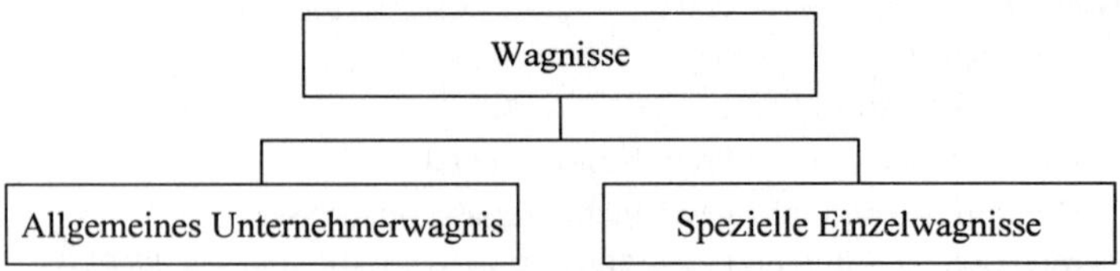

Das allgemeine Unternehmerwagnis erfasst Verluste, die das Unternehmen als Ganzes betreffen[1], z. B. Rückschläge in der gesamtwirtschaftlichen Entwicklung, technischer Fortschritt, Nachfrageverschiebungen usw. Dieses allgemeine Wagnis, das jeder unternehmerisch Tätige eingehen muss, wird durch den Gewinn abgegolten und in der Kostenrechnung nicht speziell berücksichtigt. Es lässt sich auch nicht aufgrund der hohen Unsicherheit durch Versicherungen abdecken.

Spezielle Einzelwagnisse stehen dagegen in einem unmittelbaren Zusammenhang mit der Erzeugung und dem Vertrieb von Produkten und Dienstleistungen. Sie lassen sich in folgende Gruppen aufteilen:

[1] Vgl. L. Haberstock, Kostenrechnung I, 8. durchges. Aufl., Wiesbaden 1989, S. 113.

Einzelwagnis	Wagnisart	Bezugsgröße	Nachweis
Beständewagnis	Lagerverluste bei Roh-, Hilfs- und Betriebsstoffen und Halb- und Fertigfabrikaten, die durch Schwund, Diebstahl, Veralten usw. entstehen	Wert des Lagerbestandes	Inventur, Abstimmung mit buchmäßigen Aufzeichnungen
Anlagenwagnis	Verluste durch Maschinenbruch, Unfälle, Katastrophen usw.	Wert des Anlagevermögens / Anschaffungskosten oder Buchwert	Statistik über ausgefallene und entwertete Anlagen
Ausschusswagnis	Ausschüsse jeder Art, die durch Material-, Arbeits- oder Konstruktionsfehler entstehen	Fertigungs- oder Herstellkosten der Periode	Aufzeichnungen der Qualitätskontrolle
Gewährleistungswagnis	Verluste aus Garantieleistungen, wie z. B. Nachbesserungen, Ersatzlieferungen usw.	Herstellkosten oder Umsatz der mit Garantie gelieferten Erzeugnisse	Aufzeichnungen des Vertriebs
Entwicklungswagnis	Verluste durch fehlgeschlagene Forschungs- und Entwicklungsarbeiten	Entwicklungskosten der Periode	gesonderte belegmäßige Erfassung
Vertriebswagnis	Forderungsausfälle	Forderungsbestand oder Umsatz	laufende Aufzeichnungen der Buchhaltung
sonstige Wagnisse	Verluste, die besonders in bestimmten Branchen entstehen, wie z. B. durch Bergschäden, Flugzeugabstürze, Schiffsunfälle usw.	Umsatz oder Gesamtkosten	gesonderte belegmäßige Erfassung
Ähnlich: K. Olfert, Kostenrechnung, 8. Aufl., Ludwigshafen 1991, S. 135.			

Übers. 3.14: Einzelwagniskosten treten in vielen Formen auf

Spezielle Wagnisse fallen zeitlich und in der Höhe unregelmäßig an. Die Aufwendungen, die beim Eintritt eines Wagnisses tatsächlich entstehen, können daher nicht ohne weiteres in die Kostenrechnung übernommen werden, weil die Kalkulation in der einen Periode durch erhebliche Wagnisverluste stark belastet und in den anderen Perioden bei geringen Wagnisverlusten entsprechend entlastet würde. Eine kontinuierliche Kalkulation wäre nicht möglich. Daher müssen in der Kostenrechnung normalisierte (kalkulatorische) Wagnisse verrechnet werden, d. h. aus einer großen einmaligen Katastrophe werden gleichmäßig verteilte „kleine Katastrophen“ gebildet. Die Grundlage für die Berechnung der kalkulatorischen Wagnisse stellen daher die während eines längeren Zeitraumes tatsächlich eingetretenen Wagnisverluste dar. Dabei wird angenommen, dass auch in Zukunft im Durchschnitt ein ähnlich hoher Wagnisverlust eintritt wie in der Vergangenheit.

Wenn die Wagnisse durch Versicherungen abgedeckt sind, werden keine kalkulatorischen Kosten angesetzt, da dann die jährlich zu zahlenden Versicherungsprämien in die Kosten eingehen.

Beispiel 3.9 (Ermittlung der Wagnisse)

In einem Unternehmen sind im Anlagenbereich in den vergangenen fünf Jahren folgende Wagnisverluste eingetreten:

Jahr	Eingetretene Verluste (€/Per)	Wiederbeschaffungswert der Anlagen (€)
1	10.200	800.000
2	9.500	850.000
3	12.000	920.000
4	8.500	1.050.000
5	10.400	980.000
Summe	50.600	4.600.000

Wie hoch soll das Anlagewagnis im 6. Jahr festgelegt werden, wenn der Wiederbeschaffungswert der Anlagen 1.100.000 € beträgt?

Lösung

Durchschnittliche Verluste in %:

$$= \frac{50.600}{4.600.000} \cdot 100 = 1{,}1\,\%$$

Kalkulatorisches Anlagewagnis im 6. Jahr:

$$= 1.100.000 \cdot 0{,}011 = 12.100\ €$$

3.2.4.4 Kalkulatorischer Unternehmerlohn

Bei Einzelunternehmungen und Personengesellschaften fallen für die Arbeit des im Betrieb tätigen Unternehmers keine Aufwendungen an, da der Unternehmer an sich selbst kein Gehalt zahlt, sondern seine Tätigkeit durch den Gewinn abgegolten wird. In der Kostenrechnung ist der Ansatz eines fiktiven Unternehmerlohnes erforderlich, weil

(1) die Arbeitsleistung des Unternehmers in der Kalkulation nicht berücksichtigt und die langfristige und kurzfristige Preisuntergrenze zu niedrig angesetzt werden würde;
(2) die Kostenrechnungen von Kapitalgesellschaften und Personengesellschaften bzw. eines Einzelunternehmens nicht vergleichbar wären.

Für die Ermittlung der Höhe des kalkulatorischen Unternehmerlohnes kommen zwei Methoden in Frage:

(1) Der kalkulatorische Unternehmerlohn bestimmt sich nach dem durchschnittlichen Gehalt eines leitenden Angestellten in einer vergleichbaren Position in einem vergleichbaren Unternehmen.
(2) Der kalkulatorische Unternehmerlohn wird nach dem Opportunitätsprinzip festgelegt, d. h. der Unternehmer setzt das Gehalt an, das er selbst in einer vergleichbaren Position bei gleicher Arbeitsleistung in einem anderen Unternehmen bekommen würde.

3.2.4.5 Kalkulatorische Miete

Der Ansatz kalkulatorischer Miete ist bei Einzelunternehmungen und Personengesellschaften notwendig, wenn der Unternehmer Privaträume für betriebliche Zwecke zur Verfügung stellt, da er an sich selbst keine Miete zahlt. Die Gründe für den Ansatz kalkulatorischer Miete sind die gleichen wie beim kalkulatorischen Unternehmerlohn. Auch die Höhe der Miete richtet sich

(1) entweder nach der durchschnittlichen Miete für vergleichbare Räume oder
(2) nach dem Opportunitätskostenprinzip.

Ein kalkulatorischer Mietbetrag darf jedoch nicht oder nur in entsprechend geringerer Höhe angesetzt werden, wenn für die eigenen Räume in anderen kalkulatorischen Positionen z. B. kalkulatorische Abschreibungen, Zinsen und Instandhaltungskosten verrechnet worden sind, weil dies zu einer Doppelverrechnung führen würde.

3.3 Zusammenfassung und Checkliste

Aufgaben der Kostenartenrechnung

(1) Erfassung und Gliederung der Kostenarten,
(2) Aufbereitung der Kostenarten für die Weiterverrechnung in der Kostenstellen- und Kostenträgerrechnung,
(3) Ermittlung eines kurzfristigen internen Ergebnisses durch Gegenüberstellung von Leistungsarten und Kostenarten,
(4) Untersuchung der Kostenarten im Zeit- und Unternehmensvergleich.

Kostenarteneinteilung

(1) nach Produktionsfaktoren,
(2) nach Art der Verrechnung der Kosten,
(3) nach betrieblichen Funktionen,
(4) nach Verhalten bei Beschäftigungsschwankungen,
(5) nach Kostenträgern,
(6) nach Art der Kostenerfassung.

Grundsätze der Kostenarteneinteilung

(1) Grundsatz der Reinheit,
(2) Grundsatz der Einheitlichkeit.

Wichtige Kostenarten

(1) Materialkosten

Erfassung der Menge durch
- Inventurmethode
- Fortschreibungsmethode
- Rückrechnung

Erfassung des Preises durch
- Istpreisverfahren
- Festpreisverfahren

(2) Personalkosten
Einteilung in Einzel- und Gemeinkosten

(3) Kalkulatorische Abschreibungen

(a) Abschreibungsursachen
- Gebrauchsverschleiß
- Zeitverschleiß

(b) Abschreibungsmethoden
- Lineare Abschreibung
- Leistungsabschreibung
- Degressive Abschreibung
- Gespaltene Abschreibung

(4) Kalkulatorische Zinsen

(a) Ermittlung des betriebsnotwendigen Kapitals
- ohne Berücksichtigung des Abzugskapitals
- mit Berücksichtigung des Abzugskapitals

(b) Bestimmung des kalkulatorischen Zinssatzes
- nach Marktgesichtspunkten als Haben-, Soll- oder Mischzinssatz
- nach dem Opportunitätskostenprinzip

Fragen und Aufgaben

3.1 Nennen Sie das Hauptkriterium für die Einteilung der Kosten in der Kostenartenrechnung.
Welche weiteren Unterteilungsmöglichkeiten kommen in Frage?

3.2 Was versteht man unter kalkulatorischen Kosten, und in welche Hauptgruppen kann man sie unterteilen?
Geben Sie einige Beispiele für kalkulatorische Kostenarten.

3.3 Welche Grundsätze sind bei der Kostenartenrechnung zu beachten, und was besagen sie?

3.4 Können einzelne Kostenarten in der Kostenartenrechnung in fixe und variable Bestandteile aufgespalten werden? Begründen Sie Ihre Antwort!

3.5 Wodurch unterscheiden sich die Kostenartenrechnungen
- im Groß- und Einzelhandel,
- in der Industrie,
- in Banken,
- in Versicherungen

voneinander?

3.6 Welche Stoffe werden als Material bezeichnet? Geben Sie jeweils Beispiele!

3.7 Beschreiben Sie die Fortschreibungsmethode, und nennen Sie die Voraussetzungen für deren Einsatzmöglichkeit.
Welche Vor- und Nachteile hat die Fortschreibungsmethode?

3.8 Beschreiben und beurteilen Sie die Inventurmethode.

3.9 Beurteilen Sie die retrograde Methode.

3.10 Zählen Sie die Möglichkeiten zur Bewertung der Verbrauchsmengen auf.
Welche Bewertungsmethode ist für die Kostenrechnung am besten geeignet?

3.11 In welche Hauptgruppen unterteilt man die Personalkosten?

3.12 Was versteht man unter Löhnen, worin unterscheiden sie sich von den Gehältern?

3.13 Sind Gehälter Einzelkosten oder Gemeinkosten?

3.14 Welche Arten von Sozialkosten können unterschieden werden? Geben Sie Beispiele.

3.15 Was versteht man unter sonstigen Personalkosten?

3.16 Welche Probleme ergeben sich bei der Erfassung der Personalkosten?

3.17 Weshalb bereitet den Unternehmen die Ermittlung von Dienstleistungskosten keine Schwierigkeiten?

3.18 Was versteht man unter Abgaben an die öffentliche Hand? Wann haben diese Kostencharakter?

3.19 Welche Aufgaben erfüllen die kalkulatorischen Kosten in der Kostenrechnung?

3.20 Was versteht man unter Opportunitätskosten? Geben Sie Beispiele.

3.21 Warum müssen Abschreibungen sowohl in der Finanz- als auch in der Betriebsbuchhaltung angesetzt werden?

3.22 Erklären Sie die verschiedenen Ursachen, die eine Verbrauchsabschreibung notwendig machen.

3.23 Welche Gründe machen eine Zeitabschreibung erforderlich?

3.24 Wie werden die planmäßigen und außerplanmäßigen Abschreibungen in der Finanzbuchhaltung und in der Kostenrechnung berücksichtigt?

3.25 Wie lässt sich das Problem der Bestimmung der Nutzungsdauer eines Anlagegutes lösen?

3.26 Erläutern Sie die Notwendigkeit der Verrechnung kalkulatorischer Zinsen in der Kostenrechnung.

3.27 Sind kalkulatorische Zinsen
- Einzel- oder Gemeinkosten,
- variable oder fixe Kosten,
- primäre oder sekundäre Kosten?

3.28 Welche Schwierigkeiten gibt es bei der Bestimmung der kalkulatorischen Zinsen?

3.29 Welche Gründe sprechen für den Ansatz des kalkulatorischen Unternehmerlohnes in der Kostenrechnung?

3.30 Begründen Sie die unterschiedliche Behandlung des allgemeinen Unternehmerwagnisses und der speziellen Einzelwagnisse in der Kostenrechnung.

3.31 Welche Gruppen von Einzelwagnissen unterscheidet man und wie werden die Einzelwagnisse bestimmt?

3.32 In einem Unternehmen steht in einem Monat für einen Rohstoff folgende Information zur Verfügung:

Datum	Vorgang	Menge in kg
1.	Anfangsbestand	1.000
3.	Zugang laut Eingangsrechnung 130	400
19.	Zugang laut Eingangsrechnung 145	1.000
26.	Zugang laut Eingangsrechnung 153	200

a) Das Unternehmen will den Rohstoffverbrauch ohne eine aufwendige Inventur ermitteln. Es wendet die retrograde Methode an.
Der Rohstoffverbrauch wird für die Herstellung der Produkte A und B benötigt, und zwar werden verwendet:

Produkt	Produzierte Stückzahl	Rohstoffverbrauch je Stück
A	300	2 kg
B	600	1 kg

b) Ermitteln Sie den Rohstoffverbrauch mit der Inventurmethode, wenn die körperliche Inventur am 31. des Monats 1.100 kg erfasst.

c) Welchen Verbrauch ergibt die Fortschreibungsmethode, wenn folgende Materialscheine erfasst wurden:

Datum	Vorgang	Menge in kg
9.	Abgang laut Materialentnahmeschein	300
15.	Abgang laut Materialentnahmeschein	400
22.	Abgang laut Materialentnahmeschein	600

d) Beurteilen Sie die Verfahren.

3.33 In einem Unternehmen liegen für einen Rohstoff folgende Zahlen für die vergangene Periode vor:

Datum	Vorgang	Menge (kg)	Preis (€/kg)
01.01.	Anfangsbestand	1.000	20
05.03.	Zugang	400	18
13.08.	Zugang	400	24
08.10.	Zugang	200	22
31.12.	Endbestand lt. Inventur	200	

a) Ermitteln Sie den mengenmäßigen Verbrauch.

b) Bewerten Sie den Verbrauch mit dem einfachen Durchschnittsverfahren (gewogenes arithmetisches Mittel).

c) Das Unternehmen führt eine permanente Inventur ein und erfasst folgende Verbräuche:

Datum	Vorgang	Menge (kg)
20.03.	Verbrauch	300
15.04.	Verbrauch	900
18.09.	Verbrauch	200
12.11.	Verbrauch	400

Bewerten Sie den Verbrauch mit dem gleitenden Durchschnittsverfahren.

d) Warum sind die Festpreisverfahren in der Kostenrechnung besser geeignet als die Istpreisverfahren?

3.34 Die Maschinenbau GmbH beschafft am 01.04.01 eine Maschine zum Anschaffungswert von 600.000 €. Der Wiederbeschaffungswert wird auf 700.000 € geschätzt. Die betriebsgewöhnliche Nutzungsdauer beträgt 8 Jahre. Die Nutzungsdauer laut AfA-Tabelle beträgt 7 Jahre.

a) Berechnen Sie die Abschreibung in den ersten drei Jahren
(1) für die Finanzbuchhaltung, wenn ein möglichst niedriger Gewinn erzielt werden soll,
(2) für die Kostenrechnung.

b) Nehmen Sie die sachlichen Abgrenzungen in den ersten drei Jahren vor.

3.35 Eine Maschine kostet in der Anschaffung 200.000 € (netto), sie hat eine Nutzungsdauer laut AfA-Tabelle von 10 Jahren. Der Wiederbeschaffungswert der Maschine wird auf 250.000 € geschätzt. Es wird damit gerechnet, daß die Maschine nach 10 Jahren einen Liquidationserlös von 20.000 € erbringt.

a) Berechnen Sie die jährlichen Abschreibungsbeträge dieser Maschine für die Kostenrechnung nach der linearen, der geometrisch-degressiven und der arithmetisch-degressiven Abschreibungsmethode.

b) Stellen Sie die jährlichen Abschreibungsbeträge und die Restbuchwerte in Abhängigkeit von der Einsatzdauer graphisch dar.

c) Welche Abschreibungsmethoden sind steuerlich zulässig? Bestimmen sie die Abschreibungsbeträge für die steuerlich zulässigen Methoden.

d) Bestimmen Sie den optimalen Zeitpunkt des Übergangs von der geometrisch-degressiven Abschreibung zur linearen Abschreibung.

3.36 Der Bruttopreis einer Maschine einschließlich 16 % MWSt beträgt 104.400 €, die geschätzte Nutzungsdauer 12 Jahre (laut AfA-Tabelle) oder 30.000 Betriebsstunden.

Nach 4 Jahren wird eine zu aktivierende Verbesserung an der Maschine im Werte von 6.000 € (netto) durchgeführt. Im 1. Jahr wurde die Maschine 2.600, im 2. Jahr 3.000, im 3. Jahr 2.200, im 4. Jahr 2.100 und im 5. Jahr 2.500 Stunden genutzt.

a) Vergleichen Sie die Abschreibung in den ersten 5 Jahren, wenn Sie linear, geometrisch-degressiv (steuerlicher Höchstsatz), arithmetisch-degressiv und nach Leistungseinheiten abschreiben.

b) Beurteilen Sie die Abschreibungsmethoden unter steuerlichen Gesichtspunkten.

c) Welche Abschreibungsmethode werden Sie in der Kostenrechnung wählen?

d) Bestimmen Sie den optimalen Zeitpunkt des Überganges von der geometrisch-degressiven Abschreibung zur linearen Abschreibung.

3.37 Ein Handelsbetrieb kauft am 01. 04. 01 eine Ladeneinrichtung, die einschließlich Bezugskosten 60.000 € (netto) kostet. Die Nutzungsdauer beträgt 8 Jahre (laut AfA-Tabelle).

a) Bestimmen Sie die Abschreibungsbeträge für die Jahre 01, 02 und 03 in der Kostenrechnung.

b) Welche Abschreibungsmethoden sind in der Handels- und Steuerbilanz erlaubt?

Berechnen Sie die Abschreibungsbeträge für die ersten drei Jahre der Nutzung.

c) Bestimmen Sie den optimalen Zeitpunkt des Übergangs von der geometrisch-degressiven Abschreibung zur linearen Abschreibung.

3.38 In einem Reiseunternehmen wird am 01.01.01 ein Bus angeschafft mit einem Nettowert von 320.000 €. Die Nutzungsdauer nach der AfA-Tabelle beträgt 5 Jahre. Für das interne Rechnungswesen rechnet der Busunternehmer mit einer Gesamtlaufleistung von 400.000 km. Er geht von einer jährlichen Durchschnittsfahrleistung von 100.000 km aus. Unabhängig vom Gebrauch könnte der Bus nach 8 Jahren nicht mehr eingesetzt werden. Der Wiederbeschaffungswert des Busses wird auf 400.000 € geschätzt.

a) Bestimmen Sie die Ihrer Meinung nach optimalen Abschreibungsbeträge in der Kostenrechnung, wenn folgende Fahrleistungen erwartet werden:

Jahr	km/Jahr
01	80.000
02	100.000
03	120.000

Begründen Sie Ihre Wahl!

b) Welche Abschreibungsmethode schlagen Sie für eine einheitliche Handels- und Steuerbilanz vor, wenn das Unternehmen in den nächsten Jahren mit einer guten Ertragslage rechnet?
Bestimmen Sie die Abschreibungsbeträge für 01, 02 und 03.

3.39 Eine Maschine mit einem Anschaffungswert von 50.000 € (netto) wird bilanziell linear abgeschrieben. Die geschätzte Nutzungsdauer beträgt 8 Jahre. Es wird mit einer jährlichen Preissteigerung bei Investitionsgütern von 4 % gerechnet.
Kalkulatorisch soll linear vom Wiederbeschaffungswert abgeschrieben werden.

Bestimmen Sie die jährlichen Abschreibungsbeträge.

3.40 Für ein Unternehmen sind die monatlich zu verrechnenden kalkulatorischen Zinsen zu bestimmen. Es liegt folgende Bilanz vor:

Aktiva	Bilanz (31.12.01)		Passiva
	€		€
I. Anlagevermögen	400.000	I. Eigenkapital	300.000
II. Umlaufvermögen	500.000	II. Fremdkapital	600.000
	900.000		900.000

Es wird geschätzt, dass im Anlagevermögen stille Reserven in Höhe von 80.000 € enthalten sind. Im Umlaufvermögen sind die Forderungen um 50.000 € zu berichtigen.
Zinslos zur Verfügung stehendes Fremdkapital wird mit 60.000 € angegeben. Der kalkulatorische Zinssatz beträgt 15 %.

a) Bestimmen Sie das betriebsnotwendige Kapital unter Berücksichtigung des Abzugskapitals.

b) Bestimmen Sie die kalkulatorischen Zinsen pro Monat.

3.41 In der Kostenrechnungsabteilung eines Betriebes sollen die kalkulatorischen Zinsen bestimmt werden. Für die Entscheidung wird folgende Bilanz, die auf Wiederbeschaffungswerten basiert, zugrunde gelegt:

Aktiva	Bilanz (31.12.01)		Passiva
	€		€
I. Anlagevermögen	800.000	I. Eigenkapital	650.000
II. Umlaufvermögen	550.000	II. Fremdkapital	
		1. Rückstellungen	70.000
		2. Langfr. Bankschulden	400.000
		3. Kundenanzahlungen	50.000
		4. Verbindlichkeiten aus Warenlieferungen	180.000
	1.350.000		1.350.000

Im Anlagevermögen ist eine stillgelegte Produktionsanlage mit einem kalkulatorischen Restwert von 60.000 € enthalten. Im Umlaufvermögen ist ein

Wertpapierpaket in Höhe von 80.000 € enthalten, das zur Anlage liquider Mittel erworben wurde. Am 31. Dezember 01 wurde das Umlaufvermögen mit 450.000 € bilanziert.

a) Bestimmen Sie das betriebsnotwendige Vermögen.

b) Bestimmen Sie das betriebsnotwendige Kapital und die kalkulatorischen Zinsen
   (1) ohne Berücksichtigung des Abzugskapitals,
   (2) mit Berücksichtigung des Abzugskapitals
   bei einem Zinssatz von 10 %.

c) Wie hoch sind die neutralen Aufwendungen, die Grundkosten bzw. der Zweckaufwand und die Zusatzkosten, wenn der tatsächliche Zinsaufwand 60.000 € betrug?

3.42 Die Guss AG veröffentlicht per 31.12.01 folgende Bilanz:

Aktiva		Bilanz der Guss AG	Passiva
	€		€
I. Anlagevermögen		I. Eigenkapital	
1. Grundstücke	1.500.000	1. Gez. Kapital	1.500.000
2. Gebäude	1.500.000	2. Rücklagen	422.001
3. Maschinen	600.000	II. Fremdkapital	
4. Betriebsausstattung	1	1. Pensionsrückstell.	300.000
II. Umlaufvermögen		2. Sonst. Rückstellungen	100.000
1. Vorräte	467.000	3. Langfr. Bankschulden	2.000.000
2. Forderungen	505.000	4. Kundenanzahlungen	250.000
3. Zahlungsmittel	23.400	5. Verbindlichkeiten aus Warenlieferungen	23.400
	5.095.401		5.095.401

Bemerkungen:

	Anlagevermögen
1.	Die Grundstücke sind mit 500.000 € außerplanmäßig abgeschrieben worden. Nachdem der Grund für die außerplanmäßige Abschreibung entfallen ist, wurde nicht wieder zugeschrieben. 10 % der Grundstücke werden betriebsfremd genutzt.
2.	Die Gebäude haben eine Nutzungsdauer von 40 Jahren. Es sind bisher 10 Jahre abgeschrieben worden. Die Anschaffungskosten betrugen 2.000.000 €. Die Wiederbeschaffungskosten werden auf 3.000.000 € geschätzt. Die Gebäude werden allein betrieblich genutzt.
3.	Die Maschinen sind für 2.000.000 € angeschafft worden. Die Laufzeit beträgt 10 Jahre. Die Maschinen sind in der Finanzbuchhaltung in den ersten beiden Jahren der Nutzung mit 70 % abgeschrieben worden (inkl. einer Sonderabschreibung von 50 %). Die Wiederbeschaffungskosten werden auf 2.500.000 € geschätzt.
4.	Die Betriebs- und Geschäftsausstattung hat in der Anschaffung 1.000.000 € gekostet. Der Wiederbeschaffungswert wird mit 1.200.000 € angegeben. Der kalkulatorische Restwert der Betriebs- und Geschäftsausstattung beträgt 300.000 €.
	Umlaufvermögen
1.	Die Warenbestände enthalten eine stille Reserve von 100.000 €.
2.	Die Forderungen wurden nach dem Prinzip der Vorsicht um 200.000 € abgeschrieben. Nach realistischer Einschätzung besteht lediglich ein Verlustrisiko von 100.000 €.
3.	Die notwendige Barreserve wird auf 8.000 € geschätzt.

	Fremdkapital
1.	Die Pensionsrückstellungen werden mit 6 % verzinst.
2.	Bei den sonstigen Rückstellungen handelt es sich um Gewährleistungsrückstellungen.
3.	Für die Bankverbindlichkeiten ist der übliche Fremdkapitalzins zu zahlen.
4.	Die Kundenanzahlungen stehen zinslos zur Verfügung.
5.	Für die Lieferantenverbindlichkeiten gilt die Zahlungsbedingung: Zahlbar innerhalb von 30 Tagen, bei Zahlung innerhalb von 10 Tagen Abzug von 3 % Skonto. Die Skontoabzugsmöglichkeit wird grundsätzlich in Anspruch genommen.

a) Berechnen Sie das betriebsnotwendige Vermögen,
   (1) nach der Restwertmethode,
   (2) nach der Durchschnittswertmethode.

b) Wie hoch ist das betriebsnotwendige Kapital
   (1) ohne Berücksichtigung von Abzugskapital,
   (2) unter Berücksichtigung von Abzugskapital?

c) Die Guss-AG setzt einen kalkulatorischen Zinsfuß von 12 % fest. Wie hoch sind die kalkulatorischen Zinsen für das Jahr 01?

d) Bei der Guss-AG wurden im Jahr 01 von der Finanzbuchhaltung 220.000 € Zinsaufwand gebucht. Wie hoch ist die sachliche Abgrenzung für das Jahr 01?

3.43 Für ein Unternehmen sind die monatlich zu verrechnenden kalkulatorischen Wagnisse für das Jahr 06 zu errechnen:

Wagnisart	Durchschnittsverlust der letzten 5 Jahre (€/Per)	Bezugsgröße	Durchschnittswert der Bezugsgröße in den letzten 5 Jahren (€/Per)	Wert der Bezugsgröße 06 (€/Per)
Beständewagnis	12.500	Lagerbestand	500.000	580.000
Anlagewagnis	9.600	Wiederbeschaffungswert	1.200.000	1.290.000
Ausschußwagnis	15.000	Herstellkosten	1.500.000	1.620.000
Gewährleistungswagnis	60.000	Umsatz	2.000.000	2.300.000
Vertriebswagnis	24.000	Forderungsbestand	600.000	550.000

Testklausur zu Kapitel 3

Die folgenden Behauptungen sind auf ihre Richtigkeit zu überprüfen.
(Es können mehrere Behauptungen richtig sein.)

Kennzeichnen Sie die Behauptungen mit
richtig (+),
weiß nicht ( ),
falsch (-).

Punktvergabe:
Kennzeichen richtig = 1 Punkt,
Kennzeichen weiß nicht oder falsch = 0 Punkte.

1. In der Kostenartenrechnung

a) werden die Kosten auf die Funktionsbereiche eines Unternehmens verteilt; ( )
b) werden die Kosten nach Produktionsfaktoren gegliedert; ( )
c) werden alle Kosten in fixe und variable Bestandteile aufgelöst; ( )
d) werden alle Aufwendungen der Finanzbuchhaltung als Grund- oder Anderskosten in die Kostenrechnung übernommen. ( )

2. Einzelkosten sind Kosten, die

a) auch als Stückkosten bezeichnet werden; ( )
b) den einzelnen Kostenträgern direkt zugerechnet werden können; ( )
c) gleichzeitig variable Stückkosten sind; ( )
d) nicht Gemeinkosten sind. ( )

3. Gemeinkosten

a) können Kostenträgern nicht direkt zugerechnet werden; ( )
b) sind immer fixe Kosten; ( )
c) sind beschäftigungsabhängige Kosten; ( )
d) fallen nur in Verwaltungsbereichen an. ( )

4. Zu den Gemeinkosten zählen

a) Betriebsstoffverbrauch; ( )
b) Fertigungslöhne; ( )

c) Fertigungsmaterialverbrauch; ( )
d) Hilfslöhne; ( )
e) Transportkosten. ( )

5. Bei den folgenden Positionen handelt es sich sowohl um fixe Kosten als auch um Gemeinkosten:
   a) Vertreterprovisionen; ( )
   b) Wartungskosten für Betriebsmittel; ( )
   c) Reparaturkosten für Betriebsmittel; ( )
   d) Gebäudeversicherungsprämien; ( )
   e) Spenden. ( )

6. Der Materialverbrauch wird bei der Inventurmethode in folgender Weise ermittelt:

   a) Verbrauch = Anfangsbestand + Zugang - Inventurbestand ( )
   b) Verbrauch = Hergestellte Stückzahl · Sollverbrauchsmenge ( )
   c) Verbrauch = Endbestand - Anfangsbestand ( )
   d) Verbrauch = Σ Materialentnahmescheine ( )

7. Für die Bewertung der Materialverbrauchsmengen in der Kostenrechnung kommen in Frage:
   a) Anschaffungspreis; ( )
   b) Tageswert; ( )
   c) Wiederbeschaffungswert; ( )
   d) Festpreis. ( )

8. Welche Aussagen sind richtig?
   a) Eine Zeitentlohnung verursacht konstante Lohnstückkosten. ( )
   b) Eine Zeitentlohnung verursacht degressive Lohnstückkosten bezogen auf die ausgebrachte Menge pro Zeiteinheit. ( )
   c) Eine reine Akkordentlohnung verursacht konstante Lohnstückkosten bezogen auf die Zeiteinheit pro Mengeneinheit. ( )
   d) Die Prämienentlohnung verursacht konstante Lohnstückkosten. ( )

9. Zu den Dienstleistungskosten zählen:
   a) Rechts- und Steuerberatungskosten; ( )
   b) Versicherungsprämien; ( )
   c) Gebühren und Beiträge; ( )
   d) Personalnebenkosten. ( )

10. Die kalkulatorischen Kosten beeinflussen

   a) die Kosten- und Leistungsrechnung und die Gewinn- und Verlustrechnung; ( )
   b) weder die Kosten- und Leistungsrechnung noch die Gewinn- und Verlustrechnung; ( )
   c) nur die Gewinn- und Verlustrechnung; ( )
   d) nur die Kosten- und Leistungsrechnung. ( )

11. Der Ansatz kalkulatorischer Kosten

   a) ist notwendig, um richtige Kalkulationsgrundlagen zu schaffen; ( )
   b) ist erforderlich, um die Wirtschaftlichkeit zweier Unternehmen vergleichen zu können; ( )
   c) kann in beliebiger Höhe erfolgen, da die Gewinn- und Verlustrechnung nicht beeinflusst wird; ( )
   d) ist nur in Unternehmen erforderlich, die in der Rechtsform der Einzelunternehmung oder Personengesellschaft geführt werden. ( )

12. Kalkulatorische Abschreibungen

   a) ermöglichen die Abschreibung vom zukünftigen höheren Wiederbeschaffungspreis einer Anlage; ( )
   b) sind immer höher als die finanzbuchhalterischen Abschreibungen; ( )
   c) können noch bei einem ausgeschiedenen Anlagegut vorgenommen werden; ( )
   d) können nur bis zum Erinnerungswert von 1 € vorgenommen werden ( )

13. Kalkulatorische Zinsen werden berechnet vom

   a) Eigenkapital; ( )
   b) Gesamtkapital; ( )

c) betriebsnotwendigen Kapital; ( )
d) Grundkapital. ( )

14. Stimmt es,

a) dass für die Ermittlung des betriebsnotwendigen Kapitals nur das betriebsnotwendige Anlagevermögen herangezogen wird? ( )
b) dass das Abzugskapital das langfristige Fremdkapital umfasst? ( )
c) dass der Kalkulationszinsfuß aus dem Ertrag der besten nicht gewählten Alternative abgeleitet werden kann? ( )
d) dass die kalkulatorischen Zinsen in Unternehmen mit hohem Fremdkapitalanteil nicht so stark von den Zinsaufwendungen abweichen wie in Unternehmen mit hohem Eigenkapital? ( )

15. Stimmt es,

a) dass das allgemeine Unternehmerwagnis in den kalkulatorischen Wagniskosten enthalten ist? ( )
b) dass kalkulatorische Wagniszuschläge zu einer gleichmäßigen Belastung der Abrechnungsperioden führen? ( )
c) dass eingetretene Wagnisverluste als Aufwand in der Geschäftsbuchführung gebucht werden? ( )
d) dass der Ansatz kalkulatorischer Wagniskosten entfällt, wenn die Wagnisse durch Fremdversicherungen gedeckt sind? ( )
e) dass die kalkulatorischen Wagnisse Anderskosten oder Zusatzkosten sein können? ( )

16. Kalkulatorische Kosten

a) sind stets fixe Kosten; ( )
b) sind anzusetzen, um den Bestand des Unternehmens in der Zukunft zu sichern; ( )
c) führen stets zu Auszahlungen; ( )
d) mindern den Jahresüberschuß in der externen Erfolgsrechnung. ( )

4. Betriebsergebnisrechnung I (Gesamtkostenverfahren)

4.1 Aufgaben und Überblick

Die in der Leistungsarten- und Kostenartenrechnung erfassten Leistungen und Kosten lassen sich in unterjährigen Abrechnungsperioden (z. B. monatlich oder vierteljährlich) gegenüberstellen, um so einen kurzfristigen Erfolg zu ermitteln. Das Ergebnis wird als kurzfristige Erfolgsrechnung oder Betriebsergebnisrechnung bezeichnet. Die kurzfristige Ermittlung des Betriebserfolges ist notwendig, um Entscheidungen rechtzeitig treffen zu können. Die Durchführung der kurzfristigen Erfolgsrechnung erfolgt entweder nach dem Gesamtkostenverfahren oder dem Umsatzkostenverfahren.

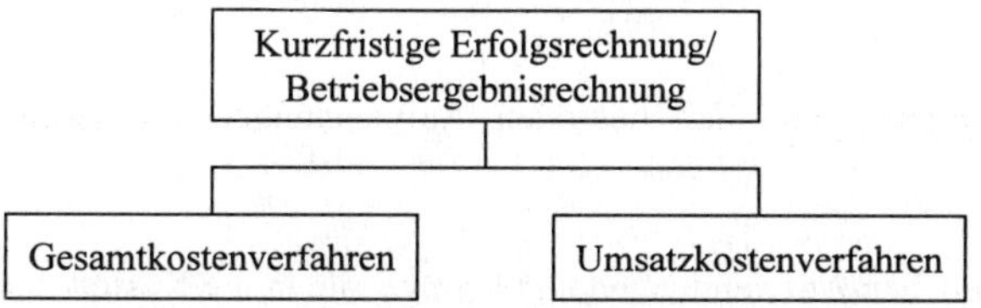

Beim Gesamtkostenverfahren werden den gesamten Leistungen einer Periode die gesamten Kosten gegenübergestellt. Dabei genügt es, dass die Kosten der Periode nach Kostenarten gegliedert sind.

Beim Umsatzkostenverfahren werden nur die Umsätze einer Periode mit den dafür entstandenen Kosten verglichen. Dieses Verfahren erfordert die Bestimmung der Kosten pro Erzeugniseinheit, setzt also eine Kostenstellen- und Kostenträgerrechnung im Unternehmen voraus[1].

Ein Unternehmen, das lediglich eine Kostenartenrechnung eingeführt hat, kann das Betriebsergebnis nur nach dem Gesamtkostenverfahren ermitteln. Voraussetzung ist, dass aus den Aufwands- und Ertragsarten der Finanzbuchhaltung Kosten- und Leistungsarten abgeleitet werden. Im veralteten Gemeinschaftskontenrahmen (Einkreissystem) der Industrie und anderer Branchen wird die Kosten- und Leistungsinformation innerhalb der Geschäftsbuchführung in der Klasse 4 und der Klasse 8 abgewickelt. Im modernen Industriekontenrahmen (Zweikreissystem) werden die

[1] Das Umsatzkostenverfahren wird im Kapitel 7 im Anschluss an die Kostenstellen- und Kostenträgerrechnung dargestellt.

Leistungs- und Kosteninformationen getrennt von der Finanzbuchhaltung in einem eigenen Rechnungskreis erfasst. Dazu ist eine Abgrenzungsrechnung erforderlich.

4.2 Abgrenzungsrechnung

Die Aufgabe der Abgrenzungsrechnung ist es, aus den im Zweikreissystem (IKR-Kontenrahmen) im Rechnungskreis I (Finanzbuchhaltung) in den Klassen 5, 6 und 7 erfassten Erträgen und Aufwendungen die Leistungen und Kosten des Rechnungskreises II (Kostenrechnung) zu entwickeln.

Dazu müssen:

(1) die betrieblichen von den neutralen Aufwendungen und Erträgen getrennt werden,

(2) die betrieblichen Aufwendungen und Erträge, die in der Kosten- und Leistungsrechnung mit einem anderen Betrag angesetzt werden sollen (Anderskosten/Andersleistung) neu errechnet werden,

(3) Kosten und Leistungen im Rechnungskreis II hinzugefügt werden, denen in der Finanzbuchhaltung keine Aufwendungen und Erträge gegenüberstehen (Zusatzkosten/Zusatzleistungen).

Die Abgrenzungsrechnung wird in einem Tableau vorgenommen, in dem in der ersten Spaltengruppe die Erträge und Aufwendungen der externen Erfolgsrechnung erfasst sind. In der zweiten Spaltengruppe werden die unternehmensbezogenen Abgrenzungen vorgenommen, d. h. es werden betriebsfremde Erträge und Aufwendungen heraus gefiltert. In der dritten Spaltengruppe nimmt man die betriebsbezogenen Abgrenzungen vor, d. h. es werden außerordentliche und periodenfremde Aufwendungen und Erträge ausgesondert. In der vierten Spaltengruppe werden betriebliche Aufwendungen und Erträge, die mit einem anderen Wert in die Kostenrechnung übernommen werden sollen, in Kosten und Leistungen umgerechnet. In der letzten Spaltengruppe ergibt sich dann die Kostenarten- und Leistungsrechnung, die zugleich eine einfache Betriebsergebnisrechnung ist.

	Rechnungskreis I		Rechnungskreis II							
	Finanzbuchhaltung		Abgrenzungsrechnung						Kosten- und Leistungsrechnung	
	Spalte 1 Externer Erfolg = Ertrag - Aufwand		**Spalte 2** Betriebsfremder Erfolg = Betriebsfremder Ertrag - Betriebsfremder Aufwand		**Spalte 3** Außerordentlicher Erfolg = Außerordentlicher Ertrag - Außerordentlicher Aufwand		**Spalte 4** Verrechnungskorrekturen		**Spalte 5** Interner Erfolg = Leistung - Kosten	
Kontobezeichnung	Aufwand	Ertrag	Neutr. Aufwand	Neutr. Ertrag	Neutr. Aufwand	Neutr. Ertrag	Aufwand lt. FiBu	Verr. Kosten	Kosten	Leistung
1 Umsatz 2 Materialaufwand ... n Abschreibungen										
Summe										
Ergebnis										

Übers. 4.1: Schema der Abgrenzungsrechnung

Beispiel 4.1 (Abgrenzungsrechnung in der Industrie KG)

In der Finanzbuchhaltung der Industrie KG sind in einem Monat folgende Erträge und Aufwendungen erfasst worden:

Aufwand	Gewinn- und Verlustrechnung (in T€)		Ertrag
60 Materialaufwand	80.000	500 Umsatz	300.000
62 Löhne	60.000	54 Sonstige betriebliche Erträge	2.000
65 Abschreibungen	70.000	546 Erträge aus Abgang von AV	5.000
696 Verluste aus Abgang von AV	30.000	548 Erträge aus der Auflösung von Rückstellungen	20.000
70 Steuern	10.000	57 Zinserträge	40.000
75 Zinsaufwendungen	8.000		
76 Außerordentliche Aufwend.	25.000		
Unternehmenserfolg	**84.000**		
	367.000		367.000

Für die unternehmens- und betriebsbezogene Abgrenzungsrechnung sind folgende Angaben zu berücksichtigen:

Position	Anmerkungen	€
54	Mieten aus vermieteten Gebäudeteilen	2.000
546	Erträge aus der Veräußerung von betrieblichen Anlagegütern	5.000
548	Gewonnener Schadensersatzprozess	20.000
57	Zinserträge aus der Anlage überschüssiger Mittel	40.000
65	Abschreibungsanteil auf vermietete Gebäude, für die verbleibende Abschreibung der Finanzbuchhaltung sind kalkulatorische Abschreibungen anzusetzen	3.000
70	Grundsteueranteil für vermietete Gebäude	2.000
75	Betriebsnotwendige Fremdkapitalzinsen, sie werden in der Kostenrechnung durch kalkulatorische Zinsen ersetzt	8.000
76	Materialdiebstahl, in der Kostenrechnung werden kalkulatorische Wagnisse angesetzt	25.000
	Folgende kalkulatorische Kosten sind zusätzlich zu den Grundkosten zu berücksichtigen:	
	Kalkulatorische Abschreibungen	50.000
	Kalkulatorische Zinsen	17.000
	Kalkulatorische Wagnisse	15.000
	Kalkulatorischer Unternehmerlohn	40.000

a) Aus den Aufwendungen und Erträgen der externen Erfolgsrechnung sind die Kosten und Leistungen der internen Erfolgsrechnung durch eine Abgrenzungsrechnung zu ermitteln.

b) Interpretieren Sie die Zwischenergebnisse.

Lösung a)

	Rechnungskreis I		Rechnungskreis II							
	Finanzbuch-haltung		Abgrenzungsrechnung						Kosten- und Leistungs-rechnung	
	Externer Erfolg		Betriebsfremder Erfolg		Außerordentlicher Erfolg		Verrechnungs-korrekturen		Interner Erfolg	
Kontobezeichnung	Aufwand (T€)	Ertrag (T€)	Neutr. Aufwand (T€)	Neutr.Ertrag (T€)	Neutr. Aufwand (T€)	Neutr. Ertrag (T€)	Aufwand lt. FiBu (T€)	Verr. Kosten (T€)	Kosten (T€)	Leistung (T€)
1 Umsatz		300								→ 300
2 S. betr. Erträge		2		→ 2						
3 Erträge aus AV		5				→ 5				
4 Erträge a. Rück-stellungsauflös.		20				→ 20				
5 Zinserträge		40		→ 40						
6 Materialaufwand	80								→ 80	
7 Löhne	60								→ 60	
8 Abschreibungen	70		→ 3				→ 67	50	← 50	
9 Verluste aus AV	30				→ 30					
10 Steuern	10		→ 2						→ 8	
11 Zinsaufwendung.	8						→ 8	17	← 17	
12 Ao. Aufwendung.	25						→ 25	15	← 15	
13 Unternehmerlohn	-						0	40	← 40	
	283	367	5	42	30	25	100	122	270	300
	+ 84		+ 37		- 5		+ 22		+ 30	

In der ersten Spaltengruppe werden die Werte der Kontenklassen 5, 6 und 7 als Erträge und Aufwendungen aus der Finanzbuchhaltung übernommen. Das Ergebnis dieser Spaltengruppe ist der externe Gesamterfolg. In der zweiten Spaltengruppe, der unternehmensbezogenen Abgrenzung filtert man die betriebsfremden Aufwendungen heraus, so dass die betriebsbezogenen Aufwendungen und Erträge nachbleiben. In der dritten Spaltengruppe führt man die betriebsbezogene Abgrenzung durch, d. h. man fängt außerordentliche und periodenfremde Erträge und Aufwendungen auf. In der vierten Spaltengruppe rechnet man Aufwendungen und Erträge, die in der Kosten- und Leistungsrechnung mit einem anderen Betrag als in der Finanzbuchhaltung angesetzt werden sollen, in Kosten und Leistungen um. In die letzte Spaltengruppe sind damit nur Kosten und

Leistungen übertragen worden; das Ergebnis ist der interne Erfolg (das Betriebsergebnis) einer Periode.

Lösung b)

Der Zusammenhang zwischen dem externen Gesamterfolg und dem internen Erfolg lässt sich folgendermaßen darstellen:

	Externer Gesamterfolg	=	Ertrag - Aufwand	=	+ 84
-	unternehmensbezogene Abgrenzung	=	betriebsfremder Ertrag - betriebsfr. Aufwand	=	- 37
-	betriebsbezogene Abgrenzung	=	außerordentliche Ertrag - außerord. Aufwand	=	+ 5
-	Verrechnungskorrekturen	=	Anders-/Zusatzkosten - betrieblicher Aufwand	=	- 22
=	Interner Erfolg	=	Leistung - Kosten	=	+ 30

4.3 Gesamtkostenverfahren

Nach der Durchführung der Abgrenzungsrechnung kann eine Betriebsergebnisrechnung nach dem Gesamtkostenverfahren erstellt werden. Dabei werden den Leistungen einer Periode die Kosten der gleichen Periode nach Kostenarten gegliedert gegenübergestellt. Das ist problemlos, wenn die produzierten Leistungen einer Periode vollständig verkauft werden und wenn keine zu aktivierenden innerbetrieblichen Leistungen erstellt werden.

Probleme entstehen, wenn hergestellte und verkaufte Leistungen in einer Periode nicht übereinstimmen. Bei der Ermittlung der Gesamtleistung einer Periode sind neben dem Umsatz auch die Bestandserhöhungen bei fertigen und unfertigen Erzeugnissen und die aktivierbaren innerbetrieblichen Leistungen zu berücksichtigen, weil diese Leistungen ebenfalls in dieser Periode erbracht wurden, aber nicht im Umsatz enthalten sind. Dagegen sind bei der Ermittlung der Gesamtkosten, die der Gesamtleistung gegenübergestellt werden, neben den Kosten, die in dieser Periode angefallen sind, auch die Kosten der Bestandsminderungen bei fertigen und unfertigen Erzeugnissen zu berücksichtigen, da diese bereits in den Vorperioden angefallen sind. Problematisch ist die Bewertung der unfertigen und fertigen

Erzeugnisse, denn sie müssen zu Herstellkosten bewertet werden. Das setzt aber eine Kostenträgerrechnung (Kalkulation) voraus. Wird jedoch eine Kalkulation nicht durchgeführt, müssen die Bestandswerte geschätzt werden.

Der Aufbau des Gesamtkostenverfahrens in statistisch-tabellarischer Form für einen Industriebetrieb ist aus Übersicht 4.2 ersichtlich:

Leistung/Kosten	Berichtsmonat (€/Per)	Kumuliert für		Veränderung (%/Per)
		Berichtsjahr (€/Per)	Vorjahr (€/Per)	
Nettoerlös eigener Erzeugnisse - davon Norddeutschland - davon Süddeutschland - davon Ostdeutschland - davon Westdeutschland Nettoerlös für Warenverkäufe				
Gesamtnettoerlös + Bestandserhöhung an fertigen und unfertigen Erzeugnissen + Aktivierte Eigenleistungen				
Gesamtleistung				
- Fertigungsmaterial - Gemeinkostenmaterial . . . - Kalkulatorische Zinsen - Kalkulatorischer Unternehmerlohn - Bestandsminderung an fertigen und unfertigen Erzeugnissen				
- Gesamtkosten				
= Betriebsergebnis				

Übers. 4.2: Gesamtkostenverfahren

Das Gesamtkostenverfahren lässt Aussagen über die Kostenstruktur und ihre Veränderung im Periodenvergleich zu. Durch die Bildung von Kennzahlen lassen sich Veränderungen aufzeigen. Nicht erkennbar ist, welche Kostenträger (-gruppen) den Gesamterfolg positiv oder negativ beeinflusst haben. Das Gesamtkostenverfahren ist daher nur für sehr kleine Betriebe mit einem überschaubaren Produktionsprogramm geeignet.

Die Betriebsergebnisrechnung nach dem Gesamtkostenverfahren lässt sich auch in Kontenform darstellen.

Betriebsergebnisrechnung nach dem Gesamtkostenverfahren			
Kosten der Periode, gegliedert nach Kostenarten:	€		€
Fertigungsmaterial		Umsatz	
Gemeinkostenmaterial		Selbsterstellte Anlagen	
.		Mehrbestand an Halb- und Fertigfabrikaten	
.			
.			
Kalkulatorische Zinsen			
Kalkulatorischer Unternehmerlohn			
Minderbestand an Halb- und Fertigfabrikaten			
Betriebserfolg			

Beispiel 4.2 (Erfolgsermittlung nach dem Gesamtkostenverfahren)

In einem Industriebetrieb sind in einem Monat folgende Kostenarten erfasst worden:

Fertigungsmaterial	360.000 €
Gemeinkostenmaterial	20.000 €
Fertigungslöhne	70.000 €
Hilfslöhne	35.000 €
Gehälter	30.000 €
Energiekosten	40.000 €
Instandhaltung	8.000 €
Kalkulatorische Abschreibung	30.000 €
Kalkulatorische Zinsen	25.000 €

Es gelten folgende weitere Daten:

Umsatz	720.000 €
Minderbestand an unfertigen Erzeugnissen*	5.000 €
Mehrbestand an fertigen Erzeugnissen*	26.000 €
Selbsterstellte Anlagen*	17.500 €

* bewertet zu Herstellkosten auf Grund von Schätzungen

Die Bestände und die Anlage sind mit den Istherstellungskosten bewertet.

a) Stellen Sie den Betriebserfolg des Monats in statistisch-tabellarischer Form dar.

b) Wie ist das Betriebsergebnis kontenmäßig darzustellen?

Lösung a)

Leistung/Kosten	Berichtsmonat (€/Monat)	
Umsatz	720.000	
+ Mehrbestand an fertigen Erzeugnissen	26.000	
+ Aktivierte Eigenleistung	17.500	
= Gesamtleistung		763.500
- Fertigungsmaterial	- 360.000	
- Gemeinkostenmaterial	- 20.000	
- Fertigungslöhne	- 70.000	
- Hilfslöhne	- 35.000	
- Gehälter	- 30.000	
- Energiekosten	- 40.000	
- Instandhaltung	- 8.000	
- Kalkulatorische Abschreibung	- 30.000	
- Kalkulatorische Zinsen	- 25.000	
- Minderbestand an unfertigen Erzeugnissen	- 5.000	
= Gesamtkosten		- 623.000
Betriebsergebnis = Gesamtleistung - Gesamtkosten		140.500

Lösung b)

Betriebsergebnisrechnung nach dem Gesamtkostenverfahren			
	€		€
Fertigungsmaterial	360.000	Umsatz	720.000
Gemeinkostenmaterial	20.000	Selbsterstellte Anlagen	17.500
Fertigungslöhne	70.000		
Hilfslöhne	35.000	Mehrbestand an Halb- und Fertigfabrikaten	26.000
Gehälter	30.000		
Energiekosten	40.000		
Instandhaltung	8.000		
Kalkulatorische Abschreibung	30.000		
Kalkulatorische Zinsen	25.000		
Minderbestand an unfertigen Erzeugnissen	5.000		
Betriebserfolg	140.500		
	763.500		763.500

Ergebnis

1. Das Gesamtkostenverfahren ermöglicht die Ermittlung eines kurzfristigen Erfolges für das gesamte Unternehmensprogramm.

2. Die Erfolge einzelner Kostenträger sind nicht feststellbar, weil die Gesamtkosten der Periode einzelnen Produkten, Verkaufsgebieten oder Absatzwegen nicht zurechenbar sind.

3. Die Bewertung von Halb- und Fertigfabrikaten und von aktivierten innerbetrieblichen Leistungen ist problematisch, weil eine Stückkalkulation nicht erfolgt und daher auf Schätzungen beruht.

4. Das Gesamtkostenverfahren ist als Verfahren zur Ermittlung des kurzfristigen Erfolges in der Kostenrechnung nicht empfehlenswert.

4.4 Zusammenfassung und Checkliste

Aufgaben der Abgrenzungsrechnung

(1) Entwicklung der Leistungen und Kosten im Rechnungskreis II aus den Erträgen und Aufwendungen des Rechnungskreises I,

(2) Ableitung des internen Erfolges aus dem externen Erfolg.

	Externer Gesamterfolg	=	Ertrag - Aufwand
-	unternehmensbezogene Abgrenzung	=	betriebsfremder Ertrag - betriebsfr. Aufwand
-	betriebsbezogene Abgrenzung	=	außerordentliche Ertrag - außerord. Aufwand
-	Verrechnungskorrekturen	=	Anders-/Zusatzkosten - betrieblicher Aufwand
=	Interner Erfolg	=	Leistung - Kosten

Technik der Abgrenzungsrechnung

(1) Abspaltung der neutralen Erträgen und der neutralen Aufwendungen aus den gesamten Erträge und Aufwendungen

(2) Unveränderte Übernahme des Zweckertrages und des Zweckaufwandes als Grundleistung und Grundkosten in die Kosten- und Leistungsrechnung

(3) Übernahme von betrieblichen Erträgen und betrieblichen Aufwendungen in die Kosten- und Leistungsrechnung in anderer Höhe (Andersleistung und Anderskosten)

(4) Hinzufügung von Leistung und Kosten in der Kosten- und Leistungsrechnung, denen keine Erträge und Aufwendungen in der externen Erfolgsrechnung gegenüberstehen (Zusatzleistungen und Zusatzkosten)

Aufgaben der Kostenträgerzeitrechnung

(1) Ermittlung des kurzfristigen Erfolges

(2) Aufgliederung des Erfolges nach
- Erzeugnissen
- Absatzmärkten
- Kundengruppen
- Betriebsteilen

Verfahren der Kostenträgerzeitrechnung

(1) Gesamtkostenverfahren

(2) Umsatzkostenverfahren

Beim Gesamtkostenverfahren

werden den gesamten Leistungen einer Periode die gesamten Kosten dieser Periode, gegliedert nach Kostenarten, gegenübergestellt. Eine Zuordnung der Kosten auf Kostenträger ist nicht möglich.

Fragen und Aufgaben

4.1 Welche Aufgaben soll die kurzfristige Erfolgsrechnung im Rahmen der Kostenrechnung erfüllen?

4.2 Wie ist das Gesamtkostenverfahren aufgebaut?

4.3 Zeigen Sie die Vor- und Nachteile des Gesamtkostenverfahrens auf.

4.4 In der Geschäftsbuchführung einer OHG wurden für einen Monat folgende Erträge und Aufwendungen erfasst:

Nr.	Konto		€	
1	500	Umsatz		540.000
2	51	Mehrbestand an fertigen und unfertigen Erz.		25.000
3	54	Sonstige betriebliche Erträge		5.000
4	548	Erträge aus der Auflösung von Rückstellungen		12.000
5	60	Aufwendungen für Roh-, Hilfs- und	160.000	
6	62	Betriebsst.	250.000	
7	65	Löhne	25.000	
8	696	Abschreibungen	10.000	
9	70	Verluste aus dem Abgang von AV	20.000	
10	75	Steuern	3.000	
11	76	Zinsaufwendungen	2.500	
		Außerordentliche Aufwendungen		

Für die unternehmens- und betriebsbezogene Abgrenzungsrechnung sind folgende Angaben zu berücksichtigen:

Position	Anmerkungen	
3	Mieten aus vermieteten Grundstücken	
4	Eine Gewährleistung fällt niedriger als eingeplant aus	
7	Für die Abschreibung der Finanzbuchhaltung in Höhe von 25.000 € sind kalkulatorische Abschreibungen anzusetzen	
9	Grundsteueranteil für vermietete Grundstücke: 1.000 €	
10	Betriebsnotwendige Fremdkapitalzinsen in Höhe von 3.000 €, für die kalkulatorische Zinsen angesetzt werden	
11	Schadensfälle in Höhe von 2.500 €, für die kalkulatorische Wagnisse angesetzt werden	
	Folgende kalkulatorische Kosten sollen berücksichtigt werden (monatlich):	
	Kalkulatorische Abschreibungen	20.000
	Kalkulatorische Zinsen	4.500
	Kalkulatorische Miete	3.000
	Kalkulatorische Wagnisse	5.000
	Kalkulatorischer Unternehmerlohn	6.000

a) Aus den Aufwendungen und Erträgen der externen Erfolgsrechnung sind die Kosten und Leistungen der internen Erfolgsrechnung durch eine Abgrenzungsrechnung zu ermitteln.

b) Interpretieren Sie die Zwischenergebnisse.

c) Warum ist es im Rechnungswesen wichtig, unterschiedliche Erfolge zu ermitteln und sie zu zerlegen.

4.5 In der Geschäftsbuchführung einer Unternehmung wurden für eine Periode folgende Erträge und Aufwendungen erfasst:

		€	€
1	Zinserträge		200
2	Betriebsfremde Erträge		36.000
3	Umsatzerlöse		840.000
4	Verluste aus dem Abgang von AV	15.000	
5	Zinsaufwendungen	7.000	
6	Materialaufwand	240.000	
7	Personalaufwand	160.000	
8	Steuern, Beiträge, Versicherungen	18.000	
9	Aufwendungen für Fuhrpark	70.000	
10	Instandhaltungen	50.000	
11	Allgemeine Verwaltungsaufwendungen	62.000	
12	Abschreibungen	50.000	

Für die Abgrenzungsrechnung liegen folgende Informationen vor:

Position	Anmerkungen	€
1	Verzugszinsen für verspätet bezahlte Kundenrechnungen	
2	Miete für vermietete Wohnungen	
4	Verlust aus dem Verkauf eines nicht betriebsnotwendigen Wirtschaftsgutes	
5	Die Zinsaufwendungen sind für betrieblich notwendiges Fremdkapital angefallen. Sie sind durch kalkulatorische Zinsen zu ersetzen.	
8	In der Position ist eine Gewerbesteuernachzahlung für das vergangene Geschäftsjahr in Höhe von 3.000 € enthalten, die Grundsteuer für vermietete Gebäudeteile beträgt 500 €.	
12	Die bilanziellen Abschreibungen sind durch kalkulatorische Abschreibungen zu ersetzen.	
	Folgende kalkulatorische Kosten sind zu berücksichtigen:	
	Kalkulatorische Abschreibungen	35.000
	Kalkulatorische Zinsen	18.000

a) Übernehmen Sie die Werte der Finanzbuchhaltung in die Abgrenzungsrechnung.
Stellen Sie unter Berücksichtigung der Anmerkungen die Abgrenzungsrechnung zur Ermittlung des Betriebsergebnisses auf.

b) Stimmen Sie die Ergebnisse miteinander ab. Interpretieren Sie die Zwischenergebnisse.

c) Warum kann man der Unternehmung nicht empfehlen, die Aufwendungen und Erträge aus der Finanzbuchhaltung unverändert in die Kostenrechnung zu übernehmen?

4.6 Aus der Finanzbuchhaltung der Möbel-Handels KG ergeben sich für einen Monat folgende Aufwendungen und Erträge:

		€	€
1	Umsatzerlöse		1.000.000
2	Erträge aus der Auflösung von Rückstellungen		20.000
3	Wareneinsatz	668.000	
4	Löhne und Gehälter	139.000	
5	Aufwendungen für Geschäftsräume	66.000	
6	Aufwendungen für Werbung	23.000	
7	Gewerbesteuer	4.000	
8	Kfz-Aufwendungen	14.000	
9	Zinsen für Fremdkapital	11.000	
10	Abschreibungen	21.000	
11	Außerordentliche Aufwendungen	26.000	

Für die interne Erfolgsrechnung sind folgende Informationen zu berücksichtigen:

- Bei den Löhnen und Gehältern sind zusätzlich zu den Aufwendungen in diesem Monat 10.000 € für Urlaubslöhne zu berücksichtigen
- Die kalkulatorische Abschreibung für den Monat wird mit 10.000 € angesetzt.
- Der kalkulatorische Unternehmerlohn beträgt 18.000 € pro Monat.
- Die kalkulatorischen Zinsen auf das Eigenkapital betragen 6.000 € pro Monat.

a) Aus den Aufwendungen und Erträgen der externen Erfolgsrechnung sind die Kosten und Leistungen der internen Erfolgsrechnung durch eine Abgrenzungsrechnung zu ermitteln.

b) Zu bestimmen ist
- der externe Gesamterfolg,
- der betriebsfremde und außerordentliche Erfolg,
- der interne Erfolg.

4.7 Die Betriebsabrechnung ermittelte für den Monat Juni 01 folgende Zahlen:

Fertigungsmaterial	800.000
Energiekosten	40.000
Fertigungslöhne	300.000
Hilfslöhne	100.000
Sozialkosten	200.000
kalkulatorische Kosten	50.000
sonstige Kosten	150.000
Summe Kostenarten	1.640.000

Die Umsatzerlöse betrugen 1.900.000 €, davon entfielen 1.100.000 € auf Artikelgruppe I und 800.000 € auf Artikelgruppe II. Die Herstellkosten der Bestandsminderung an fertigen Erzeugnissen wurden mit 50.000 €, die der Bestandsmehrung an unfertigen Erzeugnissen mit 70.000 € überschlägig errechnet.

a) Ermitteln Sie den Betriebserfolg des Monats Juni 01 nach dem Gesamtkostenverfahren
   (1) statistisch-tabellarisch,
   (2) auf einem Betriebserfolgskonto.

b) Warum lassen sich die Erfolge der Artikelgruppen I und II nicht bestimmen?

Testklausur zu Kapitel 4

Die folgenden Behauptungen sind auf ihre Richtigkeit zu überprüfen. (Es können mehrere Behauptungen richtig sein.) Kennzeichnen Sie die Behauptungen mit richtig (+), weiß nicht ( ), falsch (-). Punktvergabe: Kennzeichen richtig = 1 Punkt, Kennzeichen weiß nicht oder falsch = 0 Punkte.

1. Aufgabe der Betriebsergebnisrechnung ist,

   a) die Kosten pro Produkteinheit zu bestimmen; ( )
   b) das Betriebsergebnis für die kurze Periode zu ermitteln; ( )
   c) das Betriebsergebnis und das neutrale Ergebnis zu ermitteln; ( )
   d) die Erträge und Kosten einer Periode gegenüberzustellen. ( )

2. Die Abgrenzungsrechnung

   a) leitet die Erträge und Aufwendungen der externen Erfolgsrechnung in Leistungen und Kosten der internen Erfolgsrechnung über; ( )
   b) erfolgt sowohl im Einkreis- als auch im Zweikreissystem: ( )
   c) dient der Ermittlung des Unternehmenserfolges; ( )
   d) lässt den neutralen Erfolg des Unternehmens erkennen. ( )

3. Stimmt es,

   a) dass die kalkulatorischen Kosten lediglich den Rechnungskreis II berühren? ( )
   b) dass zu den kalkulatorischen Kosten Anderskosten und Zusatzkosten rechnen? ( )
   c) dass Zusatzkosten aufwandsungleiche Kosten sind? ( )
   d) dass die kalkulatorischen Kosten in der Kosten- und Leistungsrechnung den tatsächlichen Werteverzehr berücksichtigen sollen? ( )

4. Anderskosten

a) fallen in gleicher Höhe im Rechnungskreis I und im Kosten- und Leistungsbereich an; ( )
b) wirken sich in der Abgrenzungsrechnung wie ein neutraler Aufwand aus, wenn sie höher als die entsprechenden Aufwendungen in der Geschäftsbuchführung sind; ( )
c) vermindern den Saldo der kostenrechnerischen Korrekturen in der Abgrenzungsrechnung, wenn sie niedriger als die entsprechenden Aufwendungen in der Geschäftsbuchführung sind; ( )
d) können den Saldo der kostenrechnerischen Korrekturen in der Abgrenzungsrechnung erhöhen oder vermindern. ( )

5. Zusatzkosten

a) mehren in der Geschäftsbuchführung den Aufwand; ( )
b) werden im Kosten- und Leistungsbereich als Kosten gebucht und in der Geschäftsbuchführung als Aufwand; ( )
c) werden in der Geschäftsbuchführung und im Abgrenzungsbereich als Aufwand gebucht; ( )
d) werden als Kosten im Kosten- und Leistungsbereich verrechnet und erhöhen den Saldo der kostenrechnerischen Korrekturen im Abgrenzungsbereich. ( )

6. Auswirkungen auf die Abgrenzungsrechnung ergeben sich nicht, wenn

a) in den Aufwendungen des Rechnungskreises I neutrale Aufwendungen enthalten sind; ( )
b) die Kosten im Kosten- und Leistungsbereich den Aufwendungen im Rechnungskreis I entsprechen; ( )
c) lediglich Anderskosten und keine Zusatzkosten anfallen; ( )
d) Anders- und Zusatzkosten im Kosten- und Leistungsbereich gleich hohen neutralen Aufwendungen im Rechnungskreis I gegenüberstehen. ( )

7. Das Gesamtkostenverfahren

a) stellt der Gesamtleistung einer Periode die Gesamtkosten der Periode nach Kostenarten gegliedert gegenüber; ( )
b) setzt eine Kostenstellenrechnung voraus; ( )
c) eignet sich nur für Industrieunternehmen; ( )
d) lässt die Erfolge der Kostenträger erkennen. ( )

5. Kostenstellenrechnung

5.1 Aufgaben und Überblick

In der Kostenartenrechnung, die der Kostenstellenrechnung vorausgeht, sind alle im Betrieb angefallenen Kosten nach Kostenarten erfasst und gegliedert worden. Durch die Gegenüberstellung der Gesamtkosten und der Gesamtleistung steht das Betriebsergebnis fest. Dieses Wissen allein ist jedoch für die Optimierung und Steuerung des betrieblichen Geschehens nicht ausreichend. Es ist notwendig herauszufinden, wo, d. h. in welchen Bereichen des Unternehmens, Kosten angefallen sind. Durch Vergleiche der aktuellen Abrechnungsperiode mit früheren Perioden oder durch den Vergleich von Plan- und Istwerten kann der Kostenverbrauch in den einzelnen Funktionsbereichen (Kostenstellen) überwacht werden. Nur so kann man die Kosten „in den Griff" bekommen. Außerdem möchte man wissen, wofür, d. h. für welche Kostenträger, Kosten angefallen sind. Ein Teil der in der Kostenartenrechnung erfassten Kosten, die Einzelkosten, kann man den Kostenträgern ohne Schwierigkeiten zurechnen, weil sie direkt zurechenbar sind. Die Gemeinkosten dagegen lassen sich im Mehrproduktunternehmen den Kostenträgern nicht unmittelbar zurechnen, weil die einzelnen Gemeinkostenarten für mehrere Kostenträger gemeinsam anfallen. Es läßt sich jedoch in der Regel feststellen, in welchen Bereichen bzw. Kostenstellen die Gemeinkosten angefallen sind. Über die verursachungsgerechte Zuordnung der Gemeinkosten auf die Funktionsbereiche (Kostenstellen) versucht man eine verursachungsgerechte Ermittlung der Selbstkosten der Produkte in der Kostenträgerrechnung (Kalkulation) zu erreichen.

Die Kostenstellenrechnung hat also folgende Aufgaben:

(1) verursachungsgerechte Verteilung der Gemeinkosten auf die Kostenstellen,

(2) wirksame Kontrolle der Kosten „vor Ort",

(3) Vorbereitung einer verursachungsgerechten Kalkulation der Kostenträger durch eine differenzierte Zurechnung der Gemeinkosten auf die Kostenstellen.

Der Zusammenhang zwischen der Kostenartenrechnung, der Kostenstellenrechnung und der Kostenträgerrechnung läßt sich folgendermaßen darstellen:

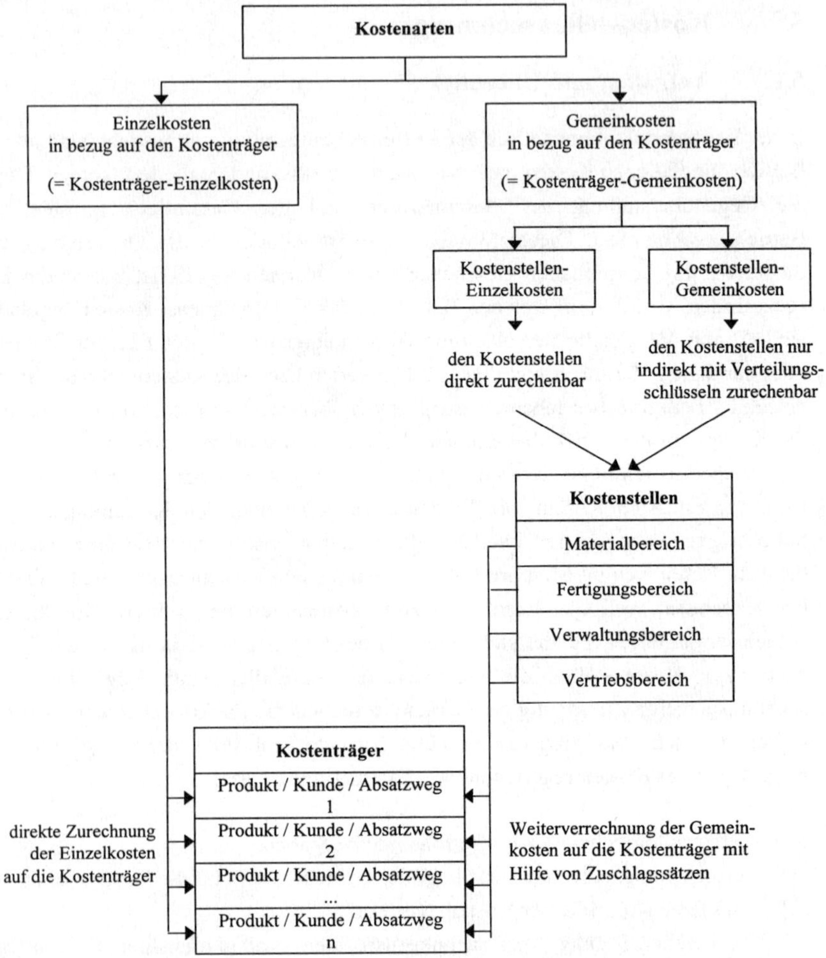

Übers. 5.1: Zusammenhang zwischen Kostenarten-, Kostenstellen- und Kostenträgerrechnung

Die den Kostenstellen zugerechneten Gemeinkosten werden auf die Kostenträger nach der Inanspruchnahme der Kostenstellen durch die Kostenträger weiterverechnet[1]. Die Kostenstellenrechnung ist damit ein wichtiges Bindeglied zwischen der Kostenartenrechnung und der Kostenträgerrechnung.

[1] Die Messung der Inanspruchnahme wird auf S. 239 ff. erläutert.

Dabei kann ein Teil der Gemeinkosten den Kostenstellen verursachungsgerecht zugerechnet werden, wie die durch einen Zähler erfassten Stromkosten. Diese Gemeinkosten nennt man Kostenstellen-Einzelkosten. Der andere Teil der Gemeinkosten lässt sich nur mit Hilfe eines Schlüssels auf die Kostenstellen verteilen, z. B. die Abschreibungen für ein Gebäude, in dem mehrere Kostenstellen untergebracht sind. Daher werden diese, auch den Kostenstellen nicht direkt zuzurechnenden Gemeinkosten, als Kostenstellen-Gemeinkosten bezeichnet.

Würde man auf eine Kostenstellenrechnung verzichten, müsste man die Gemeinkosten z. B. im gleichen Verhältnis zu den von den Kostenträgern verursachten Einzelkosten verteilen. Das würde aber voraussetzen, dass die einzelnen Kostenträger den Produktionsapparat gerade so in Anspruch nehmen, dass zwischen Gemeinkosten und Einzelkosten ein proportionales Verhältnis besteht.

Beispiel 5.1 (Zurechnung von Gemeinkosten)

Für die drei Produkte eines Unternehmens sind folgende Kosten angefallen:

Produkt	Einzelkosten	Gemeinkosten
A	40.000 €	110.000 €
B	80.000 €	
C	100.000 €	

Wie hoch ist die Gemeinkostenbelastung der einzelnen Produkte, wenn eine proportionale Beziehung zwischen Einzel- und Gemeinkosten unterstellt wird?

Lösung

Wird ein proportionales Verhältnis zwischen Einzelkosten und Gemeinkosten unterstellt, so müssten die Gemeinkosten im Verhältnis 1 : 2 : 2,5 auf die einzelnen Produkte verteilt werden. Das bedeutet, dass das Produkt A 20.000 €, das Produkt B 40.000 € und das Produkt C 50.000 € Gemeinkosten tragen muss. Tatsächlich aber belasten die Produkte den Produktionsapparat in einem anderen unbekannten Verhältnis, so dass die Gemeinkosten entsprechend anders zu verteilen sind.

5.2 Die Gliederung des Betriebes in Kostenstellen

Eine Kostenstelle ist ein nach bestimmten Gesichtspunkten eindeutig abgegrenzter Teil eines Betriebes, der kostenrechnerisch selbstständig abgerechnet wird. Als Kostenstellen eignen sich alle Tätigkeits- und Verantwortungsbereiche in einem Unternehmen, die eine organisatorische Einheit bilden und in den Prozeß der Leistungserstellung oder Leistungsverwertung eingegliedert sind. Der Grad der Detaillierung der Tätigkeitsbereiche hängt davon ab, mit welcher Genauigkeit die Kostenstruktur eines Unternehmens dargestellt und untersucht werden soll. Die feinste Einteilung liegt vor, wenn die Arbeits- und Maschinenplätze selbst die Kostenstellen bilden. Dabei ist zu berücksichtigen, dass eine feinere Einteilung der Kostenstellen zu einem erhöhten Erfassungs- und Abrechnungsaufwand führt. Man wird also die Bildung von Kostenstellen nicht nur vom sachlichen Bedürfnis sondern auch von der wirtschaftlichen Vertretbarkeit abhängig machen müssen.

Grundsätzlich kann die Gliederung des Betriebes in Kostenstellen nach unterschiedlichen Gesichtspunkten erfolgen; als wichtigste sind zu nennen:

- nach betrieblichen Funktionen,
- nach Verantwortung,
- nach der Art der Abrechnung.

(1) Die in der Praxis in jeder Branche vorkommende Einteilung ist die nach Funktionen, z. B. in einem Industriebetrieb:

Kostenbereiche nach Funktionen:	Kostenstellen nach Tätigkeiten, z. B.:
• Allgemeiner Bereich	Werkschutz, Kantine
• Spezielle Funktionsbereiche:	
- Materialbereich	Materialeinkauf, -prüfung, -verwaltung
- Fertigungsbereich	Arbeitsvorbereitung, Dreherei, Schleiferei
- Verwaltungsbereich	Geschäftsführung, Finanzbuchhaltung
- Vertriebsbereich	Werbeabteilung, Verkauf, Versand

Im allgemeinen Bereich werden Leistungen erbracht, die dem gesamten Betrieb dienen. Hierzu zählt u. a. die Strom- und Wasserversorgung, die Sanitätsstation, die Werkskantine usw. Der Materialbereich befaßt sich mit der Beschaffung, Annahme, Prüfung, Lagerung und Ausgabe der Roh-, Hilfs- und Betriebsstoffe.

Der Fertigungsbereich beschäftigt sich mit der eigentlichen Leistungserstellung. Kostenstellen in diesem Bereich wirken mittelbar (Arbeitsvorbereitung, Meisterbüro) oder unmittelbar (Dreherei, Schlosserei) an der Erstellung der Leistung mit. Der Verwaltungsbereich umfasst die Geschäftsführung, das Rechnungswesen und sonstige Verwaltungsfunktionen. Der Vertriebsbereich beschäftigt sich mit der Lagerung, dem Verkauf und dem Versand der fertigen Produkte. Kostenstellen in diesem Bereich sind u. a. die Werbeabteilung, die Expedition oder das Verpackungslager.

Kleine Betriebe kommen möglicherweise mit einer Kostenstelle für jeden Funktionsbereich aus, so dass die Kostenstelle mit dem Funktionsbereich identisch ist. Größere Betriebe benötigen eine Vielzahl von Kostenstellen pro Bereich, um die Gemeinkosten effektiv kontrollieren und verursachungsgerecht auf die Kostenträger weiterverrechnen zu können.

(2) Kostenstellenbildung nach Verantwortung:
Die nach einheitlichen Tätigkeitsmerkmalen gebildeten Kostenstellen müssen sich mit den Verantwortungsbereichen decken, damit eine wirksame Kostenkontrolle durchgeführt werden kann. Der jeweilige Kostenstellenleiter wird in den Planungsprozeß der Kosten einbezogen und hat Abweichungen der Istkosten von den Plankosten zu vertreten und abzustellen. In der Praxis werden oft mehrere Kostenstellen zu einem Verantwortungsbereich zusammengefasst, so dass der Leiter des Fertigungsbereichs für die Kostenentwicklung in den Kostenstellen „Dreherei“, „Fräserei“, „Montage“ usw. verantwortlich ist.

(3) In einer weiteren wichtigen Einteilung der Kostenstellen unterscheidet man nach der Art der Abrechnung in Vor- und Endkostenstellen:
Endkostenstellen erbringen ihre Leistungen direkt für die herzustellenden und abzusetzenden Produkte[1]. Die Kosten der Endkostenstellen werden daher mit Hilfe von Zuschlagssätzen auf die Kostenträger verrechnet. Man unterteilt die Endkostenstellen in Hauptkostenstellen und Nebenkostenstellen. In Hauptkostenstellen werden die Hauptleistungen in Erfüllung des Betriebszweckes erstellt. In Nebenkostenstellen werden dagegen solche Produkte be- und verarbeitet, die nicht zum eigentlichen Fertigungsprogramm gehören, wie z. B. Abfälle.

---

[1] Vgl. S. Hummel u. W. Männel, Kostenrechnung 1, Grundlagen, Aufbau und Anwendung, Wiesbaden 1990, S. 192 ff.

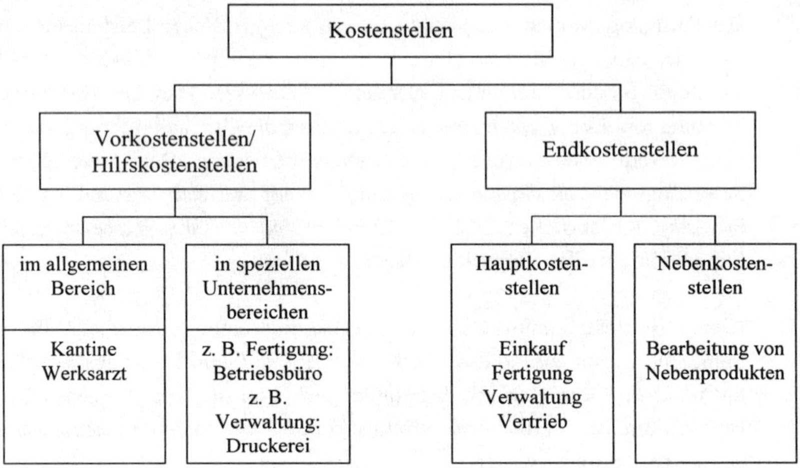

Vorkostenstellen oder Hilfskostenstellen erbringen Leistungen für andere Kostenstellen. Die in den Vorkostenstellen entstandenen Kosten werden daher nicht direkt auf die Kostenträger, sondern auf diejenigen Kostenstellen umgelegt, die Leistungen empfangen haben. Man bezeichnet die Verrechnung der Kosten der Vorkostenstellen auf andere Kostenstellen als „innerbetriebliche Leistungsverrechnung“[1]. Die Hilfskostenstellen des allgemeinen Bereichs geben Leistungen an mehrere oder alle Bereiche des Betriebes ab. Daneben gibt es auch Hilfskostenstellen, die ihre Leistungen nur für einzelne Unternehmensbereiche erbringen. So findet man z. B. im Fertigungsbereich die Fertigungshilfskostenstellen „Arbeitsvorbereitung“ und „Produktionsplanung“ oder im Verwaltungsbereich die „Hausdruckerei“.

Damit läßt sich die Verteilung der Gemeinkosten über die Kostenstellen auf die Kostenträger zusammenfassend folgendermaßen darstellen:

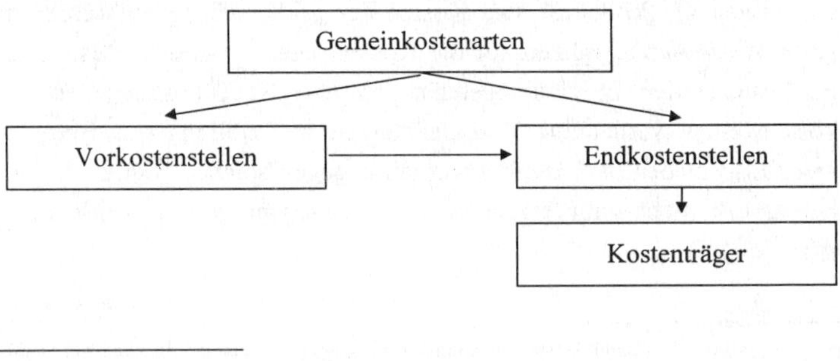

[1] Vgl. S. 251 ff.

Nachstehend folgt ein Vorschlag des Bundesverbandes der deutschen Industrie für die Gliederung von Kostenstellen, der in der Praxis vielfach angewendet wird.

Kostenstellenplan

1. Materialkostenstellen (Beschaffung)

Einkauf
- Angebotsbearbeitung
- Bestellwesen
- Terminwesen
- Materialgruppen
- Lieferbranchen

Warenannahme und -prüfung
- Warenannahme
- Wareneingangskontrolle
- Lagerrevision
- Permanente Inventur

Materialverwaltung
- Lagerbuchhaltung
- Materialdisposition

Materiallagerung und -ausgabe
- Rohstofflager
- Teilelager
- Werkzeuglager
- Werkzeugausgabe
- Auswärtslager
- Schrottlager

2. Fertigungskostenstellen (Fertigung)

a) Fertigungshilfsstellen

Fertigungsvorbereitung und -steuerung
- Fertigungs- und Betriebsmittelplanung
- Arbeits- und Zeitstudien
- Fertigungssteuerung
- Fertigungstechnik

Betriebsbüro

Betriebsmittelfertigung

Zwischenlager

Werkzeuglager

Qualitätssicherung

b) Fertigungshauptstellen

Vorfertigung

Hauptfertigung

Montage

Sonderfertigung

3. Forschungs- und Entwicklungskostenstellen (Entwicklung)

Forschung und Entwicklung
- Forschung
- Entwicklung
- Verfahrensversuche

Konstruktion
- Normung
- Zeichnungsregistratur

Versuche, Erprobung
- Prüflaboratorien
- Prüffelder
- Werkstoffprüfungen

Musterbau und -erprobung
- Funktionsmuster
- Ausstellungsmuster

4. Verwaltungskostenstellen (Verwaltung)

Unternehmensleitung
- Geschäftsleitung
- Pressestelle

Personalverwaltung
- Lohn- und Gehaltsabrechnung
- Vorschlagswesen
- Aus- und Fortbildung
- Sozialwesen

Kostenstellenplan

Finanz- und Rechnungswesen
- Hauptbuchhaltung
- Kontokorrentbuchhaltung
- Finanzabteilung
- Anlagenbuchhaltung
- Betriebsabrechnung
- Kalkulation
- Auswertung und Controlling

Spezielle Verwaltungsdienste
- Recht
- Steuern
- Organisation
- Revision
- Unternehmensplanung
- Datenverarbeitung
- Patente

Allgemeine Verwaltung
- Telefonzentrale
- Hauspost
- Registratur
- Übersetzungsbüro
- Büromateriallager
- Vervielfältigung

5. Vertriebskostenstellen (Vertrieb)

Verkaufsvorbereitung
- Marktforschung
- Produktinformation
- Verkaufsplanung
- Werbung

Akquisition/Verkauf
- Außendienst
- Niederlassungen

Auftragsabwicklung
- Auftragsbearbeitung
- Fakturierung

Fertigwarenlager, Verpackung und Versand
- Packerei
- Versand

Kundendienst

6. Kostenstellen des Allgemeinen Bereichs

Grundstücke und Gebäude
- Grundstücke
- Fabrikgebäude
- Geschäftsgebäude
- Lagergebäude
- Wohngebäude
- Baracken

Energieversorgung
- Wasserversorgung
- Dampfversorgung
- Heizungsanlage
- Kraftzentrale
- Gasversorgung

Transport
- Lastkraftwagen
- Personenkraftwagen
- Elektrokarren
- Gleisanlagen
- Tankstellen

Instandhaltung
- Instandhaltung Maschinen und Werkzeuge
- Instandhaltung Gebäude
- Instandhaltung Elektrische Anlagen

Allgemeiner Werksdienst
- Werkschutz
- Feuerwehr

Sozialeinrichtungen
- Werksarzt
- Betriebsarzt
- Sporteinrichtungen
- Bücherei
- Kantine
- Erholungswerk

Quelle: Bundesverband der Deutschen Industrie (Hrsg.), Empfehlungen zur Kosten- und Leistungsrechnung, Band 1, 2. Aufl., Köln 1988, S. 49 ff.

Übers. 5.2: Kostenstellenplan für Industriebetriebe

Der Kostenstellenplan des BDI ist als Grundlage für jeden Industriebetrieb geeignet. Kleinere Unternehmen werden auf einige Kostenstellen verzichten, größere Unternehmen werden weitere Kostenstellen hinzufügen.

Ein Unternehmen lässt sich sogar bis zu einzelnen Kostenplätzen untergliedern. Eine mögliche Aufteilung in Teileinheiten könnte folgendermaßen aussehen:

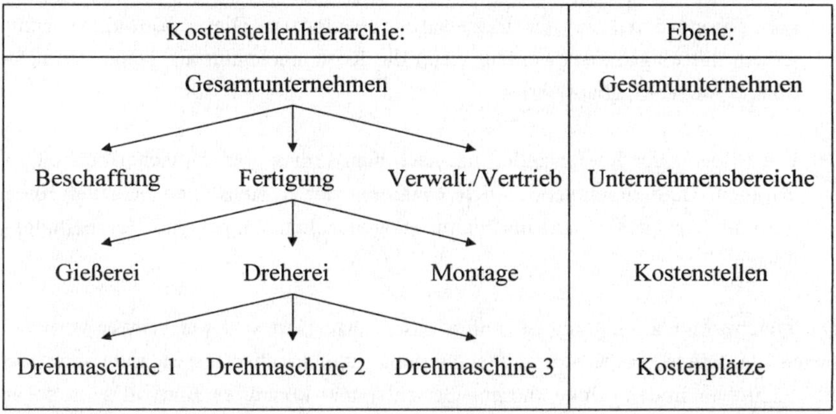

Übers. 5.3: Einteilung eines Unternehmens in Bereiche, Kostenstellen und Kostenplätze

Bei der Bildung von Kostenstellen sind in der Praxis einige Grundsätze zu beachten:

(1) Die Kostenstellen müssen in selbstständige Verantwortungsbereiche eingeteilt sein, um eine wirksame Kostenkontrolle zu gewährleisten. Nur wenn jemand für eine Kostenstelle verantwortlich ist, lassen sich erkannte Kostenüberschreitungen zukünftig vermeiden.

(2) Für jede Kostenstelle müssen sinnvolle Bezugsgrößen (Kostenschlüssel) bestimmt werden. Unter einer Bezugsgröße versteht man eine Maßgröße der Kostenverursachung. Man braucht sie zunächst, um die Kostenarten auf die Kostenstellen zu verteilen, denn nicht alle Kostenarten lassen sich den Kostenstellen direkt (verursachungsgerecht) zurechnen. Bezugsgrößen, die in diesem Zusammenhang gewählt werden, sind z. B. „qm" bei der Kostenart Miete oder „Anzahl Heizkörper" bei der Kostenart Wärmeenergie.

Zum anderen sind Bezugsgrößen für die Weiterverrechnung der Gemeinkosten der Kostenstellen auf die Kostenträger erforderlich, da sonst nicht verursachungsgerechte Gemeinkostensätze ermittelt werden, die zu einer fehlerhaften Kalkulation führen. Als Bezugsgröße kommen Wertschlüssel (Löhne, Einzelmaterialkosten, Herstellkosten) oder Mengenschlüssel (Fertigungs- oder Maschinenstunden, Gewicht, Fläche, Rauminhalt) in Frage. Die Bezugsgröße sollte so gewählt sein, dass sich die Gemeinkosten bei schwankender Beschäftigung proportional zu der Bezugsgröße verändern. Dieser Grundsatz kann jedoch nur eingehalten werden, wenn die Kostenrechnung als Teilkostenrechnungssystem aufgebaut wird[1].

(3) Die Bildung der Kostenstellen hat nach dem Prinzip der Wirtschaftlichkeit zu erfolgen. Eine zunehmende Differenzierung der Kostenstellen bedeutet einen erhöhten Arbeitsaufwand und damit steigende Erfassungs- und Bearbeitungskosten.

Die gleichzeitige Einhaltung aller drei Grundsätze lässt sich nur schwer verwirklichen. Je feiner die Kostenstelleneinteilung, um so eher lassen sich sinnvolle Bezugsgrößen finden. Unter diesem Gesichtspunkt könnte es sinnvoll sein, sogar einzelne Maschinen oder Arbeitsplätze zu einer Kostenstelle zu erklären. Damit steigen aber die Abrechnungskosten, und die Verantwortungsbereiche lassen sich schlechter abgrenzen. Daher gilt für die Kostenstelleneinteilung in der Praxis: eine weitere Differenzierung der Kostenstellen ist immer dann sinnvoll, wenn die Kosteneinsparung durch eine verbesserte Kostenkontrolle und durch eine verursachungsgerechtere Zurechnung der Gemeinkosten auf die Kostenträger die erhöhte Kostenentstehung durch den zusätzlichen Arbeitsaufwand übersteigt.

[1] Vgl. K.-D. Däumler/J. Grabe, Kostenrechnung 3, Plankostenrechnung, S. 128 ff.

Beispiel 5.2 (Bildung von Kostenstellen)

In einem Unternehmen werden mehrere Produkte auf zwei Maschinengruppen gefertigt. Es gelten folgende Daten:

	Maschinengruppe 1	Maschinengruppe 2
Kosten	32.000 €/Monat	16.000 €/Monat
Bezugsgröße	h/Monat	h/Monat
Beschäftigung	1.600 h/Monat	400 h/Monat
Kostensatz/h	20 €/h	40 €/h
Gesamtkosten	48.000 €	
Gesamtstunden	2.000 h	
Durchschnittskostensatz	24 €/h	

Können die beiden Maschinengruppen zu einer Kostenstelle zusammengefasst werden?

Lösung

Bei einer Zusammenfassung der Maschinengruppen zu einer Kostenstelle können sich große Ungenauigkeiten ergeben. Wird ein Produkt allein auf der Maschinengruppe I bearbeitet, lastet man diesem Produkt bei dem Durchschnittskostensatz von 24 €/h 20 % zuviel Kosten an. Wird dagegen ein anderes Produkt nur auf der Maschinengruppe II gefertigt, so werden diesem Produkt 40 % zuwenig Kosten angelastet. Nur wenn ein Produkt im Zeitverhältnis 4 : 1 auf der Maschinengruppe I und II gefertigt wird, ergibt sich bei der Durchschnittsrechnung kein Unterschied zur differenzierten Verrechnung. Es ist also in diesem Betrieb sehr genau zu prüfen, ob eine Zusammenlegung der Maschinengruppen zu einer Kostenstelle sinnvoll erscheint.

5.3 Kostenstellenrechnung auf Vollkostenbasis

5.3.1 Die Kostenstellenrechnung mit Hilfe des Betriebsabrechnungsbogens

Zur Durchführung der Kostenstellenrechnung bedient man sich in der Praxis des Betriebsabrechnungsbogens (BAB), der üblicherweise monatlich aufgestellt wird. Er ist senkrecht nach Kostenarten und waagerecht nach Kostenstellen gegliedert. In einem Industriebetrieb ist der BAB grundsätzlich folgendermaßen aufgebaut:

Kostenstellen ⇒		Allgemeine Kostenstellen		Hauptkostenstellen			
Kostenarten ⇓	(€/Per)	Strom-erzeugung	Kantine	Material-bereich	Fertigungs-bereich	Verwaltung	Vertrieb
1. Stufe:							
Hilfslöhne	1.150	50	100	200	500	150	150
Hilfsmaterial	2.130	100	30	500	1.200	100	200
.		.	.	.	.	.	.
Kalk. Abschreib.	600	80	20	100	300	50	50
Primäre Gemeinkosten	Σ	Σ	Σ	Σ	Σ	Σ	Σ
2. Stufe:							
Umlage Strom		→		∗	∗	∗	∗
Umlage Essen			→	∗	∗	∗	∗
Gemeinkosten	Σ	0	0	Σ	Σ	Σ	Σ
				↓	↓	↓	↓
				Bildung von Gemeinkostenzuschlagssätzen zur Weiterverrechnung der Gemeinkosten auf die Kostenträger			

Übers. 5.4: Einstufiger BAB

(1) Arbeitsablauf des BAB

a. Die nach Kostenarten differenzierten Gemeinkosten (primäre Gemeinkosten) werden den Kostenstellen möglichst verursachungsgerecht zugerechnet. Bei den primären Gemeinkosten handelt es sich um Kosten der von außen beschafften Kostengüter (Material, Hilfslöhne, Abschreibung usw.).

b. Die in den Hilfskostenstellen (allgemeine Kostenstellen und Fertigungshilfskostenstellen) entstandenen primären Gemeinkosten werden im Rahmen der innerbetrieblichen Leistungsverrechnung als sekundäre Gemeinkosten auf die Hauptkostenstellen verteilt. Man spricht hier von sekundären Gemeinkosten, weil es sich lediglich um eine Umverteilung der primären Gemeinkosten der Hilfskostenstellen auf andere Kostenstellen handelt.

(2) Auswertung des BAB

a. Zur Weiterverrechnung der Gemeinkosten auf die Kostenträger werden Kalkulationssätze ermittelt.

b. Durch die Gegenüberstellung von geplanten Kosten und tatsächlich entstandenen Kosten werden Abweichungen ermittelt, die eine wirksame Wirtschaftlichkeitskontrolle ermöglichen[1].

c. Der BAB ist Grundlage der Betriebsergebnisrechnung nach dem Umsatzkostenverfahren[2].

Die Verteilung der Gemeinkosten auf die Kostenstellen hat möglichst verursachungsgerecht zu erfolgen. Verursachungsgerechte Verteilungsgrundlagen können z. B. Materialentnahmescheine, Lohnscheine, Gehaltslisten oder Zählermessungen sein. Eine annähernd verursachungsgerechte Verteilungsgrundlage könnten Quadratmeter für Miet- und Raumkosten sein. Häufig wird in der Praxis die Verteilung der Gemeinkosten auf die Kostenstellen jedoch willkürlich vorgenommen, weil eine verursachungsgerechte Erfassung zu umständlich oder zu aufwendig ist. Die Zurechnung der Wasserkosten auf die Kostenstellen ist z. B. willkürlich, wenn nach der Zahl der Wasseranschlüsse verteilt wird. Eine verursachungsgerechte Verteilung der Wasserkosten könnte nur erfolgen, wenn in jeder Kostenstelle die verbrauchte Wassermenge durch einen eigenen Zähler erfasst wird.

---

1 Vgl. K.-D. Däumler/J. Grabe, Kostenrechnung 3, Plankostenrechnung, S. 29.

2 Vgl. Kapitel 7, S. 357 ff.

Beispiel 5.3 (Einstufiger BAB ohne innerbetriebliche Leistungsverrechnung)

In einem Industriebetrieb sind in im Monat Mai folgende Kosten angefallen:

Fertigungsmaterial	360.000 €
Gemeinkostenmaterial	20.000 €
Fertigungslöhne	70.000 €
Hilfslöhne	35.000 €
Gehälter	50.000 €
Raumkosten	30.000 €
Energiekosten	40.000 €
Instandhaltung	8.000 €
Kalkulatorische Abschreibung	30.000 €
Kalkulatorische Zinsen	25.000 €

Der Betrieb ist in vier Hauptkostenstellen eingeteilt:

Materialstelle,
Fertigungsstelle,
Verwaltung,
Vertrieb.

Für die Verteilung der Gemeinkosten auf die Kostenstellen wurden folgende Verteilungsgrundlagen gewählt:

Kostenstellen ⇒ Kostenarten ⇓ (€/Per)	Summe	Verteilungs-grundlage	Material-stelle	Fertigungs-stelle	Verwaltung	Vertrieb
Gemeinkosten-material	20.000	Materialent-nahmescheine	2.500	10.000	2.500	5.000
Hilfslöhne	35.000	Lohnscheine	5.000	27.500	-	2.500
Gehälter	50.000	Gehaltsliste	10.000	15.000	20.000	5.000
Raumkosten	30.000	qm	300	: 600	: 300	: 300
Energiekosten	40.000	Schlüssel	2	: 6	: 1	: 1
Instandhaltung	8.000	Schlüssel	1	: 5	: 1	: 1
Kalk. Abschreib.	30.000	Schlüssel	2	: 8	: 1	: 1
Kalk. Zinsen	25.000	Schlüssel	2	: 12	: 3	: 3
Σ Gemeinkostenart.	238.000					

Der Kostenrechner hat sich bemüht, bei der Verteilung der Energiekosten, Instandhaltungskosten, kalkulatorischen Abschreibung und kalkulatorischen Zinsen Schlüssel zu finden, die seiner Meinung nach eine annähernd verursachungsgerechte Zuordnung der Gemeinkosten auf die Kostenstellen zuläßt.

Nehmen Sie die Verteilung der Gemeinkosten auf die Kostenstellen vor.

Lösung

Der BAB im Monat Mai hat unter Verwendung der angegebenen Verteilungsgrundlagen folgendes Aussehen:

Kostenstellen ⇒ Kostenarten ⇓ (€/Per)	Summe	Materialstelle	Fertigungsstelle	Verwaltung	Vertrieb
Gemeinkostenmaterial	20.000	2.500	10.000	2.500	5.000
Hilfslöhne	35.000	5.000	27.500	-	2.500
Gehälter	50.000	10.000	15.000	20.000	5.000
Raumkosten	30.000	6.000	12.000	6.000	6.000
Energiekosten	40.000	8.000	24.000	4.000	4.000
Instandhaltung	8.000	1.000	5.000	1.000	1.000
Kalk. Abschreib.	30.000	5.000	20.000	2.500	2.500
Kalk. Zinsen	25.000	2.500	15.000	3.750	3.750
Σ Primäre Gemeinkosten	238.000	40.000	128.500	39.750	29.750

5.3.2 Die Ermittlung von Zuschlagssätzen für die Kalkulation

Nach der Ermittlung der Gemeinkosten für die einzelnen Kostenstellen lassen sich Gemeinkostenzuschlagssätze ermitteln, die für die Nachkalkulation der betrieblichen Leistung im Mai benötigt werden. Die Kostenträger nahmen die Leistungen der verschiedenen Kostenstellen in Anspruch; daher muß das jeweilige Produkt entsprechend der Inanspruchnahme einen gewissen Anteil der auf die Kostenstellen verrechneten Gemeinkosten übernehmen[1]. Die Inanspruchnahme der einzelnen Kostenstellen durch die Kostenträger wird bestimmt durch Bezugsgrößen, wie

[1] Für die Bewertung von Beständen sind in der Steuerbilanz Vollkostenzuschlagssätze erforderlich (Richtlinie 33 zu § 7 EStG).

Materialeinzelkosten, Fertigungseinzelkosten, Maschinenminuten oder m^2 -bearbeitete Fläche.

Der Zuschlagssatz errechnet sich nach folgender allgemeiner Formel:

$$\text{Gemeinkostenzuschlagssatz} = \frac{\text{Gemeinkosten}}{\text{Bezugsgröße}} \cdot 100$$

In der Praxis werden häufig die Einzelkosten als Bezugsgröße verwendet. Der Zuschlagssatz im Materialbereich lautet dann:

$$\text{Materialgemeinkostenzuschlagssatz} = \frac{\text{Materialgemeinkosten}}{\text{Materialeinzelkosten}} \cdot 100$$

In der Industrie liegen die Materialgemeinkostenzuschlagssätze im allgemeinen zwischen 7 und 14 %.

Für den Fertigungsbereich gilt, wenn als Bezugsgröße der Fertigungslohn angesetzt wird:

$$\text{Fertigungsgemeinkostenzuschlagssatz} = \frac{\text{Fertigungsgemeinkosten}}{\text{Fertigungseinzelkosten}} \cdot 100$$

Da in Industriebetrieben Arbeit immer mehr durch Maschinenleistung ersetzt wird, sind Fertigungsgemeinkostenzuschlagssätze von 300 % und mehr keine Seltenheit. Deshalb ersetzt man die Bezugsgröße „Fertigungseinzelkosten" zunehmend durch andere Bezugsgrößen, wie z. B. „Maschinenstunden".

Schwierigkeiten bereitet es, für die Verwaltungs- und Vertriebsgemeinkosten sinnvolle Bezugsgrößen zu finden, da es im Verwaltungs- und Vertriebsbereich kaum Einzelkosten gibt. In der Praxis verwendet man deshalb die Herstellkosten als Bezugsgröße, obwohl man nicht davon ausgehen kann, dass eine Erhöhung der Herstellkosten um einen bestimmten Prozentsatz auch eine prozentual gleich hohe Erhöhung der Verwaltungs- und Vertriebsgemeinkosten zur Folge hat. Die Zuschlagssätze für den Verwaltungs- und Vertriebsbereich werden dann folgendermaßen bestimmt:

$$\text{Verwaltungsgemeinkostenzuschlagssatz} = \frac{\text{Verwaltungsgemeinkosten}}{\text{Herstellkosten}} \cdot 100$$

$$\text{Vertriebsgemeinkostenzuschlagssatz} = \frac{\text{Vertriebsgemeinkosten}}{\text{Herstellkosten}} \cdot 100$$

Die Verwaltungsgemeinkostenzuschlagssätze liegen in der Praxis zwischen 8 und 16 %.

Damit ist die Kostenstellenrechung mit der Kostenträgerrechnung in folgender Weise verbunden[1]:

Kostenstellenrechnung				
Kostenstellen ⇒ Kostenarten ⇓ (€/Per)	Material-stelle	Fertigungs-stelle	Ver-waltung	Vertrieb
Σ Primäre Gemeinkosten	Σ	Σ	Σ	Σ
Bezugsgröße	Material-einzel-kosten	Fertigungs-einzel-kosten	Herstell-kosten	Herstell-kosten
Zuschlagssatz	%	%	%	%

Kostenträgerrechnung
Materialeinzelkosten Materialgemeinkosten Fertigungseinzelkosten Fertigungsgemeinkosten
Herstellkosten Verwaltungsgemeinkosten Vertriebsgemeinkosten
Selbstkosten

Übers. 5.5: Zusammenhang zwischen BAB und Vollkostenkalkulation

Das Selbstkostenkalkulationsschema kann in gleicher Weise in der Kostenträgerstückrechnung (Kalkulation) und in der Kostenträgerzeitrechnung (Betriebsergeb-

[1] Plinke/Wulff, Industrielle Kostenrechnung, Berlin/Heidelberg 1993, S. 132.

nisrechnung) verwendet werden. Wird das Schema als Kostenträgerzeitrechnung aufgebaut, so lässt sich das Betriebsergebnis einer Periode ermitteln[1].

Bezeichnung	Kosten (€/Per)	Zuschlagssatz (%)
1 Materialeinzelkosten (MEK) 2 Materialgemeinkosten (MGK) 3 Fertigungseinzelkosten (FEK) 4 Fertigungsgemeinkosten (FGK) 5 Sondereinzelkosten der Fertigung (SEF)		
6 Herstellkosten (HK) 7 Verwaltungsgemeinkosten (VwGK) 8 Vertriebsgemeinkosten (VtGK) 9 Sondereinzelkosten des Vertriebs (SEVt)		
10 Selbstkosten (SK)		
11 Umsatz (U)		
12 Betriebsergebnis (BE)		

Übers. 5.6: Kalkulationsschema und Betriebsergebnisrechnung für die Vollkostenrechnung

Das Betriebsergebnis lässt sich in dieser Form nur entwickeln, wenn keine Bestandsveränderungen bei unfertigen und fertigen Erzeugnissen eingetreten sind. Die Betriebsergebnisrechnung bei Bestandsänderungen können Sie in Kapitel 7 nachvollziehen[2].

Beispiel 5.4 (Ermittlung von Zuschlagssätzen)

Das Unternehmen aus dem Beispiel 5.3 hat im Monat Mai einen Umsatz von 780.000 € gemacht. Bestandsveränderungen sind nicht entstanden[3].

Die Einzelkosten betragen:

Fertigungsmaterial	360.000 €
Fertigungslöhne	70.000 €

[1] Für die Kostenträgerstückrechnung wird das Schema auf S. 313 dargestellt, für die Kostenträgerzeitrechnung auf S. 359.

[2] Vgl. S. 357 ff.

[3] Auf die Problematik der Bestandsänderungen wird bei der Darstellung des Umsatzkostenverfahrens eingegangen (S. 361 ff.).

Die Gemeinkosten sind dem BAB zu entnehmen:

Kostenstellen ⇒ Kostenarten ⇓ (€/Per)	Summe	Material-stelle	Fertigungs-stelle	Verwaltung	Vertrieb
Σ Primäre Gemeinkosten	238.000	40.000	128.500	39.750	29.750

Ermitteln Sie
a) die Selbstkosten,
b) die Gemeinkostenzuschlagssätze,
c) das Betriebsergebnis für den Monat Mai.

Lösung a/b)

Bezeichnung	Kosten (€/Per)	Zuschlagssatz (%)
1 Materialeinzelkosten (MEK)	360.000	
2 Materialgemeinkosten (MGK)	40.000	11,1
3 Fertigungseinzelkosten (FEK)	70.000	
4 Fertigungsgemeinkosten (FGK)	128.500	183,6
5 Herstellkosten (HK)	598.500	
6 Verwaltungsgemeinkosten (VwGK)	39.750	6,6
7 Vertriebsgemeinkosten (VtGK)	29.750	5,0
8 Selbstkosten (SK)	668.000	

Lösung c)

Umsatz (U)	780.000
Selbstkosten (SK)	668.000
Betriebsergebnis (BE)	112.000

Die im Kostenträgerzeitblatt enthaltenen Zuschlagssätze sind Vollkostensätze und damit mit Mängeln behaftet:

(1) Die notwendige Schlüsselung der Kostenstellen-Gemeinkosten auf die Kostenstellen führt zu nicht verursachungsgerechten Gemeinkostenzuschlagssätzen; damit werden die Kostenträger nicht verursachungsgerecht belastet.

(2) Die Zuschlagssätze im BAB auf Vollkostenbasis enthalten Fixkostenbestandteile. Bei rückläufiger Beschäftigung auf Grund sinkender Nachfrage steigen die Gemeinkostenzuschlagssätze. Das führt zu der Erkenntnis, dass höhere Verkaufspreise notwendig seien. Die wiederum führen zu einer weiteren Reduzierung der Nachfrage, so dass eine erneute Erhöhung der Verkaufspreise notwendig wird. Damit kalkuliert das Unternehmen sich aus dem Markt. Bei steigender Beschäftigung auf Grund zunehmender Nachfrage sinken die Zuschlagssätze, so dass das Unternehmen günstiger kalkulieren könnte. In dieser Marktsituation jedoch können höhere Preise durchgesetzt werden, der Vollkosten-BAB zeigt auch in dieser Situation den falschen Lösungsweg für das Entscheidungsproblem auf.

5.3.3 Kostenkontrolle mit Hilfe von Über- und Unterdeckungen

Die im Mai errechneten Gemeinkostenzuschlagssätze stellen die Grundlage für die Vorkalkulation der nächsten Periode dar. Für die Bildung der Gemeinkostenzuschlagssätze werden selten die reinen Istkosten verwendet, sondern Kosten, die um außergewöhnliche Einflüsse berichtigt sind. Man bezeichnet diese korrigierten Istkosten als Normalkosten[1]. Werden die Mai-Zuschlagssätze dagegen unabhängig von Vergangenheitsdaten allein aufgrund von Erwartungen und Planungen der Betriebsleitung ermittelt, so bezeichnet man sie als Planzuschlagssätze[2].

Die Normal-Gemeinkosten im Material- und Fertigungsbereich werden auf die Einzelkosten bezogen. Die Bezugsgröße für die Normal-Gemeinkosten im Verwaltungs- und Vertriebsbereich sind die Normal-Herstellkosten.

1	**Ist**-Materialeinzelkosten	
2	Normal-Materialgemeinkosten	in % von 1
3	**Ist**-Fertigungseinzelkosten	
4	Normal-Fertigungsgemeinkosten	in % von 3
5	Normal-Herstellkosten	
6	Normal-Verwaltungsgemeinkosten	in % von 5
7	Normal-Vertriebsgemeinkosten	in % von 5
8	Normal-Selbstkosten	

1 Vgl. K.-D. Däumler/J. Grabe, Kostenrechnung 3, Plankostenrechnung, S. 21 ff.

2 Vgl. ebenda, S. 255 ff.

Am Ende der Periode wird dann überprüft, ob die Normal- bzw. Plangemeinkosten über- oder unterschritten wurden. Wurde in der vergangenen Rechnungsperiode mit einem zu hohen oder zu niedrigen Zuschlagssatz vorkalkuliert, liegen Abweichungen vor, die zu analysieren sind[1]. Sind die Istkosten geringer als die Normalkosten so liegt eine Überdeckung vor, sind sie höher wird die Differenz als Unterdeckung bezeichnet.

Beispiel 5.5 (Ermittlung von Über- und Unterdeckungen)

Das Unternehmen aus dem Beispiel 5.4 hat im Monat Mai mit folgenden Normalgemeinkostenzuschlagssätzen vorkalkuliert:

MGK-Zuschlagssatz:	12 %
FGK-Zuschlagssatz:	180 %
VwGK-Zuschlagssatz:	7 %
VtGK-Zuschlagssatz:	4 %

Ermitteln Sie die Gemeinkostenabweichungen als Über- oder Unterdeckungen.

Lösung

	Istkosten (€/Per)	Ist-Zuschlag (%)	Normalkosten (€/Per)	Normal-Zuschlag (%)	Über-/Unterdeckung (€/Per)
MEK	360.000		360.000		
MGK	40.000	11,1	43.200	12	+ 3.200
FEK	70.000		70.000		
FGK	128.500	183,6	126.000	180	- 2.500
HK	598.500		599.200		+ 700
VwGK	39.750	6,6	41.944	7	+ 2.194
VtGK	29.750	5,0	23.968	4	- 5.782
SK	668.000		665.112		- 2.888

In der Vorkalkulation wurden höhere Material- und Verwaltungsgemeinkosten berücksichtigt als tatsächlich entstanden sind, daher handelt es sich um eine Überdeckung. Bei den Fertigungs- und den Vertriebsgemeinkosten liegt dagegen

[1] Vgl. K.-D. Däumler/J. Grabe, Kostenrechnung 3, Plankostenrechnung, S. 21 ff.

jeweils eine Unterdeckung vor. Insgesamt sind in der Vorkalkulation zu geringe Kosten angesetzt worden.

Auch hier zeigt sich, daß der Vollkosten-BAB für eine optimale Kostenkontrolle nicht geeignet ist:

(1) Der traditionelle Vollkosten-BAB ist ein Istkosten- oder Normalkosten-BAB, der nur einen Zeit- und Branchenvergleich zuläßt. Ein Soll-Ist-Vergleich wäre nur möglich, wenn die Vorgabewerte auf einer Planung beruhen.

(2) Selbst wenn die Gemeinkosten geplant sind, lassen sich die entstandenen Abweichungen nicht hinsichtlich ihrer Ursachen (Beschäftigungsabweichung, Verbrauchsabweichung, Preisabweichung) analysieren, weil die Planbeschäftigung selten mit der Istbeschäftigung übereinstimmt. Daher müssen die Plankosten der Planbeschäftigung auf eine andere tatsächlich realisierte Istbeschäftigung hinauf- oder heruntergerechnet werden. Das ist in der Vollkostenrechnung nur durch eine Proportionalisierung der Fixkosten zu erreichen, und somit können Verbrauchsabweichung und Beschäftigungsabweichung nicht getrennt werden.

5.4 Die Notwendigkeit einer Kostenstellenrechnung auf Teilkostenbasis

Ohne eine Kostenstellenrechnung auf Teilkostenbasis ist es nicht möglich,

(1) eine Kalkulation aufzubauen, die unabhängig vom Beschäftigungsgrad ist,

(2) eine optimale Kostenkontrolle durchzuführen, die die Analyse einzelner Abweichungsarten zuläßt.

Daher erfolgt im Betriebsabrechnungsbogen eine Aufteilung in fixe und variable Gemeinkosten. Dabei wird in einer Kostenstelle jede einzelne Kostenart in ihre variablen und fixen Bestandteile aufgelöst. Die Kostenauflösung kann mit unterschiedlichen Methoden erfolgen[1]. An dieser Stelle wird die Kostenauflösung mit Hilfe des Differenzen-Quotienten-Verfahrens gezeigt.

Das Differenzen-Quotienten-Verfahren (High-Low-Points-Method[2], mathematische Kostenauflösung) ist ein auf Schmalenbach zurückgehendes Verfahren zur Trennung von fixen und variablen Kosten, bei dem man zwei Differenzen, Kostendiffe-

---

[1] Vgl. K.-D. Däumler/J. Grabe, Kostenrechnung 3, Plankostenrechnung, S. 79 ff.

[2] Vgl. W. Kilger, Flexible Plankostenrechnung und Deckungsbeitragsrechnung, S. 344 f.

renz und Beschäftigungsdifferenz, zueinander ins Verhältnis setzt. Die zur Differenzbildung benötigten beiden Wertepaare P_1 (B_1/K_1) und P_2 (B_2/K_2) sind:

(1) statistischer Art, also vergangenheitsbezogen,

(2) so auszuwählen, dass die beiden Bezugsgrößenwerte möglichst weit auseinander liegen;

(3) repräsentativ, d. h. kein Wertepaar darf Ergebnis einer außerordentlichen Situation (Ausreißer) sein.

Beispiel 5.6 (Kostenauflösung mit dem Differenzen-Quotienten-Verfahren)

Im vergangenen Jahr wurden in einer Kostenstelle unter anderem folgende repräsentative Werte für die Kosten und die Beschäftigung, ausgedrückt durch die Bezugsgröße Leistungseinheiten (LE), festgestellt:

Monat	Kosten (€/Monat)	Bezugsgröße (LE/Monat)
1	6.000	580
2	8.000	1.080

Wie hoch sind Fixkosten und variable Stückkosten? Wie lautet die Kostenfunktion?

Lösung

Für die variablen Stückkosten k_v gilt:

$$k_v = \frac{\text{Kostendifferenz}}{\text{Beschäftigungsdifferenz}} = \frac{\Delta K}{\Delta B}$$

$$k_v = \frac{K_2 - K_1}{B_2 - B_1} = \frac{8.000 - 6.000}{1.080 - 580} = \frac{2.000}{500} = 4 \text{ €/LE}$$

Für die fixen Kosten K_f gilt:

$$K_f = K_2 - k_v \cdot B_2$$

$$K_f = 8.000 - 4 \cdot 1.080 = 3.680 \text{ €/Mon}$$

Die Kostenfunktion lautet: $K = 3.680 + 4\,B$

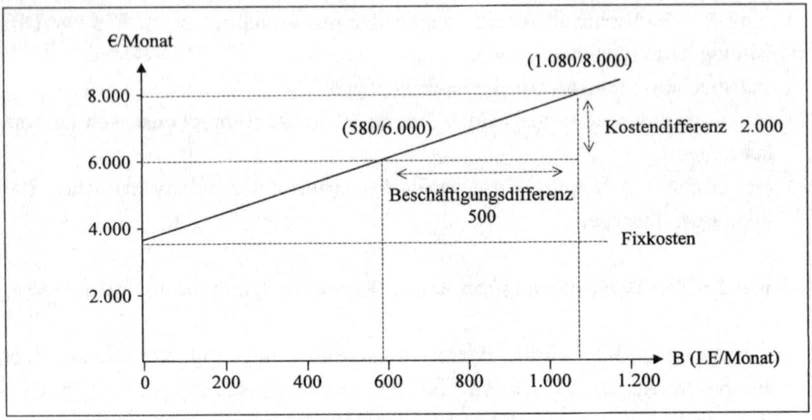

Beispiel 5.7 (Teilkosten-BAB)

In der Kostenstelle Dreherei leistete man im Monat April 1.180 Fertigungsstunden. Die angefallenen Gemeinkosten wurden mit dem Differenzen-Quotienten-Verfahren in fixe und variable Kosten aufgeteilt:

Kostenstelle ⇒	Dreherei		
Kostenarten (€/Per) ⇓	Gesamtkosten	Variable Kosten	Fixkosten
Gemeinkostenlöhne	22.220	6.600	15.620
Hilfslöhne	1.990	1.520	470
Mehrarbeitszuschläge	135	135	-
Gehälter	1.600	-	1.600
Sozialkosten	23.350	7.430	15.920
Hilfsstoffe	190	160	30
Reparaturkosten	1.005	705	300
Kalk. Abschreibung	4.060	1.520	2.540
Kalk. Zinsen	890	-	890
Stromkosten	3.150	3.010	140
Wasserkosten	4.970	4.850	120
Raumkosten	1.840	-	1.840
Transportkosten	620	620	-
Summe	66.020	26.550	39.470

Wie hoch ist der variable Gemeinkostenzuschlagssatz?

Lösung

Als Ergebnis des Teilkosten-BAB lassen sich variable Gemeinkostenzuschlagssätze für jede Kostenstelle ermitteln, die in der Teilkosten-Kalkulation verwendet werden. Für die Kostenstelle Dreherei ergibt sich im Monat April:

$$\text{Variabler Gemeinkostenzuschlagssatz} = \frac{\text{Variable Gemeinkosten}}{\text{Bezugsgröße}}$$

$$= \frac{26.550}{1.180} = 22{,}50 \text{ €/h}$$

Als Bezugsgröße wählt man hier die Fertigungsstunden. Dabei wird unterstellt, dass alle Kostenarten dieser Kostenstelle ausschließlich von dieser einen Bezugsgröße abhängen. In der Praxis müssen häufig mehrere Bezugsgrößen nebeneinander in einer Kostenstelle angewendet werden, um die Kostenverursachung richtig wiedergeben zu können[1].

Die Fixkosten werden pro Kostenstelle gesammelt und als Fixkostenblock den Deckungsbeiträgen der Produkte gegenübergestellt, bzw. in einer stufenweisen Fixkostendeckungsrechnung[2] den Erzeugnisarten, Erzeugnisgruppen, Bereichen oder der Gesamtunternehmung zugerechnet.

Der BAB in der Teilkostenrechnung ist daher grundsätzlich genauso aufgebaut wie in der Vollkostenrechnung; er unterscheidet sich nur durch die Aufspaltung der Gemeinkosten in fixe und variable Bestandteile in den einzelnen Kostenstellen.

Beispiel 5.8 (Ermittlung von Zuschlagssätzen im Teilkosten-BAB)

In einem Unternehmen hat die Betriebsabrechnung im Monat März die Verteilung der Gemeinkosten nach dem Teilkostenprinzip im BAB bereits vorgenommen und liefert folgende Zahlen:

---

[1] Vgl. K.-D. Däumler/J. Grabe, Kostenrechnung 3, Plankostenrechnung, S. 136.
[2] Vgl. dieselben, Kostenrechnung 2, Deckungsbeitragsrechnung, S. 153 ff.

Die Einzelkosten betragen:

Materialeinzelkosten	260.000 €
Fertigungseinzelkosten	150.000 €
Sondereinzelkosten des Vertriebs	10.000 €

Der Umsatz betrug 800.000 €. Bestandsänderungen sind nicht entstanden.

Die Gemeinkosten sind dem BAB zu entnehmen:

Kostenstellen ⇒	Material			Fertigung			Verwaltung			Vertrieb		
Kostenarten (€/Per) ⇓	fix	var	gesamt	fix	var	gesamt	fix	var	gesamt	fix	var	gesamt
Σ Gemein-kostenarten	30.000	10.000	40.000	60.000	80.000	140.000	50.000	-	50.000	40.000	20.000	60.000

Bestimmen Sie für den Monat März

a) die variablen Gesamtkosten,
b) die Gemeinkostenzuschlagssätze,
c) das Betriebsergebnis.

Lösung a/b/c)

	Bezeichnung	Kosten (€/Per)	Zuschlagssatz (%)
1	Materialeinzelkosten (MEK)	260.000	
2	Variable Materialgemeinkosten (var MGK)	10.000	3,85
3	Fertigungseinzelkosten (FEK)	150.000	
4	Variable Fertigungsgemeinkosten (var FGK)	80.000	53,33
5	Variable Herstellkosten (var HK)	500.000	
6	Variable Vertriebsgemeinkosten (var VtGK)	20.000	4,00
7	Sondereinzelkosten des Vertriebs (SEVt)	10.000	
8	Variable Gesamtkosten	530.000	
9	Umsatz	800.000	
10	Deckungsbeitrag	270.000	
11	Fixkosten	180.000	
12	Betriebsergebnis	90.000	

Der Teilkosten-BAB liefert die variablen Gemeinkostenzuschlagssätze, mit deren Hilfe in der Kostenträgerrechnung die variablen Kosten eines Produktes oder einer Dienstleistung (kurzfristige Preisuntergrenze) bestimmt werden können. Damit steht der Geschäftsleitung die wichtige Information über die kurzfristige Preisuntergrenze eines Produktes (einer Dienstleistung) zur Verfügung, um richtige kurzfristige Entscheidungen (Sortiment, Eigenfertigung/Fremdbezug usw.) treffen zu können. Da die variablen Gemeinkostenzuschlagssätze sich bei bei Beschäftigungsänderung nicht oder nur geringfügig ändern, kann eine Vorkalkulation auf Teilkostenbasis verursachungsgerecht durchgeführt werden. Außerdem lässt sich eine wirksame Kostenkontrolle durchführen, weil sich die variablen Plangemeinkosten an unterschiedliche Istbeschäftigungen anpassen lassen.

5.5 Innerbetriebliche Leistungsverrechnung

5.5.1 Aufgaben

Der bisher behandelte BAB ist ein einstufiger BAB, d. h. er enthält nur Hauptkostenstellen aus dem Material-, Fertigungs-, Verwaltungs- und Vertriebsbereich. Normalerweise sind in einer Unternehmung aber Hilfskostenstellen des allgemeinen Bereichs und/oder spezieller Bereiche vorhanden, deren Aufgabe darin besteht, Leistungen für andere Kostenstellen zu erbringen. Diese Leistungen werden innerbetriebliche Leistungen genannt[1]. Als Beispiele sind die Leistungen des allgemeinen Bereichs zu nennen, wie z. B. die Erzeugung von Strom, Dampf oder Gas. Leistungen in Fertigungshilfskostenstellen können sein: eigene Transportleistungen, eigene Reparaturleistungen, selbsterstellte Modelle, Werkzeuge, Anlagen und Gebäude.

Soweit die innerbetrieblichen Leistungen aktivierbar sind (Gebäude, Anlagen), werden die Eigenleistungen wie Außenaufträge als Kostenträger kalkuliert, dann in die Bilanz übernommen und in den Jahren ihrer Nutzung wie fremdbezogene Produktionsfaktoren über die Abschreibung zunächst auf die Kostenstellen und dann auf die Kostenträger verrechnet. Wenn die innerbetrieblichen Leistungen nicht aktivierbar sind, also in der Periode ihrer Erstellung auch verbraucht werden (dies gilt etwa für Eigenstrom und Eigenreparaturen), muss eine sofortige Verrechnung zwischen den leistenden und empfangenden Kostenstellen im Rahmen der innerbetrieblichen Leistungsverrechnung stattfinden. Diese Verrechnung hat zwei Ziele:

(1) Wirtschaftlichkeitskontrolle der innerbetrieblichen Leistungserstellung
Um festzustellen, ob die innerbetrieblichen Leistungen weiterhin selbst erstellt oder fremdbezogen werden sollen, werden die Kosten der allgemeinen

[1] Vgl. L. Haberstock, Grundzüge der Kosten- und Erfolgsrechnung, S. 93.

Kostenstelle durch die Anzahl der erstellten Leistungseinheiten (m, m^2, kg) dividiert. Der Verrechnungspreis bei Eigenfertigung kann dann mit dem Fremdbezugspreis verglichen werden. Denkbar ist auch der Vergleich des Plan-Verrechnungspreises einer allgemeinen Kostenstelle mit dem Ist-Verrechnungspreis derselben Stelle.

(2) Ermittlung korrekter Gemeinkostenzuschlagssätze

Um die Selbstkosten der Fertigprodukte richtig zu ermitteln, müssen den Hauptkostenstellen, die unmittelbar durch die Fertigprodukte beansprucht werden, die Kosten der Leistungen zugerechnet werden, die sie von allgemeinen Kostenstellen empfangen haben. Würde man auf die Umlage der sekundären Gemeinkosten verzichten, ergäbe sich eine zu niedrige Kalkulation der Selbstkosten der Fertigfabrikate.

Erst nach der innerbetrieblichen Leistungsverrechnung wird für die einzelne Hauptkostenstelle der Gemeinkostenzuschlagssatz ermittelt. Diese Form des BAB wird als mehrstufiger BAB bezeichnet.

5.5.2 Überblick über die Verfahren der innerbetrieblichen Leistungsverrechnung

Das Hauptproblem der innerbetrieblichen Leistungsverrechnung entsteht dadurch, dass allgemeine Kostenstellen eines Betriebes sich gegenseitig mit Leistungen beliefern können. Wenn z. B. die Stromerzeugung Leistungen der Reparaturstelle verbraucht und selbst Strom an die Reparaturstelle geliefert hat, lässt sich der Stromstundenverrechnungspreis nicht ermitteln ohne den Verrechnungspreis für Reparaturstunden zu kennen. Dieser wiederum ist nur zu ermitteln, wenn der Stromstundenverrechnungspreis bekannt ist.

Zentrales Problem vor der Durchführung der innerbetrieblichen Leistungsverrechnung ist also die Ermittlung eines internen Verrechnungspreises für jede allgemeine Kostenstelle. Für die Lösung dieses Problems gibt es eine Reihe von Verfahren, die sich grundsätzlich dadurch unterscheiden, dass die eine Gruppe von Verfahren zu genauen und die andere zu ungenauen Verrechnungspreisen führt.

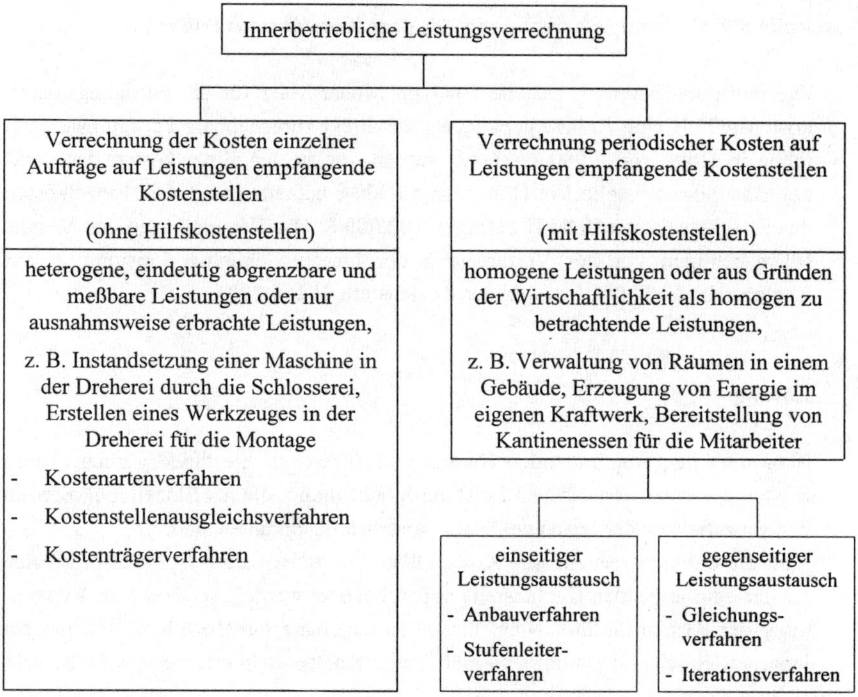

Übers. 5.7: Verfahren der innerbetrieblichen Leistungsverrechnung

5.5.3 Durchführung der innerbetrieblichen Leistungsverrechnung in der Vollkostenrechnung

5.5.3.1 Verfahren ohne Hilfskostenstellen

5.5.3.1.1 Kostenartenverfahren

Beim Kostenartenverfahren werden für die Verrechnung von innerbetrieblichen Leistungen keine allgemeinen Kostenstellen und Hilfskostenstellen eingerichtet.

Beispiel 5.9 (Leistungsverrechnung mit dem Kostenartenverfahren)

Die Fertigungshauptkostenstelle I hat im Monat März für die Fertigungshauptkostenstelle II eine Anlage gebaut, für die direkt zurechenbare Fertigungseinzellöhne in Höhe von 4.000 € erfasst wurden, die in den Einzelkosten der Fertigungshauptkostenstelle I in Höhe von 50.000 € enthalten sind. Die Einzelkosten der Fertigungskostenstelle II betragen 100.000 €. Die Gemeinkosten des Monats März betragen vor der Verrechnung der innerbetrieblichen Leistung in der Kostenstelle I 100.000 € und in der Kostenstelle II 150.000 €.

Lösung

Man stellt den empfangenden Hauptkostenstellen nur die direkt zurechenbaren Kosten der innerbetrieblichen Leistung in Rechnung, die als Einzellohnkosten in den Einzelkosten der leistenden Hauptkostenstelle enthalten sind.
Sind die direkt zurechenbaren Kosten über Lohnscheine erfasst worden, können sie der empfangenden Kostenstelle sofort belastet werden, so dass eine Verrechnung der Kosten entfällt. Nicht direkt zurechenbare Kosten (Gemeinkosten der innerbetrieblichen Leistung) werden beim Kostenartenverfahren nicht berücksichtigt.

	Fertigungshauptkostenstelle I	Fertigungshauptkostenstelle II
Einzelkosten vor Verrechnung der innerbetrieblichen Leistung	50.000 €/Monat	100.000 €/Monat
Primäre Gemeinkosten vor Verrechnung der innerbetrieblichen Leistung	100.000 €/Monat	150.000 €/Monat
Gemeinkostenverrechnungssatz vor Verrechnung der Gemeinkosten	$= \frac{100.000}{50.000} \cdot 100 = 200\%$	$= \frac{150.000}{100.000} \cdot 100 = 150\%$

	Fertigungshaupt-kostenstelle I	Fertigungshaupt-kostenstelle II
Einzelkosten vor Verrechnung der innerbetrieblichen Leistung - Einzelkosten der innerbetrieblichen Leistung	50.000 €/Monat - 4.000 €/Anlage	100.000 €/Monat
Einzelkosten nach Verrechnung der innerbetrieblichen Leistung	46.000 €/Monat	100.000 €/Monat
Primäre Gemeinkosten vor Verrechnung der innerbetrieblichen Leistung + Verrechnung der innerbetrieblichen Leistung	100.000 €/Monat	150.000 €/Monat + 4.000 €/Anlage
Gemeinkosten nach Verrechnung der innerbetrieblichen Leistung	100.000 €/Monat	154.000 €/Monat
Gemeinkostenverrechnungssatz nach Verrechnung der Gemeinkosten	$= \frac{100.000}{46.000} \cdot 100 = 217\%$	$= \frac{154.000}{100.000} \cdot 100 = 154\%$

Ergebnisse

(1) Verrechnungspreise

Das Kostenartenverfahren verrechnet nur einen Teil der für die innerbetriebliche Leistung anfallenden Kosten. Die Verrechnungspreise sind damit Teilkostensätze.

(2) Wirtschaftlichkeitskontrolle

Eine Kontrolle der innerbetrieblichen Leistungserstellung ist nur eingeschränkt möglich, weil

(a) nur die Einzelkosten der innerbetrieblichen Leistung durch einen Plan-Ist-Vergleich erfaßbar sind,

(b) bei erheblicher innerbetrieblicher Leistungserstellung die Übersicht verloren geht, weil keine gesonderten allgemeinen Kostenstellen und Hilfskostenstellen gebildet werden.

(3) Praxisrelevanz

Die Anwendung des Verfahrens kann sinnvoll sein, wenn nur gelegentlich innerbetriebliche Leistungen erbracht werden.

5.5.3.1.2 Kostenstellenausgleichsverfahren

Beim Kostenstellenausgleichsverfahren werden ebenfalls keine allgemeinen Kostenstellen und Hilfskostenstellen eingerichtet. Hier werden jedoch nicht nur die Einzelkosten der innerbetrieblichen Leistungen den empfangenden Hauptkostenstellen angelastet, sondern auch Gemeinkosten der leistenden Stelle, wobei der Verrechnungspreis wie bei der Kalkulation von Außenaufträgen gebildet wird.

Beispiel 5.10 (Leistungsverrechnung mit dem Kostenstellenausgleichsverfahren)

Für die Fertigungshauptkostenstellen I und II des Beispiels 5.9 gelten folgende Einzelkosten:

Fertigungseinzelkosten I	50.000 €
Fertigungseinzelkosten II	100.000 €

und die bekannten Gemeinkosten:

Kostenstelle I	100.000 €
Kostenstelle II	150.000 €

Lösung

Für die beiden Hauptkostenstellen werden zunächst die Gemeinkostenzuschlagssätze bestimmt:

$$\text{FGK - Zuschlagssatz I} = \frac{\text{Fertigungsgemeinkosten I}}{\text{Fertigungseinzelkosten I}} \cdot 100 = \frac{100.000}{50.000} \cdot 100 = 200\,\%$$

$$\text{FGK - Zuschlagssatz II} = \frac{\text{Fertigungsgemeinkosten II}}{\text{Fertigungseinzelkosten II}} \cdot 100 = \frac{150.000}{100.000} \cdot 100 = 150\,\%$$

Auf den innerbetrieblichen Auftrag, der Einzellohnkosten von 4.000 € verursacht hat, werden 200 % Gemeinkostenzuschlag verrechnet (Gemeinkostenzuschlagssatz der Fertigungshauptkostenstelle I).

Die Verrechnung der innerbetrieblichen Leistung ergibt dann:

	Fertigungshaupt-kostenstelle I	Fertigungshaupt-kostenstelle II
Einzelkosten vor Verrechnung der innerbetrieblichen Leistung - Einzelkosten der innerbetrieblichen Leistung	50.000 €/Monat - 4.000 €/Anlage	100.000 €/Monat
Einzelkosten nach Verrechnung der innerbetrieblichen Leistung	46.000 €/Monat	100.000 €/Monat
Primäre Gemeinkosten vor Verrechnung der innerbetrieblichen Leistung + Verrechnung der Einzelkosten der innerbetrieblichen Leistung + Verrechnung der Gemeinkosten der innerbetrieblichen Leistung	100.000 €/Monat - 8.000 €/Anlage	150.000 €/Monat + 4.000 €/Anlage + 8.000 €/Anlage
Gemeinkosten nach Verrechnung der innerbetrieblichen Leistung	92.000 €/Monat	162.000 €/Monat
Gemeinkostenverrechnungssatz nach Verrechnung der Gemeinkosten	$= \frac{92.000}{46.000} \cdot 100 = 200\%$	$= \frac{162.000}{100.000} \cdot 100 = 162\%$

Ergebnisse

(1) Verrechnungspreise

Das Kostenstellenausgleichsverfahren verrechnet sämtliche der für die innerbetriebliche Leistung anfallenden Kosten. Die Verrechnungspreise sind damit Vollkostensätze.

(2) Wirtschaftlichkeitskontrolle

Eine Kontrolle der innerbetrieblichen Leistungserstellung ist nur eingeschränkt möglich, weil bei erheblicher innerbetrieblicher Leistungserstellung die Übersicht verloren geht, weil keine gesonderten allgemeinen Kostenstellen und Hilfskostenstellen gebildet werden.

(3) Praxisrelevanz

Die Anwendung des Verfahrens kann sinnvoll sein, wenn nur gelegentlich innerbetriebliche Leistungen erbracht werden.

5.5.3.1.3 Kostenträgerverfahren

Das Kostenträgerverfahren ähnelt dem Kostenstellenausgleichsverfahren. Es eignet sich besonders, um die Kosten aktivierbarer Eigenleistungen zu erfassen. Beim Kostenträgerverfahren werden die innerbetrieblichen Leistungen wie Absatzleistungen als selbstständige Kostenträger behandelt und im BAB in einer sogenannten „Ausgliederungsstelle" erfasst. Mit Hilfe einer differenzierten Zuschlagskalkulation werden den innerbetrieblichen Leistungen die direkt zurechenbaren Einzelkosten und über Zuschlagssätze die zu verrechnenden Gemeinkosten angelastet. Die Kosten der innerbetrieblichen Leistungen, die in der gleichen Periode verbraucht werden und nicht aktiviert werden, belastet man sofort den leistungsverbrauchenden Stellen. Bei zu aktivierenden innerbetrieblichen Leistungen (Maschinen, Werkzeuge usw.) werden die entsprechenden Kosten zunächst auf besonderen Kostenträgerkonten verbucht und dann auf Bestandskonten übertragen, um sie in den folgenden Jahren nach Inanspruchnahme abzuschreiben.

5.5.3.2 Verfahren mit Hilfskostenstellen

5.5.3.2.1 Anbauverfahren

Beim Anbauverfahren werden allgemeine Kostenstellen und (Fertigungs-) Hilfskostenstellen eingerichtet. Die Gemeinkosten der allgemeinen Kostenstellen und der Hilfskostenstellen werden nur den Hauptkostenstellen angelastet. Ein möglicher gegenseitiger Leistungsaustausch zwischen den Hilfskostenstellen wird außer acht gelassen. Der Ablauf des Anbauverfahrens soll an folgendem Beispiel gezeigt werden[1].

Beispiel 5.11 (Leistungsverrechnung mit dem Anbauverfahren)

Der Kostenrechnungsabteilung einer Unternehmung stehen am Ende einer Periode nach der Verteilung der primären Gemeinkosten folgende Daten zur Verfügung:

[1] Dieses Beispiel wird auch bei der Besprechung der folgenden Verfahren zugrunde gelegt.

Kostenstellen ⇒		Allgemeine Kostenstellen		Hauptkostenstellen			
Kostenarten (€/Per) ⇓	Summe	Strom-stelle	Reparatur-stelle	Material	Fertigung	Verwalt.	Vertrieb
Σ Primäre Gemeinkosten	160.000	4.000	19.500	26.500	80.000	10.000	20.000

a) Die innerbetriebliche Leistungsverrechnung ist vorzunehmen. Die Leistungsabgabe der allgemeinen Kostenstellen an andere Kostenstellen ist in folgender Tabelle wiedergegeben:

Leistungsinanspruchnahme durch die Kostenstellen ⇒	Leistungsabgabe der allgemeinen Kostenstellen Stromstelle[1] ⇓	Reparaturstelle ⇓
Stromstelle	-	100 h
Reparaturstelle	5.000 kWh	-
Materialstelle	10.000 kWh	300 h
Fertigungsstelle	30.000 kWh	1.500 h
Verwaltung	2.000 kWh	20 h
Vertrieb	3.000 kWh	80 h
Summe	50.000 kWh	2.000 h

b) Die Gemeinkostenzuschlagssätze sind zu ermitteln.
Die Einzelkosten betragen in dieser Periode:

Materialeinzelkosten	100.000 €
Fertigungseinzelkosten	50.000 €

[1] Aus Vereinfachungsgründen wird in diesem und den folgenden Beispielen zunächst auf den Eigenverbrauch der allgemeinen Kostenstellen verzichtet. In der Praxis ist Eigenverbrauch demgegenüber der Regelfall. In der Übungsaufgabe 5.26 auf S. 293 wird daher dieses Beispiel noch einmal mit Eigenverbrauch dargestellt.

Lösung a)

Stromstundenverrechnungspreis
$= \frac{\text{Primäre Gemeinkosten der Stromstelle}}{\text{Leistung der Stromstelle an Hauptkostenstellen}}$ $= \frac{4.000}{45.000} = 0{,}089$ €/kWh

Reparaturstundenverrechnungspreis
$= \frac{\text{Primäre Gemeinkosten der Reparaturstelle}}{\text{Leistung der Reparaturstelle an Hauptkostenstellen}}$ $= \frac{19.500}{1.900} = 10{,}26$ €/h

Kostenstellen ⇒		Allgemeine Kostenstellen		Hauptkostenstellen			
Kostenarten ⇓ (€/Per)	Summe	Strom-stelle	Reparatur-stelle	Material	Fertigung	Verwalt.	Vertrieb
Primäre Gemeinkosten	160.000	4.000	19.500	26.500	80.000	10.000	20.000
Umlage Strom		⇓⇒		889	2.667	178	266
Umlage Repar.			⇓⇒	3.079	15.395	205	821
Gemeinkosten	160.000	0	0	30.468	98.062	10.383	21.087

Der innerbetriebliche Leistungsaustausch zwischen den allgemeinen Kostenstellen wird unberücksichtigt gelassen. Die primären Gemeinkosten der allgemeinen Kostenstellen werden entsprechend der an die Hauptkostenstellen gelieferten Leistungen verrechnet.

Lösung b)

Die Zuschlagssätze errechnen sich wie folgt:

	(€/Per)	Zuschläge in %
Materialeinzelkosten	100.000	
Materialgemeinkosten	30.468	30,47
Fertigungseinzelkosten	50.000	
Fertigungsgemeinkosten	98.062	196,12
Herstellkosten	278.530	
Verwaltungsgemeinkosten	10.383	3,73
Vertriebsgemeinkosten	21.087	7,57
Selbstkosten	310.000	

Ergebnisse

(1) Verrechnungspreise
Das Anbauverfahren verrechnet Teile der innerbetrieblichen Leistung nicht. Die Verrechnungspreise sind damit ungenau.

(2) Wirtschaftlichkeitskontrolle
Die Kontrolle der innerbetrieblichen Leistungserstellung ist ungenau, weil die Kosten den Kostenstellen nicht verursachungsgerecht zugerechnet werden.

(3) Kalkulation
Die ungenaue Verteilung der Gemeinkosten auf die Kostenstellen führt zu falschen Gemeinkostenzuschlagssätzen.

(4) Praxisrelevanz
Das Verfahren hat in der Praxis keine Bedeutung.

5.5.3.2.2 Stufenleiterverfahren

Beim Stufenleiterverfahren werden die allgemeinen Kostenstellen bzw. Hilfskostenstellen möglichst so angeordnet, dass sie ihre Leistungen nur an nachfolgende Kostenstellen abgeben, so dass die Leistungsströme über mehrere Stufen nur in eine Richtung fließen. Da die Abrechnung der Kostenstellen treppenförmig erfolgt, nennt man das Stufenleiterverfahren auch „Treppenverfahren". Wenn die innerbetrieblichen Leistungsströme nicht nur in einer Richtung fließen, sondern bereits abgerechnete Kostenstellen von noch nicht abgerechneten Kostenstellen Leistungen empfangen haben, führt dieses Verfahren zu ungenauen Ergebnissen, weil diese Leistungen „unter den Tisch fallen müssen".

Beispiel 5.12 (Leistungsverrechnung mit dem Stufenleiterverfahren)

Für das Unternehmen in Beispiel 5.11 ist die innerbetriebliche Leistungsverrechnung nach dem Stufenleiterverfahren vorzunehmen.

Lösung

Da sich die beiden allgemeinen Kostenstellen gegenseitig beliefern, ist zu entscheiden, welche Stelle zuerst abgerechnet werden soll. Wenn die Stromstelle zuerst abgeschlossen wird, ergeben sich folgende Verrechnungspreise:

Stromstundenverrechnungspreis
$= \frac{\text{Primäre Gemeinkosten der Stromstelle}}{\text{Leistung der Stromstelle an allgemeine Kostenstellen und Hauptkostenstellen}}$ $= \frac{4.000}{50.000} = 0{,}08\ €/\text{kWh}$

Reparaturstundenverrechnungspreis
$= \frac{\text{Primäre Gemeink. der Reparaturst.} + \text{Sekundäre Kosten der abgerechn. Stromstelle}}{\text{Gesamtleistung der Reparaturstelle} - \text{Leistungen an vorgelagerte Kostenstellen}}$ $= \frac{19.500 + 400}{2.000 - 100} = 10{,}47\ €/\text{h}$

Leistungen der allgemeinen Kostenstelle, die an zweiter Stelle abgerechnet wird, an die bereits abgerechnete erste Kostenstelle bleiben unberücksichtigt. Die Reihenfolge der Abrechnung ist daher so zu wählen, dass möglichst wenige innerbetriebliche Leistungen entfallen. Die innerbetriebliche Leistungsverrechnung zeigt dann folgendes Ergebnis:

Kostenstellen ⇒		Allgemeine Kostenstellen		Hauptkostenstellen			
Kostenarten ⇓ (€/Per)	Summe	Strom-stelle	Reparatur-stelle	Material	Fertigung	Verwalt.	Vertrieb
Primäre Gemeinkosten	160.000	4.000	19.500	26.500	80.000	10.000	20.000
Umlage Strom		⇓⇒	400	800	2.400	160	240
Umlage Repar.			19.900 ⇓⇒	3.142	15.711	209	838
Gemeinkosten	160.000	0	0	30.442	98.111	10.369	21.078

Die Zuschlagssätze errechnen sich wie folgt:

	(€/Per)	Zuschläge in %
Materialeinzelkosten	100.000	
Materialgemeinkosten	30.442	30,44
Fertigungseinzelkosten	50.000	
Fertigungsgemeinkosten	98.111	196,22
Herstellkosten	278.553	
Verwaltungsgemeinkosten	10.369	3,72
Vertriebsgemeinkosten	21.078	7,57
Selbstkosten	310.000	

Bei der Abrechnung der Stromstelle, die als erste abgerechnet wird, wird unterstellt, dass sie keine Leistungen der Reparaturstelle empfangen habe, da sich sonst der Verrechnungspreis für Strom nicht ermitteln ließe. Die zweite abzurechnende Stelle, die Reparaturstelle, kann von der bereits abgerechneten Stromstelle Leistungen empfangen haben, nicht aber von noch nicht abgerechneten (hier nicht vorhandenen) weiteren allgemeinen Kostenstellen. Für mögliche folgende Kostenstellen gilt Entsprechendes.

Ein anderes Ergebnis ergibt sich, wenn die Reihenfolge der allgemeinen Kostenstellen umgestellt wird, und zunächst die Reparaturstelle und dann die Stromstelle abgerechnet wird.

Reparaturstundenverrechnungspreis
$= \dfrac{\text{Primäre Gemeinkosten der Reparaturstelle}}{\text{Leistung der Reparaturstelle an allgemeine Kostenstellen und Hauptkostenstellen}}$
$= \dfrac{19.500}{2.000} = 9{,}75\ €/h$

Stromstundenverrechnungspreis
$= \dfrac{\text{Primäre Gemeink. der Stromstelle + Sekundäre Kosten der abgerechn. Reparaturst.}}{\text{Gesamtleistung der Stromstelle - Leistungen an vorgelagerte Kostenstellen}}$
$= \dfrac{4.000 + 975}{50.000 - 5.000} = 0{,}11\ €/kWh$

Die innerbetriebliche Leistungsverrechnung hätte dann folgendes Ergebnis:

Kostenstellen ⇒		Allgemeine Kostenstellen		Hauptkostenstellen			
Kostenarten ⇓ (€/Per)	Summe	Reparatur-stelle	Strom-stelle	Material	Fertigung	Verwalt.	Vertrieb
Primäre Gemeinkosten	160.000	19.500	4.000	26.500	80.000	10.000	20.000
Umlage Repar.		⇓⇒	975 4.975	2.925	14.625	195	780
Umlage Strom			⇓⇒	1.105	3.317	221	332
Gemeinkosten	160.000	0	0	30.530	97.942	10.416	21.112

Die Zuschlagsätze errechnen sich wie folgt:

	(€/Per)	Zuschläge in %
Materialeinzelkosten	100.000	
Materialgemeinkosten	30.530	30,53
Fertigungseinzelkosten	50.000	
Fertigungsgemeinkosten	97.942	195,88
Herstellkosten	278.472	
Verwaltungsgemeinkosten	10.416	3,74
Vertriebsgemeinkosten	21.112	7,58
Selbstkosten	310.000	

Ergebnisse

(1) Verrechnungspreise
Das Stufenleiterverfahren führt zu ungenauen Verrechnungspreisen, wenn die Kostenstellen untereinander Leistungen austauschen, weil ein Teil des Leistungsaustausches bei der Abrechnung nicht berücksichtigt wird.

(2) Wirtschaftlichkeitskontrolle
Die Kontrolle der innerbetrieblichen Leistungserstellung ist ungenau, wenn bestimmte Leistungen nicht berücksichtigt sind.

(3) Kalkulation
Die ungenaue Verteilung der Gemeinkosten auf die Kostenstellen führt zu falschen Gemeinkostenzuschlagssätzen.

(4) Praxisrelevanz
Das Verfahrens ist in kleineren Industriebetrieben sehr beliebt, weil es einfach zu handhaben ist.

5.5.3.2.3 Simultanes Gleichungsverfahren (mathematisches Verfahren)

Das simultane Gleichungsverfahren stellt einen Lösungsweg dar, wenn Kostenstellen gegenseitig Leistungen austauschen. Eine genaue Abrechnung ist nach dem Stufenleiterverfahren nicht möglich, weil der Verrechnungspreis der einen Kostenstelle nicht bestimmt werden kann, ohne den Verrechnungspreis der anderen Kostenstelle zu kennen und umgekehrt. Dieses Problem lässt sich nur mit einem mathematischen Gleichungsansatz lösen. Da sich die Kostenstellen gegenseitig beliefern, lässt sich der Verrechnungspreis der ersten Kostenstelle erst festlegen, wenn der Verrechnungspreis der zweiten bekannt ist. Dieser lässt sich aber nur festlegen, wenn bereits der Verrechnungspreis der ersten Kostenstelle ermittelt ist.

Dieses Problem lässt sich nur dann genau lösen, wenn die beiden Verrechnungspreise der sich gegenseitig beliefernden allgemeinen Kostenstellen simultan errechnet werden. Da die allgemeinen Kostenstellen ihre Leistungen kostendeckend an die anderen Kostenstellen abgeben sollen, gilt der Grundsatz[1]:

Input in € = Output in €

Der Input in € besteht in jeder Kostenstelle aus den primären Kosten und den von anderen Kostenstellen empfangenen sekundären Gemeinkosten. Der Output in € ergibt sich aus der bewerteten Gesamtleistung der allgemeinen Kostenstelle.

Beispiel 5.13 (Leistungsverrechnung mit dem simultanen Gleichungsverfahren)

Für das Unternehmen in Beispiel 5.11 ist die innerbetriebliche Leistungsverrechnung mit Hilfe des simultanen Gleichungsverfahrens vorzunehmen.

Lösung

Input und Output lassen sich in folgender Tabelle darstellen:

	⇓ Input ⇓				
	Stromstelle	Reparaturstelle	Hauptkostenstellen	Gesamtleistung	Outputwert in GE
Primäre Kosten	4.000 €	19.500 €			
Stromleistung	-	5.000 kWh	45.000 kWh	50.000 kWh	⇒ 50.000 kWh · q_1
Reparaturleistung	100 h	-	1.900 h	2.000 h	⇒ 2.000 h · q_2

Für die beiden allgemeinen Kostenstellen werden die Verrechnungspreise gesucht, die mit q_1 (Stromstundenverrechnungspreis) und q_2 (Reparaturstundenverrechnungspreis) bezeichnet werden sollen.

Aus der Tabelle lassen sich nach dem Grundsatz "Input in € = Output in €" zwei Gleichungen mit zwei Unbekannten ableiten. Dieser Lösungsansatz gewährleistet, dass die Kosten der allgemeinen Kostenstellen vollständig auf die Haupt-

[1] Dieser Lösungsansatz wurde schon von E. Schneider vorgeschlagen und ist seitdem allgemein anerkannt. Vgl. E. Schneider, Industrielles Rechnungswesen, S. 53.

kostenstellen überwälzt werden und in den allgemeinen Kostenstellen weder ein Gewinn noch ein Verlust entsteht.

	Input in €	=	Output in €
I Stromstelle	4.000 € + 100 q_2	=	50.000 q_1
II Reparaturstelle	19.500 € + 5.000 q_1	=	2.000 q_2

Die beiden Gleichungen lassen sich mit der Additionsmethode lösen. Die Gleichung I wird mit 20 multipliziert und die Gleichung II umgestellt:

$$\begin{array}{lrcl} \text{I} & 80.000 + 2.000\,q_2 & = & 1.000.000\,q_1 \\ +\,\text{II} & 19.500 - 2.000\,q_2 & = & -\;5.000\,q_1 \\ \hline & 99.500 & = & 995.000\,q_1 \end{array}$$

$$q_1 = \frac{99.500}{995.000}$$

$$q_1 = 0{,}10\text{ €/kWh (Stromstundenverrechnungspreis)}$$

q_2 ergibt sich durch Einsetzen der gefundenen Lösung in eine der beiden Gleichungen:

$$4.000 + 100\,q_2 = 50.000 \cdot 0{,}10$$

$$100\,q_2 = 5.000 - 4.000$$

$$q_2 = \frac{1.000}{100}$$

$$q_2 = 10\text{ €/h (Reparaturstundenverrechnungspreis)}$$

Mit Hilfe dieser Verrechnungspreise lässt sich die innerbetriebliche Leistungsverrechnung durchführen, indem die an die Hauptkostenstellen gelieferten Leistungen mit den Verrechnungspreisen bewertet werden. Dabei werden die gesamten Gemeinkosten der allgemeinen Kostenstellen unter Berücksichtigung der gegenseitigen Belieferung vollständig auf die Hauptkostenstellen verrechnet.

		Strom-stelle	Reparatur-stelle	Summe
	primäre Gemeinkosten	4.000	19.500	23.500
+	sekundäre Gemeinkosten anderer allg. Kostenstellen	+ 1.000	+ 500	+ 1.500
=	gesamte Gemeinkosten	5.000	20.000	25.000
-	bewertete Leistungsabgaben an andere allg. Kostenstellen	- 500	- 1.000	- 1.500
=	gesamte Gemeinkosten nach innerbetrieblicher Leistungs-verrechnung, die auf die Hauptkostenstellen verteilt werden	4.500	19.000	23.500

Das Ergebnis der innerbetrieblichen Leistungsverrechnung ergibt den folgenden BAB:

Kostenstellen ⇒		Allgemeine Kostenstellen		Hauptkostenstellen			
Kostenarten ⇓ (€/Per)	Summe	Strom-stelle	Reparatur-stelle	Material	Fertigung	Verwalt.	Vertrieb
Primäre Gemeinkosten	160.000	4.000	19.500	26.500	80.000	10.000	20.000
Umlage Strom				1.000	3.000	200	300
Umlage Repar.				3.000	15.000	200	800
Gemeinkosten	160.000	0	0	30.500	98.000	10.400	21.100

Es zeigt sich, dass die primären Gemeinkosten der allgemeinen Kostenstellen unter Berücksichtigung der gegenseitigen Belieferung vollständig auf die Hauptkostenstellen verrechnet wurden.

Die Zuschlagssätze errechnen sich wie folgt:

	(€/Per)	Zuschläge in %
Materialeinzelkosten	100.000	
Materialgemeinkosten	30.500	30,50
Fertigungseinzelkosten	50.000	
Fertigungsgemeinkosten	98.000	196,00
Herstellkosten	278.500	
Verwaltungsgemeinkosten	10.400	3,73
Vertriebsgemeinkosten	21.100	7,58
Selbstkosten	310.000	

Ergebnisse

(1) Verrechnungspreise
Das simultane Gleichungsverfahren lässt eine verursachungsgerechte Verteilung der Kosten des innerbetrieblichen Leistungsaustausches zu. Damit lassen sich genaue Verrechnungspreise ermitteln.

(2) Wirtschaftlichkeitskontrolle
Es liegen die richtigen Daten für die Entscheidung, ob eine innerbetriebliche Leistung weiterhin selbst erbracht oder ob die Leistung künftig fremdbezogen werden soll, vor.

(3) Kalkulation
Es wird eine genaue Kalkulation ermöglicht.

(4) Praxisrelevanz
Das simultane Gleichungsverfahren wird aufwendiger, wenn mehr als zwei allgemeine Kostenstellen sich gegenseitig beliefern, da das Gleichungssystem soviel Unbekannte enthält wie es allgemeine Kostenstellen im Unternehmen gibt. Bei mehr als drei Kostenstellen lässt sich das Gleichungssystem kaum noch ohne technische Hilfsmittel lösen. Für die Lösung des Gleichungssystems mit n Gleichungen kommen mehrere Verfahren in Frage, u. a.:
(1) der Gaußsche Algorithmus (Gaußsches Eliminationsverfahren),
(2) die Determinantenmethode (Cramersche Regel),
(3) die Matrizeninversion (Pivotisieren).

Der Rechenaufwand, der bei großen linearen Gleichungssystemen auftritt, ist auch beim Einsatz von Datenverarbeitungsanlagen erheblich. Obwohl inzwischen auch die Hersteller mittlerer Datentechnik die entsprechenden Programme für die Lösung linearer Gleichungssysteme anbieten, so dass die Anwendung des mathematischen Verfahrens auch in kleineren und mittleren Betrieben ohne weiteres möglich wäre, spielt das Verfahren in der Praxis nur eine geringe Rolle[1]. Der überwiegende Teil von Sofwarelösungen zur innerbetrieblichen Leistungsverrechnung basiert auf den mathematisch viel weniger anspruchsvollen iterativen Verfahren.

[1] Vgl. L. Kruschwitz, Innerbetriebliche Leistungsverrechnung mit nicht-exakten und iterativen Methoden, in: Kostenrechnungs-Praxis, Nr. 3, Juni 1979, S. 105.

5.5.3.2.4 Iterationsverfahren

Iterationsverfahren (Iteration, lat. = Wiederholung) beruhen auf einfachen Rechentechniken und sind daher auch von Nicht-Mathematikern zur Lösung unseres Problems mit oder ohne EDV-Unterstützung einsetzbar. Die Verfahren gehen in drei Schritten vor[1]:

1. Schritt: Es wird eine Startlösung gewählt, die mit den primären Gemeinkosten beginnt und die die innerbetriebliche Leistungsverflechtung berücksichtigt.

2. Schritt: Die Startlösung wird durch ein rechentechnisch einfaches Verfahren verbessert, d. h. es wird eine Iteration (Wiederholung) vorgenommen.

3. Schritt: Die Lösung wird solange durch Iterationen verbessert, bis eine ausreichende Annäherung an die genaue Lösung erreicht ist; das kann z. B. bei einer Abweichung von nur noch 0,01 € vom richtigen Verrechnungssatz der Fall sein.

Damit sind bei der Anwendung der Iterationsverfahren zwei Fragen zu lösen:
(1) Mit welcher Startlösung soll begonnen werden?
(2) Wieviel Iterationen sollen durchgeführt werden?

Es stehen mehrere Versionen der iterativen Verfahren zur Auswahl:

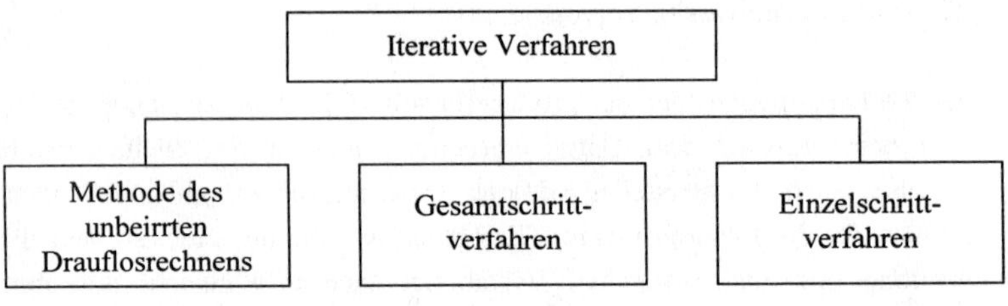

[1] Vgl. L. Kruschwitz, Innerbetriebliche Leistungsverrechnung mit nicht-exakten und iterativen Methoden, S. 105 ff.

Methode des unbeirrten Drauflosrechnens

Die Methode des unbeirrten Drauflosrechnens wird auch als Methode der Kreislaufverrechnung, sukzessives Näherungsverfahren oder Schaukelverfahren bezeichnet[1]. Alle verwendeten Begriffe kennzeichnen das Verfahren recht plastisch:

(1) Zunächst werden die primären Gemeinkosten der ersten allgemeinen Kostenstelle auf die anderen Kostenstellen nach Inanspruchnahme verteilt.

(2) Als nächstes werden in der zweiten allgemeinen Kostenstelle die primären Gemeinkosten und die von der ersten allgemeinen Kostenstelle empfangenen sekundären Gemeinkosten addiert und auf die anderen Kostenstellen vollständig verrechnet. Dabei wird die bereits abgerechnete erste Kostenstelle wieder mit sekundären Gemeinkosten belastet.

(3) Damit beginnt der Prozeß der Kostenverrechnung von vorn, bis die zu verteilenden Restbeträge so klein geworden sind, dass die Iteration abgebrochen und das Ergebnis sinnvoll gerundet werden kann.

Beispiel 5.14 (Leistungsverrechnung mit der Methode des unbeirrten Drauflosrechnens)

Für das Unternehmen in Beispiel 5.11 ist die innerbetriebliche Leistungsverrechnung mit Hilfe der Methode des unbeirrten Drauflosrechnens vorzunehmen.

a) Ermitteln Sie die Verrechnungspreise.

b) Stellen Sie den BAB auf.

c) Erstellen Sie das Kostenträgerzeitblatt mit den Gemeinkostenzuschlagssätzen.

[1] Vgl. L. Kruschwitz, Innerbetriebliche Leistungsverrechnung mit nicht-exakten und iterativen Methoden, S. 112 f.

Lösung a)

Die Startlösung beginnt mit den primären Gemeinkosten. Die primären Gemeinkosten der Stromstelle werden nach der Leistungsabgabe zu 10 % auf die Reparaturstelle und zu 90 % auf die Hauptkostenstellen verteilt. Dann werden die primären und sekundären Gemeinkosten der Reparaturstelle auf die Stromstelle zu 5 % und auf die Hauptkostenstellen zu 95 % verteilt.

Ermittlung der Verrechnungspreise

Kostenstellen ⇒	Allgemeine Kostenstellen		Hauptkostenstellen	Bemerkungen
Kostenarten (€/Per) ⇓	Stromstelle	Reparaturstelle		
Primäre Gemeinkosten	4.000,000	19.500,0000		
1. Umlage Strom	→	400,0000	3.600,0000	Belastung der Reparaturstelle mit 10 %
Σ		19.900,0000		
1. Umlage Reparatur	995,000	↔	18.905,0000	Belastung der Stromstelle mit 5 %
Σ	995,000			
2. Umlage Strom	→	99,5000	895,5000	Belastung der Reparaturstelle mit 10 %
Σ		99,5000		
2. Umlage Reparatur	4,975	↔	94,5250	Belastung der Stromstelle mit 5 %
Σ	4,975			
3. Umlage Strom	→	0,4975	4,4775	Belastung der Reparaturstelle mit 10 %
Σ		0,4975		
3. Umlage Reparatur	0,024	↔	0,4735	Belastung der Stromstelle mit 5 %
Σ	0,024	0,0000	Abbruch!	
Verrechnete primäre und sekundäre Gemeinkosten	4.999,999 ≈ 5.000	19.999,9975 ≈ 20.000	Runden!	
Leistung der allgemeinen Kostenstellen	50.000 kWh	2.000 h		
Verrechnungspreis	q_1 = 0,10 €/kWh	q_2 = 10 €/h		

Lösung b)

Es ergibt sich der gleiche BAB wie beim simultanen Gleichungsverfahren:

Kostenstellen ⇒		Allgemeine Kostenstellen		Hauptkostenstellen			
Kostenarten ⇓ (€/Per)	Summe	Strom-stelle	Reparatur-stelle	Material	Fertigung	Verwalt.	Vertrieb
Primäre Gemeinkosten	160.000	4.000	19.500	26.500	80.000	10.000	20.000
Umlage Strom				1.000	3.000	200	300
Umlage Repar.				3.000	15.000	200	800
Gemeinkosten	160.000	0	0	30.500	98.000	10.400	21.100

Lösung c)

	(€/Per)	Zuschläge in %
Materialeinzelkosten	100.000	
Materialgemeinkosten	30.500	30,50
Fertigungseinzelkosten	50.000	
Fertigungsgemeinkosten	98.000	196,00
Herstellkosten	278.500	
Verwaltungsgemeinkosten	10.400	3,73
Vertriebsgemeinkosten	21.100	7,58
Selbstkosten	310.000	

Die Zuschlagssätze entsprechen ebenfalls den Sätzen des simultanen Gleichungsverfahrens.

Gesamtschrittverfahren

Beim Gesamtschrittverfahren wird zunächst eine Startlösung mit den primären Gemeinkosten gewählt. Mit diesen Werten werden die Verrechnungssätze für die allgemeinen Kostenstellen zunächst bestimmt. Mit den korrigierten Werten der ersten Iteration werden in der zweiten Iteration neue Verrechnungssätze bestimmt. Die Iterationen werden abgebrochen, wenn sich die Verrechnungspreise erkennbar bestimmten Werten nähern, auf die man aufrundet.

Beispiel 5.15 (Leistungsverrechnung mit dem Gesamtschrittverfahren)

Für das Unternehmen in Beispiel 5.11 ist die innerbetriebliche Leistungsverrechnung mit Hilfe des Gesamtschrittverfahrens vorzunehmen.

Lösung

Die primären Gemeinkosten in Höhe von 4.000 € für die Stromstelle und 19.500 € für die Reparaturstelle sind Grundlage für den ersten Iterationsschritt.

1. Iteration	Strom	$K_1^1 = 4.000 + 0{,}05 \cdot 19.500$	$= 4.975$
	Reparatur	$K_2^1 = 19.500 + 0{,}10 \cdot 4.000$	$= 19.900$
2. Iteration	Strom	$K_1^2 = 4.000 + 0{,}05 \cdot 19.900$	$= 4.995$
	Reparatur	$K_2^2 = 19.500 + 0{,}10 \cdot 4.975$	$= 19.997{,}5$
3. Iteration	Strom	$K_1^3 = 4.000 + 0{,}05 \cdot 19.997{,}5$	$= 4.999{,}875$
	Reparatur	$K_2^3 = 19.500 + 0{,}10 \cdot 4.995$	$= 19.999{,}5$
4. Iteration	Strom	$K_1^4 = 4.000 + 0{,}05 \cdot 19.999{,}5$	$= 4.999{,}975$
	Reparatur	$K_2^4 = 19.500 + 0{,}10 \cdot 4.999{,}875$	$= 19.999{,}98$

Die primären und sekundären Gemeinkosten beider Kostenstellen verändern sich beim vierten Iterationsschritt nur noch geringfügig gegenüber dem dritten Schritt, so dass die Iteration abgebrochen und die Kosten aufgerundet werden können.

$K_1 \approx 5.000$ € $\qquad q_1 = \frac{5.000}{50.000} = 0{,}10$ €/kWh

$K_2 \approx 20.000$ € $\qquad q_2 = \frac{20.000}{2.000} = 10{,}00$ €/h

Die innerbetriebliche Leistungsverrechnung mit Hilfe des Gesamtschrittverfahrens ergibt das gleiche Ergebnis wie mit der Methode des unbeirrten Drauflosrechnens.

Einzelschrittverfahren

Beim Einzelschrittverfahren geht man wie beim Gesamtschrittverfahren von einer Startlösung aus, z. B. den primären Gemeinkosten der ersten Hilfskostenstelle. Im Gegensatz zum Gesamtschrittverfahren wird jedoch der Verrechnungssatz der zweiten Kostenstelle sofort mit den korrigierten Kosten (primäre und sekundäre Gemeinkosten) bestimmt, so dass das Verfahren schneller abläuft.

Beispiel 5.16 (Leistungsverrechnung mit dem Einzelschrittverfahren)

Für das Unternehmen in Beispiel 5.11 ist die innerbetriebliche Leistungsverrechnung mit Hilfe des Einzelschrittverfahrens durchzuführen.

Lösung

Die primären Gemeinkosten in Höhe von 4.000 € für die Stromstelle sind Grundlage für den ersten Iterationsschritt.

1. Iteration	Strom	$K_1^1 = 4.000 + 0{,}05 \cdot 19.500$	$= 4.975$
	Reparatur	$K_2^1 = 19.500 + 0{,}10 \cdot 4.975$	$= 19.997{,}5$
2. Iteration	Strom	$K_1^2 = 4.000 + 0{,}05 \cdot 19.997{,}5$	$= 4.999{,}875$
	Reparatur	$K_2^2 = 19.500 + 0{,}10 \cdot 4.999{,}875$	$= 19.999{,}875$
3. Iteration	Strom	$K_1^3 = 4.000 + 0{,}05 \cdot 19.999{,}875$	$= 4.999{,}99375$
	Reparatur	$K_2^3 = 19.500 + 0{,}10 \cdot 4.999{,}99375$	$= 19.999{,}999$

$K_1 \approx 5.000$ € $\qquad q_1 = 0{,}10$ €/kWh

$K_2 \approx 20.000$ € $\qquad q_2 = 10$ €/h

Schon nach drei Iterationen ist man am Ziel. Das Einzelschrittverfahren konvergiert schneller als das Gesamtschrittverfahren.

Ergebnisse

(1) Verrechnungspreise
Die Iterationsverfahren lassen eine verursachungsgerechte Verteilung der Kosten des innerbetrieblichen Leistungsaustausches zu. Damit lassen sich genaue Verrechnungspreise ermitteln.

(2) Wirtschaftlichkeitskontrolle
Es liegen die richtigen Daten für die Entscheidung, ob eine innerbetriebliche Leistung weiterhin selbst erbracht oder ob die Leistung künftig fremdbezogen werden soll, vor.

(3) Kalkulation
Es wird eine genaue Kalkulation ermöglicht.

(4) Praxisrelevanz
Die Iterationsverfahren ermöglichen exakte Lösungen der innerbetrieblichen Leistungsverrechnung mit einfachen mathematischen Rechentechniken. Sie werden daher in der Praxis häufiger angewandt als das simultane Gleichungsverfahren.

5.5.3.3 Vergleich der Verfahren der innerbetrieblichen Leistungsverrechnung

Eine ungenaue Ermittlung der Verrechnungspreise führt zu einer falschen Belastung der allgemeinen Kostenstellen mit sekundären Kosten. Das bedeutet:

(1) Für die Entscheidung, ob ein Unternehmen innerbetriebliche Leistungen weiterhin selbst erzeugen oder künftig fremdbeziehen soll, steht keine geeignete Entscheidungsgrundlage zur Verfügung. Für das Unternehmen in Beispiel 5.11, das für vier Verfahren durchgerechnet wurde, zeigen sich folgende Abweichungen in den Verrechnungspreisen:

Verrechnungspreise	Anbau-verfahren	Stufenleiter-verfahren[1]		Simultanes Gleichungs-verfahren	Iterations-verfahren
Stromstelle	0,089	0,08	(0,11)	0,10	0,10
Reparaturstelle	10,260	10,47	(9,75)	10,00	10,00

(2) Die Gemeinkostenzuschläge der Hauptkostenstellen sind falsch. Die Folge ist eine ungenaue Kalkulation der Kostenträger.

Für das dem Vergleich zugrundeliegende Beispiel 5.11 ergeben sich relativ geringe Abweichungen bei den Gemeinkostenzuschlagssätzen. Bei einer zunehmenden Anzahl von allgemeinen Kostenstellen werden die Abweichungen jedoch erheblich größer.

Zuschlags-sätze in %	Anbau-verfahren	Stufenleiter-verfahren[2]		Simultanes Gleichungs-verfahren	Iterations-verfahren
MGK	30,47	30,44	(30,53)	30,50	30,50
FGK	196,12	196,22	(195,88)	196,00	196,00
VwGK	3,73	3,72	(3,74)	3,73	3,73
VtGK	7,57	7,57	(7,58)	7,58	7,58

[1] Die Verrechnungspreise hängen bei diesem Verfahren von der Reihenfolge der Abrechnung der allgemeinen Kostenstellen ab. Das Ergebnis in Klammern ergibt sich, wenn zunächst die Reparaturstelle und dann die Stromstelle abgerechnet wird.

[2] Die Höhe der Zuschlagssätze hängt ebenfalls von der Reihenfolge der Abrechnung der allgemeinen Kostenstellen ab. Das Ergebnis in Klammern gilt, wenn zunächst die Reparaturabteilung abgerechnet wird.

5.5.4 Innerbetriebliche Leistungsverrechnung in einem Teilkostenrechnungssystem

Für eine Teilkostenrechnung muß im BAB eine Trennung in fixe und variable Gemeinkosten vorgenommen werden. Das bedeutet für die innerbetriebliche Leistungsverrechnung, dass nur die variablen primären Gemeinkosten der Kostenstellen in das Verrechnungsverfahren einbezogen werden. Die Fixkosten aller Kostenstellen werden zu einem Block zusammengezogen.

Beispiel 5.17 (Leistungsverrechnung mit dem Teilkosten-BAB)

Der Kostenrechnungsabteilung einer Unternehmung stehen am Ende eines Monats nach der Verteilung der primären Gemeinkosten folgende Daten zur Verfügung:

Kostenstellen ⇒		Allgemeine Kostenstellen				Hauptkostenstellen							
Kostenarten ⇓		Stromstelle		Reparaturstelle		Material		Fertigung		Verwaltung		Vertrieb	
(€/Mon)	Summe	var	fix	var	fix	var	fix	var	fix	var	fix	var	fix
Σ Primäre Gemeinkosten	160.000	3.000	1.000	10.000	9.500	4.500	22.000	30.000	50.000	-	10.000	4.000	16.000

Die Leistungsabgabe der allgemeinen Kostenstellen an andere Kostenstellen ist in folgender Tabelle wiedergegeben:

	Leistungsabgabe der allgemeinen Kostenstellen	
Leistungsinanspruchnahme durch die Kostenstellen ⇒	Stromstelle ⇓	Reparaturstelle ⇓
Stromstelle	-	100 h
Reparaturstelle	5.000 kWh	-
Materialstelle	10.000 kWh	300 h
Fertigungsstelle	30.000 kWh	1.500 h
Verwaltung	2.000 kWh	20 h
Vertrieb	3.000 kWh	80 h
Summe	50.000 kWh	2.000 h

a) Die innerbetriebliche Leistungsverrechnung ist nach dem Stufenleiterverfahren vorzunehmen.

b) Wenden Sie das Einzelschrittverfahren an.

c) Überprüfen Sie die Lösung zu b) mit dem simultanen Gleichungsverfahren.

Lösung a)

$$q_S = \frac{3.000}{50.000} = 0{,}06 \text{ €/kWh}$$

$$q_R = \frac{10.000 + 300}{2.000 - 100} = 5{,}42 \text{ €/h}$$

Kostenstellen ⇒		Allgemeine Kostenstellen				Hauptkostenstellen							
Kostenarten ⇓		Stromstelle		Reparaturstelle		Material		Fertigung		Verwaltung		Vertrieb	
(€/Per)	Summe	var	fix	var	fix	var	fix	var	fix	var	fix	var	fix
Primäre Kosten	160.000	3.000	1.000	10.000	9.500	4.500	22.000	30.000	50.000	-	10.000	4.000	16.000
Umlage Strom			⇒	300 10.300		600		1.800		120		180	
Umlage Repar.				⇒		1.626		8.131		109		434	
Gemeinkosten	160.000	-	1.000	-	9.500	6.726	22.000	39.931	50.000	229	10.000	4.614	16.000

	€/Per	Zuschlag in %
Materialeinzelkosten	100.000	
Variable Materialgemeinkosten	6.726	6,73
Fertigungseinzelkosten	50.000	
Variable Fertigungsgemeinkosten	39.931	79,86
Variable Herstellkosten	196.657	
Variable Verwaltungsgemeinkosten	229	0,12
Variable Vertriebsgemeinkosten	4.614	2,35
Variable Gesamtkosten	201.500	
Fixkosten	108.500	
Selbstkosten	310.000	

Lösung b)

Die primären variablen Gemeinkosten in Höhe von 3.000 € für die Stromstelle sind Grundlage für den ersten Iterationsschritt.

1. Iteration	Strom	$K_1^1 = 3.000 + 0{,}05 \cdot 10.000$	$= 3.500$
	Reparatur	$K_2^1 = 10.000 + 0{,}10 \cdot 3.500$	$= 10.350$
2. Iteration	Strom	$K_1^2 = 3.000 + 0{,}05 \cdot 10.350$	$= 3.517{,}5$
	Reparatur	$K_2^2 = 10.000 + 0{,}10 \cdot 3.517{,}5$	$= 10.351{,}75$
3. Iteration	Strom	$K_1^3 = 3.000 + 0{,}05 \cdot 10.351{,}75$	$= 3.517{,}5875$
	Reparatur	$K_2^3 = 10.000 + 0{,}10 \cdot 3.517{,}5875$	$= 10.351{,}7588$

$K_1 \approx 3.518$ € $\qquad q_1 = \frac{3.518}{50.000} = 0{,}0703$ €/kWh

$K_2 \approx 10.352$ € $\qquad q_2 = \frac{10.352}{2.000} = 5{,}176$ €/h

	Strom	Reparatur	Summe
primäre Gemeinkosten + sekundäre Gemeinkosten anderer allg. Kostenstellen	3.000 + 518	10.000 + 352	13.000 + 870
= gesamte Gemeinkosten - bewertete Leistungsabgaben an andere allg. Kostenstellen	3.518 - 352	10.352 - 518	13.870 - 870
= gesamte Gemeinkosten nach innerbetrieblicher Leistungsverrechnung, die auf die Hauptkostenstellen verteilt werden	3.166	9.834	13.000

Kostenstellen ⇒		Allgemeine Kostenstellen				Hauptkostenstellen							
Kostenarten ⇓	Summ	Stromstelle		Reparaturstelle		Material		Fertigung		Verwaltung		Vertrieb	
(€/Per)		var	fix	var	fix	var	fix	var	fix	var	fix	var	fix
Primäre Kosten	160.000	3.000	1.000	10.000	9.500	4.500	22.000	30.000	50.000	-	10.000	4.000	16.000
Umlage Strom						704		2.111		140		211	
Umlage Repar.						1.553		7.764		103		414	
Gemeinkosten	160.00	-	1.000	-	9.500	6.757	22.000	39.875	50.000	243	10.000	4.625	16.000

	€/Per	Zuschlag in %
Materialeinzelkosten	100.000	
Variable Materialgemeinkosten	6.757	6,76
Fertigungseinzelkosten	50.000	
Variable Fertigungsgemeinkosten	39.875	79,75
Variable Herstellkosten	196.632	
Variable Verwaltungsgemeinkosten	243	0,12
Variable Vertriebsgemeinkosten	4.625	2,35
Variable Gesamtkosten	201.500	
Fixkosten	108.500	
Selbstkosten	310.000	

Lösung c)

	⇓ Input ⇓				
	Strom-versorgung	Reparatur-stelle	Haupt-kostenstellen	Gesamt-leistung	Outputwert in €
Primäre Kosten	3.000 €	10.000 €			
Stromleistung	-	5.000 kWh	45.000 kWh	50.000 kWh	⇒ 50.000 kWh · q_1
Reparaturleistung	100 h	-	1.900 h	2.000 h	⇒ 2.000 h · q_2

Nur die variablen Gemeinkosten der allgemeinen Kostenstellen werden in der innerbetrieblichen Leistungsverrechnung weiter verrechnet. Daher ergibt sich für das simultane Gleichungsverfahren folgender Gleichungsansatz:

	Input in €	=	Output in €
I Stromstelle	3.000 € + 100 q_2	=	50.000 q_1
II Reparaturstelle	10.000 € + 5.000 q_1	=	2.000 q_2

Die beiden Gleichungen lassen sich mit der Additionsmethode lösen. Die Gleichung I wird mit 20 multipliziert und die Gleichung II umgestellt:

$$\begin{array}{lrcl} \text{I} & 60.000 + 2.000\,q_2 & = & 1.000.000\,q_1 \\ +\text{II} & 10.000 - 2.000\,q_2 & = & -\ 5.000\,q_1 \\ \hline & 70.000 & = & 995.000\,q_1 \end{array}$$

$$q_1 = \frac{70.000}{995.000}$$

$$q_1 = 0{,}0703 \text{ €/kWh (Stromstundenverrechnungspreis)}$$

q_2 ergibt sich durch Einsetzen der gefundenen Lösung in eine der beiden Gleichungen:

$$3.000 + 100\,q_2 = 50.000 \cdot 0{,}0703$$

$$100\,q_2 = 517{,}59$$

$$q_2 = 5{,}176 \text{ €/h (Reparaturstundenverrechnungspreis)}$$

Da die Verrechnungspreise die gleichen sind wie beim iterativen Einzelschrittverfahren ergeben sich der gleiche BAB und die gleichen Gemeinkostenzuschlagssätze.

Ergebnisse

(1) Verrechnungspreise
Der Teilkosten-BAB liefert die richtigen Informationen für kurzfristige Eigenfertigung-/Fremdbezug-Entscheidungen[1].

[1] Vgl. K.-D. Däumler/J. Grabe, Kostenrechnung 2, Deckungsbeitragsrechnung, S. 197 ff.

(2) Wirtschaftlichkeitskontrolle
Es ist eine wirksame Kostenkontrolle möglich, weil die Kostenstellen mit den kurzfristig relevanten Kosten belastet sind.

(3) Kalkulation
Die kurzfristige Preisuntergrenze ist ermittelbar.

(4) Praxisrelevanz
Der Teilkosten-BAB ist wesentlicher Bestandteil einer Teilkostenrechnung.

5.6 Zusammenfassung und Checkliste

Aufgaben der Kostenstellenrechnung

(1) Lieferung von Informationen für eine verursachungsgerechte Kalkulation,
(2) Durchführung einer wirksamen Kostenkontrolle,
(3) Ermöglichung einer aussagefähigen Betriebsergebnisrechnung.

Einteilung der Kostenstellen

(1) nach Funktionen
- Materialstelle
- Fertigungsstelle
- Verwaltungsstelle
- Vertriebsstelle

(2) nach Art der Abrechnung
- Allgemeine Kostenstellen und Hilfskostenstellen
- Hauptkostenstellen

Grundsätze der Kostenstelleneinteilung

(1) Bildung selbständiger Verantwortungsbereiche,
(2) Verwendung sinnvoller Bezugsgrößen,
(3) Beachtung des Prinzips der Wirtschaftlichkeit.

Durchführung der Kostenstellenrechnung im BAB

(1) Verteilung der primären Gemeinkosten,

(2) Verteilung der sekundären Gemeinkosten (innerbetriebliche Leistungsverrechnung),

(3) Bildung von Zuschlagssätzen,

(4) Kostenkontrolle durch die Ermittlung und Analyse von Abweichungen.

Aufbau des BAB

Kostenstellen ⇒	Allgemeine Kostenstellen		Materialstellen		Fertigungsstellen				Verwaltung		Vertrieb	
Kostenarten ⇓ (€/Per)					Fertigungs-hilfsstellen		Fertigungs-hauptstellen					
	1	2	3	4	5	6	7	8	9	10	11	12
Gemeinkostenart 1 Gemeinkostenart 2 ... Gemeinkostenart n												
Σ primäre Gemeinkosten	Σ	Σ	Σ	Σ	Σ	Σ	Σ	Σ	Σ	Σ	Σ	Σ
Umlage Kostenstelle 1	→		*	*	*	*	*	*	*	*	*	*
Umlage Kostenstelle 2		→	*	*	*	*	*	*	*	*	*	*
Umlage Kostenstelle 5					→		*	*				
Umlage Kostenstelle 6						→	*	*				
Σ Gemeinkosten			Σ	Σ			Σ	Σ	Σ	Σ	Σ	Σ

Verfahren der innerbetrieblichen Leistungsverrechnung

(1) Nicht exakte Verfahren

- ohne allgemeine Kostenstellen und Hilfskostenstellen
  - (a) Kostenartenverfahren
  - (b) Kostenstellenausgleichsverfahren
- mit allgemeinen Kostenstellen und Hilfskostenstellen
  - (a) Anbauverfahren
  - (b) Stufenleiterverfahren
  - (c) Kostenträgerverfahren

(2) Exakte Verfahren

- (a) Simultanes Gleichungsverfahren
- (b) Iterative Verfahren

Fragen und Aufgaben

5.1 Erläutern Sie, warum man versucht, mit Hilfe der Kostenstellenrechnung die Kalkulationsgenauigkeit zu verbessern.

5.2 Welche Grundsätze sind bei der Einteilung des Betriebes in Kostenstellen zu beachten?

5.3 Stimmt die Gliederung des Betriebes in Kostenstellen überein mit der Gliederung
- nach räumlichen Gesichtspunkten,
- nach Verantwortungsgesichtspunkten?

5.4 Beschreiben Sie den Unterschied zwischen Hauptkostenstellen, allgemeinen Kostenstellen und Hilfskostenstellen.

5.5 Beschreiben Sie die Aufgaben und den Aufbau des Betriebsabrechnungsbogens.

5.6 Geben Sie Beispiele für die direkte und indirekte Verteilung der primären Gemeinkosten auf die Kostenstellen.

5.7 Beschreiben Sie den Unterschied zwischen Stellen-Einzelkosten und Stellen-Gemeinkosten.

5.8 Was versteht man unter einer Bezugsgröße? Geben Sie einige Beispiele.

5.9 Warum werden im Betriebsabrechnungsbogen Kalkulationssätze gebildet?

5.10 Beschreiben Sie den wesentlichen Unterschied zwischen einem Betriebsabrechnungsbogen in der Voll- und in der Teilkostenrechnung.

5.11 Worin liegt die Problematik des Aufbaus eines Betriebsabrechnungsbogens auf Teilkostenbasis?

5.12 Erläutern Sie die Aufgaben und die Problematik der innerbetrieblichen Leistungsverrechnung.

5.13 Worin besteht der wesentliche Unterschied zwischen den nicht-exakten und exakten Verfahren zur Verrechnung der innerbetrieblichen Leistungen?

5.14 Beschreiben Sie das Anbauverfahren und kritisieren Sie es.

5.15 Beschreiben Sie das Stufenleiterverfahren, und nehmen sie eine kritische Würdigung vor.

5.16 Erörtern Sie die Anwendungsmöglichkeiten des simultanen Gleichungsverfahrens unter Kontrollaspekten.

5.17 Unter welchen Voraussetzungen sind die Ergebnisse nach dem Gleichungs- und dem Stufenleiterverfahren identisch?

5.18 Beschreiben Sie die iterativen Verfahren und vergleichen Sie sie mit dem simultanen Gleichungsverfahren.

5.19 Die Betriebsbuchhaltung eines Industriebetriebes liefert folgende Ist-Zahlen für einen Monat:

Fertigungsmaterial	600.000 €
Hilfs- und Betriebsstoffe	40.000 €
Fertigungslöhne	175.000 €
Gehälter	27.800 €
Sozialkosten	200.000 €
Steuern	36.000 €
Sonstige Kosten	55.000 €
Kalkulatorische Abschreibungen	51.200 €
Sondereinzelkosten des Vertriebs	4.000 €

a) Erstellen Sie einen einstufigen Betriebsabrechnungsbogen, bei dem die Gemeinkosten wie folgt zu verteilen sind:

Kostenstellen ⇒ Kostenarten ⇓ (€/Per)	Verteilungs-grundlage	Material-stelle	Fertigungs-stelle	Verwaltung	Vertrieb
Hilfsstoffe	Mat.-Scheine	7.600	32.400	-	-
Gehälter	Gehaltsliste	5.000	10.000	8.200	4.600
Sozialkosten	Schlüssel	1	: 2	: 1	: 1
Steuern	Schlüssel	1	: 8	: 2	: 1
Sonstige Kosten	Schlüssel	2	: 8	: 1	-
Abschreibungen	Schlüssel	1	: 4	: 2	: 1

b) Ermitteln Sie die Ist-Gemeinkostenzuschlagssätze.

5.20 In einem Mehrproduktunternehmen sind in der vergangenen Periode folgende Kosten entstanden:

Fertigungsmaterial	1.000.000 €
Hilfsmaterial	60.000 €
Fertigungslöhne	450.000 €
Hilfslöhne	180.000 €
Gehälter	380.000 €
Sozialkosten	980.000 €
Miete	40.000 €
Energie	60.000 €
Kalk. Abschreibungen	90.000 €
Kalkulatorische Zinsen	50.000 €

Für die Verteilung der Gemeinkosten auf die Kostenstellen stehen folgende Informationen zur Verfügung:

Kostenstellen ⇒ Kostenarten ⇓ (€/Per)	Summe	Verteilung	Material 1	Material 2	Fertigung 1	Fertigung 2	Verwaltung	Vertrieb
Fertigungsmaterial	1.000.000		500.000	500.000				
Fertigungslöhne	450.000				220.000	230.000		
Hilfsmaterial	60.000	direkt			35.000	25.000		
Hilfslöhne	180.000	direkt			100.000	80.000		
Gehälter	380.000	direkt	30.000	40.000	60.000	70.000	100.000	80.000
Sozialkosten		Schlüssel	nach Lohn- und Gehaltssumme					
Miete		qm	30	: 150	: 360	: 180	: 80	: 40
Energie		Schlüssel	5	: 8	: 50	: 18	: 14	: 5
Kalk. Abschreib.		Schlüssel	0,1	: 1	: 12,8	: 2,7	: 0,8	: 0,6
Kalk. Zinsen		Schlüssel	1	: 16	: 84	: 11	: 4	: 4

Erstellen Sie den Betriebsabrechnungsbogen, und berechnen Sie auf der Basis der Einzel- bzw. Herstellkosten die Istzuschlagssätze.

5.21 Der BAB eines Betriebes liefert nach der Verteilung der Gemeinkosten folgende Ist-Daten:

Kostenstellen ⇒		Material		Fertigung I		Fertigung II		Verwaltung		Vertrieb	
Kostenarten (€/Per) ⇓	Summe	fix	var	fix	var	fix	var	fix	var	fix	var
Gemeinkosten	152.000	12.000	2.000	20.000	10.000	50.000	30.000	18.000	-	10.000	-

Die Einzelkosten betragen:

MEK	80.000 €
FEK I	40.000 €
FEK II	100.000 €
SEF	10.000 €
SEVt	5.000 €

a) Bestimmen Sie die variablen Gemeinkostenzuschlagssätze und den Fixkostensatz.

b) Welche Vorteile bietet eine Kostenstellenrechnung auf Teilkostenbasis?

5.22 In einem Unternehmen sind für fünf Fertigungshauptkostenstellen folgende Fertigungseinzelkosten und primäre Gemeinkosten im September entstanden:

Kostenstellen ⇒ Kostenarten (€/Per) ⇓	Summe	Fertigung I	Fertigung II	Fertigung III	Fertigung IV	Fertigung V
Einzelkosten	133.500	18.000	30.000	17.500	18.000	50.000
Primäre Gemeinkosten	135.000	27.000	24.000	21.000	18.000	45.000

Innerhalb der Hauptkostenstellen sind folgende innerbetriebliche Leistungen zu verrechnen:
Die Fertigung II hat an die Fertigung I 100 Werkstücke vom Typ A und an die Fertigung V 20 Werkstücke vom Typ B geliefert.
Die Fertigung IV lieferte an die Fertigung I 80 Werkstücke vom Typ C und an die Fertigung III 40 Werkstücke vom Typ D.

Die Einzelkosten für die innerbetrieblichen Leistungen, die in den Gemeinkosten der Hauptkostenstellen enthalten sind, betragen:

Werkstück	Fertigungslohn (€/Stück)	Fertigungsmaterial (€/Stück)
A	8	2
B	12	4
C	7	5
D	8	5

a) Nehmen Sie die innerbetriebliche Leistungsverrechnung nach dem Kostenartenverfahren vor.

b) Wenden Sie das Kostenstellenausgleichsverfahren an.

5.23 In einem Unternehmen sind im Monat Oktober folgende Einzelkosten angefallen:

Fertigungsmaterial	1.800.000 €
Fertigungslöhne Dreherei	540.000 €
Fertigungslöhne Fräserei	350.000 €

Zur Aufstellung eines Betriebsabrechnungsbogens werden folgende Zahlen der Kostenartenrechnung des Monats Oktober entnommen:

Gemeinkostenart	€/Mon	Verteilungsgrundlage
Hilfsstoffe	44.000	Rechnungen
Hilfslöhne	176.000	Lohnlisten
Gehälter	518.000	Gehaltslisten
Sozialkosten	1.035.000	Lohn- und Gehaltslisten
Kalk. Abschreibungen	160.000	Anlagenkartei
Kalkulatorische Zinsen	120.000	Betriebsnotwendiges Kapital
Steuern	45.000	Schätzung
Miete/Pachten	48.000	Raumgröße
Instandhaltungen	90.000	Kostenstellenaufträge
Materialkosten	60.000	Schätzung
Versicherungen	117.000	Schätzung
Summe	2.413.000	

Nachstehende Kostenstellen sind in diesem Unternehmen eingerichtet:

Allgemeine Kostenstellen:	1	Energie
	2	Fuhrpark
Hauptkostenstelle:	3	Material
Fertigungshilfskostenstelle:	4	Werkzeugbau
Hauptkostenstellen:	5	Fertigungshauptstelle Dreherei
	6	Fertigungshauptstelle Fräserei
	7	Verwaltungsstelle
	8	Vertriebsstelle

a) Erstellen Sie den Betriebsabrechnungsbogen auf Vollkostenbasis gemäß der nachfolgenden Verteilungsgrundlage.

Kostenstellen ⇒ Kostenarten ⇓ (€/Per)	Summe	1 Energie	2 Fuhr-park	3 Material	4 Fertigungs-hilfs-kosten-stelle	5 Dreherei	6 Fräserei	7 Ver-waltung	8 Vertrieb
Hilfsstoffe	44.000	7.000	5.000	5.000	4.000	10.000	9.000	2.000	2.000
Hilfslöhne	176.000	32.000	25.000	20.000	15.000	40.000	40.000	-	4.000
Gehälter	518.000	68.000	35.000	40.000	17.000	88.000	80.000	150.000	40.000
Sozialkosten	1.035.000	150.000	100.000	125.000	35.000	175.000	150.000	225.000	75.000
Kalk. Abschr.	160.000	3	: 2	: 1	: 1	: 3	: 3	: 1	: 2
Kalk. Zinsen	120.000	3	: 1	: 1	: 1	: 2	: 2	: 1	: 1
Steuern	45.000	1	: 1	: 2	: 2	: 2	: 2	: 3	: 2
Miete	48.000	100 qm	200 qm	300 qm	100 qm	300 qm	300 qm	200 qm	100 qm
Instandhaltung	90.000	3	: 3	: 1	: 1	: 4	: 4	: 1	: 1
Versicherung	60.000	1	: 1	: 2	: 1	: 2	: 2	: 3	: 3
Sonstige Kosten	117.000	2	: 3	: 1	: 1	: 2	: 2	: 1	: 1
Umlage 1			4.000 ME	4.000 ME	4.000 ME	16.000 ME	12.000 ME	4.000 ME	4.000 ME
Umlage 2				30.000 km	-	10.000 km	10.000 km	10.000 km	80.000 km
Umlage 4						2.000 h	1.700 h		

b) Wenden Sie für die innerbetriebliche Leistungsverrechnung das Stufenleiterverfahren an.

c) Bestimmen Sie die Ist-Gemeinkostenzuschlagssätze.

5.24 Ein Unternehmen ist in neun Kostenstellen aufgeteilt, in denen folgende primäre Gemeinkosten im Oktober angefallen sind:

1 Kesselhaus	1.000 €
2 Kantine	1.450 €
3 Materialstelle	7.350 €
4 Arbeitsvorbereitung	1.050 €
5 Konstruktion	1.850 €
6 Dreherei	12.550 €
7 Montage	9.750 €
8 Verwaltung	9.850 €
9 Vertrieb	5.150 €
Summe	50.000 €

Die Einzelkosten betragen:

Materialeinzelkosten	110.000 €
Fertigungseinzelkosten Dreherei	25.000 €
Fertigungseinzelkosten Montage	8.000 €

Die Verteilung der primären Gemeinkosten ist bereits erfolgt.

Die Kosten der allgemeinen Kostenstellen werden entsprechend ihrer Inanspruchnahme durch andere Kostenstellen auf diese verteilt, d. h. jede Kostenstelle wird mit den Kosten für die Leistungen belastet, die sie von anderen Kostenstellen empfängt.

a) Die allgemeinen Kostenstellen (Kesselhaus und Kantine) und die Fertigungshilfskostenstellen (Arbeitsvorbereitung und Konstruktion) sind mit Hilfe des Stufenleiterverfahrens nach folgenden Angaben zu verteilen:

Kostenstellen ⇒ Leistungsabgabe ⇓	Kesselhaus 1	Kantine 2	Material 3	Arbeitsvorbereitung 4	Konstruktion 5	Dreherei 6	Montage 7	Verwaltung 8	Vertrieb 9	Summe
Umlage 1 (ME)	-	1.000	5.000	2.000	2.000	5.000	3.000	1.000	1.000	20.000
Umlage 2 (ME)			200	100	100	1.000	1.200	200	200	3.000
Umlage 4 (h)						70	50			120
Umlage 5 (h)						150	150			300

b) Bestimmen Sie die Gemeinkostenzuschlagssätze.

5.25 Der Kostenrechnungsabteilung einer Unternehmung stehen am Ende einer Periode folgende Unterlagen zur Verfügung:

Kostenstellen ⇒		Allgemeine Kostenstellen		Hauptkostenstellen				
Kostenarten ⇓ (€/Per)	Summe	E-Werk	Wasser	Material	Fertig. A	Fertig. B	Fertig. C	Vw+Vt
Löhne	26.550	4.000	2.000	1.500	7.000	5.000	6.050	1.000
Gehälter	12.000	1.000	500	1.000	2.000	1.000	1.500	5.000
Materialkosten	14.850	2.000	1.500	350	4.000	3.000	2.500	1.500
Instandhaltung	9.000	950	1.700	500	2.000	1.000	2.000	850
Abschreibung	13.400	1.600	1.300	1.500	3.000	2.000	3.000	1.000
Summe	75.800	9.550	7.000	4.850	18.000	12.000	15.050	9.350

Die Einzelkosten der Periode betragen:

MEK	116.000 €
FEK A	40.000 €
FEK B	36.000 €
FEK C	45.000 €

Außerdem hat die Kostenrechnungsabteilung Angaben darüber, wieviel Mengeneinheiten Wasser bzw. Strom von den beiden allgemeinen Kostenstellen produziert wurden und wie diese durch die anderen Kostenstellen verbraucht wurden:

Kostenstelle ⇓	Stromverbrauch (kWh)	Wasserverbrauch (cbm)
Wasserwerk	20.000	-
E-Werk	-	500
Materialstelle	5.000	500
Fertigungsstelle A	5.000	5.000
Fertigungsstelle B	35.000	2.000
Fertigungsstelle C	25.000	1.500
Verwaltung und Vertrieb	10.000	500
Summe	100.000	10.000

a) Schließen Sie den Betriebsabrechnungsbogen unter Anwendung des iterativen Einzelschrittverfahrens ab.

b) Ermitteln Sie die Gemeinkostenzuschlagssätze.

c) Ermitteln Sie die Gemeinkostenzuschlagssätze, wenn statt des iterativen Einzelschrittverfahrens das Stufenleiterverfahren gewählt wird.

d) Zu welchem Ergebnis hätte das Anbauverfahren geführt?

e) Zeigen Sie, dass das simultane Gleichungsverfahren zu gleichen Ergebnissen wie das iterative Verfahren führt.

f) Vergleichen und bewerten Sie die Ergebnisse der angewendeten Verfahren.

5.26 Der Kostenrechnungsabteilung einer Unternehmung stehen am Ende einer Periode nach der Verteilung der primären Gemeinkosten folgende Daten zur Verfügung:

Kostenstellen ⇒		Allgemeine Kostenstellen		Hauptkostenstellen			
Kostenarten ⇓ (€/Per)	Summe	Strom-stelle	Reparatur-stelle	Material	Fertigung	Verwalt.	Vertrieb
Σ Primäre Gemeinkosten	160.000	4.000	19.500	26.500	80.000	10.000	20.000

Die Leistungsabgabe der allgemeinen Kostenstellen an andere Kostenstellen ist in folgender Tabelle wiedergegeben:

Leistungsinanspruchnahme durch die Kostenstellen ⇒	Leistungsabgabe der allgemeinen Kostenstellen	
	Stromstelle⇓	Reparaturstelle⇓
Stromstelle	10.000 kWh	100 h
Reparaturstelle	5.000 kWh	300 h
Materialstelle	10.000 kWh	300 h
Fertigungsstelle	20.000 kWh	1.200 h
Verwaltung	2.000 kWh	20 h
Vertrieb	3.000 kWh	80 h
Summe	50.000 kWh	2.000 h

Die Einzelkosten betragen in dieser Periode:

Materialeinzelkosten	100.000 €
Fertigungseinzelkosten	50.000 €

a) Nehmen Sie die innerbetriebliche Leistungsverrechnung nach dem Einzelschrittverfahren vor.

b) Welches Ergebnis ergibt sich bei Anwendung des simultanen Gleichungsverfahrens?

5.27 Nach der bereits erfolgten Verteilung der primären Gemeinkosten für November ist die innerbetriebliche Leistungsverrechnung vorzunehmen:

Kostenstellen ⇒	Summe	Allgemeine Kostenstellen			Hauptkostenstellen		
Kostenarten ⇓ (€/Per)		1	2	3	Material	Fertig.	Vw+Vt
Primäre Gemeinkosten	30.600	600	2.500	1.500	5.000	12.000	9.000

Die Leistungsabgabe der allgemeinen Kostenstellen an andere Kostenstellen ergibt sich aus folgender Tabelle:

	⇓ Leistungsabgabe ⇓		
Leistungsempfang ⇒	Allgemeine Kostenstelle 1 (Minuten)	Allgemeine Kostenstelle 2 (kg)	Allgemeine Kostenstelle 3 (m)
Allgemeine Kostenstelle 1	-	400	400
Allgemeine Kostenstelle 2	800	-	200
Allgemeine Kostenstelle 3	300	600	-
Materialstelle	200	200	300
Fertigung	500	600	1.000
Verwaltung und Vertrieb	200	-	100
Summe	2.000	1.800	2.000

Für die Einzelkosten gilt:

MEK	55.000 €
FEK	25.000 €
SEF	4.150 €
SEVt	8.000 €

a) Ermitteln Sie die Gemeinkostenzuschlagssätze unter Anwendung des
   (1) Anbauverfahrens,
   (2) Stufenleiterverfahrens,
   (3) simultanen Gleichungsverfahrens.

b) Zeigen Sie, dass die drei Varianten des Iterationsverfahrens zu gleich guten Ergebnissen wie das simultane Gleichungsverfahren führen.

5.28 Der Betriebsabrechnungsbogen eines Betriebes liefert nach der Verteilung der primären Gemeinkosten folgende Ist-Daten:

Kostenstellen ⇒	Allgemeine Kostenstelle 1		Allgemeine Kostenstelle 2		Materialstelle		Fertigung		Verwaltung und Vertrieb	
Kostenarten ⇓ (€/Per)	fix	var	fix	var	fix	var	fix	var	fix	var
Σ Primäre Gemeinkosten	20.000	15.000	5.000	33.250	40.000	25.000	100.000	120.000	50.000	10.000

Die Leistungsabgabe der allgemeinen Kostenstellen an andere Kostenstellen ergibt sich aus folgender Tabelle:

Leistungsempfang ⇒	⇓ Leistungsabgabe ⇓ Allgemeine Kostenstelle 1 (cbm)	Allgemeine Kostenstelle 2 (h)
Allgemeine Kostenstelle 1	-	600
Allgemeine Kostenstelle 2	5.000	-
Materialstelle	10.000	800
Fertigung	40.000	2.000
Verwaltung und Vertrieb	5.000	100

a) Nehmen Sie die innerbetriebliche Leistungsverrechnung mit einem exakten Verfahren vor.

b) Ermitteln Sie die variablen Gemeinkostenzuschlagssätze, wenn folgende weitere Angaben bekannt sind:

MEK	300.000 €
FEK	200.000 €
SEF	40.000 €
SEVt	5.000 €

c) Warum würde die Anwendung des Stufenleiterverfahrens in diesem Unternehmen zu einem ungenauen Ergebnis führen?

5.29 Der BAB eines Betriebes liefert nach der Verteilung der primären Gemeinkosten folgende Ist-Daten:

Kostenstellen ⇒	Allgemeine Kostenstelle 1		Allgemeine Kostenstelle 2		Material		Fertigung 1		Fertigung 2		Verwaltung		Vertrieb	
Kostenarten (€/Per) ⇓	fix	var	fix	var	fix	var	fix	var	fix	var	fix	var	fix	var
Σ Gemein-kostenarten	6.000	8.860	4.000	2.000	12.000	2.090	20.000	11.250	50.000	31.700	18.000	2.357,50	10.000	4.342,50

Die Leistungsabgabe der allgemeinen Kostenstellen an andere Kostenstellen ergibt sich aus folgender Tabelle:

Leistungsempfang ⇒	⇓ Leistungsabgabe ⇓ Allgemeine Kostenstelle 1 (cbm)	Allgemeine Kostenstelle 2 (h)
Allgemeine Kostenstelle 1	-	400
Allgemeine Kostenstelle 2	4.000	-
Materialstelle	8.000	600
Fertigung I	36.000	2.000
Fertigung II	20.000	3.000
Verwaltung	3.000	300
Vertrieb	9.000	700
Summe	80.000	7.000

a) Die innerbetriebliche Leistungsverrechnung ist mit Hilfe des simultanen Gleichungsverfahrens vorzunehmen.

b) Die variablen Gemeinkostenzuschlagssätze sind zu ermitteln, wenn folgende weitere Angaben bekannt sind:

MEK	80.000 €
FEK I	40.000 €
FEK II	100.000 €
SEF	10.000 €
SEVt	11.600 €

5.30 In einem Unternehmen beliefern sich die beiden allgemeinen Kostenstellen „Stromerzeugung" und „Wasserversorgung" gegenseitig.
Die Gesamtleistung der „Wasserversorgung" beträgt 20.000 m^3 Wasser. Davon werden 400 m^3 von der „Stromerzeugung" in Anspruch genommen. Die primären Gemeinkosten der „Wasserversorgung" betragen 59.000 €.
Von den 50.000 KWh, die von der Stromkostenstelle insgesamt erzeugt werden, verbraucht die „Wasserversorgung" 5.000 kWh. In der „Stromversorgung" sind primäre Gemeinkosten in Höhe von 8.800 € entstanden.

a) Ermitteln Sie die innerbetrieblichen Verrechnungspreise je m^3 Wasser und je KWh Strom, und verrechnen Sie die Leistungen zwischen den beiden allgemeinen Kostenstellen!

b) Ermitteln Sie den Gemeinkostenzuschlagssatz für die Fertigungskostenstelle, wenn die Fertigungseinzelkosten 80.000 €, die primären Fertigungsgemeinkosten 18.000 € betragen und die Fertigung 10.000 m^3 Wasser und 10.000 KWh Strom an innerbetrieblichen Leistungen in Anspruch nimmt!

Testklausur zu Kapitel 5

Die folgenden Behauptungen sind auf ihre Richtigkeit zu überprüfen.
(Es können mehrere Behauptungen richtig sein.)

Kennzeichnen Sie die Behauptungen mit
richtig (+),
weiß nicht ( ),
falsch (-).

Punktvergabe:
Kennzeichen richtig = 1 Punkt,
Kennzeichen weiß nicht oder falsch = 0 Punkte.

1. Die Aufgabe der Kostenstellenrechnung ist es,

   a) die Gesamtkosten einer Periode zu ermitteln; ( )
   b) eine wirksame Kostenkontrolle zu ermöglichen; ( )
   c) Preisuntergrenzen auf der Basis von Vollkosten zu bestimmen; ( )
   d) den Kostenstellen Material- und Lohneinzelkosten verursachungsgerecht zuzurechnen. ( )

2. Die Kostenstellenrechnung

   a) kann als Bindeglied zwischen Kostenarten- und Kostenträgerrechnung angesehen werden; ( )
   b) ist Grundlage einer differenzierten Zurechnung der Gemeinkosten auf die Kostenträger; ( )
   c) wird üblicherweise in Kontenform durchgeführt; ( )
   d) ist immer eine Vollkostenrechnung; ( )
   e) umfasst die Verteilung der sekundären und der primären Gemeinkosten auf die Kostenstellen. ( )

3. Die Einteilung der Kostenstellen sollte erfolgen nach

   a) räumlichen Gesichtspunkten; ( )
   b) funktionalen Gesichtspunkten; ( )
   c) der Möglichkeit, Fixkosten zu reduzieren; ( )
   d) organisatorischen Gesichtspunkten; ( )
   e) rechnungstechnischen Gesichtspunkten. ( )

4. Im Betriebsabrechnungsbogen (BAB)

a) werden Einzelkosten als Bezugsgrößen erfasst; ( )
b) werden die Gemeinkosten den Kostenstellen zugerechnet; ( )
c) können Gemeinkosten in fixe und variable Bestandteile aufgelöst werden; ( )
d) können alle Gemeinkosten den Kostenstellen verursachungsgemäß zugerechnet werden; ( )
e) werden Zuschlagssätze für die Weiterverrechnung der Gemeinkosten auf die Kostenträger ermittelt. ( )

5. Zu den im Betriebsabrechnungsbogen zu verteilenden Kostenarten zählen

a) das Fertigungsmaterial; ( )
b) die Hilfslöhne; ( )
c) die Energiekosten; ( )
d) die Fertigungslöhne; ( )
e) die Hilfs- und Betriebsstoffkosten. ( )

6. Hauptkostenstellen sind Stellen,

a) die Leistungen erbringen, die sofort auf Kostenträger verrechnet werden; ( )
b) deren Kosten im Kalkulationsschema der Kostenträgerrechnung wiederzufinden sind; ( )
c) die von der innerbetrieblichen Leistungsverrechnung nicht beeinflusst werden; ( )
d) denen primäre und sekundäre Gemeinkosten angelastet werden. ( )

7. Hilfskostenstellen sind Stellen,

a) die Leistungen für Hauptkostenstellen erbringen; ( )
b) deren Kosten den Kostenträgern direkt zugerechnet werden; ( )
c) deren Leistungen aktiviert werden; ( )
d) deren Leistungen in der innerbetrieblichen Leistungsverrechnung anderen Kostenstellen zugerechnet werden. ( )

8. Zu den Verfahren der innerbetrieblichen Leistungsverrechnung zählen

a) das Stufenleiterverfahren; ( )
b) das Durchschnittsverfahren; ( )
c) das Anbauverfahren; ( )
d) das Mittelwertverfahren; ( )
e) das Gleichungsverfahren. ( )

9. Bei folgenden Verfahren wird die innerbetriebliche Leistungsverrechnung ohne die Bildung von allgemeinen Kostenstellen und Hilfskostenstellen abgewickelt

a) Stufenleiterverfahren; ( )
b) Kostenartenverfahren; ( )
c) Anbauverfahren; ( )
d) Iterationsverfahren; ( )
e) Gleichungsverfahren. ( )

10. Iterative Verfahren der innerbetrieblichen Leistungsverrechnung

a) führen zu ungenauen Ergebnissen; ( )
b) sind dem Gleichungsverfahren ebenbürtig, weil sie ebenso genaue Ergebnisse liefern; ( )
c) setzen die Bildung allgemeiner Kostenstellen und/oder Hilfskostenstellen voraus; ( )
d) können nur in Industriebetrieben eingesetzt werden. ( )

11. Kostenstellenrechnungen auf Teilkostenbasis

a) sind in der Kostenträgerrechnung zur Ermittlung kurzfristiger Preisuntergrenzen erforderlich; ( )
b) sind die Grundlage der Deckungsbeitragsrechnung; ( )
c) sind undurchführbar in Dienstleistungsunternehmen, weil sich dort die Gemeinkosten nicht in fixe und variable Bestandteile auflösen lassen; ( )
d) sind nicht anwendbar in Unternehmen mit allgemeinen Kostenstellen und Hilfskostenstellen. ( )

6. Kostenträgerstückrechnung (Kalkulation)

6.1 Aufgaben und Überblick

In der Kostenträgerrechnung werden den einzelnen Kostenträgern (Produkte, Kunden, Absatzgebiete usw.) die auf sie entfallenden Kosten zugerechnet. Die traditionellen Methoden der Kalkulation rechnen mit Vollkosten, wobei alle im Betrieb entstandenen Kosten (fixe und variable Kosten) dem Kostenträger entweder direkt oder über Schlüsselung indirekt zugerechnet werden. Demgegenüber verzichtet man in der Teilkostenrechnung auf die Zurechnung der fixen Kosten und belastet die Kostenträger nur mit den durch sie verursachten variablen Kosten.

Der im Normalfall wichtigste Kostenträger ist die betriebliche Leistung, die die verursachten Kosten tragen muss. Von den Kostenträgern, die in den Absatz gehen (Außenauftrag), sind die Kostenträger zu unterscheiden, die im Unternehmen selbst verbraucht oder gebraucht werden (Innenauftrag)[1]:

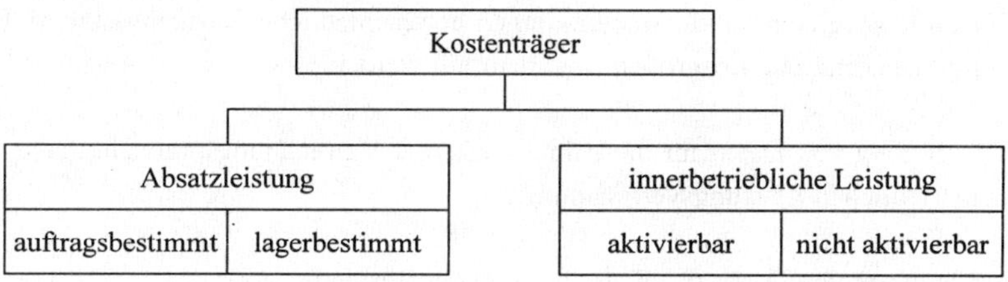

Die Absatzleistung ist auftragsbestimmt, wenn ein konkreter Kundenauftrag vorliegt, oder aber sie kann lagerbestimmt sein, d. h. es wird für den anonymen Markt produziert.

Bei der innerbetrieblichen Leistung kann es sich um einen zu aktivierenden Anlageauftrag handeln oder um einen nicht aktivierbaren Gemeinkostenauftrag (z. B. Stromerzeugung).

[1] Vgl. L. Haberstock, Kostenrechnung I ..., S. 163.

Die Kostenträgerrechnung oder Kalkulation soll folgende Aufgaben erfüllen:

(1) Lieferung von Ausgangsdaten für kurzfristige Entscheidungen und Planungsrechnungen, u. a.:

(a) Preispolitische Entscheidungen
In der Kalkulation soll die kurz- und die langfristige Preisuntergrenze bestimmt werden. Bei Einzelaufträgen oder bei öffentlichen Aufträgen kann es auch darum gehen, den „Selbstkostenpreis" zu ermitteln.

(b) Sortimentspolitische Entscheidungen
Hierbei geht es um die Frage, ob ein Produkt aus dem Produktionsprogramm genommen werden soll, ob Zusatzaufträge angenommen werden sollen usw.

(2) Lieferung von Unterlagen für Kostenkontrollaufgaben.
Durch Vergleichskalkulationen können unterschiedliche Fertigungsstätten, Fertigungsverfahren, Losgrößen usw. beurteilt werden.

(3) Lieferung von Daten für die Bildung interner Verrechnungspreise in der innerbetrieblichen Leistungsverrechnung.

(4) Lieferung von Daten für die Bewertung der Bestände.
In der Handels-, in der Steuerbilanz und in der kurzfristigen Erfolgsrechnung müssen die Bestände an unfertigen und fertigen Erzeugnissen zu den enthaltenen Aufwendungen bzw. Kosten bewertet werden. Hierzu liefert die Kalkulation die Unterlagen[1].
Die Kostenträgerrechnung bildet ebenfalls die Grundlage für die Bewertung interner Leistungen, die zu aktivieren sind.

Der Kalkulationsbegriff kann nach verschiedenen Kriterien gegliedert werden. Nach dem Zeitpunkt der Kalkulation lässt sich unterscheiden:

---

1 Vgl. S. 216 und S. 250.

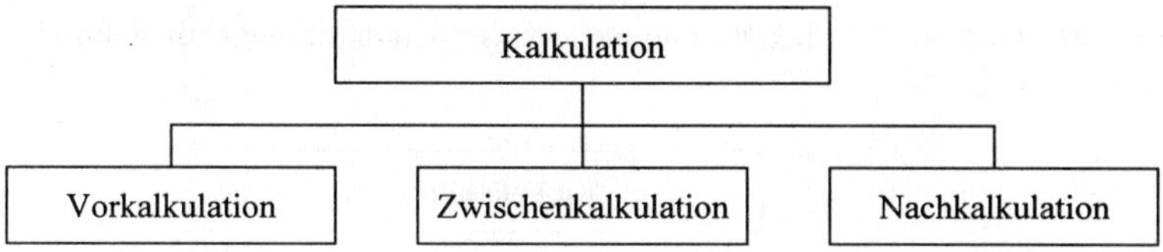

Die Vorkalkulation arbeitet mit vorausberechneten Einzelkosten und Normal- bzw. Plangemeinkostenzuschlägen.

Bei der Zwischenkalkulation soll während der länger andauernden Ausführung eines Auftrages die bisherige Richtigkeit des Kostenvoranschlages überprüft werden. In der Zwischenkalkulation werden die bisher angefallenen Istkosten zugrunde gelegt.

In der Nachkalkulation werden die tatsächlich angefallenen Kosten für einen Auftrag ermittelt und den geplanten Kosten gegenübergestellt, so dass eine Kostenkontrolle des einzelnen Auftrages ermöglicht wird.

Nach dem Zweck der Kalkulation lässt sich unterscheiden in:

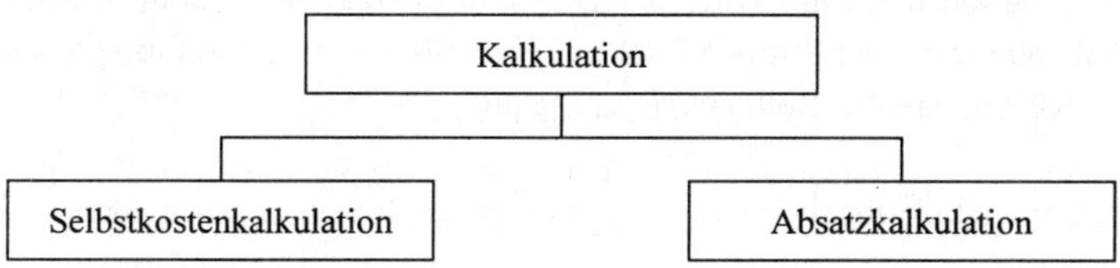

Bei der Selbstkostenkalkulation werden in der Teilkostenrechnung die variablen Kosten pro Stück bestimmt und in der Vollkostenrechnung die gesamten Kosten pro Stück.

Kalkuliert man bis zum Auszeichnungspreis, handelt es sich um eine Absatzkalkulation.

Von der Marktsituation hängt es ab, welche Größen durch die Kalkulation bestimmt werden sollen:

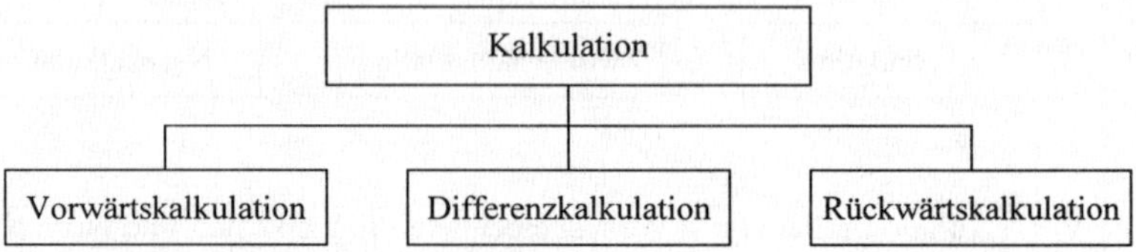

Wenn das Unternehmen auf dem Absatzmarkt den Preis für einen Kostenträger selbst bestimmen kann, so kann mit der Vorwärtskalkulation der Auszeichnungspreis kalkuliert werden.

Ist der Marktpreis für ein Produkt aufgrund der herrschenden Konkurrenzverhältnisse ein Datum, so muss mit Hilfe der Rückwärtskalkulation bestimmt werden, in welcher Höhe die Kosten höchstens anfallen dürfen.

Kleine Handelsunternehmen befinden sich häufig in der Lage, dass sie weder den Beschaffungspreis noch den Absatzpreis für ein Produkt beeinflussen können. In dieser Situation muss mit Hilfe der Differenzkalkulation ermittelt werden, ob der verbleibende Differenzbetrag zwischen Einstandspreis und Verkaufspreis ausreicht, um die Kosten und den Sollgewinn zu decken.

Nach dem Kalkulationsverfahren lässt sich grundsätzlich unterscheiden:

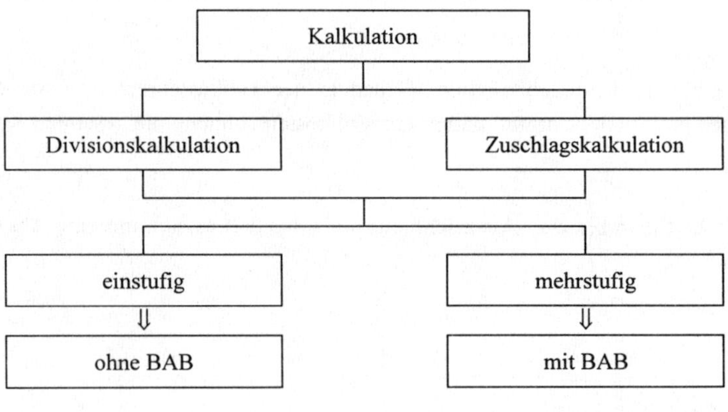

Unter Kalkulationsverfahren bzw. -methoden versteht man die Techniken der Verteilung der Kosten auf die Kostenträger. Dabei werden weder der Sachinhalt noch der Sachumfang der zu verrechnenden Kosten festgelegt. Die Kalkulationsmethoden sind sowohl bei der Ist- oder Plankostenrechnung auf der Basis von Voll- oder Teilkosten und bei Vor- oder Nachkalkulationen anwendbar. Die Divisionskalkulation lässt sich nur in Einproduktunternehmen anwenden; hier werden die Kosten einer Leistungseinheit dadurch bestimmt, dass die in einer Periode anfallenden Kosten durch die Zahl der erstellten Leistungseinheiten dividiert werden. In Mehrproduktunternehmen kommt die Zuschlagskalkulation zur Anwendung; hier werden die Einzelkosten den unterschiedlichen Produkten direkt zugerechnet und die Gemeinkosten mit Hilfe von Zuschlagssätzen hinzugefügt.
Das Kalkulationsverfahren kann ein- oder mehrstufig aufgebaut sein. Bei der einstufigen Kalkulation ist keine Kostenstellenrechnung erforderlich, weil die Kosten nicht nach Funktionsbereichen differenziert werden. Bei der mehrstufigen Kalkulation werden die Kosten nach Kostenstellen differenziert und so den Kostenträgern zugerechnet.

Der Einsatz einer bestimmten Kalkulationsmethode ist von mehreren Faktoren abhängig; ein sehr bedeutsamer ist das in der Produktion verwendete Fertigungsverfahren. Das Fertigungsverfahren wiederum richtet sich danach, ob es sich um eine Ein- oder Mehrproduktunternehmung handelt und ob die hergestellten Produkte mehr oder weniger heterogen sind.

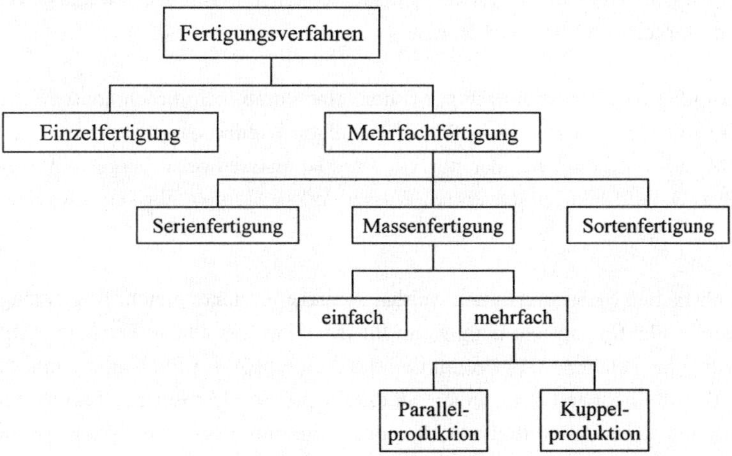

Einzelfertigung liegt vor, wenn von einem Erzeugnis nur eine Einheit erstellt wird. Keines der erzeugten Güter gleicht bei diesem Fertigungsverfahren dem anderen, z. B. konventioneller Hochbau, Großmaschinenbau, Handwerk. Bei der Mehrfachfertigung werden von einem oder mehreren Produkten mehrere oder viele gleichartige Einheiten hergestellt.

Serienfertigung ist eine Form der Mehrfachfertigung. Es werden nacheinander auf den gleichen Produktionsanlagen mehrere unterschiedliche Produkte hergestellt, wobei jedes Produkt einen eigenen Herstellungsprozeß aufweist. Nach Erstellung einer bestimmten Stückzahl wird eine neue Artikelserie aufgelegt. Bei sehr großen Stückzahlen rückt die Serienfertigung in die Nähe der Massenfertigung, bei sehr kleinen Losgrößen oder Auflagewerten nähert sie sich der Einzelfertigung. Serienfertigung findet man häufig beim Fahrzeugbau, Maschinenbau und in der Elektroindustrie.

Sortenfertigung liegt vor, wenn Produkte aus gleichen oder ähnlichen Grundstoffen auf den gleichen Produktionsanlagen nacheinander in Losgrößen oder Chargen erstellt werden. Die Sortenfertigung weist damit große Ähnlichkeit mit der Serienfertigung auf. Allerdings unterscheiden sich die einzelnen Erzeugnisse bei der Sortenfertigung nur in Nuancen, weil sie artverwandt sind, während sie sich bei der Serienfertigung sowohl in Bezug auf die verwendeten Materialien als auch hinsichtlich des Herstellungsprozesses deutlich unterscheiden. Von Sorten spricht man bei Zigaretten verschiedener Länge, Bieren unterschiedlicher Geschmacksrichtung, verschiedenen Stärken von Stahlblechen usw.

Massenfertigung ist ein Fertigungstyp, bei dem eine vorab nicht beschränkte Menge von Gütern mit gleichen Eigenschaften in ständiger Wiederkehr erzeugt wird. Die einfache Massenfertigung, bei der nur ein Produkt massenweise hergestellt wird, findet sich z. B. bei Elektrizitätswerken, Wasserwerken, Zementfabriken, Ziegeleien u. a.

Bei der mehrfachen Massenfertigung werden mehrere Produkte gleichzeitig erzeugt. Von Parallelproduktion spricht man, wenn für jedes Produkt eigene Fertigungsanlagen zur Verfügung stehen, z. B. Produktion des Autotyps A auf Fließband 1 und des Autotyps B auf Fließband 2 in hohen Stückzahlen. Die Grenzen zur Sorten- und Serienfertigung sind dabei fließend. Kuppelproduktion liegt vor, wenn bei der Erstellung eines Produktes mit technischer Notwendigkeit mindestens ein weiteres

Produkt anfällt. So fallen z. B. bei der Gaserzeugung zwangsweise Koks, Ammoniak und Teer an.

Fertigungsverfahren	Kalkulationsmethode	Kostenträger
Einfache Massenfertigung (Einproduktunternehmen)	Einfache Divisionskalkulation	ein einheitliches Produkt, z. B. Strom, Zement
Mehrfache Massenfertigung verwandter Produkte (Sorten)	Verfeinerte Divisionskalkulation (Äquivalenzziffern-kalkulation)	mehrere artähnliche Produkte, z. B. verschiedene Biersorten, mehrere Ziegelsorten
Mehrfache Massenfertigung unterschiedlicher Produkte in Serien	Zuschlagskalkulation	mehrere unterschiedliche Produkte, z. B. Tische, Schränke, Stühle
Einzelfertigung		Anlagenbau, Schiffbau, Bau von Kraftwerken
Kuppelproduktion	spezielle Verfahren (Restwertmethode, Verteilungsmethode)	verbundene Produkte, z. B. Mineralölprodukte (Benzin, Schweröl, Heizöl) oder tierische Produkte (Milch, Käse, Fleisch)

Übers. 6.1: Kalkulationsmethoden und ihre Anwendungsgebiete

6.2 Kalkulationsverfahren

6.2.1 Divisionskalkulation

Die Divisionskalkulation ist eine besonders einfache Kalkulation, die aber in der Praxis selten angewendet werden kann, da sie nur für Einproduktbetriebe, die ein homogenes Massenprodukt herstellen, in Frage kommt.

Es ist zu unterscheiden:

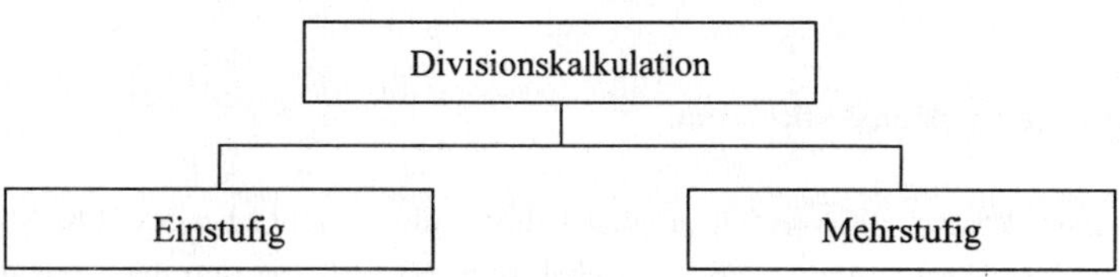

Einstufige Divisionskalkulation

Bei der einstufigen Divisionskalkulation werden die gesamten Kosten einer Periode durch die gesamte während dieser Periode produzierten Menge dividiert:

$$k = \frac{K}{x}$$

Beispiel 6.1 (Kalkulation in einem Ein-Produkt-Unternehmen)

In einem Kalksandsteinwerk sind in einem Monat 6.000 cbm Kalksandsteine erzeugt worden. Es sind Gesamtkosten in Höhe von 120.000 GE entstanden.

Wie hoch sind die Kosten für 1 cbm Kalksandsteine?

Lösung

Die Kosten pro cbm betragen:

$$k = \frac{120.000}{6.000} = 20 \text{ €/cbm}$$

Die einstufige Divisionskalkulation ist nur anwendbar, wenn keine Lagerbestandsveränderungen auftreten, denn die Lagerbestände dürfen nach handels- und steuerrechtlichen Vorschriften nicht mit Vertriebskosten belastet werden, die aber in den ermittelten Selbstkosten von 20 €/cbm enthalten sind.

Die Gesamtkosten des Betriebes müssen daher bei Bestandsänderungen mindestens in zwei Bestandteile aufgeteilt werden, in die Herstellkosten einerseits und die Verwaltungs- und Vertriebskosten andererseits.

Zweistufige Divisionskalkulation

Die Herstellkosten HK werden zunächst durch die gesamte hergestellte Menge x_p dividiert, die Verwaltungs- und Vertriebskosten VwVtK werden dann nur den verkauften Produkteinheiten x_a angelastet. Die Kosten müssen daher nach Funktionsbereichen verteilt werden, es ist also ein Betriebsabrechnungsbogen zu erstellen.

Diese Form der Divisionskalkulation wird als zweistufige Divisionskalkulation bezeichnet:

$$k = \frac{HK}{x_p} + \frac{VwVtGK}{x_a}$$

Beispiel 6.2 (Zweistufige Divisionskalkulation bei Lageraufbau)

In dem Kalksandsteinwerk werden von den 6.000 cbm Steinen nur 4.000 cbm verkauft. In den Gesamtkosten des Monats sind 12.000 € Verwaltungs- und Vertriebskosten enthalten.

a) Bestimmen Sie die Kosten pro cbm Kalksandstein für die verkauften Einheiten.

b) Wie hoch sind die Herstellkosten pro cbm der auf Lager gehenden Steine?

Lösung a)

$$k = \frac{108.000}{6.000} + \frac{12.000}{4.000} = 18 + 3$$

k = 21 €/cbm

Die Selbstkosten der abgesetzten Mengen betragen 21 €/cbm.

Lösung b)

Die 2.000 cbm, die auf Lager gehen, werden mit den Herstellkosten von 18 €/cbm bewertet, insgesamt also mit 36.000 €.

Mehrstufige Divisionskalkulation

Wenn in einem Unternehmen mehrere Produktionsstufen vorhanden sind und zwischen diesen Stufen Lagerbestandsveränderungen bei Halbfabrikaten auftreten können, reicht die zweistufige Divisionskalkulation nicht mehr aus. In diesem Fall findet die mehrstufige Divisionskalkulation Anwendung:

$$k = \frac{HK_1}{x_{p_1}} + \frac{HK_2}{x_{p_2}} + \ldots + \frac{HK_n}{x_{p_n}} + \frac{VwGK}{x_a} + \frac{VtGK}{x_a}$$

Die Herstellkosten in den einzelnen Kostenstellen werden durch die in diesen Kostenstellen produzierten Mengen geteilt. Die Verwaltungsgemeinkosten können auch auf die gesamte produzierte Menge verteilt und damit den Lagerbeständen mit angelastet werden, da nach den handels- und steuerrechtlichen Herstellungskostenbegriffen die Einbeziehung anteiliger Verwaltungsgemeinkosten möglich ist.

Beispiel 6.3 (Mehrstufige Divisionskalkulation im Kalksandsteinwerk)

Die Produktion der Kalksandsteine erfolgt in zwei Stufen. In der ersten Stufe werden in diesem Monat 6.000 cbm bearbeitet, die Herstellkosten betragen 72.000 €. In der zweiten Stufe werden 4.000 cbm bei Herstellkosten von 28.000 € bearbeitet. Die Verwaltungs- und Vertriebsgemeinkosten betragen 10.500 €. Es werden 3.000 cbm abgesetzt.

a) Wie hoch sind die Selbstkosten einer verkauften Einheit?

b) Welchen Wert haben die Bestandsveränderungen an Halb- und Fertigfabrikaten?

Lösung a)

$$k = \frac{72.000}{6.000} + \frac{28.000}{4.000} + \frac{10.500}{3.000} = 12 + 7 + 3{,}50$$

$k = 22{,}50$ €/cbm

Die Selbstkosten einer verkauften Einheit betragen 22,50 €/cbm.

Lösung b)

Die 2.000 cbm Halbfabrikate werden mit 12 €/cbm (insgesamt 24.000 €) und die 1.000 cbm Fertigfabrikate mit 19 €/cbm (insgesamt 19.000 €) bewertet.

Die Voraussetzungen für die Anwendung der Divisionskalkulation können folgendermaßen zusammengefasst werden:

Kalkulationsverfahren	Anwendungsgebiet
Einstufige Divisionskalkulation	Einproduktunternehmen / Keine Lagerbestandsveränderungen bei Halbfabrikaten (einstufige Produktion) / Keine Lagerbestandsveränderungen bei Fertigfabrikaten (produzierte Menge = abgesetzte Menge)
Zweistufige Divisionskalkulation	Einproduktunternehmen / Keine Lagerbestandsveränderungen bei Halbfabrikaten (einstufige Produktion)
Mehrstufige Divisionskalkulation	Einproduktunternehmen / Mehrstufige Produktion

Übers. 6.2: Anwendungsgebiete der Divisionskalkulation

6.2.2 Äquivalenzziffernkalkulation

Die Äquivalenzziffernkalkulation ist eine Sonderform der Divisionskalkulation. Sie wird in Unternehmen angewendet, die artähnliche Produkte (Sorten) herstellen. In diesen Unternehmen werden zwar mehrere Produkte hergestellt, der Produktionsablauf ist aber für jedes Produkt grundsätzlich gleich, wie z. B. bei der Herstellung von mehreren Biersorten oder der Produktion von verschiedenen Walzstahlsorten. Kostenunterschiede bei den einzelnen Sorten treten dadurch auf, dass für die verschiedenen Sorten unterschiedliche Rohstoffe eingesetzt werden und die Produktion mehr oder weniger intensiv erfolgt. Diese Kostenunterschiede werden durch Äquivalenzziffern ausgedrückt. Eine Äquivalenzziffer gibt an, in welchem Verhältnis die

Kosten eines Produktes zu den Kosten eines Einheitsproduktes (Einheitssorte) mit der Äquivalenzziffer 1 (100 %) stehen[1].

Äquivalenzziffern werden in der betrieblichen Praxis meistens durch Techniker mit Hilfe von analytischen Methoden ermittelt[2]. Sie lassen sich jedoch auch auf Grund kostenstatistischer und betriebsfremder Informationen bestimmen. Die analytische Festlegung der Äquivalenzziffern durch Verbrauchsmessungen, Untersuchung des technischen Ablaufs der Produktion usw. ist den anderen Formen der Ermittlung von Äquivalenzziffern vorzuziehen, weil sie am ehesten dem Prinzip der Kostenverursachung entspricht.

Die Äquivalenzziffernkalkulation kann wie die Divisionskalkulation in zwei Formen erfolgen:

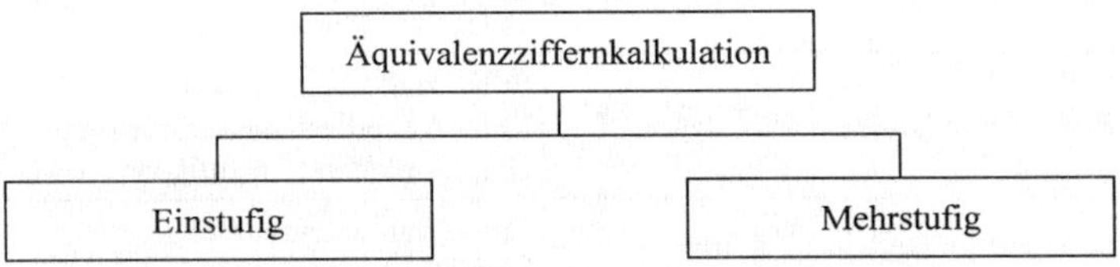

Die Anwendungsvoraussetzungen gelten wie bei der Divisionskalkulation.

Kalkulationsverfahren	Anwendungsgebiet
Einstufige Äquivalenzziffernkalkulation	Sortenproduktion / Keine Lagerbestandsveränderungen bei Halbfabrikaten (einstufige Produktion) / Keine Lagerbestandsveränderungen bei Fertigfabrikaten (produzierte Menge = abgesetzte Menge)
Zweistufige Äquivalenzziffernkalkulation	Sortenproduktion / Keine Lagerbestandsveränderungen bei Halbfabrikaten (einstufige Produktion)
Mehrstufige Äquivalenzziffernkalkulation	Sortenproduktion / Mehrstufige Produktion

[1] Vgl. L. Haberstock, Kostenrechnung I ..., S. 174.
[2] Vgl. W. Kilger, Einführung in die Kostenrechnung, Wiesbaden 1987, S. 316 f.

Eine einstufige Äquivalenzziffernkalkulation lässt sich nur durchführen, wenn keine Lagerbestandsveränderungen bei Halb- und Fertigfabrikaten eintreten und damit eine Aufteilung der Kosten auf den Herstellungsbereich und auf den Verwaltungs- und Vertriebsbereich nicht erforderlich ist.

Die Kalkulation erfolgt in folgenden Schritten[1]:

(1) Man bestimmt, welche Sorte als Einheitssorte gelten soll.

(2) Die Produktionsmengen aller Sorten werden mit den jeweiligen Äquivalenzziffern multipliziert, um eine einheitliche Bezugsgrundlage zu erhalten.

(3) Die Kosten der Gesamtproduktion werden durch die ermittelten Mengeneinheiten der Einheitssorte dividiert.

(4) Durch die Multiplikation der Kosten der Einheitssorte mit den Äquivalenzziffern der anderen Sorten ergeben sich die Kosten je Sorte.

Einstufige Äquivalenzziffernkalkulation

Bei der einstufigen Äquivalenzziffernkalkulation werden die Gesamtkosten einer Periode mit Hilfe einer Äquivalenzziffernreihe auf die Sorten umgerechnet. Damit nimmt man keine Trennung in Herstellkosten und Verwaltungs- und Vertriebskosten vor, so dass Halb- und Fertigfabrikate nicht bewertet werden können.

Beispiel 6.4 (Äquivalenzziffernkalkulation in einer Brauerei)

In einer Brauerei werden die Biersorten Pilsener, Export und Edel erzeugt. Die Gesamtkosten für den Monat Mai betragen 5.256.000 €. Auf Grund von technischen Verbrauchsmessungen und betriebswirtschaftlichen Untersuchungen schätzt man, dass Pilsener 1,2-mal und Edel 0,9-mal soviel wie Export kosten.
Die Ausstoßmengen sind folgender Tabelle zu entnehmen:

[1] Vgl. Bundesverband der deutschen Industrie (Hrsg.), Empfehlungen zur Kosten- und Leistungsrechnung, Band 1, S. 67.

Sorte	Ausstoß (hl/Monat)	Äquivalenzziffer
Pilsener	4.000	1,2
Export	10.000	1,0
Edel	16.000	0,9
	30.000	

Bestimmen Sie die Selbstkosten der drei Biersorten.

Lösung

Durch die Multiplikation der Ausstoßmengen mit den Äquivalenzziffern erhält man die Mengen (Rechnungseinheiten), die man hätte produzieren können, wenn man nur die Einheitssorte Export hergestellt hätte. Durch diese Transformation lassen sich die Kosten für die Einheitssorte durch eine einfache Divisionskalkulation ermitteln:

$$\text{Kosten je Rechnungseinheit} = \frac{\text{Gesamtkosten}}{\text{Rechnungseinheiten}} = \frac{5.256.000}{29.200} = 180\ \text{€/hl}$$

Die Kosten pro hl für die Einheitssorte (180 €/hl) multipliziert mit den Äquivalenzziffern von Pilsener und Edel ergeben die Kosten pro hl dieser beiden Sorten.

Sorte	Ausstoß (hl/Monat)	Äquivalenzziffer	„Export"-Rechnungseinheiten (hl/Monat)	Kosten je Sorte	
				€ pro hl	gesamt €
Pilsener	4.000	1,2	4.800	216	864.000
Export	10.000	1,0	10.000	180	1.800.000
Edel	16.000	0,9	14.400	162	2.592.000
	30.000		29.200		5.256.000

Mehrstufige Äquivalenzziffernkalkulation

Bei der mehrstufigen Äquivalenzziffernkalkulation können für verschiedene Kostenstellen unterschiedliche Äquivalenzziffernreihen verwendet werden. Das ist immer dann notwendig, wenn sich mit Hilfe einer einzigen Äquivalenzziffernreihe die Kostenunterschiede der Sorten nicht erfassen lassen.

Beispiel 6.5 (Mehrstufige Sortenkalkulation in einem Industrieunternehmen)

In einem Betrieb werden die drei Produktsorten A, B und C in folgenden Mengen hergestellt:

Produktsorte	Menge (Stück/Per)
A	2.000
B	4.000
C	3.000

Für die Verteilung der in diesem Monat entstandenen Kosten gelten folgende Äquivalenzziffern:

Kostenart	€/Per	Äquivalenzziffern		
		A	B	C
Materialkosten	46.500	0,7	1,0	1,3
Fertigungskosten	37.600	0,9	1,0	1,2
Verwaltungs- und Vertriebskosten	22.500	1,0	1,0	1,0

a) Bestimmen Sie die auf eine Produkteinheit entfallenden
- Materialkosten,
- Fertigungskosten,
- Verwaltungs- und Vertriebskosten.

b) Wie hoch sind die auf jede Produktsorte entfallenden Gesamtkosten?

Lösung a)

Materialkosten

Sorte	x	ÄZ · x	Materialkosten pro Stück (€/Stück)	Materialkosten gesamt (€)
A	2.000	1.400	3,50	7.000
B	4.000	4.000	5,00	20.000
C	3.000	3.900	6,50	19.500
		9.300		46.500

Fertigungskosten

Sorte	x	ÄZ · x	Fertigungskosten pro Stück (€/Stück)	Fertigungskosten gesamt (€)
A	2.000	1.800	3,60	7.200
B	4.000	4.000	4,00	16.000
C	3.000	3.600	4,80	14.400
		9.400		37.600

Verwaltungs- und Vertriebskosten

Sorte	x	ÄZ · x	VwVtK pro Stück (€/Stück)	VwVtK gesamt (€)
A	2.000	2.000	2,50	5.000
B	4.000	4.000	2,50	10.000
C	3.000	3.000	2,50	7.500
		9.000		22.500

Lösung b)

Gesamtkosten

Sorte	k (€/Stück)	K (€/Per)
A	9,60	19.200
B	11,50	46.000
C	13,80	41.400
		106.600

6.2.3 Zuschlagskalkulation

In industriellen Fertigungsprozessen wird in der Regel eine Vielzahl von unterschiedlichen Produkten gefertigt. Eine einfache Verteilung der Gesamtkosten auf die Kostenträger würde zu einem ungenauen Ergebnis führen. Man muss, um die durch eine Serie, einen Auftrag oder ein Stück verursachten Kosten zu ermitteln, die Gesamtkosten in Einzel- und Gemeinkosten unterteilen. Diese Unterteilung wird bereits in der Kostenartenrechnung vorgenommen. In der Kostenstellenrechnung werden dann im Betriebsabrechnungsbogen Kostenstellenverrechnungssätze (= Zuschlagssätze) ermittelt, mit deren Hilfe in der Kostenträgerrechnung die Gemeinkosten für einen Kostenträger bestimmt werden. Diese Form der Kalkulation wird als Zuschlagskalkulation bezeichnet.

Bei der Zuschlagskalkulation ist zu unterscheiden:

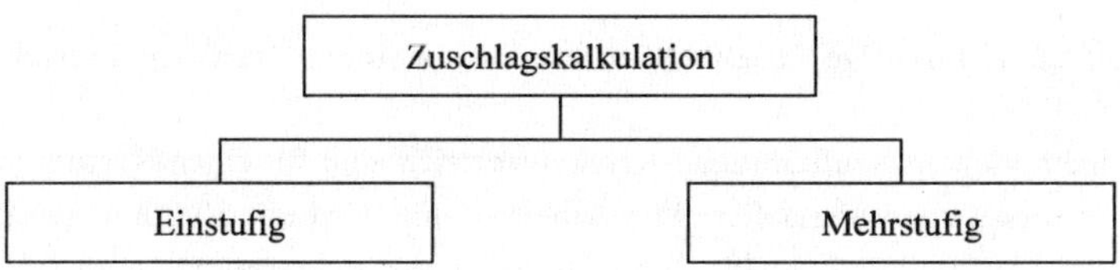

Die Anwendungsvoraussetzungen für die Zuschlagskalkulation sind:

Kalkulationsverfahren	Anwendungsgebiet
Einstufige Zuschlagskalkulation	Mehrproduktunternehmen / Keine Lagerbestandsveränderungen bei Halb- und Fertigfabrikaten
Mehrstufige Zuschlagskalkulation	Mehrproduktunternehmen / Mehrstufige Produktion

Übers. 6.3: Anwendungsgebiete der Zuschlagskalkulation

Einstufige Zuschlagskalkulation

Bei der einstufigen Zuschlagskalkulation werden die gesamten Gemeinkosten eines Betriebes durch einen Gemeinkostenzuschlag verrechnet. Dieser ergibt sich, indem die Gemeinkosten auf eine bestimmte Einzelkostenbasis bezogen werden. Die Zuschlagsgrundlage für die Verrechnung der Gemeinkosten ist die Einzelkostenart, von der die Gemeinkostenentwicklung hauptsächlich beeinflußt wird. In einem Industriebetrieb werden das entweder die Lohneinzelkosten oder die Materialeinzelkosten sein, in einem Handelsbetrieb ist es der Einstandspreis des zu verkaufenden Artikels. Der Vorteil dieser einfachen Kalkulation besteht darin, dass das Unternehmen auf eine Kostenstellenrechnung verzichten kann. Die gesamten Gemeinkosten lassen sich sehr leicht aus der Kostenartenrechnung ermitteln. Der Nachteil dieses Verfahrens liegt in seiner Ungenauigkeit. Jedes Produkt (jede Ware) wird mit dem gleichen Gemeinkostenzuschlagssatz belastet, obwohl das eine Produkt möglicherweise erheblich mehr Produktions-, Verwaltungs- und Absatzleistung in Anspruch genommen hat als ein anderes Produkt. Damit werden die einzelnen Produkte nicht verursachungsgerecht mit Kosten belastet.

Beispiel 6.6 (Einstufige Zuschlagskalkulation in einem Reparaturbetrieb)

In einem kleinen Kraftfahrzeug-Reparaturbetrieb sind für einen Reparaturauftrag 10 Arbeitsstunden angefallen. Die Arbeitsstunde wird mit 50 €/h angesetzt. Das für den Auftrag verbrauchte Material hat 350 € gekostet. Es wird mit einem Gemeinkostenzuschlagssatz von 50 % auf die Lohnkosten gerechnet.

Bestimmen Sie die Selbstkosten des Auftrages.

Lösung

Position	€
10 Arbeitsstunden zu je 50 €/h	500
Einzelmaterial für diesen Auftrag	350
Summe der Einzelkosten	850
50 % Gemeinkostenzuschlag auf die Lohnkosten	250
Selbstkosten	1.100

Die Gemeinkosten werden hier nur auf eine Einzelkostenart, die Lohneinzelkosten, bezogen, da in diesem Handwerksbetrieb die Gemeinkosten in erster Linie lohnabhängig sind. Die Gemeinkosten können jedoch auch auf die Materialeinzelkosten oder die Summe der Einzelkosten bezogen werden.

Die einstufige Zuschlagskalkulation wird besonders in kleinen Industrie- und Handelsbetrieben angewendet, da sie keine Kostenstellenrechnung erfordert. Da die Abdeckung der Gemeinkosten in einem einzigen Prozentsatz nicht den Anforderungen einer modernen Kostenrechnung entspricht, weil in der Regel mehrere Faktoren auf die Entwicklung der Gemeinkosten einwirken, setzen größere Unternehmen die mehrstufige Zuschlagskalkulation ein.

Mehrstufige Zuschlagskalkulation

Das allgemeine Kalkulationsschema für eine mehrstufige Zuschlagskalkulation sieht wie folgt aus[1]:

	Position	
(1)	Materialeinzelkosten (MEK)	
(2)	Materialgemeinkosten (MGK)	(in % von 1)
(3)	Materialkosten (MK)	(1 + 2)
(4)	Fertigungseinzelkosten (FEK)	
(5)	Fertigungsgemeinkosten (FGK)	(in % von 4)
(6)	Sondereinzelkosten der Fertigung (SEF)	
(7)	Fertigungskosten (FK)	(4 + 5 + 6)
(8)	Herstellkosten (HK)	(3 + 7)
(9)	Verwaltungsgemeinkosten (VwGK)	(in % von 8)
(10)	Vertriebsgemeinkosten (VtGK)	(in % von 8)
(11)	Sondereinzelkosten des Vertriebs (SEVt)	
(12)	Selbstkosten (SK)	(8 + 9 + 10 + 11)

Übers. 6.4: Selbstkostenkalkulation

Grundlage der mehrstufigen Zuschlagskalkulation ist die Kostenstellenrechnung, in der die Gemeinkosten auf die verschiedenen Unternehmensbereiche verteilt werden. Einem Produkt, das die verschiedenen Unternehmensbereiche durchläuft, wird in jeder Stufe ein anteiliger Verrechnungssatz nach der Inanspruchnahme der Kostenstellenleistung zur Abdeckung der Gemeinkosten zugeordnet. Nimmt ein Produkt

[1] Dieses Schema, dargestellt für ein Industrieunternehmen, gilt vom grundsätzlichen Aufbau her für alle Branchen.

Leistungen bestimmter Betriebsteile nicht in Anspruch, dann wird es auch nicht zur anteiligen Verrechnung der Gemeinkosten dieser Kostenstelle herangezogen.

Die Herstellkosten dürfen nicht mit den Herstellungskosten verwechselt werden. Herstellungskosten ergeben sich in der Kostenrechnung, wenn den Herstellkosten allein Verwaltungskosten hinzugerechnet werden. Der Begriff der Herstellungskosten hat in der Kostenrechnung an Bedeutung verloren, in der Handels- und Steuerbilanz spielt er dagegen weiterhin eine große Rolle bei der Bewertung von Beständen.

Die Selbstkostenkalkulation, die der Kostenrechner durchführt, kann von der Verkaufsabteilung durch eine Absatzkalkulation fortgeführt werden, in der ein gewünschter Gewinnzuschlag und die im Verkaufsbereich üblichen Konditionen der Skonto- und Rabattgewährung berücksichtigt werden, so dass sich ein Nettopreis ergibt, der den Vorstellungen des Unternehmens entspricht und der mit dem Preis verglichen werden kann, den der Kunde zu zahlen bereit ist. Wird außerdem noch die Mehrwertsteuer hinzugefügt, so ergibt sich ein Bruttopreis. Es ist zu betonen, dass der durch die Absatzkalkulation bestimmte Preis in aller Regel nicht der Verkaufspreis ist. Dieser ergibt sich in marktwirtschaftlichen Systemen durch die Verhandlungen zwischen dem Anbieter und dem Kunden.

	Position	
(12)	Selbstkosten (SK)	(8 + 9 + 10 + 11)
(13)	Gewinnaufschlag (Gew)	(in % von 12)
(14)	Barverkaufspreis (BVP)	(12 + 13)
(15)	Kundenskonto (Ksk)	(in % von 16)
(16)	Zielverkaufspreis (ZVP)	(14 + 15)
(17)	Kundenrabatt (Krab)	(in % von 18)
(18)	Listenverkaufspreis netto (LVP)	(16 + 17)
(19)	Mehrwertsteuer (MWSt)	(in % von 18)
(20)	Angebotspreis brutto (AP)	(18 + 19)

Übers. 6.5: Absatzkalkulation

In der Praxis reicht die Verrechnung der Fertigungsgemeinkosten in einem einzigen Zuschlagssatz nicht aus. Um eine höhere Kalkulationsgenauigkeit zu erreichen, unterteilt man den Fertigungsbereich in mehrere Kostenstellen und verwendet für jede Kostenstelle einen gesonderten Zuschlagssatz.

Beispiel 6.7 (Differenzierte Kostenstellenbildung im Fertigungsbereich)

In einem Industriebetrieb wird ein Auftrag nachkalkuliert, für den folgende Einzelkosten ermittelt wurden:

Materialeinzelkosten	10 kg Rohstoff zu 20 €/kg
Fertigungseinzelkosten	
- Schlosserei	4 Arbeitsstunden zu 40 €/h
- Schleiferei	8 Arbeitsstunden zu 30 €/h
-Dreherei	3 Arbeitsstunden zu 40 €/h
- Montage	12 Arbeitsstunden zu 50 €/h
Sondereinzelkosten der Fertigung	356 €
Sondereinzelkosten des Vertriebs	80 €

Der Kostenrechner hat im BAB folgende Gemeinkostenzuschläge ermittelt:

	Zuschlagssätze	Bezugsgrößen
MGK	10 %	Materialeinzelkosten
FGK Schlosserei	100 %	Fertigungseinzelkosten
FGK Schleiferei	60 %	Fertigungseinzelkosten
FGK Dreherei	150 %	Fertigungseinzelkosten
FGK Montage	70 %	Fertigungseinzelkosten
VwGK	10 %	Herstellkosten
VtGK	10 %	Herstellkosten

a) Bestimmen Sie die Selbstkosten dieses Auftrages.

b) Die Verkaufsabteilung soll mit Hilfe einer Angebotskalkulation überprüfen, wie hoch der Brutto-Angebotspreis hätte sein müssen, wenn folgende Absatzbedingungen gelten:

Gewinn	21,25 %
Skonto	3,00 %
Rabatt	20,00 %
MWSt	16,00 %

Lösung a)

Die mehrstufige Selbstkostenkalkulation ergibt für diesen Auftrag:

Position	€	Zuschläge
MEK	200	
MGK	20	(10 %)
FEK Schlosserei	160	
FGK Schlosserei	160	(100 %)
FEK Schleiferei	240	
FGK Schleiferei	144	(60 %)
FEK Dreherei	120	
FGK Dreherei	180	(150 %)
FEK Montage	600	
FGK Montage	420	(70 %)
SEF	356	
HK	2.600	
VwGK	260	(10 %)
VtGK	260	(10 %)
SEVt	80	
SK	3.200	

Lösung b)

Die Absatzkalkulation geht von den Selbstkosten aus:

Position	€	Zuschläge	
SK	3.200		100,00 %
Gew	680		21,25 %
BVP	3.880	97 %	121,25 %
Ksk	120	3 %	
ZVP	4.000	100 %	80 %
Krab	1.000		20 %
LVP (netto)	5.000		100 %
MWSt	800		16 %
AP (brutto)	5.800		116 %

Bei der Berechnung des Kundenskontos (Kundenrabattes) ist zu beachten, dass der Rechnungsgrundwert der zu bestimmende Zielverkaufspreis (Listenverkaufspreis) ist, so dass der Barverkaufspreis (Zielverkaufspreis) nur 97 % (80 %) ausmacht.

Die Kalkulation im Handel erfolgt in gleicher Weise; dort ist der Ausgangspunkt der Kalkulation allerdings der Einstandspreis (Bezugspreis) einer Ware, der mit den Herstellkosten eines in der Industrie zu kalkulierenden Produktes zu vergleichen ist.

Beurteilung

Die mehrstufige Bezugsgrößenkalkulation ist das aufwendigste Kalkulationsverfahren, zugleich aber auch das Verfahren, das der verursachungsgerechten Verteilung der Kosten auf die einzelnen Produkte am nächsten kommt.

6.2.4 Kalkulation von Kuppelprodukten

Von Kuppelprodukten spricht man, wenn ein bestimmtes Produkt A nicht hergestellt werden kann, ohne dass gleichzeitig aus dem gleichen Rohmaterial ein oder mehrere andere Produkte B, C, D usw. notwendig mit erzeugt werden müssen[1]. Die Kopplung der Produkte kann so geartet sein, dass

(1) die Produkte in einem konstanten Mengenverhältnis aus dem Produktionsprozess hervorgehen,

(2) die Mengenverhältnisse der Produkte in gewissen Grenzen variiert werden können.

Für die Kuppelproduktion gibt es in der Praxis zahlreiche Beispiele. In Kokereien wird neben Koks auch Gas, Teer und Benzol erzeugt, bei der Roheisenherstellung fällt Gichtgas und Schlacke an, bei der Erdöldestillation werden zwangsläufig Öle, Benzine und Gase produziert. Kuppelproduktion liegt häufig auch bei der Verarbeitung von tierischen Produkten (Fleisch, Milch) vor, und wenn man den Begriff sehr weit faßt, kann sogar von Kuppelproduktion gesprochen werden, wenn in einem Produktionsprozess Abfälle anfallen, die verkauft werden können.

Das kostenrechnerische Problem der Kuppelproduktion liegt in der Ermittlung der Herstellkosten der einzelnen Kuppelprodukte. Eine Aufteilung der Herstellkosten des gesamten Kuppelproduktionsprozesses auf die einzelnen Produkte ist nach dem Verursachungsprinzip nicht möglich. Eine Zurechnung der Herstellkosten kann daher nur willkürlich erfolgen. In der Praxis haben sich zwei Methoden durchgesetzt:

---

[1] Vgl. E. Schneider, Industrielles Rechnungswesen ..., S. 168 f.

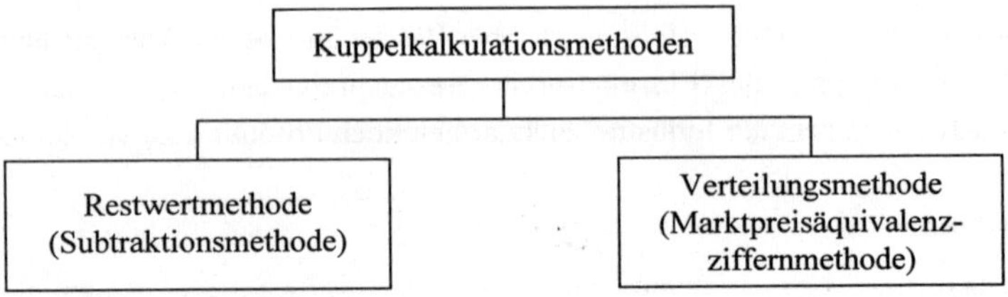

Restwertmethode

Die Restwertmethode eignet sich, wenn in einem Unternehmen ein Hauptprodukt und ein oder mehrere Nebenprodukte erzeugt werden. Von den Gesamtkosten des Kuppelproduktionsprozesses werden die Erlöse der Nebenprodukte abgezogen. Der Rest der Herstellkosten wird dem Hauptprodukt zugerechnet. Die Herstellkosten pro Einheit des Hauptproduktes werden dann durch eine einfache Divisionskalkulation ermittelt. Das Ergebnis ist, dass der gesamte Betriebserfolg allein beim Hauptprodukt ausgewiesen wird[1].

Beispiel 6.8 (Kalkulation von Kuppelprodukten)

In einem Kuppelproduktionsprozess werden ein Hauptprodukt und drei Nebenprodukte hergestellt. Die Prozesskosten betragen 154.440 €.

Es gelten folgende Daten:

Kuppelprodukte	Produktions-mengen (kg)	Marktpreis (€/kg)	SEVt oder Aufarbeitungskosten (€/kg)
Hauptprodukt	5.000	40,00	2,50
Nebenprodukt 1	500	6,00	1,00
Nebenprodukt 2	300	8,50	1,50
Nebenprodukt 3	200	-	0,80

Wie hoch sind die Selbstkosten für 1 kg des Hauptproduktes?

[1] Vgl. E. Schneider, Industrielles Rechnungswesen ..., S. 173.

Lösung

Zunächst wird der Nettoerlös der Nebenprodukte bestimmt:

Nebenprodukt	Marktpreis - Aufarbeitungskosten (€/kg)	Nettoerlös (€)
1	5,00	2.500
2	7,00	2.100
3	- 0,80	- 160
		4.440

Die Kalkulation des Hauptproduktes ergibt:

	€
Kosten des Kuppelproduktionsprozesses	154.440,00
- Nettoerlös der Nebenprodukte	4.440,00
Prozesskosten des Hauptproduktes	150.000,00
Prozesskosten des Hauptproduktes pro kg	30,00
SEVt	2,50
SK	32,50

Kritik an der Restwertmethode:

(1) Das Kostenverursachungsprinzip wird nicht eingehalten, da die Kosten des Hauptproduktes von den Erlösen der Nebenprodukte abhängen. Bei steigenden (sinkenden) Erlösen der Nebenprodukte sinken (steigen) die Kosten des Hauptproduktes. Das bedeutet, dass das Kostentragfähigkeitsprinzip in abgewandelter Form angewendet wird.

(2) Die Restwertmethode ist nur anwendbar, wenn ein Hauptprodukt und ein oder mehrere Nebenprodukte produziert werden.

Verteilungsmethode

Die Verteilungsmethode wendet man an, wenn aus dem Kuppelproduktionsprozess mehrere Hauptprodukte hervorgehen. Die gesamten Herstellkosten werden mit Hilfe von Äquivalenzziffern auf die Kuppelprodukte verteilt. Am häufigsten werden die Marktpreise als Äquivalenzziffern verwendet (Marktpreisäquivalenzziffernmethode), d. h. die Kosten werden nach dem Tragfähigkeitsprinzip verteilt.

Beispiel 6.9 (Kuppelkalkulation mit der Verteilungsmethode)

In einem Unternehmen werden in einem Kuppelproduktionsprozess drei Hauptprodukte erzeugt. Für die Kuppelprodukte gelten folgende Daten:

Kuppelprodukte	Kosten des Kuppelprozesses (€/Per)	Produktionsmengen (kg)	Marktpreis (€/kg)	Sondereinzelkosten des Vertriebs (€/kg)
1		80.000	30	5,00
2	2.640.000	60.000	20	4,00
3		50.000	16	2,00

Es sind die Selbstkosten für die drei Produkte zu bestimmen.

Lösung

Die Prozesskosten werden nach dem Marktwert der Produkte verteilt:

Produkt	kg	Äquivalenzziffer (Preis/kg)	Marktwert ÄZ · x (€)	Prozesskosten pro Einheit (€/kg)	Prozesskosten gesamt (€)
1	80.000	30,00	2.400.000	18,00	1.440.000
2	60.000	20,00	1.200.000	12,00	720.000
3	50.000	16,00	800.000	9,60	480.000
			4.400.000		2.640.000

$$\text{Kosten je DM Marktwert} = \frac{\text{Kosten des Kuppelprozesses}}{\text{Gesamtmarktwert}}$$

$$= \frac{2.640.000}{4.400.000} = 0{,}60 \text{ €/Marktwerteinheit}$$

Die Gesamtprozesskosten der drei Produkte ergeben sich durch die Multiplikation der Kosten je € Marktwert mit den Preisen (Äquivalenzziffern) der Produkte.

Die Selbstkosten der drei Produkte ergeben sich dann folgendermaßen:

	Produkt 1	Produkt 2	Produkt 3
Prozesskosten	18,00	12,00	9,60
SEVt	5,00	4,00	2,00
SK	23,00	16,00	11,60

Kritik an der Verteilungsmethode:

(1) Das Verursachungsprinzip wird nicht eingehalten, die Herstellkosten des Kuppelproduktionsprozesses werden z. B. bei der Marktpreisäquivalenzziffernmethode nach dem Kostentragfähigkeitsprinzip verteilt.

(2) Die Wahl einer anderen Äquivalenzziffer führt ebenfalls zu einer willkürlichen Verteilung der Kosten.

Ergebnis

Die Kalkulation von Kuppelprodukten lässt sich nicht verursachungsgerecht vornehmen. In der Kostenrechnung sollte daher auf die Kalkulation einzelner Kuppelprodukte verzichtet werden, da die Ergebnisse der Kalkulation für dispositive Zwecke ungeeignet sind. Entscheidend ist kurzfristig allein, ob die Summe der Deckungsbeiträge des gesamten Kuppelproduktionspaketes positiv ist, und langfristig, ob der Gesamtdeckungsbeitrag ausreicht, die Fixkosten abzudecken. Dennoch kann man auf die Kuppelkalkulation nicht völlig verzichten, da in der Handels- und Steuerbilanz für die Bestandsbewertung jedes einzelne Kuppelprodukt kalkuliert werden muss[1].

[1] Zur Ermittlung der handels- und steuerrechtlichen Herstellungskosten von Bestandsveränderungen in einem Kuppelproduktionsprozess wird üblicherweise die Restwertmethode angewendet.

6.3 Die Ermittlung von langfristigen Preisuntergrenzen (Vollkostenkalkulation)

Für ein Unternehmen kommt es mittel- und langfristig darauf an, dass die Gesamterlöse die Gesamtkosten um einen angemessenen Gewinn übersteigen. Das bedeutet grundsätzlich, dass in der Kostenträgerrechnung die Selbstkosten (Vollkosten) für den einzelnen Auftrag ermittelt werden müssen. Sie stellen für die Preisbeurteilung und Preisfindung die langfristige Untergrenze dar. Der mittel- und langfristig erreichbare Preis sollte im Normalfall die langfristige Preisuntergrenze um einen angemessenen Gewinn übersteigen.

Die Vollkostenkalkulation kann im Industriebetrieb grundsätzlich mit allen Kalkulationsverfahren durchgeführt werden.

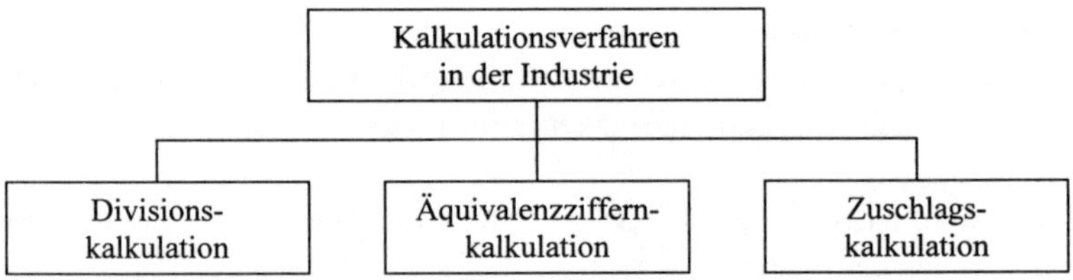

Jedoch spielen die Divisions- und Äquivalenzziffernkalkulation nur eine untergeordnete Rolle, weil die Produktion nur eines Produktes oder mehrerer Sorten relativ selten vorkommt. Das dominierende Kalkulationsverfahren in der Industrie ist die mehrstufige Zuschlagskalkulation[1]. Dabei sind zwei Formen zu unterscheiden:

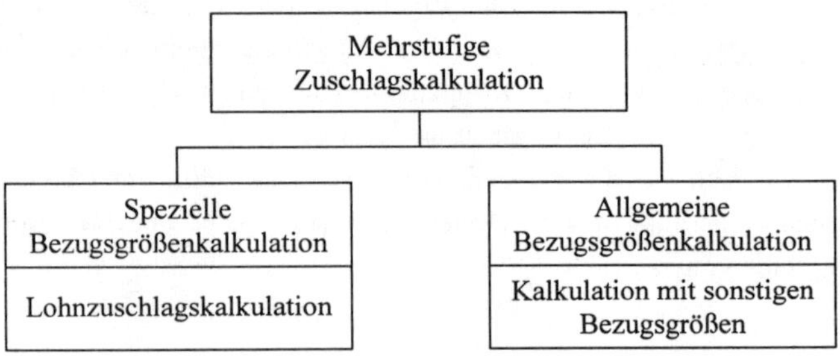

[1] Die einstufige Zuschlagskalkulation wird in Handwerksbetrieben und kleinen Industriebetrieben angewendet.

Lohnzuschlagskalkulation

Bei der mehrstufigen Lohnzuschlagskalkulation werden im Fertigungsbereich mehrere Kostenstellen gebildet. In jeder Fertigungsstelle werden dann die Fertigungsgemeinkosten auf die Einzellöhne bezogen.

Beispiel 6.10 (Lohnzuschlagskalkulation eines Produktes)

Für ein Produkt sind folgende Daten ermittelt worden:

Materialeinzelkosten	20 €
Fertigungseinzellohn I	10 €
Fertigungseinzellohn II	8 €
Sondereinzelkosten der Fertigung	2 €
Sondereinzelkosten des Vertriebs	5 €

Gemeinkostenzuschlagssätze:

MGK-Zuschlag	10 %
FGK I-Zuschlag (auf den Einzellohn der Kostenstelle I)	40 %
FGK II-Zuschlag (auf den Einzellohn der Kostenstelle II)	50 %
VwVtGK-Zuschlag	10 %

Wie hoch sind die Selbstkosten für eine Produkteinheit?

Lösung

	€	Zuschläge
MEK	20	
MGK	2	10 %
FEK I	10	
FGK I	4	40 %
FEK II	8	
FGK II	4	50 %
SEF	2	
HK	50	
VwVtGK	5	10 %
SEVt	5	
SK	60	

Die Lohnzuschlagskalkulation ist in der Praxis sehr beliebt, da sie in der Anwendung sehr einfach ist. Sie hat aber zwei gewichtige Nachteile. Zum einen sind die Einzellohnkosten als Bezugsgröße für die Gemeinkosten ungeeignet, weil sie durch exogene Einflüsse (Tarifverträge) verändert werden, ohne dass sich die Gemeinkosten in gleicher Weise ändern müssen. Daher sind bei Lohnerhöhungen die Zuschlagssätze zu verändern, obwohl sich die Produktionsverhältnisse nicht geändert haben müssen. Zum zweiten verschiebt sich durch die zunehmende Mechanisierung und den technischen Fortschritt die Relation zwischen Einzellohnkosten und Fertigungsgemeinkosten immer mehr zugunsten der Gemeinkosten. Das hat zur Folge, dass die Gemeinkostenzuschläge extrem hoch angesetzt werden müssen. Bei einer Vorkalkulation eines Produktes hat dann aber eine geringe Fehlschätzung bei den Einzellohnkosten eine große Folgewirkung bei dem Ansatz der Gemeinkosten.

Kalkulation mit sonstigen Bezugsgrößen

Die Nachteile der Lohnzuschlagskalkulation können vermieden werden durch eine allgemeine Bezugsgrößenkalkulation, bei der die Fertigungsgemeinkosten in den einzelnen Kostenstellen auf unterschiedliche Bezugsgrößen bezogen werden (kg, m, Maschinenminuten, Fertigungsminuten). Eine besondere Bedeutung hat dabei die Bezugsgröße Maschinenminute (-stunde). Durch die zunehmende Maschinisierung und Mechanisierung werden die Fertigungsgemeinkosten immer stärker rein maschinenabhängig. Dadurch steigen vor allem die Abschreibungskosten im Vergleich zu den Lohneinzelkosten stark an. Man gliedert deshalb häufig die Gemeinkosten, die nicht lohnbezogen sind, aus den Fertigungsgemeinkosten aus und ermittelt sogenannte Maschinenstundensätze, bei denen die Maschinenlaufzeit die Abrechnungsbasis (Bezugsgröße) für den Gemeinkostenzuschlagssatz ist.

Eine Maschinenstundensatzkarte kann dabei wie folgt aussehen:

Maschinen-Nr. 26			
Bezeichnung:	Schnellstanze	Wiederbeschaffungspreis:	100.000 €
Standort:	Halle 5	Gesamtleistung:	10.000 h
Anschaffungsjahr:	1998	Monatliche Leistung:	160 h

Kostenart	Berechnung	Betrag €/h
Abschreibung	$= \frac{100.000}{10.000}$	10,00
Instandhaltung und Wartung	Erfahrungswert	2,50
Kalkulatorische Zinsen (10 % auf das durchschnittlich gebundene Kapital)	$= \frac{5.000}{1.920}$	2,60
Raumkosten	10 qm zu 12 €/qm/Monat $= \frac{10 \cdot 12}{160}$	0,75
Energieverbrauch	10 kWh zu je 0,14 €/kWh	1,40
Maschinenstundensatz		17,25

Übers. 6.6: Bestimmung des Maschinenstundensatzes

Die Produktion auf dieser Maschine kostet somit 17,25 € pro Stunde. Damit hat man eine Kalkulationsgrundlage, um einem Produkt die entsprechenden Gemeinkosten aufgrund der Inanspruchnahme der Maschine möglichst genau zuzurechnen. Den Kostenstellenleitern stehen gleichzeitig Informationen zur Verfügung, nach denen sie entscheiden können, auf welcher Anlage bestimmte Artikel oder Aufträge am kostengünstigsten produziert werden können[1].

[1] Vgl. K.-D. Däumler/J. Grabe, Kostenrechnung 2, S. 179 ff.

Beispiel 6.11 (Allgemeine Bezugsgrößenkalkulation)

In einen Unternehmen wird eine mehrstufige Bezugsgrößenkalkulation angewendet. Für die Fertigungskostenstellen sind folgende Bezugsgrößen und Gemeinkostensätze bestimmt worden:

Fertigungskostenstelle	Bezugsgröße	Kostensatz
1	kg	0,90 €/kg
2	Fertigungsminuten	0,60 €/Minute
3	Maschinenminuten	0,80 €/Minute

Für ein Produkt sind folgende Einzelkosten entstanden:

MEK	10,00 €
FEK 1	4,20 €
FEK 2	8,00 €
FEK 3	3,50 €
SEF	1,00 €
SEVt	0,50 €

Die Gemeinkosten sind nach folgenden Angaben zu berechnen:

Fertigungskostenstelle	Inanspruchnahme durch das Produkt
1	5 kg
2	10 Fertigungsminuten
3	7 Maschinenminuten

MGK	12 %
VwGK	10 %
VtGK	5 %

Wie hoch sind die Selbstkosten einer Produkteinheit?

Lösung

Das Kalkulationsschema hat in diesem Falle folgendes Aussehen:

	€	Zuschläge
MEK	10,00	
MGK	1,20	12 %
FEK 1	4,20	
FGK 1	4,50	0,90 €/kg
FEK 2	8,00	
FGK 2	6,00	0,60 €/Minute
FEK 3	3,50	
FGK 3	5,60	0,80 €/Minute
SEF	1,00	
HK	44,00	
VwGK	4,40	10 %
VtGK	2,20	5 %
SEVt	0,50	
SK	51,10	

Nicht immer lassen sich in einer Kostenstelle die gesamten Gemeinkosten auf eine Bezugsgröße beziehen. In diesem Falle kann es sinnvoll sein, für die maschinenabhängigen Gemeinkosten Maschinenstundensätze zu errechnen und die Restgemeinkosten der Kostenstelle auf andere Bezugsgrößen (kg, Fertigungsminuten, Einzellohn) zu beziehen. Abrechnungstechnisch würde sich in einer Zuschlagskalkulation folgende Änderung ergeben:

Position	Bezugsgröße
Materialeinzelkosten	
Materialgemeinkosten	MEK
Fertigungseinzelkosten Kostenstelle I	
Fertigungsgemeinkosten Kostenstelle I (ohne Maschinenkosten)	FEK I
Fertigungseinzelkosten Kostenstelle II	
Fertigungsgemeinkosten Kostenstelle II (ohne Maschinenkosten)	FEK II
Maschinenkosten der Maschine A	h
Maschinenkosten der Maschine B	h
Maschinenkosten der Maschine C	h
Herstellkosten	
Verwaltungsgemeinkosten	HK
Vertriebsgemeinkosten	HK
Selbstkosten	

Übers. 6.7: Zuschlagskalkulation mit Maschinenstundensätzen

Die dargestellte mehrstufige Bezugsgrößenkalkulation mit Hilfe von Maschinenstundensätzen ist ein aufwendiges und genaues Verfahren der Vollkostenkalkulation, das jedoch in folgenden Punkten zu kritisieren ist und verbesserungsfähig erscheint:

(1) Bei einer Kalkulation auf Vollkostenbasis werden die Fixkosten zumindest zu einem Teil willkürlich auf die Produkte verteilt. Außerdem gelten die Gemeinkostenzuschlagssätze nur für einen Beschäftigungsgrad. Ändert sich die Beschäftigung, so müssen sämtliche Zuschlagssätze angepasst werden, da die Fixkosten sich nicht proportional zur Beschäftigung verändern. Daher führt die Anwendung des Verursachungsprinzips zwangsläufig zur Kalkulation auf Teilkostenbasis. Kurzfristige Entscheidungsprobleme sind ohnehin nur zu lösen, wenn die variablen Kosten pro Stück bekannt sind.

(2) Die Genauigkeit der mehrstufigen Bezugsgrößenkalkulation im Fertigungsbereich nützt nicht sehr viel, wenn im Material-, Verwaltungs- und Vertriebsbereich mit globalen Zuschlagssätzen kalkuliert wird.
Im Materialbereich z. B. unterscheiden sich die Materialarten durch unterschiedliche Lagerungsarten (Gefriertruhen, Trockenräume usw.), Lagerdauer und Kosten der Lagerbewegung. Daher müssen im Materialbereich differenzierte Materialgemeinkostenzuschlagssätze für die verschiedenen Materialarten bestimmt werden.
Auch im Vertriebsbereich können sich die Kosten für einzelne Produkte sehr stark voneinander unterscheiden, weil unterschiedliche Lagerkosten, Werbekosten, Verpackungskosten und Verkaufsförderungskosten anfallen. Deshalb sind auch hier differenzierte Vertriebsgemeinkostenzuschlagssätze für unterschiedliche Produktarten zu bestimmen[1].
Besonders schwierig ist es, im Verwaltungsbereich differenzierte Zuschlagssätze nach Produktarten zu finden. Für dieses Problem gibt es bis heute noch keine befriedigende Lösung.
Seit einiger Zeit wird für die Verrechnung der Gemeinkosten in Verwaltungskostenstellen (im weiteren Sinne), in denen überwiegend fixe Gemeinkosten anfallen, ein neuer Lösungsansatz diskutiert, die Prozesskostenrechnung[2]. Sie versucht, kostentreibende Prozesse zu identifizieren und ihnen die entstehenden

---

[1] Die Ermittlung differenzierter Gemeinkostenzuschlagssätze im Lager-, Verwaltungs- und Vertriebsbereich ist vor allem auch in Handels- und Dienstleistungsbetrieben die Voraussetzung für eine aussagefähige Kalkulation.

[2] Vgl. K.-D. Däumler/J. Grabe, Kostenrechnung 3, Plankostenrechnung, S. 222 ff.

Kosten zuzurechnen. So stellt man z. B. fest, dass in der Auftragsabwicklung die Bearbeitung eines Auftrages von 1.000 Stück die gleichen Abwicklungskosten verursacht wie die Bearbeitung eines Auftrages von 10 Stück. Man darf die Gemeinkosten in diesem Bereich also nicht stückbezogen in Form eines Zuschlagssatzes auf die Fertigungskosten verrechnen, sondern man muss sie auf den Vorgang „Abwicklung eines Auftrages" beziehen, der unabhängig von der Auftragsgröße ist. Es wird sich zeigen, ob die Prozesskostenrechnung einen grundsätzlich neuen Ansatz in der Verrechnung von überwiegend fixen Gemeinkosten darstellt oder ob sich das Problem auch in gleicher Weise mit einer Verbesserung der Bezugsgrößenkalkulation erreichen lässt.

6.4 Die Ermittlung von kurzfristigen Preisuntergrenzen (Teilkostenkalkulation)

Für die kurzfristige Erfolgsrechnung, die Bestandsbewertung und für langfristige Entscheidungen reicht eine Kostenträgerrechnung auf Vollkostenbasis aus. Sollen jedoch kurzfristige preis- und absatzpolitische Entscheidungen getroffen werden, ob etwa ein Zusatzauftrag herein genommen werden soll oder nicht, muss die Kostenträgerrechnung als Teilkostenrechnung aufgebaut werden.

	Position	
(1)	Materialeinzelkosten (MEK)	
(2)	Variable Materialgemeinkosten (Var MGK)	(in % von 1)
(3)	Fertigungseinzelkosten (FEK)	
(4)	Variable Fertigungsgemeinkosten (Var FGK)	(in % von 3)
(5)	Sondereinzelkosten der Fertigung (SEF)	
(6)	Variable Herstellkosten (HK)	
(7)	Variable Verwaltungsgemeinkosten (Var VwGK)	(in % von 6)
(8)	Variable Vertriebsgemeinkosten (Var VtGK)	(in % von 6)
(9)	Sondereinzelkosten des Vertriebs (SEVt)	
(10)	Variable Stückkosten	

Übers. 6.8: Selbstkostenkalkulation auf Teilkostenbasis

Wenn die Frage beantwortet werden soll, welche Preiszugeständnisse kurzfristig äußerstenfalls gemacht werden können, ohne die Substanz des Unternehmens zu gefährden, muss die kurzfristige Preisuntergrenze (variable Kosten pro Stück) bekannt sein, um den Deckungsbeitrag des Zusatzauftrages bestimmen zu können. Ein positiver Deckungsbeitrag zeigt, dass der Auftrag dazu beiträgt, den Fixkostenblock der Unternehmung abzudecken.

Der Verkäufer muss daher Informationen über den gewünschten Verkaufspreis und über den unbedingt einzuhaltenden Mindestpreis (Preisuntergrenze) erhalten. Damit ist ihm eine Verhandlungsspanne gegeben, so dass er in verschiedenen Verhandlungssituationen flexibel reagieren kann.

Für einen Industriebetrieb kann das Kalkulationsschema, das den Bruttoangebotspreis, den Mindestpreis und die Verhandlungsspanne erkennen lässt, folgendermaßen aussehen:

	Position	Zuschläge
(10)	Variable Stückkosten	
(11)	Deckungsbeitrag	
(12)	Barverkaufspreis (Netto-Preis)	
(13)	Kundenskonto	in % von (14)
(14)	Zielverkaufspreis	
(15)	Kundenrabatt	in % von (16)
(16)	Listenverkaufspreis (Brutto-Preis ohne MWSt)	

Übers. 6.9: Absatzkalkulation

Ausgangspunkt des Verkäufers in Preisverhandlungen ist immer der Listenverkaufspreis (Brutto-Preis ohne MWSt). Er weiß aber gleichzeitig, welche Preiszugeständnisse er im äußersten Falle machen kann, denn seine Verhandlungsspanne ergibt sich aus der Differenz zwischen dem Barverkaufspreis (Netto-Preis) und den variablen Gesamtkosten, weil man kurzfristig auf die Deckung der Fixkosten und äußerstenfalls auf einen Deckungsbeitrag verzichten kann. Diese zusätzliche Information liefert nur die Deckungsbeitragsrechnung, nicht die Kostenträgerrechnung auf Vollkostenbasis. Damit die Verkäufer nicht leichtfertig Preiszugeständnisse machen, um leichter verkaufen zu können und hohe Umsätze zu erzielen, muss die Verkäuferprovision von einer Umsatzprovision auf eine Deckungsbeitragsprovision umgestellt werden. Der Verkäufer wird dann im eigenen Interesse versuchen, den höchstmöglichen Preis auszuhandeln, weil ihm so eine hohe Provision sicher ist.

Beispiel 6.12 (Teilkostenkalkulation)

In einem Unternehmen soll eine Kalkulation auf der Basis der folgenden Angaben vorgenommen werden:

Einzelkosten der Periode:

MEK	20.000 €
FEK	40.000 €

Gemeinkosten der Periode:

Kostenstellen ⇒		Material			Fertigung			Verwaltung			Vertrieb		
Kostenarten (GE/Per) ⇓	Σ	ges	var	fix	ges	var	fix	ges	var	fix	ges	var	fix
Σ Gemein-kostenarten	75.450	5.000	2.000	3.000	56.000	24.000	32.000	7.720	1.720	6.000	6.730	2.580	4.150

a) Wie hoch sind die variablen Herstellkosten und die variablen Selbstkosten (variablen Gesamtstückkosten) eines Produktes, für das Materialeinzelkosten von 25 €, Fertigungslöhne von 35 €, Sondereinzelkosten der Fertigung von 1,50 € und Sondereinzelkosten des Vertriebs von 0,75 € erfaßt wurden?

b) Bestimmen Sie die kurzfristige Preisuntergrenze des Produktes, wenn kein Kundenskonto und -rabatt gewährt wird.
Wie hoch ist der Deckungsbeitrag bei diesem Preis?

c) Bestimmen Sie die langfristige Preisuntergrenze des Produktes, wenn Kundenskonto von 3 % und Kundenrabatt von 5 % berücksichtigt werden soll.
Wie hoch ist der Deckungsbeitrag bei diesem Preis?

d) Bestimmen Sie den Zielverkaufspreis, wenn die Vollkosten gedeckt, die Gewinnvorstellungen von 10 % auf die Selbstkosten erfüllt und Kundenskonto und Kundenrabatt berücksichtigt sind.
Wie hoch ist der Deckungsbeitrag bei diesem Preis?

Lösung a)

Zunächst sind die variablen Gemeinkostenzuschlagssätze zu bestimmen:

	Position	€	Zuschläge
(1)	MEK	20.000	
(2)	Var MGK	2.000	10 %
(3)	FEK	40.000	
(4)	Var FGK	24.000	60 %
(5)	Variable Herstellkosten	86.000	
(6)	Var VwGK	1.720	2 %
(7)	Var VtGK	2.580	3 %
(8)	Variable Selbstkosten	90.300	

Die Kalkulation der variablen Herstellkosten und der variablen Selbstkosten pro Stück ergibt:

	Position	€	Zuschläge
(1)	MEK	25,00	
(2)	Var MGK	2,50	10 %
(3)	FEK	35,00	
(4)	Var FGK	21,00	60 %
(5)	SEF	1,50	
(6)	Var Herstellkosten	85,00	
(7)	Var VwGK	1,70	2 %
(8)	Var VtGK	2,55	3 %
(9)	SEVt	0,75	
(10)	Variable Selbstkosten	90,00	

Lösung b)

Kurzfristig liegt die Preisuntergrenze bei 90 €, wenn kein Kundenskonto und -rabatt gewährt wird.

Da der Preis gerade die variablen Kosten deckt, ist der Deckungsbeitrag gleich null.

Lösung c)

Bei der langfristigen Preisuntergrenze sind neben den variablen Gesamtstückkosten auch die fixen Kosten pro Stück zu berücksichtigen. Daher muss zunächst ein Fixkostensatz ermittelt werden. Bei variablen Selbstkosten von 90.300 € und Fixkosten von 45.150 € in der Periode beträgt er 50 %.

	Position	€	Zuschläge
(10)	Variable Selbstkosten	90,00	
(11)	Fixkosten	45,00	50 %
(12)	Selbstkosten = Barverkaufspreis	135,00	
(13)	Kundenskonto	4,18	3 %
(14)	Zielverkaufspreis	139,18	
(15)	Kundenrabatt	7,33	5 %
(16)	Listenverkaufspreis	146,51	

Langfristig liegt die Preisuntergrenze bei einem Listenverkaufspreis von 146,51 €; das entspricht einem Barverkaufspreis von 135 €.

Der Deckungsbeitrag ergibt sich als Differenz zwischen dem Barverkaufspreis und den variablen Selbstkosten:

	Barverkaufspreis	135,00 €
-	Variable Selbstkosten	90,00 €
	Deckungsbeitrag	45,00 €

Der Deckungsbeitrag entspricht dem Fixkostenbetrag, der dem Produkt zugerechnet wurde.

Lösung d)

	Position	€	Zuschläge
(10)	Variable Selbstkosten	90,00	
(11)	Fixkosten	45,00	50 %
(12)	Selbstkosten	135,00	
(13)	Gewinn	13,50	10 %
(14)	Barverkaufspreis	148,50	
(15)	Kundenskonto	4,59	3 %
(16)	Zielverkaufspreis	153,09	
(17)	Kundenrabatt	8,06	5 %
(18)	Listenverkaufspreis	161,15	

Der Deckungsbeitrag ergibt sich als Differenz zwischen dem Barverkaufspreis (Netto-Preis) und den variablen Selbstkosten:

	Barverkaufspreis	148,50 €
-	Variable Selbstkosten	90,00 €
	Deckungsbeitrag	58,50 €

Bezugsgrößenkalkulation auf Teilkostenbasis

Eine Kalkulation auf Vollkostenbasis hat den Nachteil, dass bei einer Änderung der Beschäftigung die bisher verrechneten Vollkostenzuschlagssätze nicht mehr gelten und daher für jede neue Beschäftigung erneut bestimmt werden müssen. Bei einer Kalkulation auf Teilkostenbasis tritt dieses Problem nicht auf, denn die variablen Gemeinkostenzuschlagssätze gelten bei annähernd proportionalem Verlauf der variablen Kosten für jede Beschäftigung.

Beispiel 6.13 (Teilkostenkalkulation mit Hilfe von Bezugsgrößen)

Für die Nachkalkulation stehen einer Unternehmung folgende Daten zur Verfügung:

Kostenstelle	Gemeinkosten (€/Per)		Bezugsgröße
	variabel	fix	
Material	1.500	3.000	Einzelmaterial
Fertigung I	18.000	9.000	Maschinenstunden
Fertigung II	15.000	20.000	Akkordstunden
Verwaltung	1.100	5.500	Herstellkosten
Vertrieb	2.200	10.500	Herstellkosten

MEK	30.000 €
FEK I	22.500 €
FEK II	20.500 €
Maschinenstunden - Fertigung I	1.800 h
Akkordstunden - Fertigung II	1.000 h
SEF	2.500 €
SEVt	6.700 €

Es soll ein Produkt nachkalkuliert werden, für das folgende stückbezogene Angaben gelten:

MEK	8,00 €
FEK I	3,00 €
FEK II	6,00 €
Maschinenstunden - Fertigung I	9,00 Minuten
Akkordminuten - Fertigung II	20,00 Minuten
SEF	1,10 €
SEVt	1,25 €

a) Wie hoch sind die variablen Herstellkosten und die variablen Selbstkosten des Produktes?

b) Bestimmen Sie die kurzfristige Preisuntergrenze des Produktes, wenn kein Kundenskonto und -rabatt gewährt wird.

c) Bestimmen Sie die langfristige Preisuntergrenze des Produktes, wenn Kundenskonto von 2 % und Kundenrabatt von 4 % berücksichtigt werden muss.
Wie hoch ist der Deckungsbeitrag bei diesem Preis?

d) Bestimmen Sie den Zielverkaufspreis, wenn die Vollkosten gedeckt, die Gewinnvorstellungen von 8 % erfüllt und Kundenskonto und Kundenrabatt berücksichtigt sind.
Wie hoch ist der Deckungsbeitrag bei diesem Preis?

Lösung a)

Zunächst sind die variablen Gemeinkostenzuschlagssätze zu bestimmen.

	Position	€	Zuschläge
(1)	MEK	30.000	
(2)	Var MGK	1.500	5 %
(3)	FEK I	22.500	
(4)	Var FGK I	18.000	10 €/h
(5)	FEK II	20.500	
(6)	Var FGK II	15.000	15 €/h
(7)	SEF	2.500	
(8)	Var HK	110.000	
(9)	Var VwGK	1.100	1 %
(10)	Var VtGK	2.200	2 %
(11)	SEVt	6.700	
(12)	Variable Selbstkosten	120.000	

Die Kalkulation einer Einheit des Produktes ergibt:

	Position	€	Zuschläge
(1)	MEK	8,00	
(2)	Var MGK	0,40	5 %
(3)	FEK I	3,00	
(4)	Var FGK I	1,50	10 €/h
(5)	FEK II	6,00	
(6)	Var FGK II	5,00	15 €/h
(7)	SEF	1,10	
(8)	Var HK	25,00	
(9)	Var VwGK	0,25	1 %
(10)	Var VtGK	0,50	2 %
(11)	SEVt	1,25	
(12)	Variable Selbstkosten	27,00	

Lösung b)

Die kurzfristige Preisuntergrenze liegt bei 27 € (ohne Rabatt und Skonto).

Lösung c)

Bei variablen Selbstkosten von 120.000 € und Fixkosten von 48.000 € in der Periode beträgt der Fixkostensatz 40 %.

	Position	€	Zuschläge
(12)	Variable Selbstkosten	27,00	
(13)	Fixkosten	10,80	40 %
(14)	Selbstkosten = Barverkaufspreis	37,80	
(15)	Kundenskonto	0,77	2 %
(16)	Zielverkaufspreis	38,57	
(17)	Kundenrabatt	1,61	4 %
(18)	Listenverkaufspreis	40,18	

Langfristig liegt die Preisuntergrenze bei einem Listenverkaufspreis von 40,18 €, was einem Barverkaufspreis von 37,80 € entspricht.

Der Deckungsbeitrag ergibt sich als Differenz zwischen dem Barverkaufspreis (Netto-Preis) und den variablen Selbstkosten:

	Barverkaufspreis	37,80 €
-	Variable Selbstkosten	27,00 €
	Deckungsbeitrag	10,80 €

Der Deckungsbeitrag deckt gerade den Fixkostenbetrag ab, der dem Produkt zugerechnet wurde.

Lösung d)

	Position	€	Zuschläge
(10)	Variable Selbstkosten	27,00	
(11)	Fixkosten	10,80	40 %
(12)	Selbstkosten	37,80	
(13)	Gewinn	3,02	8 %
(14)	Barverkaufspreis	40,82	
(15)	Kundenskonto	0,83	2 %
(16)	Zielverkaufspreis	41,65	
(17)	Kundenrabatt	1,74	4 %
(18)	Listenverkaufspreis	43,39	

Der Deckungsbeitrag ergibt sich als Differenz zwischen dem Barverkaufspreis (Netto-Preis) und den variablen Selbstkosten:

	Barverkaufspreis	40,82 €
-	Variable Selbstkosten	27,00 €
	Deckungsbeitrag	13,82 €

Ergebnis

Die Bezugsgrößenkalkulation auf Teilkostenbasis erfüllt alle Anforderungen, die an ein modernes Kalkulationsverfahren gestellt werden. Das Verfahren ist

(1) geeignet für Mehrproduktunternehmungen,

(2) genau, weil es die Kosten den Kostenträgern verursachungsgerecht zurechnet,

(3) flexibel, weil es für unterschiedliche Beschäftigungsgrade anwendbar ist,

(4) aussagefähig, weil es dispositive Entscheidungen für die kurze Periode (kurzfristige Preisuntergrenze, Sortimentsgestaltung usw.) und die lange Periode (langfristige Preisuntergrenze) ermöglicht.

6.5 Zusammenfassung und Checkliste

Aufgaben der Kostenträgerstückrechnung

(1) Lieferung von Unterlagen für preispolitische Entscheidungen,
(2) Lieferung von Daten für kurzfristige Entscheidungen und Planungsrechnungen,
(3) Lieferung von Daten für die Bewertung von Beständen,
(4) Lieferung von Daten für die Bildung interner Verrechnungspreise,
(5) Lieferung von Unterlagen für Kontrollaufgaben.

Zeitpunkt der Kalkulation

(1) Vorkalkulation,
(2) Zwischenkalkulation,
(3) Nachkalkulation.

Zweck der Kalkulation

(1) Selbstkostenkalkulation
(2) Absatzkalkulation

Art der Kalkulation

(1) Vorwärtskalkulation
(2) Differenzkalkulation
(3) Rückwärtskalkulation

Kalkulationsverfahren

(1) Divisionskalkulation
(2) Äquivalenzziffernkalkulation
(3) Zuschlagskalkulation
(4) Kuppelkalkulation

Lohnzuschlagskalkulation

Bei der Lohnzuschlagskalkulation werden die Gemeinkosten der Fertigungsstellen auf die Einzellöhne bezogen.

Bezugsgrößenkalkulation

Bei der Bezugsgrößenkalkulation werden die Gemeinkosten der einzelnen Fertigungsstellen auf unterschiedliche Bezugsgrößen bezogen (kg, m, Minuten).

Maschinenstundensatz

Die maschinenabhängigen Gemeinkosten einer Kostenstelle werden auf die Bezugsgröße Maschinenstunden bezogen.

Langfristige Preisuntergrenze

Die langfristige Preisuntergrenze ergibt sich durch die Verrechnung der gesamten Kosten auf eine Produkteinheit.

Kurzfristige Preisuntergrenze

Die kurzfristige Preisuntergrenze ergibt sich durch die Verrechnung der variablen Kosten auf eine Produkteinheit.

Fragen und Aufgaben

6.1 Worin bestehen die Aufgaben der Kostenträgerrechnung?

6.2 Inwiefern benötigt die Finanzbuchhaltung Zahlenmaterial aus der Kostenträgerrechnung?

6.3 Wann ist eine genaue Vorkalkulation nicht durchführbar? In welchen Fällen ist eine laufende Nachkalkulation nicht erforderlich?

6.4 Was versteht man unter dem Fixkostenproblem in der Kostenträgerrechnung?

6.5 Systematisieren Sie die verschiedenen Kalkulationsformen.

6.6 Welche Kalkulationsformen setzen eine Kostenstellenrechnung voraus und welche nicht?
Sind letztere deshalb besonders vorteilhaft?

6.7 Wie verfährt man bei der einstufigen Divisionskalkulation, und welche Voraussetzungen müssen für ihre Anwendung erfüllt sein?
Geben Sie Anwendungsbeispiele für diese Kalkulationsform.

6.8 Erläutern Sie die zwei- und mehrstufige Divisionskalkulation.

6.9 Erläutern Sie die Äquivalenzziffernkalkulation und nennen Sie Anwendungsbeispiele.

6.10 Worin sehen Sie die grundsätzlichen Unterschiede zwischen der Divisions- und Zuschlagskalkulation?

6.11 Beschreiben Sie den Unterschied zwischen der einstufigen und der mehrstufigen Zuschlagskalkulation.

6.12 Worin liegen die Probleme der Kalkulation von Kuppelprodukten?

6.13 Beschreiben Sie die Verfahren der Kuppelkalkulation.

6.14 Beschreiben Sie den Unterschied zwischen der Kalkulation in der Voll- und in der Teilkostenrechnung.

6.15 Welche kritischen Einwände sind gegen die Lohnzuschlagskalkulation vorzubringen?

6.16 Nach welchen Gesichtspunkten werden die Bezugsgrößen in der Zuschlagskalkulation ausgewählt?

6.17 Welche Kalkulationsverfahren wenden
(a) Industriebetriebe,
(b) Handelsbetriebe,
(c) Dienstleistungsbetriebe an?

6.18 In einem Betrieb, der ein Produkt produziert, entstanden im Monat März folgende Kosten:

Herstellkosten	651.000 €
Verwaltungskosten	67.200 €
Vertriebskosten	25.200 €

a) Wie hoch sind die Herstellkosten und die Selbstkosten für eine Produktionseinheit bei einer Produktion von 42.000 Stück, wenn die gesamte Produktion verkauft wird?

b) Errechnen Sie die Selbstkosten für eine Produktionseinheit, wenn von der produzierten Menge 2.000 Stück auf Lager gehen, wobei die Verwaltungskosten

(1) dem Lagerbestand nicht angelastet werden,

(2) im Verhältnis 3 : 1 den Herstell- und Vertriebskosten zu gerechnet werden,

(3) in voller Höhe den Herstellkosten zugeordnet werden.

Wie ist in allen drei Fällen der Bestand zu bewerten?

6.19 Die Firma Traube & Co. stellte im vergangenen Monat 100.000 Liter Traubensaft her, die auch im gleichen Zeitraum verkauft werden konnten. Es liegen folgende Zahlen vor:

Fertigungsmaterial (Trauben)	36.000 €
Materialgemeinkosten	1.800 €
Fertigungslöhne	14.000 €
Fertigungsgemeinkosten	12.600 €
Sondereinzelkosten der Fertigung	3.600 €
Verwaltungs- und Vertriebsgemeinkosten	6.400 €
Sondereinzelkosten des Vertriebs	1.600 €

Der Nettoumsatz betrug 82.000 €.

a) Wie hoch sind die Herstell- und die Selbstkosten je 100 l?

b) Wie hoch war der Gewinn je 100 l?

c) In diesem Monat werden wieder 100.000 l hergestellt, aber nur 80.000 l verkauft. Wie hoch ist der Selbstkostenpreis je 100 l wenn sich die Verwaltungs- und Vertriebsgemeinkosten bei einer Umsatzänderung nicht verändern?

6.20 In einem Betrieb werden die drei Produktsorten A, B und C in folgenden Mengen hergestellt:

Produktsorte	Menge (Stück/Per)
A	1.000
B	4.000
C	2.000

Für die Verteilung der in diesem Monat entstandenen Kosten gelten folgende Äquivalenzziffern:

Kostenart	€/Per	Äquivalenzziffern A	B	C
Materialkosten	29.600	0,6	1,0	1,4
Fertigungskosten	60.800	0,8	1,0	1,4
Verwaltungs- und Vertriebskosten	21.000	1,0	1,0	1,0

a) Bestimmen Sie die auf eine Produkteinheit entfallenden Materialkosten, Fertigungskosten, Verwaltungs- und Vertriebskosten und Gesamtkosten.

b) Wie hoch sind die auf jede Produktsorte entfallenden Gesamtkosten?

6.21 Die Hella GmbH kalkuliert die Selbstkosten ihrer Glühbirnen nach folgenden Angaben:

Die Einzelkosten werden für jede Sorte getrennt erfaßt.

Sorte	Menge	Fertigungsmaterial (€/Per)	Fertigungslöhne (€/Per)
40 W	500.000	90.000	75.000
60 W	700.000	140.000	119.000
100 W	300.000	66.000	57.000

Die Gemeinkosten, die in den Kostenstellen in einer Summe erfasst werden, werden nach folgenden Äquivalenzziffern auf die Produkte verteilt:

Kostenart	€/Per	40 W	60 W	100 W
Materialgemeinkosten	149.000	0,8	1,0	1,3
Fertigungsgemeinkosten	166.100	0,9	1,0	1,2
Verwaltungskosten (fix)	90.000	1,0	1,0	1,0
Vertriebskosten (fix)	135.000	1,0	1,0	1,0

a) Bestimmen Sie die Selbstkosten jeder Sorte, wenn die gesamte Produktion verkauft wird.

b) Bestimmen Sie die Selbstkosten jeder Sorte, wenn nur ein Teil der Produktion verkauft wird und die Bestände zu
(1) Herstellkosten,
(2) Herstellungskosten
bewertet werden.

Sorte	verkaufte Menge (Stück/Per)
40 W	375.000
60 W	600.000
100 W	200.000

c) Bestimmen Sie den Wert des Bestandes für beide Bewertungsalternativen.

6.22 In einem Industriebetrieb werden fünf Sorten hergestellt, die in zwei Fertigungsstellen bearbeitet werden. Es gelten folgende Daten:

Sorte	Menge	Materialeinzelkosten	Äquivalenzziffern	
			Fertigungskostenstelle 1	Fertigungskostenstelle 2
1	10.000	5,00	0,70	0,60
2	8.000	6,50	1,00	0,80
3	12.000	7,00	1,20	1,00
4	4.000	8,50	1,30	1,40
5	3.000	10,00	1,40	1,30

Es fallen 5 % Materialgemeinkosten an. Die Fertigungskosten der Kostenstelle 1 betragen 97.000 €, in der Kostenstelle 2 sind 101.700 € angefallen. An Verwaltungs- und Vertriebsgemeinkosten sind 10 % auf die Herstellkosten zu berücksichtigen.

Es sind die Fertigungskosten, die Herstellkosten und die Selbstkosten pro Stück für die einzelnen Sorten zu bestimmen.

6.23 Die Diamant-Mühle produziert nur das Weizenmehl „Diamant 405“. Als Abfallprodukt fällt Kleie an, die an landwirtschaftliche Betriebe für 40 € je dz verkauft wird.
Im Monat Juni werden 6.000 dz Mehl und 300 dz Kleie erzeugt.
Die Betriebsabrechnung liefert folgende Zahlen:

Rohstoffverbrauch	350.000 €
Materialgemeinkosten	21.000 €
Fertigungslöhne	55.000 €
Fertigungsgemeinkosten	66.000 €
Verwaltungskosten	24.500 €
Vertriebskosten	34.300 €

a) Bestimmen Sie die Herstellkosten und die Selbstkosten für 1 dz Mehl, wenn die produzierte Menge vollständig verkauft wird.

b) Bestimmen Sie die Herstellkosten und die Selbstkosten für 1 dz Mehl, wenn von der produzierten Menge nur 5.200 dz im Juni verkauft werden.

c) Errechnen Sie den Wert des Mehrbestandes an Mehl.

d) Wie hoch ist der Betriebsgewinn in diesem Monat für a) und b), wenn der Verkaufspreis für 1 dz Mehl 98,50 € beträgt?

6.24 Ein Auftrag für eine Maschine erfordert voraussichtlich 25.000 € Fertigungsmaterial und 35.000 € Fertigungslöhne. Es soll ein Kostenvoranschlag gemacht werden.

Die Normalgemeinkostenzuschlagssätze betragen:

MGK-Zuschlag	12 %
FGK-Zuschlag	120 %
VwGK-Zuschlag	8 %
VtGK-Zuschlag	6 %
Gewinnzuschlag	10 %
Skonto	2 %

a) Erstellen Sie die Selbstkosten- und Absatzkalkulation auf Normalkostenbasis für diesen Auftrag.

b) Nach Fertigstellung der Maschine stehen folgende Daten fest:

Materialverbrauch	26.500,00 €
Fertigungslöhne	34.500,00 €

Istgemeinkostenzuschläge:

MGK-Zuschlag	11,50 %
FGK-Zuschlag	121,00 %
VwGK-Zuschlag	7,50 %
VtGK-Zuschlag	6,30 %

Stellen Sie die Nachkalkulation auf und ermitteln Sie die Über- und Unterdeckung.

c) Wie hoch ist der Gewinn (in € und %), wenn dem Kunden aus Konkurrenzgründen ein Rabatt von 5 % auf den vorkalkulierten Preis eingeräumt werden muss?

6.25 Für einen Kuppelproduktionsprozess ergeben sich Herstellkosten von insgesamt 77.220 €. Das Hauptprodukt, von dem 3.000 kg hergestellt werden, soll mit folgenden Zuschlägen kalkuliert werden:

VwGK	6 %
VtGK	4 %

Für den Vertrieb des Hauptproduktes fallen Sondereinzelkosten des Vertriebs in Höhe von 2,50 € pro kg an.
Für die Nebenprodukte gelten folgende Angaben:

Nebenprodukt	kg	Aufarbeitungskosten (€/kg)	Marktpreis (€/kg)
1	300	0,80	5,50
2	150	1,20	7,00
3	100	0,60	-

Wie hoch sind die Selbstkosten für 1 kg des Hauptproduktes?

6.26 In einem Unternehmen werden in einem Kuppelproduktionsprozess drei Hauptprodukte erzeugt. Die Herstellkosten betragen insgesamt 124.000 €. Für die Kuppelprodukte gelten folgende Daten:

Kuppelprodukte	kg	Marktpreis (€/kg)
1	4.000	20
2	3.000	15
3	2.500	12

Außerdem sind zu berücksichtigen:

VwGK	5,00 %
VtGK	3,00 %
SEVt für Produkt 1	0,72 €
SEVt für Produkt 2	0,54 €
SEVt für Produkt 3	0,33 €

Es sind die Selbstkosten der drei Produkte zu bestimmen.

6.27 In einem Kuppelproduktionsprozess werden ein Hauptprodukt und drei Nebenprodukte erzeugt, die auch verkauft werden. Die Herstellkosten betragen 89.350 €. Vom Hauptprodukt werden 5.500 kg hergestellt. Für die Nebenprodukte gelten folgende Daten:

Nebenprodukt	Menge (kg)	Aufarbeitungs-/ Vernichtungskosten (€/kg)	SEVt (€/kg)	Marktpreis (€/kg)
1	1.000	0,90	0,50	5,10
2	1.200		0,20	3,20
3	900	0,50		

Aus dem BAB ist zu entnehmen, dass 8.250 € Verwaltungs- und Vertriebsgemeinkosten angefallen sind. Außerdem sind 2,30 €/kg Verpackungskosten und 2 % Verkaufsprovision auf den Marktpreis (25 €/kg) für das Hauptprodukt zu verrechnen.

a) Bestimmen Sie die Selbstkosten des Hauptproduktes nach der Restwertmethode.

b) Wie sind die Produkte zu kalkulieren, wenn die Marktpreisäquivalenzziffernmethode angewendet wird?

c) Welche Methode ist die bessere?

6.28 In einem Gaswerk wurden in einer Periode folgende Kuppelprodukte erzeugt:

Produkt	Mengen (in Mio)	Heizwerte (WE/Einheit)	Erlöse (€/Einheit)
Gas	36,0 cbm	6.500 WE/cbm	0,32 €/cbm
Koks	50,0 kg	5.720 WE/kg	0,18 €/kg
Teer	3,0 kg		0,19 €/kg
Benzol	0,1 kg		1,50 €/kg

Die Herstellkosten des Kuppelproduktionsprozesses betrugen 17.220.000 €.

Für die Produkte entstehen in der Weiterverarbeitung folgende zurechenbare Kosten:

Produkt	Weiterverarbeitungskosten
Gas	0,01 €/cbm
Koks	0,02 €/kg
Teer	0,04 €/kg
Benzol	0,20 €/kg

Für die Verwaltung und den Vertrieb sind Kosten in Höhe von 1.440.000 € entstanden.

a) Bestimmen Sie die Selbstkosten der Kuppelprodukte nach der Restwertmethode, wenn das Gas als Hauptprodukt und Koks, Teer und Benzol als Nebenprodukte angesehen werden.

b) Kalkulieren Sie die Kuppelprodukte nach der Restwert- und Verteilungsmethode, wobei Gas und Koks als Hauptprodukte und Teer und Benzol als Nebenprodukte zu behandeln sind. Verteilungsgrundlage für die Hauptprodukte sind die Heizwerte (1 WE/cbm = 1 WE/kg). Die Verwaltungs- und Vertriebsgemeinkosten sind auf die Hauptprodukte im Verhältnis der Herstellkosten (inklusive Weiterverarbeitungskosten) zu verteilen.

c) Kalkulieren Sie die Kuppelprodukte nach der Marktpreisäquivalenzziffernmethode, wobei alle Produkte als Hauptprodukte anzusehen sind. Die Verwaltungs- und Vertriebsgemeinkosten sind im Verhältnis der Herstellkosten (inklusive Weiterverarbeitungskosten) zu verteilen.

d) Vergleichen und interpretieren Sie die Ergebnisse.

6.29 In einem Industriebetrieb werden in der Fertigungshauptkostenstelle „Stanzerei" die Gemeinkosten in maschinenabhängige und -unabhängige Kosten aufgeteilt.
Für den Monat September lassen sich die maschinenabhängigen Gemeinkosten nach folgenden Angaben errechnen:

	Stanze I	Stanze II
Anschaffungskosten	84.000 €	150.000 €
Nutzungsdauer (Jahre)	10	10
Abschreibungsmethode	Linear	Linear
Kalkulatorische Zinsen (Durchschnittswertmethode)	8 %	8 %
Energieaufnahme	15 kW/h	25 kW/h
Strompreis je kW/h	0,12 €	0,12 €
Grundgebühr (Stromzähler) monatlich	40 €	50 €
Instandhaltungskosten/Jahr	4.800 €	7.200 €
Stand- und Arbeitsfläche	20 qm	25 qm
Platzkosten je qm (monatlich)	30 €	30 €
Werkzeugkosten je Monat	200 €	250 €
Betriebsstoffkosten je Monat	120 €	180 €
Bezugsgröße: Laufstunden je Monat	140 h	160 h

Die maschinenunabhängigen Fertigungsgemeinkosten werden für den Monat September für die gesamte Kostenstelle in folgender Höhe ermittelt:

Hilfslöhne	10.000 €
Soziale Aufwendungen	6.000 €
Allgemeine Betriebskosten	4.000 €

Für die maschinenunabhängigen Fertigungsgemeinkosten werden die Fertigungslöhne als Bezugsgröße gewählt. Sie betrugen 12.500 €.

a) Berechnen Sie die Maschinenstundensätze für die beiden Stanzen.

b) Ermitteln Sie den Zuschlagssatz für die maschinenunabhängigen Gemeinkosten.

c) Kalkulieren Sie einen Auftrag von 5.000 Deckeln, der auf der Stanze I gefertigt wird und für den folgende weitere Angaben gelten:

MEK	750 €
FEK	600 €
SEF	250 €
Maschinenstunden	30 Stunden
MGK	6 %
VwGK	10 %
VtGK	5 %

6.30 Für eine bestellte Maschine ist ein Kostenvoranschlag zumachen. Es ist mit folgenden Kosten zu kalkulieren:

Fertigungsmaterial	8.200 €
Fertigungslöhne I	5.800 €
Fertigungslöhne II	8.900 €
Sondereinzelkosten der Fertigung	1.200 €
Sondereinzelkosten des Vertriebs	5 % Vertreterprovision

Die Bearbeitungszeit auf der Maschine A beträgt 60 Stunden, auf der Maschine B 45 Stunden und auf der Maschine C 85 Stunden.

Nachstehende Zuschläge sind zu verwenden:

MGK-Zuschlag	6 %
FGK-Zuschlag I (maschinenunabhängig)	40 %
FGK-Zuschlag II (maschinenunabhängig)	65 %
Maschinenstundensatz A	22 €
Maschinenstundensatz B	35 €
Maschinenstundensatz C	28 €
VwGK-Zuschlag	8 %
VtGK-Zuschlag	6 %
Gewinn	10 %
Skonto	2 %

a) Bestimmen Sie die Selbstkosten und den Auszeichnungspreis der Maschine.

b) Um wieviel € und % sinkt der Gewinn, wenn der Kunde auf den vorkalkulierten Auszeichnungspreis einen Rabatt von 3 % verlangt?

6.31 In der Kostenrechnung der Blech & Guß AG liegen folgende Daten vor:

Kostenstellen ⇒ Kostenarten ⇓	Materialstelle	Fertigungsstellen			Verwaltung und Vertrieb
		Stanzerei	Formerei	Montage	
Summe der Gemeinkosten (€/Per)	11.500	95.000	192.500	156.800	114.306
Bezugsgröße	MEK	Materialverbrauch 3.800 qm	Maschinenstunden 3.500 h	Fertigungsstunden 4.900 h	HK

Die Einzelkosten betragen:

MEK	143.750 €
FEK Stanzerei	52.000 €
FEK Formerei	138.000 €
FEK Montage	163.000 €

a) Erstellen Sie das Kostenträgerzeitblatt, und ermitteln Sie die Gemeinkostenzuschlagssätze.

b) Kalkulieren Sie die Selbstkosten für eine Serie von 500 Tabakdosen unter Verwendung nachstehender Angaben:

MEK	420 €
FEK Stanzerei	580 €
FEK Formerei	220 €
FEK Montage	280 €

Für den Auftrag wurden in den Fertigungsstellen erfaßt:

Stanzerei	-	Blechverbrauch 60 qm
Formerei	-	6 Maschinenstunden
Montage	-	15 Fertigungsstunden

c) Kalkulieren Sie den gewünschten Listenverkaufspreis (netto), wenn die Verkaufsabteilung von folgenden Absatzbedingungen ausgeht:

Gewinn	12 %
Kundenskonto	2 %
Vertreterprovision	5 %
Rabatt	4 %

6.32 In einem Unternehmen werden für die nächste Periode folgende Einzel- und Gemeinkosten vorgeplant:

Kostenstelle ⇓	Gemeinkosten (€/Per)		Bezugsgröße
	variabel	fix	
Material	5.000	5.000	Materialeinzelkosten
Fertigung I	9.600	19.200	Maschinenstunden
Fertigung II	2.400	1.600	Akkordstunden
Verwaltung	970	5.170	Herstellkosten
Vertrieb	1.940	7.820	Herstellkosten

Die Einzelkostenplanung ergibt:

MEK	50.000 €
FEK I	9.000 €
FEK II	19.000 €
SEF	2.000 €
SEVt	3.000 €

Im Fertigungsbereich wird folgende Beschäftigung geplant:

Fertigung I	480 Maschinenstunden
Fertigung II	160 Akkordstunden

a) Bestimmen Sie die variablen Herstell- und Selbstkosten pro Stück für ein Produkt, das folgende Plandaten aufweist:

Materialeinzelkosten	12,00 €
Fertigungseinzelkosten I	2,00 €
Fertigungseinzelkosten II	4,00 €
Maschinenminuten in Fertigung I	12,00 Minuten
Akkordminuten in Fertigung II	6,00 Minuten
Sondereinzelkosten der Fertigung	0,50 €
Sondereinzelkosten des Vertriebs	0,80 €

b) Wo liegen die kurzfristige und langfristige Preisuntergrenze?

c) Soll ein Zusatzauftrag angenommen werden, wenn der Kunde bei einer Auftragsgröße von 1.000 Stück 35 € pro Stück bietet und ausreichende Kapazitäten vorhanden sind?

d) Wie ändern sich die Kalkulationsergebnisse in der Nachkalkulation, wenn der Betrieb statt der geplanten 100 %-igen Auslastung nur zu 90 % beschäftigt ist?

Testklausur zu Kapitel 6

Die folgenden Behauptungen sind auf ihre Richtigkeit zu überprüfen.
(Es können mehrere Behauptungen richtig sein.)

Kennzeichnen Sie die Behauptungen mit
richtig (+),
weiß nicht (   ),
falsch (-).

Punktvergabe:
Kennzeichen richtig = 1 Punkt,
Kennzeichen weiß nicht oder falsch = 0 Punkte.

1. Aufgabe der Kostenträgerrechnung ist,

   a) Daten für die Kontrolle der Funktionsbereiche zur Verfügung zu stellen; (   )
   b) kurz- und langfristige Preisuntergrenzen zu ermitteln; (   )
   c) den Absatzpreis einer betrieblichen Leistung festzulegen; (   )
   d) Zuschlagssätze für die Kalkulation zu ermitteln. (   )

2. Die Kostenträgerrechnung

   a) wird immer in Form einer ex-post-Rechnung gemacht; (   )
   b) ist ohne Kostenarten- und Kostenstellenrechnung möglich; (   )
   c) kann in einem Mehrproduktunternehmen nicht in der Form der Divisionskalkulation vorgenommen werden; (   )
   d) wird in Dienstleistungsunternehmen immer als Zuschlagskalkulation durchgeführt. (   )

3. Kostenträger können sein

   a) Absatzleistungen; (   )
   b) innerbetriebliche Leistungen; (   )
   c) Lagerleistungen; (   )
   d) Fremdleistungen; (   )
   e) Eigenleistungen. (   )

4. Eine Vorkalkulation

a) ist im allgemeinen wichtiger als eine Nachkalkulation; ( )
b) ist nur in Industriebetrieben sinnvoll; ( )
c) basiert auf Normal- bzw. Plankosten; ( )
d) liefert den Absatzpreis der produzierten Leistungen. ( )

5. Eine Nachkalkulation

a) wird benötigt, um Kostenvoranschläge zu erstellen; ( )
b) ist erforderlich, wenn das Kostenverursachungsprinzip eingehalten werden soll; ( )
c) ist Grundlage betrieblicher Entscheidungen; ( )
d) dient der Kontrolle betrieblicher Entscheidungen. ( )

6. Die Divisionskalkulation

a) ermittelt Stückkosten, indem die gesamten Kosten durch die Ausbringungsmenge dividiert werden; ( )
b) ist insbesondere bei Serienfertigung ein geeignetes Kalkulationsverfahren; ( )
c) kann ein- oder mehrstufig durchgeführt werden; ( )
d) eignet sich besser in Dienstleistungsunternehmen als in Industrieunternehmen. ( )

7. Die Äquivalenzziffernkalkulation

a) ist eine spezielle Methode der Divisionskalkulation; ( )
b) beruht darauf, dass die unterschiedlichen Kostenverhältnisse einzelner Sorten durch Äquivalenzziffern erfasst werden können; ( )
c) kann nur angewendet werden, wenn alle Produktarten in gleicher Menge hergestellt werden; ( )
d) eignet sich für Unternehmungen mit Serienfertigung. ( )

8. Die Zuschlagskalkulation

a) dient der Ermittlung von Gewinnzuschlägen; ( )
b) basiert auf einer Trennung von Einzel- und Gemeinkosten; ( )
c) baut auf einer Kostenstellenrechnung auf; ( )
d) rechnet die Gemeinkosten mit Hilfe von Bezugsgrößen den Kostenträgern zu; ( )
e) basiert auf dem Kostentragfähigkeitsprinzip. ( )

9. Zur Kalkulation von Kuppelprodukten werden folgende Verfahren angewendet

a) elektive Zuschlagskalkulation; ( )
b) mehrstufige Divisionskalkulation; ( )
c) Marktpreisäquivalenzziffernverfahren; ( )
d) Restwertverfahren. ( )

10. Herstellungskosten

a) werden im Rahmen einer Deckungsbeitragsrechnung ermittelt; ( )
b) enthalten nur Einzelkosten; ( )
c) bilden die kurzfristige Preisuntergrenze; ( )
d) sind der Wertansatz für die Bilanzierung selbst erstellter Güter. ( )

11. Vollkostenkalkulationen

a) sollen die kurz- und langfristige Preisuntergrenze liefern; ( )
b) sind für kurzfristige betriebliche Entscheidungen nicht geeignet; ( )
c) sind erforderlich, um fertige und unfertige Erzeugnisse in der Steuerbilanz zu bewerten; ( )
d) verletzen das Prinzip der Kostenverursachung. ( )

12. Teilkostenkalkulationen

a) erfolgen nach dem Prinzip der Kostentragfähigkeit; ( )
b) rechnen die Kosten den Kostenträgern nach dem Prinzip der Kostenverursachung zu; ( )
c) setzen die Trennung der Gemeinkosten in fixe und variable Bestandteile in der Kostenstellenrechnung voraus; ( )
d) liefern die kurzfristige Preisuntergrenze. ( )

7. Betriebsergebnisrechnung II (Umsatzkostenverfahren)

7.1 Aufgaben und Überblick

In der Kostenträgerstückrechnung werden die Kosten für eine Leistungseinheit bestimmt. Die Kostenträgerzeitrechnung (Kurzfristige Erfolgsrechnung, Betriebsergebnisrechnung) dagegen soll durch eine Gegenüberstellung der Leistungen und Kosten einer Abrechnungsperiode das Betriebsergebnis aufzeigen und durch eine Aufschlüsselung der Leistungen und Kosten nach Kostenträgern bzw. Kostenträgergruppen die Ursachen des Erfolges erkennen lassen, um kurzfristige Entscheidungen treffen zu können[1].

Dabei kann es z. B. für Programmentscheidungen erforderlich sein, das Periodenergebnis bzw. das Ergebnis der Kostenträger (-gruppen) nach weiteren Gesichtspunkten aufzugliedern:

(1) nach Absatzmärkten (Nord-, Süd-, Ost-, Westdeutschland),
(2) nach Kundengruppen (Industrie, Großhandel, Einzelhandel),
(3) nach Betriebsteilen (Werk Stuttgart, Werk Bremen).

Weitere Entscheidungen ermöglicht die Kostenträgerstückrechnung durch Informationen über die Veränderung des Perioden- und Kostenträgerergebnisses

(1) bei Veränderung von Preisen und Absatzmengen bei bestimmten Kostenträgern oder Kostenträgergruppen,
(2) bei Kostenänderungen, z. B. von Löhnen, Material usw.,
(3) bei einer Veränderung des Fertigungsverfahrens (Rationalisierungsinvestition).

Der Betriebserfolg wird in der Regel monatlich ermittelt, mindestens aber vierteljährlich, damit betriebliche Entscheidungen rechtzeitig getroffen werden können. Die Kostenträgerzeitrechnung wird entweder nach dem Gesamtkostenverfahren oder dem Umsatzkostenverfahren durchgeführt.

[1] Vgl. K.-D. Däumler/J. Grabe, Kostenrechnung 2, S. 41 ff.

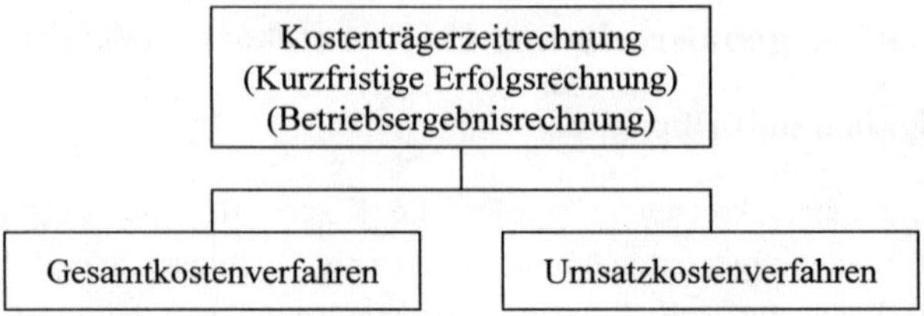

Beim Gesamtkostenverfahren werden den gesamten Leistungen einer Periode (Umsatz plus Mehrbestand an Halb- und Fertigfabrikaten plus zu aktivierende innerbetriebliche Leistungen) die gesamten Kosten der Periode, nach Kostenarten gegliedert, gegenübergestellt. Dieses Verfahren wurde bereits im Kapitel 4 dargestellt.

Betriebsergebnisrechnung nach dem Gesamtkostenverfahren	
Kosten der Periode, gegliedert nach Kostenarten: Fertigungsmaterial Gemeinkostenmaterial . . . Kalkulatorische Zinsen Kalkulatorischer Unternehmerlohn Minderbestand an Halb- und Fertigfabrikaten Betriebserfolg	Umsatz Selbsterstellte Anlagen Mehrbestand an Halb- und Fertigfabrikaten

Beim Umsatzkostenverfahren werden nur die Umsätze einer Periode und die dafür entstandenen Kosten gegenübergestellt. Das setzt voraus, dass man die Kosten der verkauften Einheiten kalkulieren kann. Im Gegensatz zum Gesamtkostenverfahren setzt die Anwendung des Umsatzkostenverfahrens also eine Kostenstellen- und Kostenträgerrechnung voraus.

Betriebsergebnisrechnung nach dem Umsatzkostenverfahren	
Kosten des Umsatzes, gegliedert nach Kostenstellen/Kostenträger: Materialkosten Fertigungskosten Verwaltungskosten Vertriebskosten Betriebserfolg	Umsatz

7.2 Umsatzkostenverfahren

7.2.1 Umsatzkostenverfahren auf Vollkostenbasis

Beim Umsatzkostenverfahren auf Vollkostenbasis werden den Umsätzen der verkauften Leistungen einer Periode die ihnen entsprechenden durch die Kalkulation ermittelten Vollkosten gegenübergestellt. Die Kostenträgerzeitrechnung erfolgt dabei nach dem gleichen Schema wie die Kostenträgerstückrechnung[1]:

Leistung/Kosten	Berichtsmonat (€/Per)	Kumuliert für		Veränderung (%)
		Berichtsjahr (€/Per)	Vorjahr (€/Per)	
Nettoerlös				
Materialeinzelkosten (MEK) Materialgemeinkosten (MGK) Fertigungseinzelkosten (FEK) Fertigungsgemeinkosten (FGK) Sondereinzelkosten der Fertigung (SEF)				
Herstellkosten (HK) Verwaltungsgemeinkosten (VwGK) Vertriebsgemeinkosten (VtGK) Sondereinzelkosten des Vertriebs (SEVt)				
Selbstkosten des Umsatzes (SK_U)				
Betriebsergebnis = Nettoerlös - Selbstkosten				

Übers. 7.1: Betriebsergebnisrechnung nach dem Umsatzkostenverfahren

Beispiel 7.1 (Betriebsergebnisrechnung auf Vollkostenbasis)

Ein Sportartikelhersteller stellt im April 4.000 Tennisschläger her. Die Kapazität ist nicht voll ausgelastet. Ein Tennisschläger kann für 110 € verkauft werden. Am Ende des Monats ermittelt der Kostenrechner das Betriebsergebnis. Ihm stehen die Daten der Vollkostenrechnung zur Verfügung.

[1] Vgl. Kapitel 6, S. 319.

Die Einzelkosten lassen sich produktbezogen in der Fertigungsabteilung ermitteln:

Einzelkosten	€/Stück
Materialeinzelkosten	50
Fertigungseinzelkosten	15

Die Gemeinkosten werden durch den Betriebsabrechnungsbogen (BAB) bestimmt:

Gemeinkosten	€/Monat
Materialgemeinkosten (MGK)	24.000
Fertigungsgemeinkosten (FGK)	90.000
Verwaltungsgemeinkosten (VwGK)	10.000
Vertriebsgemeinkosten (VtGK)	18.000

a) Bestimmen Sie das Betriebsergebnis für den Monat April statistisch-tabellarisch.

b) Wie sieht die Betriebsergebnisrechnung in der kontenmäßigen Darstellung aus?

Lösung a)

Leistung/Kosten		€/Monat
Umsatz	4.000 Stück · 110 €/Stück	440.000
Materialeinzelkosten	4.000 Stück · 50 €/Stück	200.000
Materialgemeinkosten	Angabe aus dem BAB	24.000
Fertigungseinzelkosten	4.000 Stück · 15 €/Stück	60.000
Fertigungsgemeinkosten	Angabe aus dem BAB	90.000
Herstellkosten		374.000
Verwaltungsgemeinkosten	Angabe aus dem BAB	10.000
Vertriebsgemeinkosten	Angabe aus dem BAB	18.000
Selbstkosten des Umsatzes		402.000
Betriebsergebnis = U - SK_U		38.000

Lösung b)

Betriebsergebnisrechnung nach dem Umsatzkostenverfahren			
Kosten des Umsatzes, gegliedert nach Kostenstellen:	€		€
Materialkosten	224.000	Umsatz	440.000
Fertigungskosten	150.000		
Verwaltungskosten	10.000		
Vertriebskosten	18.000		
Betriebserfolg	38.000		
	440.000		440.000

In einem Industriebetrieb verändert sich in einer Abrechnungsperiode normalerweise der Lagerbestand an Halb- und Fertigfabrikaten. Stellt man jetzt die in der Periode entstandenen Kosten den Umsätzen gegenüber, so entsteht eine Fehlrechnung in der Ermittlung des Betriebsergebnisses. Deshalb sind die Kosten, die beim Lageraufbau (Bestandsmehrung) entstanden sind, aus der laufenden Kostenrechnung heraus zu rechnen. Wird ein Lagerbestand abgebaut (Bestandsminderung), so müssen die dafür in der letzten Periode entstandenen Kosten dieser Periode zugerechnet werden, weil die vom Lager verkauften Produkte im Umsatz dieser Periode enthalten sind.

In gleicher Weise wie der Mehrbestand an Halb- und Fertigfabrikaten werden zu aktivierende innerbetriebliche Eigenleistungen behandelt, wie z. B. eine selbsterstellte Werkzeugmaschine. Für die Anlage sind zwar Herstellkosten in dieser Periode entstanden, in den Umsatzzahlen ist sie jedoch nicht enthalten, da die Anlage nicht verkauft wird. Daher müssen die Herstellkosten, die für die Anlage entstehen, von den Kosten dieser Periode abgezogen werden.

	Herstellkosten der Rechnungsperiode (HK_{RP})
±	Bestandsveränderung bei unfertigen Erzeugnissen (B_{UE})
	Herstellkosten der fertiggestellten Menge (HK_{FM})
±	Bestandsveränderung bei fertigen Erzeugnissen (B_{FE})
	Herstellkosten der Gesamtleistung (HK_{GL})
-	Aktivierbare innerbetriebliche Leistung (AiL)
	Herstellkosten des Umsatzes (HK_U)

Übers.7.2: Bestandsveränderungen und innerbetriebliche Leistungen im Kostenträgerzeitblatt

Die Bestandsveränderungen bei Halb- und Fertigfabrikaten und die selbsterstellten Anlagen können zu Ist- oder Normalherstellkosten bewertet werden. In der Handels- und Steuerbilanz sind für die Bewertung der Bestände grundsätzlich die Istherstellkosten anzusetzen[1], eine Bewertung zu Normalherstellkosten ist unter gewissen Voraussetzungen möglich[2].

Beispiel 7.2 (Betriebsergebnis bei Bestandsänderungen)

Der Sportartikelhersteller aus dem Beispiel 7.1 fertigt im Mai weiterhin 4.000 Tennisschläger. Von den produzierten Schlägern werden jedoch nur 3.600 verkauft. Die nicht verkauften Einheiten erhöhen den Lagerbestand an Halb- und Fertigfabrikaten. Sie werden zu Herstellkosten bewertet. Am Ende des Monats stellt der Kostenrechner fest, dass sich an der Kostensituation grundsätzlich nichts geändert hat. Lediglich die Vertriebsgemeinkosten sind auf Grund des geringeren Umsatzes um 540 € gesunken.

a) Wie hoch ist der Betriebserfolg im Monat Mai?
Stellen Sie das Betriebsergebnis statistisch-tabellarisch und kontenmäßig dar.

b) Im Juni werden wieder 4.000 Tennisschläger produziert, aber 4.400 verkauft.
Die Vertriebsgemeinkosten betragen in diesem Monat 18.540 €.
Stellen Sie das Betriebsergebnis statistisch-tabellarisch und kontenmäßig dar.

---

[1] Die ermittelten Herstellkosten sind zunächst nur für die Kalkulation und Bewertung in der Kostenrechnung geeignet, und nicht für die Bestandsbewertung in der Handels- und Steuerbilanz, weil in den Herstellkosten des BAB kalkulatorische Kosten enthalten sind. Da die steuerlichen Herstellungskosten nur Aufwand enthalten dürfen, müssen die Zusatzkosten aus den Herstellkosten des BAB herausgerechnet werden. De facto ergeben sich dann verschiedene Zuschlagssätze für die Kostenrechnung und die Berechnung der steuerlichen Herstellungskosten, da die kalkulatorischen Kosten stets Gemeinkosten sind.

[2] Vgl. Einkommensteuerrichtlinie 33 (8).

Lösung a)

Statistisch-tabellarische Darstellung:

Leistung/Kosten		€/Monat
Umsatz	3.600 Stück · 110 €/Stück	396.000
Materialeinzelkosten Materialgemeinkosten Fertigungseinzelkosten Fertigungsgemeinkosten	4.000 Stück · 50 €/Stück Angabe aus dem BAB 4.000 Stück · 15 €/Stück Angabe aus dem BAB	200.000 24.000 60.000 90.000
Herstellkosten der Rechnungsperiode - Mehrbestand an Fertigerzeugnissen	 10 % (= 400 Stück) von HK_{RP}	374.000 37.400
Herstellkosten des Umsatzes Verwaltungsgemeinkosten Vertriebsgemeinkosten	 Angabe aus dem BAB Angabe aus dem BAB	336.600 10.000 17.460
Selbstkosten des Umsatzes		364.060
Betriebsergebnis = U - SK_U		31.940

Die Bestandsmehrung muss von den Herstellkosten der Rechnungsperiode abgezogen werden, um die Kosten mit dem Umsatz, in dem Bestandsmehrungen nicht enthalten sind, vergleichbar zu machen.

Die kontenmäßige Darstellung ergibt das gleiche Ergebnis:

Betriebsergebnisrechnung nach dem Umsatzkostenverfahren			
	€		€
Herstellkosten des Umsatzes	336.600	Umsatz	396.000
Verwaltungsgemeinkosten	10.000		
Vertriebsgemeinkosten	17.460		
Betriebserfolg	31.940		
	396.000		396.000

Lösung b)

Statistisch-tabellarische Darstellung:

Leistung/Kosten		€/Monat
Umsatz	4.400 Stück · 110 €/Stück	484.000
Materialeinzelkosten Materialgemeinkosten Fertigungseinzelkosten Fertigungsgemeinkosten	4.000 Stück · 50 €/Stück Angabe aus dem BAB 4.000 Stück · 15 €/Stück Angabe aus dem BAB	200.000 24.000 60.000 90.000
Herstellkosten der Rechnungsperiode + Minderbestand an Fertigerzeugnissen	 bewertet zu Herstellkosten	374.000 37.400
Herstellkosten des Umsatzes Verwaltungsgemeinkosten Vertriebsgemeinkosten	 Angabe aus dem BAB Angabe aus dem BAB	411.400 10.000 18.540
Selbstkosten des Umsatzes		439.940
Betriebsergebnis = U - SK_U		44.060

Die Bestandsminderung wird den Herstellkosten der Rechnungsperiode hinzugerechnet.

Kontenmäßige Darstellung:

Betriebsergebnisrechnung nach dem Umsatzkostenverfahren			
	€		€
Herstellkosten des Umsatzes	411.400	Umsatz	484.000
Verwaltungsgemeinkosten	10.000		
Vertriebsgemeinkosten	18.540		
Betriebsergebnis	44.060		
	484.000		484.000

Das Gesamtbetriebsergebnis lässt sich je nach Erfordernis beliebig untergliedern. Die wichtigsten Kriterien sind:

- Kostenträgergruppen,
- Kostenträger,
- Absatzgebiete,
- Kundengruppen,
- Kunden,
- Verantwortungsbereiche.

So wird z. B. eine Aufteilung nach Kostenträgergruppen in folgender Weise vorgenommen:

Umsatz/Kosten	Kostenträgergruppen gesamt (€/Per)	Kostenträgergruppe 1 (€/Per)	Kostenträgergruppe 2 (€/Per)
Nettoumsatz			
MEK MGK FEK FGK SEF			
HK_U VwGK VtGK SEVt			
SK_U			
Betriebsergebnis = U - SK_U			

Übers. 7.3: Kostenträgergruppenergebnis

Durch eine weitere Untergliederung lassen sich die Kostenträgergruppenergebnisse nach Kostenträgern und Absatzgebieten differenzieren.

	Kostenträgergruppe 1 (€/Per)				Kostenträger A (€/Per)				Kostenträger B (€/Per)			
Umsatz/Kosten	N	S	O	W	N	S	O	W	N	S	O	W
Nettoerlös												
MEK MGK FEK FGK SEF												
HK_U VwGK VtGK SEVt												
SK_U												
Betriebsergebnis = U - SK_U												
N= Nord S = Süd					O = Ost W= West							

Übers. 7.4: Kostenträgerergebnis nach Absatzgebieten differenziert

Durch die Möglichkeit der Aufteilung des Gesamtergebnisses ist das Umsatzkostenverfahren grundsätzlich besser als das Gesamtkostenverfahren geeignet, die Anforderungen der Kostenrechnung zu erfüllen.

Beispiel 7.3 (Differenzierung des Betriebsergebnisses)

Im Juli lastet der Sportartikelhersteller freie Kapazitäten durch die Hereinnahme neuer Produkte aus. Er stellt neben den Tennisschlägern Badmintonschläger und Tischtennisschläger her. Am Ende des Monats liegen folgende Informationen vor:

Produkt	Menge (Stück/Mon)	Verkaufspreis (€/Stück)	MEK (€/Stück)	FEK (€/Stück)
Tennisschläger	4.000	110	50	15
Badmintonschläger	3.000	40	20	8
Tischtennisschläger	5.000	12	5	2

Die Gemeinkosten ergeben sich aus dem BAB in folgender Weise:

Gemeinkosten	€/Monat
MGK	29.100
FGK	110.400
VwGK	10.000
VtGK	20.533

Wie lautet das nach Produkten differenzierte Betriebsergebnis des Monats Juli?

Lösung

Leistung/Kosten	Kostenträger gesamt (€/Monat)	Zuschläge in %	Tennisschläger (€/Monat)	Badminton-schläger (€/Monat)	Tischtennis-schläger (€/Monat)
Nettoerlös	620.000		440.000	120.000	60.000
MEK	285.000		200.000	60.000	25.000
MGK	29.100	10,21	20.421	6.126	2.553
FEK	94.000		60.000	24.000	10.000
FGK	110.400	117,45	70.468	28.187	11.745
HK_U	518.500		350.889	118.313	49.298
VwGK	10.000	1,93	6.767	2.282	951
VtGK	20.533	3,96	13.895	4.685	1.953
SK_U	549.033		371.551	125.280	52.202
Betriebsergebnis	70.967		68.449	- 5.280	7.798
BE/Stück			17,11	- 1,76	1,56

Die Tennis- und die Tischtennisschläger sind positiv zu beurteilen, weil sie zum Gewinn des Unternehmens beitragen. Die Badmintonschläger dagegen erbringen einen Verlust und werden negativ beurteilt.

Das Umsatzkostenverfahren auf Vollkostenbasis ist für eine Erfolgsanalyse nur bedingt verwendbar, da die Entscheidungsgrundlage „Vollkosten“ kurzfristig zu falschen Sortimentsentscheidungen führen kann[1].

Beispiel 7.4 (Sortimentsentscheidungen mit Hilfe der Vollkostenrechnung)

Der Sportartikelhersteller stellt fest, dass er mit der Produktion und dem Absatz von Badmintonschlägern im Juli einen Verlust gemacht hat. Er möchte nun für den Monat August das Produktionsprogramm verändern, um einen noch größeren Gewinn zu erreichen. Für die Zusammenstellung eines neuen Sortiments muss er aufgrund von Absatzbedingungen und aus Kapazitätsgründen folgende Mindest- und Höchstmengen beachten:

[1] Vgl. Kapitel 2, S. 103 ff.

Produkt	Höchstmenge (Stück/Monat)	Mindestmenge (Stück/Monat)
Tennisschläger	5.000	3.000
Badmintonschläger	4.000	0
Tischtennisschläger	6.000	0

Welches neue Produktionsprogramm soll der Sportartikelhersteller wählen, um seinen Gewinn zu maximieren?

Lösung

Der Vollkostenrechner fördert die Produkte mit den positiven Stückgewinnen und nimmt die Produkte, die einen Stückverlust erbringen, aus dem Sortiment.

Produkt	g (€/Stück)	Menge im August (Stück/Monat)
Tennisschläger	17,11	5.000
Badmintonschläger	- 1,76	0
Tischtennisschläger	1,56	6.000

Um den Gewinn für den Monat August zu berechnen, multipliziert der Vollkostenrechner die neuen Mengen mit den Stückgewinnen (-verlusten) des Monats Juli und kommt zu folgendem erwarteten Ergebnis für den Monat August:

Produkt	Gewinn (€/Monat)
Tennisschläger	85.561
Badmintonschläger	0
Tischtennisschläger	9.358
Gesamt	94.919

Tatsächlich wird er diesen Gewinn nicht erreichen, da durch die veränderten Produktionsmengen sich auch die Stückgewinne verändern. Der Vollkostenrechner muss daher das Ende des Monats abwarten. Erst dann kann er das Betriebsergebnis richtig bestimmen.
Es ist außerdem nicht ausgeschlossen, dass Entscheidungen in der Vollkostenrechnung zu nicht optimalen Ergebnissen führen.

7.2.2 Umsatzkostenverfahren auf Teilkostenbasis

Beim Umsatzkostenverfahren auf Teilkostenbasis werden den Umsätzen der verkauften Einheiten einer Periode zunächst nur die entsprechenden variablen Kosten gegenübergestellt, so dass sich der Deckungsbeitrag der Periode ergibt[1]. Wenn ein positives Betriebsergebnis erreicht werden soll, muss der Gesamtdeckungsbeitrag aller Kostenträger größer als der Fixkostenblock sein.

Leistung/Kosten	Berichtsmonat (€/Per)	Kumuliert für		Veränderung (%/Per)
		Berichtsjahr (€/Per)	Vorjahr (€/Per)	
Nettoerlös				
MEK Variable MGK FEK Variable FGK SEF				
Variable HK_U Variable VwGK Variable VtGK SEVt				
Variable SK_U				
Deckungsbeitrag D				
Fixkosten K_f				
Betriebsergebnis = D - K_f				

Übers. 7.5: Umsatzkostenverfahren auf Teilkostenbasis

Das Kostenträgerzeitblatt ist entsprechend der Teilkostenkalkulation einer Kostenträgereinheit aufgebaut[2].

Beispiel 7.5 (Betriebsergebnisrechnung auf Teilkostenbasis)

Der Sportartikelhersteller aus dem Beispiel 7.1, der im April 4.000 Tennisschläger herstellt und für 110 € verkauft, führt eine Teilkostenrechnung ein und kommt für den Monat April zu folgender Kostenanalyse:

---

[1] Vgl. Kapitel 2, S. 102 f.

[2] Vgl. Kapitel 6, S. 329.

Kosten	€/Monat	fix (%)	variabel (%)
Materialeinzelkosten	200.000	-	100
Materialgemeinkosten	24.000	50	50
Fertigungseinzelkosten	60.000	-	100
Fertigungsgemeinkosten	90.000	60	40
Verwaltungsgemeinkosten	10.000	100	-
Vertriebsgemeinkosten	18.000	70	30

Ermitteln Sie das Betriebsergebnis im Monat April mit Hilfe einer Deckungsbeitragsrechnung.

Lösung

Die Aufteilung der Kosten in fixe und variable Bestandteile ergibt:

Kosten	gesamt (€/Monat)	fix (€/Monat)	variabel (€/Monat)
Materialeinzelkosten	200.000	-	200.000
Materialgemeinkosten	24.000	12.000	12.000
Fertigungseinzelkosten	60.000	-	60.000
Fertigungsgemeinkosten	90.000	54.000	36.000
Verwaltungsgemeinkosten	10.000	10.000	-
Vertriebsgemeinkosten	18.000	12.600	5.400
	402.000	88.600	313.400

	Leistung/Kosten	€/Monat	Zuschläge
1	Umsatz	440.000	
2	Materialeinzelkosten	200.000	
3	Variable Materialgemeinkosten	12.000	6 %
4	Fertigungseinzelkosten	60.000	
5	Variable Fertigungsgemeinkosten	36.000	60 %
6	Variable Herstellkosten	308.000	
7	Variable Verwaltungsgemeinkosten	-	
8	Variable Vertriebsgemeinkosten	5.400	* 1,753 %
9	Variable Selbstkosten des Umsatzes	313.400	
10	Deckungsbeitrag (1 - 9)	126.600	
11	- Fixkosten	88.600	
12	Betriebsergebnis (10 - 11)	38.000	

* genauer Wert: 1,75324...

Das Betriebsergebnis des Umsatzkostenverfahrens auf Teilkostenbasis stimmt mit dem Ergebnis des Umsatzkostenverfahrens auf Vollkostenbasis und des Gesamtkostenverfahrens nicht überein, wenn sich die Bestände an unfertigen und fertigen Erzeugnissen verändert haben.

In der Teilkostenrechnung werden die Fixkosten der Periode angelastet, in der sie entstanden sind. In der Vollkostenrechnung werden die Fixkosten den produzierten Einheiten zugerechnet, so dass bei einer Bestandsmehrung ein Teil der Fixkosten in die nächste Periode verschoben und damit das Betriebsergebnis dieser Periode entlastet wird.

Die variablen Herstellkosten des Umsatzes lassen sich indirekt über die variablen Herstellkosten der Rechnungsperiode ermitteln, indem die Bestandsveränderungen an fertigen und unfertigen Erzeugnissen zu Teilkosten berücksichtigt werden.

	Variable Herstellkosten der Rechnungsperiode (var HK_{RP})
±	Bestandsveränderung bei unfertigen Erzeugnissen, bewertet zu Teilkosten (B_{UE})
	Variable Herstellkosten der fertiggestellten Menge (var HK_{FM})
±	Bestandsveränderung bei fertigen Erzeugnissen, bewertet zu Teilkosten (B_{FE})
	Variable Herstellkosten der Gesamtleistung (var HK_{GL})
-	Aktivierbare innerbetriebliche Leistung, bewertet zu Teilkosten (AiL)
	Variable Herstellkosten des Umsatzes (var HK_U)

Übers. 7.6: Bestandsveränderungen und zu aktivierende innerbetriebliche Leistungen in der Betriebsergebnisrechnung auf Teilkostenbasis

Beispiel 7.6 (Betriebsergebnisrechnung auf Teilkostenbasis)

Der Sportartikelhersteller aus dem Beispiel 7.5 fertigt im Mai weiterhin 4.000 Tennisschläger. Von den produzierten Schlägern werden jedoch nur 3.600 verkauft. Der Rest geht auf das Lager und wird zu variablen Herstellkosten bewertet.

a) Wie hoch ist der Betriebserfolg im Monat Mai?

b) Im Juni werden wieder 4.000 Tennisschläger produziert, aber 4.400 verkauft. Wie hoch ist der Betriebserfolg in diesem Monat?

Lösung a)

	Leistung/Kosten	€/Monat	Zuschläge
1	Umsatz	396.000	
2	Materialeinzelkosten	200.000	
3	Variable Materialgemeinkosten	12.000	6 %
4	Fertigungseinzelkosten	60.000	
5	Variable Fertigungsgemeinkosten	36.000	60 %
6	Variable Herstellkosten (var HK_{RP})	308.000	
7	- Bestandsmehrung	30.800	
8	Variable Herstellkosten (var HK_U)	277.200	
9	Variable Verwaltungsgemeinkosten	-	
10	Variable Vertriebsgemeinkosten	4.860	1,753 %
11	Variable Selbstkosten des Umsatzes	282.060	
12	Deckungsbeitrag (1 -11)	113.940	
13	- Fixkosten	88.600	
14	Betriebsergebnis (12 - 13)	25.340	

Lösung b)

	Leistung/Kosten	€/Monat	Zuschläge
1	Umsatz	484.000	
2	Materialeinzelkosten	200.000	
3	Variable Materialgemeinkosten	12.000	6 %
4	Fertigungseinzelkosten	60.000	
5	Variable Fertigungsgemeinkosten	36.000	60 %
6	Variable Herstellkosten (var HK_{RP})	308.000	
7	+ Bestandsminderung	30.800	
8	Variable Herstellkosten (var HK_U)	338.800	
9	Variable Verwaltungsgemeinkosten	-	
10	Variable Vertriebsgemeinkosten	5.940	1,753 %
11	Variable Selbstkosten des Umsatzes	344.740	
12	Deckungsbeitrag (1 - 11)	139.260	
13	- Fixkosten	88.600	
14	Betriebsergebnis (12 - 13)	50.660	

Das Gesamtbetriebsergebnis kann wie beim Umsatzkostenverfahren auf Vollkostenbasis in entsprechende Teilergebnisse untergliedert werden.

Umsatz/Kosten	Kostenträgergruppen gesamt (€/Per)	Kostenträgergruppe 1 (€/Per)	Kostenträgergruppe 2 (€/Per)
Nettoumsatz			
MEK Variable MGK FEK Variable FGK SEF			
Variable HK_U Variable VwGK Variable VtGK SEVt			
Variable SK_U			
D = U - Variable SK_U			
- K_f			
Betriebsergebnis			

Übers. 7.7: Kostenträgergruppenergebnis

Die Fixkosten werden bei der Aufteilung des Gesamtergebnisses in Kostenträgergruppenergebnisse weiterhin als Block behandelt und nicht auf die einzelnen Kostenträgergruppen aufgeteilt. Dieses System kann durch eine stufenweise Fixkostendeckungsrechnung ergänzt werden, in der die Fixkosten einzelnen Kostenträgern oder Kostenträgergruppen zugerechnet werden, wenn eine verursachungsgerechte Zuordnung möglich ist[1].

Beispiel 7.7 (Betriebsergebnisrechnung auf Teilkostenbasis)

Im Juli lastet der Sportartikelhersteller freie Kapazitäten durch die Hereinnahme neuer Produkte aus. Er stellt neben den Tennisschlägern Badmintonschläger und Tischtennisschläger her. Für das Produktionsprogramm zeigen sich am Ende des Monats folgende Informationen:

[1] Vgl. K.-D. Däumler/J. Grabe, Kostenrechnung 2, 153 ff.

Produkt	Menge (Stück/Mon)	Verkaufs-preis (€/Stück)	MEK (€/Stück)	FEK (€/Stück)
Tennisschläger	4.000	110	50	15
Badmintonschläger	3.000	40	20	8
Tischtennisschläger	5.000	12	5	2

Die variablen Gemeinkostenzuschlagssätze gelten auch im Juli.

Wie lautet das nach Produkten differenzierte Betriebsergebnis des Monats Juli?

Lösung

Leistung/Kosten	Kostenträger gesamt (€/Monat)	Zuschläge in %	Tennisschläger (€/Monat)	Badminton-schläger (€/Monat)	Tischtennis-schläger (€/Monat)
Nettoerlös	620.000		440.000	120.000	60.000
MEK	285.000		200.000	60.000	25.000
Var MGK	17.100	6,00	12.000	3.600	1.500
FEK	94.000		60.000	24.000	10.000
Variable FGK	56.400	60,00	36.000	14.400	6.000
Variable HK_U	452.500		308.000	102.000	42.500
Variable VwGK	-		-	-	-
Variable VtGK	7.933	1,75	5.400	1.788	745
Variable SK_U	460.433		313.400	103.788	43.245
Deckungsbeitrag	159.567		126.600	16.212	16.755
- Fixkosten	88.600		-	-	-
Betriebsergebnis	70.967		-	-	-

Beispiel 7.8 (Entscheidungen mit Hilfe der Teilkostenrechnung)

Der Sportartikelhersteller stellt fest, dass er im Juli mit der Produktion und dem Absatz von Badmintonschlägern und Tischtennisschlägern nur geringe Deckungsbeiträge erzielt hat. Er möchte nun für den Monat August das Produktionsprogramm optimieren, um einen noch größeren Gewinn zu erreichen. Für die Zusammenstellung eines neuen Sortiments muss er aufgrund von Absatzbedingungen und aus Kapazitätsgründen folgende Mindest- und Höchstmengen beachten:

Produkt	Höchstmenge (Stück/Mon)	Mindestmenge (Stück/Mon)
Tennisschläger	5.000	3.000
Badmintonschläger	4.000	0
Tischtennisschläger	6.000	0

Welches neue Produktionsprogramm soll der Sportartikelhersteller wählen, um seinen Gewinn zu maximieren?

Lösung

Der Teilkostenrechner fördert Produkte mit positiven Deckungsbeiträgen und nimmt die Produkte, die einen negativen Deckungsbeitrag haben, aus dem Sortiment. Da alle drei Produkte des Sortiments positive Deckungsbeiträge erzielen, stellt er jeweils die Höchstmengen her.

Produkt	d (€/Stück)	Menge im August (Stück/Monat)
Tennisschläger	31,65	5.000
Badmintonschläger	5,40	4.000
Tischtennisschläger	3,35	6.000

Um den erwarteten Gewinn für den Monat August zu berechnen, multipliziert der Teilkostenrechner die neuen Mengen mit den Deckungsbeiträgen des Monats Juli und kommt zu folgendem erwarteten Ergebnis für den Monat August:

Produkt	Deckungsbeitrag (€/Monat)
Tennisschläger	158.250
Badmintonschläger	21.616
Tischtennisschläger	20.106
Σ Deckungsbeiträge	199.972
- Fixkosten	88.600
Betriebsergebnis	111.372

7.3 Zusammenfassung und Checkliste

Aufgaben der Kostenträgerzeitrechnung

(1) Ermittlung des kurzfristigen Erfolges
(2) Aufgliederung des Erfolges nach
- Erzeugnissen
- Absatzmärkten
- Kundengruppen
- Betriebsteilen

Verfahren der Kostenträgerzeitrechnung

(1) Gesamtkostenverfahren
(2) Umsatzkostenverfahren
- auf Vollkostenbasis
- auf Teilkostenbasis

Beim Umsatzkostenverfahren

werden den Umsätzen einer Periode die dafür angefallenen Kosten gegenübergestellt. Das setzt voraus, dass die Kosten nach Kostenstellen gegliedert sind.

Beim Umsatzkostenverfahren auf Vollkostenbasis

werden den Mehrbeständen an unfertigen und fertigen Erzeugnissen fixe und variable Kosten zugerechnet.

Beim Umsatzkostenverfahren auf Teilkostenbasis

werden nur variable Kosten auf die Mehrbestände verrechnet. Dadurch ist das Betriebsergebnis bei diesem Verfahren geringer als beim Umsatzkostenverfahren auf Vollkostenbasis, wenn im Unternehmen Bestände aufgebaut werden, und höher, wenn vom Lager verkauft wird.

Fragen und Aufgaben

7.1 Welche Aufgaben soll die kurzfristige Erfolgsrechnung im Rahmen der Kostenrechnung erfüllen?

7.2 Skizzieren Sie den Aufbau des Umsatzkostenverfahrens auf Vollkostenbasis.

7.3 Beurteilen Sie das Umsatzkostenverfahren auf Vollkostenbasis im Vergleich zum Gesamtkostenverfahren.

7.4 Wie wird das Betriebsergebnis nach dem Umsatzkostenverfahren auf Teilkostenbasis ermittelt?

7.5 Beurteilen Sie das Umsatzkostenverfahren auf Teilkostenbasis im Vergleich zum Umsatzkostenverfahren auf Vollkostenbasis.

7.6 Warum führen das Umsatzkostenverfahren auf Vollkostenbasis und auf Teilkostenbasis in einem Industrieunternehmen im Normalfall zu unterschiedlichen Ergebnissen.

7.7 Ein Industriebetrieb stellt nur das Produkt X her. Für einen Monat gelten folgende Daten:

$$x_p = 10.000 \text{ Stück}$$
$$x_a = 8.000 \text{ Stück}$$

Die Gesamtkosten des Monats betragen 2.000.000 €. Sie teilen sich folgendermaßen auf:

variable Herstellkosten	900.000 €
fixe Herstellkosten	700.000 €
fixe Verwaltungsgemeinkosten	100.000 €
variable Vertriebsgemeinkosten	120.000 €
fixe Vertriebsgemeinkosten	180.000 €

Der Umsatz beträgt 1.800.000 €.

a) Das Betriebsergebnis ist nach dem Umsatzkostenverfahren
   (1) auf Vollkostenbasis,
   (2) auf Teilkostenbasis
   zu ermitteln.

b) Wie ist das unterschiedliche Ergebnis zu bewerten?

7.8 Ein Industriebetrieb ermittelte für die Herstellung und den Verkauf von zwei Produkten im Monat Januar folgende Zahlen:

	Produkt 1	Produkt 2
Hergestellte Menge	2.000 t	1.600 t
Abgesetzte Menge	2.000 t	1.600 t
Verkaufspreis (ohne MWSt)	160 €/t	255 €/t
Materialeinzelkosten	40.000 €	48.000 €
Fertigungseinzelkosten	60.000 €	80.000 €

Die Gemeinkosten ergeben sich aus dem Betriebsabrechnungsbogen (BAB):

Gemeinkosten	€/Monat
Materialgemeinkosten (MGK)	4.400
Fertigungsgemeinkosten (FGK)	280.000
Verwaltungs- und Vertriebsgemeinkosten (VwVtGK)	102.480

a) Wie hoch ist das Betriebsergebnis im Monat Januar nach dem Umsatzkostenverfahren auf Vollkostenbasis?

b) Im Februar werden die gleichen Mengen hergestellt und abgesetzt. Die Betriebsabrechnung erfolgt nach dem Umsatzkostenverfahren auf Teilkostenbasis. Eine Kostenanalyse hat ergeben, dass die Einzelkosten zu 100 % variabel sind und die Gemeinkosten in folgender Weise aufzuspalten sind:

Kosten	€/Monat	fix (%)	variabel (%)
Materialgemeinkosten	4.400	60	40
Fertigungsgemeinkosten	280.000	65	35
Verwaltungs- und Vertriebsgemeinkosten	102.480	85	15

Wie hoch ist der Betriebserfolg im Februar?

c) Der Industriebetrieb fertigt im März die gleichen Mengen. Es werden jedoch nicht alle hergestellten Einheiten verkauft.

	Produkt 1	Produkt 2
hergestellte Menge	2.000 t	1.600 t
abgesetzte Menge	1.800 t	1.500 t

Die nicht verkauften Einheiten werden zu Herstellkosten bewertet. An der Kostensituation hat sich grundsätzlich nichts geändert. Lediglich die Vertriebsgemeinkosten sind auf Grund des geringeren Umsatzes gesunken, für das Produkt 1 um 670 €, für das Produkt 2 um 542 €.

Wie hoch ist der Betriebserfolg im Monat März
(1) nach dem Umsatzkostenverfahren auf Vollkostenbasis,
(2) nach dem Umsatzkostenverfahren auf Teilkostenbasis?

7.9 In einem Unternehmen werden im Monat März drei Erzeugnisse zu folgenden Bedingungen hergestellt:

		Erzeugnis A	Erzeugnis B	Erzeugnis C
Verkaufspreis	(€/Stück)	60	90	150
produzierte Menge im März	(Stück)	3.000	5.000	4.000
Mindestabsatz	(Stück)	2.000	1.000	3.000
Höchstabsatz	(Stück)	8.000	6.000	6.000

a) Im Monat März werden alle Erzeugnisse verkauft.

Wie hoch ist der Gewinn in der Vollkostenrechnung, wenn folgende Informationen vorliegen:

	Erzeugnis A	Erzeugnis B (€/Stück)	Erzeugnis C
Herstellkosten/Stück	60	60	110
Verwaltungs- und Vertriebskosten/Stück	10	14	30

b) Welchen Gewinn ermittelt der Teilkostenrechner im Monat März, wenn ihm folgende Informationen vorliegen:

	Erzeugnis A	Erzeugnis B (€/Stück)	Erzeugnis C
Variable Herstellkosten/Stück	35	44	80
Variable Verwaltungs- und Vertriebskosten/Stück	5	6	10

c) Im April werden die gleichen Mengen wie im März produziert, jedoch nur 80 % der Produktion verkauft. Die Vertriebskosten sinken gegenüber dem Monat März um 3.000 € beim Erzeugnis A, um 6.000 € beim Erzeugnis B und um 8.000 € beim Erzeugnis C.
Wie hoch ist der Gewinn in diesem Monat
(1) in der Vollkostenrechnung,
(2) in der Teilkostenrechnung ?

d) Im Mai soll das optimale Produktionsprogramm produziert und verkauft werden. Von den 3 Erzeugnissen zusammen können nicht mehr als 15.000 Stück/Monat produziert werden. Die Lagerbestände aus dem Monat April werden nicht angetastet.
Welches Produktionsprogramm stellt
(1) der Vollkostenrechner,
(2) der Teilkostenrechner
zusammen ?
Wie hoch ist dann der jeweilige Gewinn?

7.10 Ein Unternehmen stellt die Produkte A, B, C, D her. Die Betriebsabrechnung liefert folgende Daten für den Monat März:

Produkte	Preis €/Stück	Produzierte Mengen Stück/Mon	Absetzbare Mengen Höchstmengen Stück/Mon	Mindestmengen Stück/Mon
A	70	3.000	4.000	2.000
B	140	2.000	2.500	1.250
C	100	4.000	6.000	3.000
D	240	2.000	3.000	1.500

a) Im Monat März werden alle Erzeugnisse verkauft.
Wie hoch ist der Gewinn in der Vollkostenrechnung, wenn folgende Informationen vorliegen:

Produkte	Herstellkosten/Stück (€/Stück)	Verwaltungs- und Vertriebskosten/Stück (€/Stück)	Selbstkosten/Stück (€/Stück)
A	40	14	54
B	90	18	108
C	60	15	75
D	210	34	244

b) Welchen Gewinn ermittelt der Teilkostenrechner im Monat April, wenn ihm folgende Informationen vorliegen:

Produkte	Variable Herstellkosten/Stück (€/Stück)	Variable Verwaltungs- und Vertriebskosten/Stück (€/Stück)	variable Selbstkosten/Stück (€/Stück)
A	34	6	40
B	70	10	80
C	48	7	55
D	165	15	180

c) Im Mai werden die gleichen Mengen wie im April produziert, jedoch nur 90 % der Produktion verkauft.
Die variablen Verwaltungs- und Vertriebskosten sinken ebenfalls um 10 %, d. h. bei Produkt A um 1.800 €, bei Produkt B um 2.000 €, bei C um 2.800 € und bei D um 3.000 €.

Wie hoch ist der Gewinn in diesem Monat
(1) in der Vollkostenrechnung,
(2) in der Teilkostenrechnung ?

d) Im Juni soll das optimale Produktionsprogramm produziert und verkauft werden. Von den vier Erzeugnissen zusammen können nicht mehr als 12.000 Stück/Monat produziert werden. Die Lagerbestände aus dem Monat Mai brauchen nicht berücksichtigt werden.

Welches Produktionsprogramm stellt
(1) der Vollkostenrechner,
(2) der Teilkostenrechner
zusammen ?

Wie hoch ist dann der jeweilige Gewinn?

Warum kann der Vollkostenrechner zu einer anderen Entscheidung kommen als der Teilkostenrechner?

Welche Entscheidung ist richtiger?

7.11 Schreiben Sie uns einen Brief!
Sie haben sich den Lehrtext dieses Buches und die Fragen und Aufgaben angesehen. Dafür danken wir Ihnen, liebe Leser, sehr herzlich. Vielleicht freut Sie etwas, was in diesem Buch steht, oder Sie ärgern sich über etwas. Vielleicht haben Sie einen Fehler entdeckt; vielleicht finden Sie, man müsse ein bestimmtes Thema anders anfassen. Schreiben Sie uns in solchen Fällen einfach einen Brief. Zwar können wir Ihnen nicht versprechen, dass alle Ihre 25.000 Schreiben beantwortet werden. Auch wird es nicht möglich sein, Ihre 25.000 Änderungswünsche alle zu berücksichtigen. Aber wir werden jeden Brief gründlich lesen und überlegen, ob das, was Sie vorschlagen, das Buch besser machen kann. Damit Sie nicht zu viel Arbeit haben, finden Sie in den Kurzantworten und Kurzlösungen ein Rezept (einen Musterbrief) auch für diese, Ihre letzte Aufgabe.

Testklausur zu Kapitel 7

Die folgenden Behauptungen sind auf ihre Richtigkeit zu überprüfen.
(Es können mehrere Behauptungen richtig sein.)

Kennzeichnen Sie die Behauptungen mit
richtig (+),
weiß nicht ( ),
falsch (-).

Punktvergabe:
Kennzeichen richtig = 1 Punkt,
Kennzeichen weiß nicht oder falsch = 0 Punkte.

1. Aufgabe der Kostenträgerzeitrechnung ist,

a) die Kosten pro Produkteinheit zu bestimmen; ( )
b) den Anteil der Erzeugnisgruppen am Betriebsergebnis zu ermitteln; ( )
c) das Betriebsergebnis und das neutrale Ergebnis zu ermitteln; ( )
d) die Kosten, gegliedert nach Kostenarten, einer Periode verursachungsgerecht zuzuordnen. ( )

2. Die Kostenträgerzeitrechnung

a) enthält alle Einzel- und Gemeinkosten, getrennt nach Erzeugnisgruppen; ( )
b) ist erforderlich, um das Betriebsergebnis der Erzeugnisgruppen zu ermitteln; ( )
c) kann als ex-post- oder ex-ante-Rechnung aufgebaut werden; ( )
d) wird stets in Form einer Vollkostenrechnung durchgeführt. ( )

3. Verfahren der Kostenträgerzeitrechnung sind

a) das Gesamtkostenverfahren; ( )
b) das Kuppelkalkulationsverfahren; ( )
c) das Umsatzkostenverfahren; ( )
d) die Sortenkalkulation; ( )
e) das Stufenleiterverfahren. ( )

4. Umsatz- und Gesamtkostenverfahren

a) sind Methoden der kurzfristigen Erfolgsrechnung (Kostenträgerzeitrechnung); ( )
b) führen zum gleichen Ergebnis, wenn es keine Bestände an Halb- und Fertigfabrikaten gibt; ( )
c) führen immer zum gleichen Ergebnis; ( )
d) dienen der Ermittlung des Betriebsergebnisses. ( )

5. Das Umsatzkostenverfahren

a) ist in der Kostenrechnung weniger geeignet als das Gesamtkostenverfahren; ( )
b) stellt dem Umsatz einer Periode die für den Umsatz entstandenen Kosten gegenüber; ( )
c) kann als Voll- oder Teilkostenrechnung aufgebaut sein; ( )
d) ist aufwendiger als das Gesamtkostenverfahren, weil es eine Kostenstellenrechnung voraussetzt. ( )

6. Stimmt es,

a) dass die Gewinne in der Voll- und Teilkostenrechnung gleich hoch sind, wenn die produzierten Mengen vollständig verkauft werden? ( )
b) dass die Gewinne sowohl in der Voll- als auch in der Teilkostenrechnung sinken, wenn ein Teil der Produktion auf Lager geht? ( )
c) dass der Gewinn in der Teilkostenrechnung höher als in der Vollkostenrechnung ist, wenn ein Teil der Produktion auf Lager geht? ( )
d) dass der Gewinn in der Vollkostenrechnung niedriger als in der Teilkostenrechnung ausfällt, wenn neben den produzierten Einheiten auch Lagerbestände verkauft werden? ( )

Kurzantworten und Kurzlösungen

(Die linke Ziffer gibt jeweils die Kapitelnummer wieder.)

Kapitel 1

1.1 Im betrieblichen Rechnungswesen wird das gesamte betriebliche Geschehen zahlenmäßig erfasst und überwacht. Dabei wird jeder Geschäftsvorfall belegmäßig erfasst, weiterverrechnet und ausgewertet.

1.2 Die Aufgaben des betrieblichen Rechnungswesens:
(1) Dokumentation und Rechenschaftslegung,
(2) Wirtschaftlichkeitskontrolle,
(3) Steuerung (Bereitstellung von Entscheidungsgrundlagen).

1.3 Die Teilgebiete des Rechnungswesens sind:
(1) Interne Erfolgsrechnung (Kostenrechnung),
(2) Externe Erfolgsrechnung (Handels- und Steuerbilanz).

1.4 Aufgaben der Finanzbuchhaltung:
(1) Ermittlung des Jahreserfolges (Gewinn- und Verlustrechnung),
(2) Ermittlung der Vermögens- und Schuldbestände (Bilanz),
(3) Bereitstellung von Zahlenmaterial für dispositive Zwecke.

1.5 Aufgaben der Kostenrechnung:
(1) Kurzfristige Erfolgsrechnung,
(2) Wirtschaftlichkeitskontrolle,
(3) Bereitstellung von Zahlenmaterial für dispositive Zwecke (Steuerung),
(4) Bereitstellung von Zahlenmaterial für die Bewertung von Beständen.

1.6 Unterschiede zwischen Finanzbuchhaltung und Kostenrechnung:

Unterschiede	Kostenrechnung	Finanzbuchhaltung
Ziel	Auswertung für interne Zwecke	Darstellung nach außen
Gesetzliche Verpflichtung	keine	HGB, AktG, EStG, AO
Zeitraum	monatlich oder vierteljährlich	jährlich
Aufgaben	Kurzfristige Erfolgsrechnung Kontrolle/Überwachung Steuerung/Entscheidung Bewertung	G+V-Rechnung Bilanz Disposition
Gewinnermittlung	Erfolg = Leistung - Kosten	Erfolg = Ertrag - Aufwand

1.7 Das Rechnungswesen muss gegensätzliche Zielsetzungen erfüllen. Das externe Rechnungswesen dient dazu, den Unternehmenserfolg zu bestimmen und die Unternehmung nach außen darzustellen. Das interne Rechnungswesen soll den Betriebserfolg ermitteln und Informationen für betriebliche Entscheidungen und Kontrollen liefern. Mit einer Rechnung ist das nicht möglich.

1.8 Gründe für die unterschiedliche Höhe des externen und internen Erfolges:

(1) Der externe Erfolg enthält neben den betrieblichen auch neutrale Bestandteile.

(2) Bei der Ermittlung des internen Erfolges werden Zusatzleistungen und Zusatzkosten berücksichtigt, die den externen Erfolg nicht beeinflussen.

1.9

Einzahlung	-	Zahlungsmittelzufluss von außen
Betriebsertrag	-	Wert aller erbrachten Leistungen, die aus dem Betriebszweck resultieren
Ausgabe	-	Wert eines eingekauften Gutes
Kosten	-	Bewerteter Güterverzehr für den Betriebszweck
Ertrag	-	Wert einer erbrachten Leistung
Auszahlung	-	Zahlungsmittelabfluss aus einem Unternehmen
Aufwand	-	Wert eines verbrauchten Gutes

1.10 Ein neutraler Aufwand liegt vor, wenn Güter oder Dienstleistungen nicht für den Betriebszweck verbraucht werden oder wenn der Verbrauch zwar betrieblich verursacht wird, jedoch entweder als außerordentlich oder periodenfremd anzusehen ist.

Neutraler Aufwand	Beispiele
betriebsfremd	Verluste aus Wertpapierverkäufen
außerordentlich	Verkauf eines LKW unter Buchwert
periodenfremd	Gewerbesteuernachzahlung

1.11 Bei der betrieblichen Leistungserstellung werden Produktionsfaktoren verbraucht, die nicht zu Auszahlungen und Ausgaben und damit auch nicht zu Aufwand führen. Dazu zählt die Arbeitsleistung des Eigentümers der Unternehmung oder die Zurverfügungstellung von eigenen Räumen für das Unternehmen. Daher muss der Verbrauch dieser Produktionsfaktoren in Form von kalkulatorischen Kosten in der Kostenrechnung erfasst werden, um eine verursachungsgerechte Kalkulation zu ermöglichen und einen Betriebsvergleich mit anderen Unternehmen, die z. B. einen angestellten Geschäftsführer beschäftigen oder Räume angemietet haben, durchführen zu können.

1.12

Neutraler Ertrag	Beispiele
betriebsfremd	Gewinne aus dem Verkauf eines nicht betriebsnotwendigen Vermögensteils
außerordentlich	Verkauf einer Maschine über Buchwert
periodenfremd	Gewerbesteuerrückzahlung

1.13 Bei einem Barverkauf eines in der gleichen Periode in der Verfolgung des Betriebszweckes erstellten Gutes fallen Einzahlung, Einnahme, Ertrag und Leistung zusammen.

1.14

	1.5.	1.6.
Auszahlung		60.000 €
Ausgabe	60.000 €	

1.15

		a	b	c	d	e	f
(1)	Die AG verbraucht Geliermittel zur Herstellung von Marmelade, das in der Vorperiode für 500 € beschafft wurde.			500			
(2)	Die AG kauft Erdbeeren für 2.000 € gegen Barzahlung. Die Erdbeeren gehen sofort in die Produktion ein.	2.000	2.000	2.000			
(3)	Die AG verkauft Marmelade für 20.000 €, die sie bereits in der Vorperiode mit einem Aufwand von 15.000 € produziert hat, bei gleichzeitiger Hereinnahme eines Schecks.				20.000	20.000	5.000
(4)	Die AG gewährt einem Mitarbeiter ein Belegschaftsdarlehen in Höhe von 10.000 € durch Überweisung auf sein Konto.	10.000					
(5)	Die AG verkauft an ALDI Nußfit-Brotaufstrich aus der laufenden Produktion für 50.000 € mit einem Zahlungsziel von 30 Tagen.					50.000	50.000
(6)	Die AG verkauft einen voll abgeschriebenen Schreibtisch an einen Mitarbeiter für 300 € gegen Barzahlung.				300	300	300

1.16

		a	b	c	d
(1)	Zinserträge		x		
(2)	Mehrbestand an fertigen Erzeugnissen	x			
(3)	Erträge aus Wertpapieren (Dividende)		x	(x)	
(4)	Erträge aus Vermietung und Verpachtung		x		
(5)	Eigenleistungen	x			
(6)	Erträge aus dem Abgang von Gegenständen des Anlagevermögens			x	
(7)	Erträge aus der Auflösung von Rückstellungen				x
(8)	Umsatzerlöse für fertige Erzeugnisse	x			

1.17

		a	b	c	d
(1)	Nachzahlung von Gewerbesteuer für das Vorjahr				x
(2)	Abschreibungen auf Gegenstände des Anlagevermögens	x			
(3)	Zinsaufwendungen für Fremdkapital	(x)	x		
(4)	Brandschäden im Materiallager, das nicht versichert ist			x	
(5)	Aufwendungen für Rohstoffe	x			
(6)	Verluste aus Wertpapiergeschäften		(x)	x	
(7)	Aufwendungen für Wohnungen, die das Unternehmen an Mitarbeiter vermietet hat		x		
(8)	gesetzliche soziale Abgaben	x			
(9)	hoher Konkursverlust bei einem Kunden			x	
(10)	Löhne und Gehälter für Mitarbeiter	x			
(11)	Instandhaltungskosten für Fertigungsmaschinen	x			
(12)	Reparaturaufwendungen für den Aufzug im Betriebsgebäude	x		(x)	
(13)	bezahlte Vertreterprovision	x			
(14)	Abschreibungen auf Forderungen	x		(x)	
(15)	Regelung eines Schadens, der im Vorjahr verursacht wurde				x

1.18

a)

	Mai	Juni	Juli	Oktober
Auszahlung				x
Ausgabe	x			
Aufwand			x	
Kosten			x	

Durch die Akzeptierung des Schuldwechsels wird die Auszahlung vom Juni auf den Oktober verschoben.

b) Wenn das Kalenderjahr als Abrechnungszeitraum gewählt wird, fallen alle Begriffe im gleichen Zeitraum an.

1.19

Sachverhalt	Aufwand	Kosten	weder/noch
1. Materialkosten	x	x	
2. Anschaffungsausgaben für unbebautes Grundstück			x
3. Miete für Produktionsräume	x	x	
4. Bilanzielle Abschreibung	x		
5. Einkommensteuerzahlung für den Geschäftsinhaber			x
6. Kalkulatorisches Wagnis		x	
7. Vertreterprovisionen	x	x	
8. Zinsen für Darlehen	x	(x)	
9. Privatentnahme des Eigentümers			x
10. Kosten für fremdbezogenen Strom	x	x	

1.20

	1	2	3	4
Auszahlung (€/Jahr)	80.000	320.000		
Ausgabe (€/Jahr)	400.000			
Aufwand (€/Jahr)		50.000	50.000	50.000
Kosten (€/Jahr)		45.000	60.000	60.000

1.21

a)

	Periode							
	Februar	März	April	Mai	Juni	Juli	August	Summe
Einzahlung[1]					1.800	3.600		5.400
Auszahlung[2]		- 4.000		- 800			- 5.000	- 9.800
Differenz I		- 4.000		- 800	1.800	3.600	- 5.000	- 4.400

Einnahme[3]				1.800	600	3.000		5.400
Ausgabe[4]	- 4.000			- 800		- 5.000		- 9.800
Differenz II	- 4.000			1.000	600	- 2.000		- 4.400

Ertrag[5]				2.100	300	3.000		5.400
Aufwand[6]				- 1.200		- 5.000		- 6.200
Differenz III				900	300	- 2.000		- 800

Leistung[7]				2.100	300			2.400
Kosten[8]				- 1.200				- 1.200
Differenz IV				900	300			1.200

[1] Die Einzahlung liegt vor, wenn die Kunden die Rechnungen begleichen (Juni und Juli).

[2] Die Auszahlung im März erfolgt nach Anlieferung des Weizens. Im Mai müssen Löhne in Höhe von 600 € und sonstige Kosten in Höhe von 200 € gezahlt werden. Im August wird die Rechnung für die Dachreparatur bezahlt.

[3] Die Einnahme entsteht in den Monaten Mai und Juni, in denen die Backwaren verkauft werden. Im Juli gehen die Mieten ein.

[4] Die Ausgabe für den Weizen entsteht rechtlich mit dem Abschluß des Kaufvertrages im Februar. Die Ausgabe im Mai in Höhe von 800 € wird durch die Löhne und sonstigen Kosten verursacht. Im Juli entsteht eine Ausgabe in Höhe von 5.000 € für die Dachreparatur.

[5] Ertrag liegt vor, wenn die Produktions- bzw. Absatzleistung erbracht wird. Im Mai werden Backwaren produziert, von denen 75 % im gleichen Monat verkauft werden. Daher ist dem Mai für die verkauften Backwaren ein Ertrag von 1.800 € zuzurechnen, die noch nicht verkauften 25 % werden mit den dafür entstandenen Aufwendungen in Höhe von 300 € bewertet. Im Juni erfolgt die Absatzleistung für die Lagermenge. Daher ist diesem Monat ein Ertrag in Höhe von 300 € zuzuordnen. Die Mieteinnahmen im Juli stellen betriebsfremde Erträge in Höhe von 3.000 € dar.

[6] Der Aufwand entsteht durch den Verbrauch von Produktionsfaktoren in dem Monat, in dem die Backwaren produziert werden. Die Ausgaben für die Dachreparatur im Juli stellen betriebsfremden Aufwand dar.

[7] Die Leistung ist mit dem betrieblichen Ertrag identisch. Der betriebsfremde Ertrag hat mit der betrieblichen Leistungserstellung nichts zu tun.

[8] Kosten entstehen durch den Verbrauch von Produktionsfaktoren für die Erstellung der betrieblichen Leistung. Die Dachreparatur hat mit dem Be-

triebszweck nichts zu tun, der betriebsfremde Aufwand geht daher nicht als Kosten in die Kosten- und Leistungsrechnung ein.

b) Die Differenz I gibt Auskunft über die Liquidität.
Die Differenz II zeigt den Saldo der Forderungen und Verbindlichkeiten.
Die Differenz III zeigt den externen Erfolg.
Die Differenz IV stellt den internen Erfolg dar.

1.22

Geschäftsvorfall (€)	Neutraler Aufwand	Zweck-aufwand	Grundkosten	Anders-kosten	Zusatz-kosten
(1)	1.000				
(2)	2.000				
(3)	1.800	1.200		1.200	
(4)		1.650	1.650		
(5)	10.000	80.000		80.000	
(6)		13.000		30.000	
(7)	1.500	1.500		1.500	
(8)		5.000	5.000		
(9)					20.000
(10)		1.200	1.200		
(11)					8.000

1.23

Sach-verhalt (€)	Ein-zahlung a	Einnahme b	Neutraler Ertrag c	Betrieb-licher Ertrag d	Grund-leistung e	Anders-leistung f	Zusatz-leistung g
(1)	5.250	250	250				
(2)	400	400	399*				
(3)				250	250		
(4)	1.500	1.500		500	500		
(5)	6.000	6.000	6.000				
(6)	50.000	50.000	50.000				
(7)	4.000	4.000	2.000				
(8)				5.000		5.500	
(9)							10.000

* Da der Computer noch mit 1 € zu Buche steht, ist eine Abschreibung in Höhe von 1 € erforderlich. Daher beträgt der Nettoertrag 399 €.

Lösungen der Testklausur zu Kapitel 1

Aufgabe	a)	b)	c)	d)	e)	Punktzahl
1.	(-)	(+)	(-)	(-)		4
2.	(+)	(-)	(-)	(-)		4
3.	(-)	(-)	(+)	(-)		4
4.	(-)	(-)	(+)	(-)	(-)	5
5.	(+)	(+)	(+)	(-)	(+)	5
6.	(-)	(+)	(+)	(-)	(-)	5
7.	(-)	(+)	(-)	(-)	(+)	5
8.	(-)	(+)	(-)	(+)	(+)	5
9.	(+)	(-)	(-)	(+)	(-)	5
10.	(-)	(-)	(-)	(+)		4
11.	(-)	(-)	(-)	(+)		4
Gesamt						50

Punktvergabe

Kennzeichen richtig	= 1 Punkt,
Kennzeichen weiß nicht oder falsch	= 0 Punkte.

Beispiel

	a)	b)	c)	d)	Punktzahl
Musterlösung zu Satz 1.	(-)	(+)	(-)	(-)	4
Alternativlösung 1	( )	(+)	(-)	(-)	3
Alternativlösung 2	(+)	(+)	(-)	(-)	3
Alternativlösung 3	( )	(+)	( )	( )	1
Alternativlösung 4	(+)	(+)	(+)	(+)	1

Bewertung

29. 09 · 35P=3=70%

Punkte	Note
bis 50 %	5
ab 51 %	4
ab 66 %	3
ab 81 %	2
ab 96 %	1

Kapitel 2

2.1 Eine Kostenfunktion gibt an, in welcher Weise die gesamten Kosten eines Betriebes von einem oder mehreren Kostenbestimmungsfaktoren abhängen.

2.2 Beispiele für fixe Kosten sind:
- Gehälter für Verwaltungspersonal,
- Grundgebühr für Stromzähler und Telefon,
- Grundsteuer.

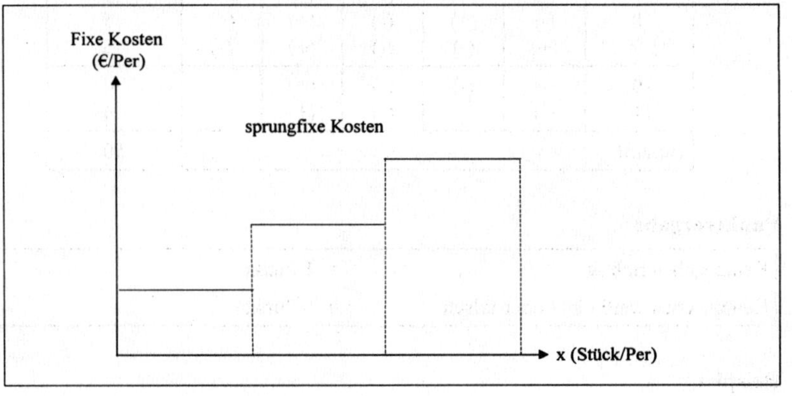

2.3 Beispiele für variable Kosten sind:
- Löhne für Aushilfspersonal,
- Energiekosten für Produktionsmaschine,
- Rohstoffkosten.

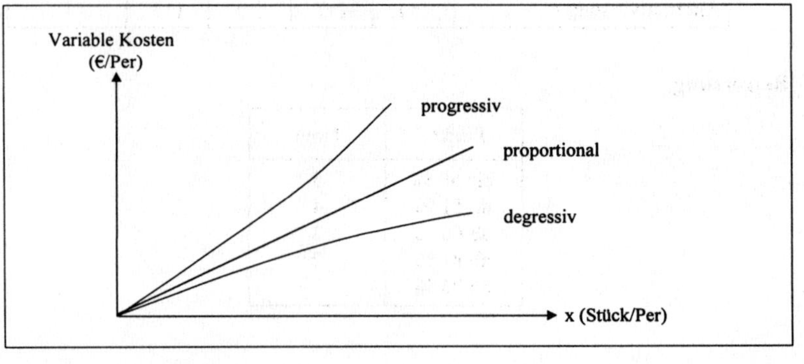

2.4 Kostenverläufe:

Kostenverlauf	Kostenart (Beispiel)
proportional degressiv progressiv fix	Rohstoffkosten Energiekosten Überstundenzuschläge Raummiete

2.5 Die durchschnittlichen Gesamtkosten setzen sich aus den Fixkosten pro Stück und den variablen Kosten pro Stück zusammen. Bei einer Steigerung (Verringerung) der Beschäftigung sinken (steigen) die Gesamtkosten pro Stück, weil die Fixkosten pro Einheit sinken (steigen), während sich die variablen Kosten pro Stück nicht verändern müssen.

2.6 Die Grenzkosten sind definiert als Kostenänderung bei einer Beschäftigungsänderung. Da die Fixkosten bei Beschäftigungsänderungen konstant bleiben, haben sie keinen Einfluß auf die Grenzkosten.

2.7 Graphische Ermittlung von Kostenkurven:

Kosten	Graphische Bestimmung durch:
Gesamte Durchschnittskosten	Fahrstrahlwinkel von beliebigen Punkten der Gesamtkostenkurve zum Koordinatenursprung
Variable Durchschnittskosten	Fahrstrahlwinkel von beliebigen Punkten der variablen Gesamtkostenkurve zu deren Ursprung
Grenzkosten	Tangentenwinkel in beliebigen Punkten der Kostenkurve

2.8 Bei einem kontinuierlichen Anstieg der Grenzkosten verläuft die Gesamtkostenfunktion progressiv.

2.9 Die Grenzkosten bilden die Grundlage für kurzfristige Unternehmensentscheidungen, wie Sortimentszusammensetzung, kurzfristige Preisuntergrenze für Zusatzaufträge usw.

2.10 Aufgaben der Kostenrechnung:

(1) Kurzfristige Erfolgsermittlung,
(2) Wirtschaftlichkeitskontrolle,
(3) Kalkulation,
(4) Bereitstellung von Zahlenmaterial für dispositive Zwecke,
(5) Bereitstellung von Zahlenmaterial für die Bewertung von Halb- und Fertigfabrikaten und selbsterstellten Anlagen.

2.11 Kostenrechnungsprinzipien:

Prinzipien	Beschreibung
Kostenverursachungs-prinzip	Belastung der Kostenträger mit zurechenbaren variablen Kosten
Kostenüberwälzungs-prinzip	Belastung der Kostenträger mit fixen und variablen Kosten
Kostentragfähigkeits-prinzip	Belastung der Kostenträger nach dem Marktwert

2.12 Der Deckungsbeitrag eines Produktes gibt an, welchen Beitrag ein Produkt zur Deckung der Fixkosten und, soweit diese gedeckt sind, zur Gewinnerzielung eines Unternehmens leistet.

2.13 d = Deckungsbeitrag einer Produkteinheit
D = Gesamtdeckungsbeitrag einer Produktart

2.14 Unterschiede:

(1) Trennung der Kosten in fixe und variable Bestandteile in der Teilkostenrechnung,
(2) Richtige Programmentscheidungen in der Teilkostenrechnung,
(3) Unterschiedliche Betriebserfolge bei Bestandsänderungen.

2.15 In beiden Rechnungen werden den verkauften Leistungen der Periode alle in der Periode entstandenen Kosten gegenübergestellt. Nur die Methode der Zuordnung der Kosten auf die Kostenträger unterscheidet sich. Daher müssen die Gewinne gleich hoch sein.

2.16

a) Bestimmung der Gewinnschwelle, des Gewinnmaximums und der Gewinngrenze im Gesamtkostendiagramm.

K = 10.000 + 20 x

U = 25 x

x (Stück/Per)	U	K (€/Per)	G
0	0	10.000	- 10.000
1.000	25.000	30.000	- 5.000
2.000	50.000	50.000	0
3.000	75.000	70.000	+ 5.000
4.000	100.000	90.000	+ 10.000

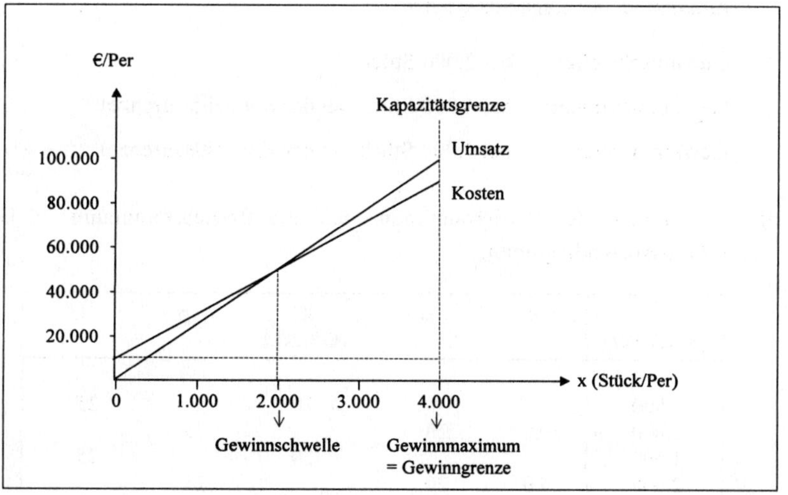

Ermittlung der Gewinnschwelle und der Gewinngrenze:

$$
\begin{aligned}
U - K &= 0 \\
U &= K \\
25\,x &= 10.000 + 20\,x \\
5\,x &= 10.000 \\
x &= 2.000 \text{ Stück/Per (Gewinnschwelle)}
\end{aligned}
$$

Es gibt nur eine Lösung der Gleichung, die Gewinngrenze ist daher nicht definiert. Praktisch liegt sie an der Kapazitätsgrenze.

Ermittlung des Gewinnmaximums:

$$
\begin{aligned}
G_{max} &= G' \\
G &= U - K \\
G &= 25\,x - (10.000 + 20\,x) \\
G &= 5\,x - 10.000 \\
G' &= \frac{dG}{dx} = 5
\end{aligned}
$$

Das Gewinnmaximum liegt bei linearem Verlauf der Umsatz- und Kostenfunktion an der Kapazitätsgrenze.

Gewinnschwelle:	bei 2.000 Stück
Gewinnmaximum:	bei 4.000 Stück (an der Kapazitätsgrenze)
Gewinngrenze:	bei 4.000 Stück (an der Kapazitätsgrenze)

b) Bestimmung des Betriebsoptimums und des Betriebsminimums im Durchschnittskostendiagramm:

x (Stück/Per)	k	k_v	K' (€/Stück)	p	U'
0					
500			20		25
1.000	30,0	20		25	
1.500			20		25
2.000	25,0	20		25	
2.500			20		25
3.000	23,3	20		25	
3.500			20		25
4.000	22,5	20		25	

Betriebsoptimum:	bei 4.000 Stück
Betriebsminimum:	bei jeder produzierbaren Menge

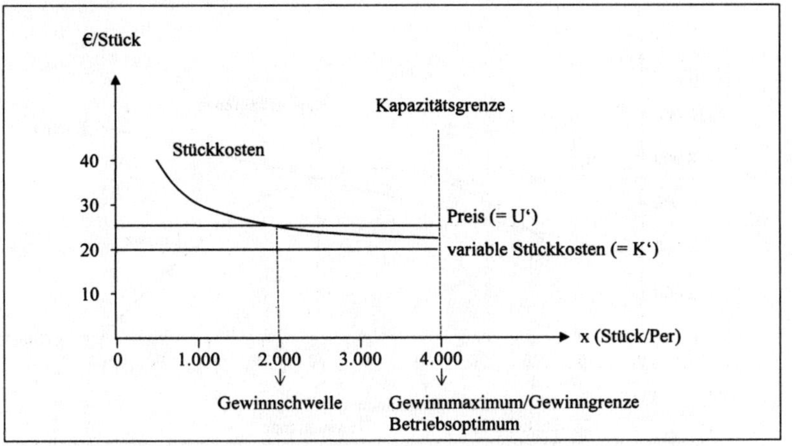

c) Betriebsoptimum, Betriebsminimum und Gewinnmaximum fallen an der Kapazitätsgrenze zusammen, weil Kosten- und Umsatzkurve linear verlaufen.

2.17

a) Bestimmung der Gewinnschwelle des Gewinnmaximums und der Gewinngrenze im Gesamtkostendiagramm:

$K = 3.600 + 60\,x \qquad K' = 60$

$p = 300 - 3\,x$

$U = 300\,x - 3\,x^2 \qquad U' = 300 - 6\,x$

x (Stück/Per)	U	K (€/Per)	G
0	0	3.600	- 3.600
10	2.700	4.200	- 1.500
20	4.800	4.800	0
30	6.300	5.400	900
40	7.200	6.000	1.200
50	7.500	6.600	900
60	7.200	7.200	0
70	6.300	7.800	- 1.500
80	4.800	8.400	- 3.600
90	2.700	9.000	- 6.300
100	0	9.600	- 9.600

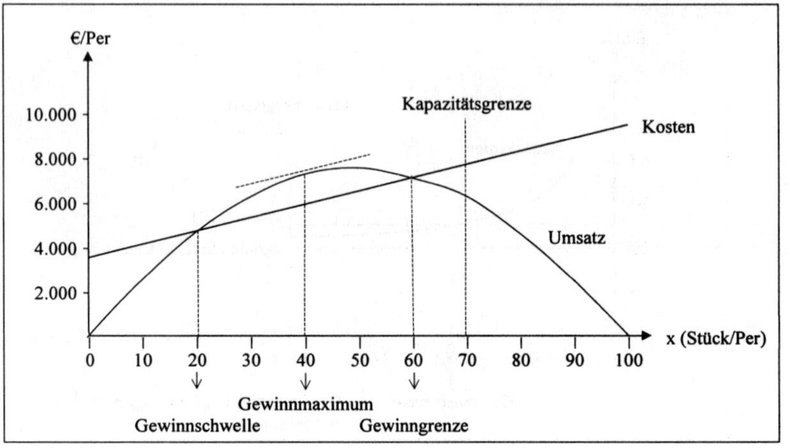

Gewinnschwelle/Gewinngrenze:

$$
\begin{aligned}
U &= K \\
300\,x - 3\,x^2 &= 3.600 + 60\,x \\
3\,x^2 - 240\,x + 3.600 &= 0 \\
x^2 - 80\,x + 1.200 &= 0 \\
x_{1/2}{}^{1} &= 40 \pm \sqrt{1.600 - 1.200} \\
x_1 &= 20 \text{ Stück/Per (Gewinnschwelle)} \\
x_2 &= 60 \text{ Stück/Per (Gewinngrenze)}
\end{aligned}
$$

Das Gewinnmaximum liegt dort, wo Grenzumsatz und Grenzkosten übereinstimmen:

$$
\begin{aligned}
U' &= K' \\
300 - 6\,x &= 60 \\
6\,x &= 240 \\
x_{max} &= 40 \\
&\Downarrow \\
p_{max} &= 300 - 3 \cdot 40 \\
p_{max} &= 180 \text{ €/Stück}
\end{aligned}
$$

---

1 $x_{1/2} = -\frac{p}{2} \pm \sqrt[n]{(\frac{p}{2})^2 - q}$

$$
\begin{aligned}
G_{max} &= U - K \\
&= 180 \cdot 40 - (3.600 + 60 \cdot 40) \\
&= 7.200 - 6.000 \\
G_{max} &= 1.200 \text{ €/Per}
\end{aligned}
$$

b) Ermittlung des Betriebsoptimums und des Betriebsminimums im Durchschnittskostendiagramm:

x (Stück/Per)	k	k_v	K' (€/Stück)	p	U'
0				300	
5			60		270
10	420	60		270	
15			60		210
20	240	60		240	
25			60		150
30	180	60		210	
35			60		90
40	150	60		180	
45			60		30
50	132	60		150	
55			60		- 30
60	120	60		120	
65			60		- 90
70	111	60		90	
75			60		- 150
80	105	60		60	
85			60		- 210
90	100	60		30	
95			60		- 270
100	96	60		0	

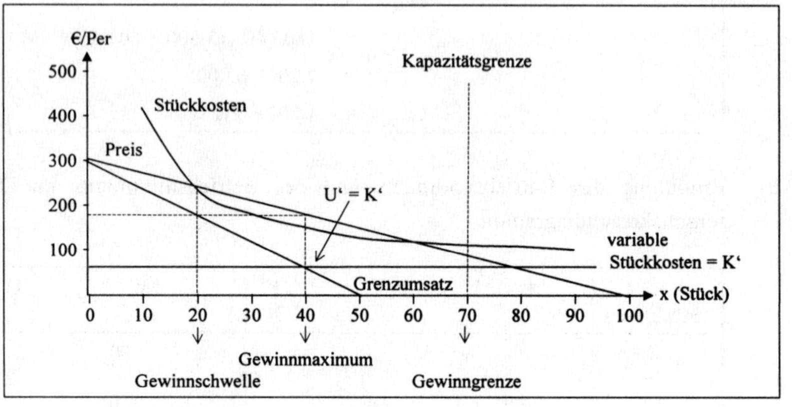

Betriebsoptimum: an der Kapazitätsgrenze bei x = 70.

Betriebsminimum: bei jeder produzierbaren Menge.

c) Langfristige Preisuntergrenze PU_l bei x = 40:

$$k = \frac{3.600}{40} + 60 = 90 + 60 = 150 \text{ €/Stück}$$

Kurzfristige Preisuntergrenze PU_k bei x = 40:

k_v = 60 €/Stück

2.18

a) Ermittlung des Umsatzes und der Kosten im Umsatz-/Kostendiagramm:

x	U	K	G (€/Per)	K_f	K_v
0		2.500	- 2.500	2.500	
10	1.500	4.090	- 2.590	2.500	1.590
20	3.000	5.020	- 2.020	2.500	2.520
30	4.500	5.530	- 1.030	2.500	3.030
40	6.000	5.860	+ 140	2.500	3.360
50	7.500	6.250	+ 1.250	2.500	3.750
60	9.000	6.940	+ 2.060	2.500	4.440
70	10.500	8.170	+ 2.330	2.500	5.670
80	12.000	10.180	+ 1.820	2.500	7.680
90	13.500	13.210	+ 290	2.500	10.710
100	15.000	17.500	- 2.500	2.500	15.000

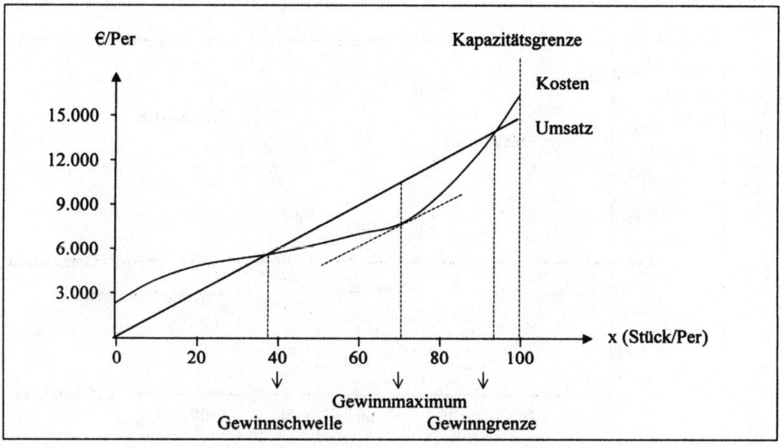

b) Ermittlung der Durchschnittskosten, der Grenzkosten und des Grenzumsatzes im Durchschnittskostendiagramm:

x (Stück/Per)	k	k_v	K' (€/Stück)	p	U'
5			159		150
10	409	159		150	
15			93		150
20	251	126		150	
25			51		150
30	184	101		150	
35			33		150
40	147	84		150	
45			39		150
50	125	75		150	
55			69		150
60	116	74		150	
65			123		150
70	117	81		150	
75			201		150
80	127	96		150	
85			303		150
90	147	119		150	
95			429		150
100	175	150		150	

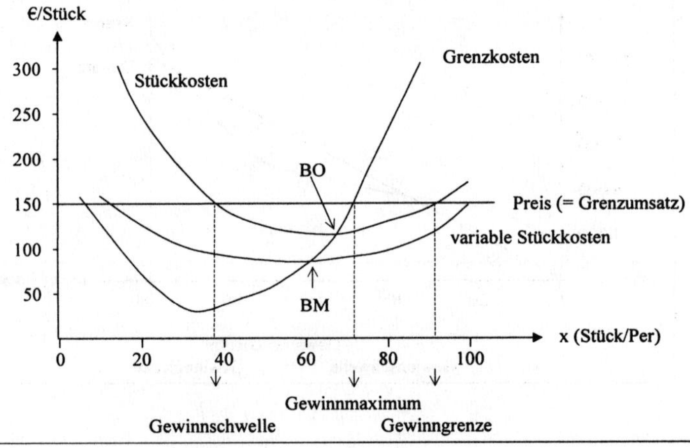

c) Die kritischen Punkte lassen sich nur näherungsweise anhand der graphischen Darstellung und der Wertetabelle bestimmen, weil die Kostenfunktion nicht bekannt ist.

Gewinnschwelle: $x \approx 38$ Stück

Gewinnmaximum: $x \approx 70$ Stück

Gewinngrenze: $x \approx 94$ Stück

d) Betriebsoptimum: $x \approx 65$ Stück

Betriebsminimum: $x \approx 57$ Stück

e) Bei der gewinnmaximalen Menge $x = 70$ betragen:

(1) die kurzfristige Preisuntergrenze: $PU_l \approx 81$ €/Stück

(2) die langfristige Preisuntergrenze: $PU_k \approx 117$ €/Stück

f) Das Unternehmen müsste ca. 65 Einheiten herstellen, um die gesamten Kosten noch gerade abdecken zu können. In dieser Situation fallen das Betriebsoptimum, die Gewinnschwelle, das Gewinnmaximum und die Gewinngrenze zusammen.

g) Bei einem Absatzpreis von 70 € werden selbst bei der kostengünstigsten Produktionsmenge von 57 Stück die variablen Stückkosten von ca. 74 € nicht mehr gedeckt. Die Geschäftsleitung muss die Produktion sofort einstellen.

h) Die Gewinnschwelle gibt die Mindestproduktionsmenge an, ab der Gewinn erzielt wird; die Gewinngrenze gibt die Höchstproduktionsmenge an, über die hinaus Verlust entsteht. Das Gewinnmaximum beschreibt die Menge, die der Betrieb produzieren und absetzen sollte. Das Betriebsoptimum zeigt die langfristige Preisuntergrenze an; das Betriebsminimum gibt Auskunft über die kurzfristige Preisuntergrenze.

i) Die empirischen Werte lassen erkennen, dass die Kostenfunktion näherungsweise durch eine Funktion 3. Grades ausgedrückt werden kann:

$$K = a\,x^3 + b\,x^2 - c\,x + K_f$$

Aus den empirischen Wertepaaren werden drei beliebige ausgewählt, z. B.:

x (Stück/Per)	K (€/Per)
30	5.530
60	6.940
90	13.210

Da $K_f = 2.500$ bekannt ist, lassen sich drei Gleichungen mit drei Unbekannten aufstellen:

I	$x = 30$	$a \cdot 30^3 + b \cdot 30^2 + c \cdot 30 + 2.500 = 5.530$
II	$x = 60$	$a \cdot 60^3 + b \cdot 60^2 + c \cdot 60 + 2.500 = 6.940$
III	$x = 90$	$a \cdot 90^3 + b \cdot 90^2 + c \cdot 90 + 2.500 = 13.210$

Die Lösung erfolgt durch das Subtraktionsverfahren:

I (· 2)	54.000 a + 1.800 b + 60 c	=	6.060
- II	216.000 a + 3.600 b + 60 c	=	4.440
A	- 162.000 a - 1.800 b	=	1.620

II (· 1,5)	324.000 a + 5.400 b + 90 c	=	6.660
- III	729.000 a + 8.100 b + 90 c	=	10.710
B	- 405.000 a - 2.700 b	=	- 4.050

A (· 1,5)	- 243.000 a - 2.700 b		=	2.430
- B	- 405.000 a - 2.700 b		=	- 4.050
	162.000 a		=	6.480
		a	=	0,04
b und c werden durch Einsetzen ermittelt:		b	=	- 4,5
		c	=	200

Damit lautet die Kostenfunktion:

$$K = 0{,}04\,x^3 - 4{,}5\,x^2 + 200\,x + 2.500$$

2.19

a) Gewinnschwelle, Gewinnmaximum und Gewinngrenze

Rechnerische Lösung:

Gewinnschwelle/Gewinngrenze:

$$K = U$$
$$1.000 + 90\,x - 1{,}5\,x^2 + 0{,}02\,x^3 = 220\,x - x^2$$
$$0{,}02\,x^3 - 0{,}5\,x^2 - 130\,x + 1.000 = 0$$
$$x^3 - 25\,x^2 - 6.500\,x + 50.000 = 0$$

$x_1 \approx$ 7,5 Stück/Per (Gewinnschwelle)[1]

$x_2 \approx$ 90,6 Stück/Per (Gewinngrenze)

Gewinnmaximum:

$$K' = U'$$
$$90 - 3\,x + 0{,}06\,x^2 = 220 - 2\,x$$
$$0{,}06\,x^2 - x - 130 = 0$$
$$x^2 - \frac{50}{3} - \frac{6500}{3} = 0$$
$$x_{1/2} = \frac{25}{3} \pm \sqrt{\frac{625}{9} + \frac{6.500}{3}}$$

x_{max} = 55,6 Stück/Per
(2. Lösung negativ; sie entfällt somit aus dem ökonomisch relevanten Bereich)

p_{max} = 220 - 55,6 = 164,4 €/Stück

[1] Bei der Lösung einer Gleichung 3. Grades kann das Problem auf die Lösung einer Gleichung 2. Grades zurückgeführt werden, wenn eine Lösung bekannt ist. Diese Lösung lässt sich z. B. durch Probieren ermitteln.

Zeichnerische Lösung

x (Stück/Per)	U	K	G	K_f	K_v
	(€/Per)				
0	0	1.000	- 1.000	1.000	
10	2.100	1.770	+ 330	1.000	770
20	4.000	2.360	+ 1.640	1.000	1.360
30	5.700	2.890	+ 2.810	1.000	1.890
40	7.200	3.480	+ 3.720	1.000	2.480
50	8.500	4.250	+ 4.250	1.000	3.250
60	9.600	5.320	+ 4.280	1.000	4.320
70	10.500	6.810	+ 3.690	1.000	5.810
80	11.200	8.840	+ 2.360	1.000	7.840
90	11.700	11.530	+ 170	1.000	10.530
100	12.000	15.000	- 3.000	1.000	14.000

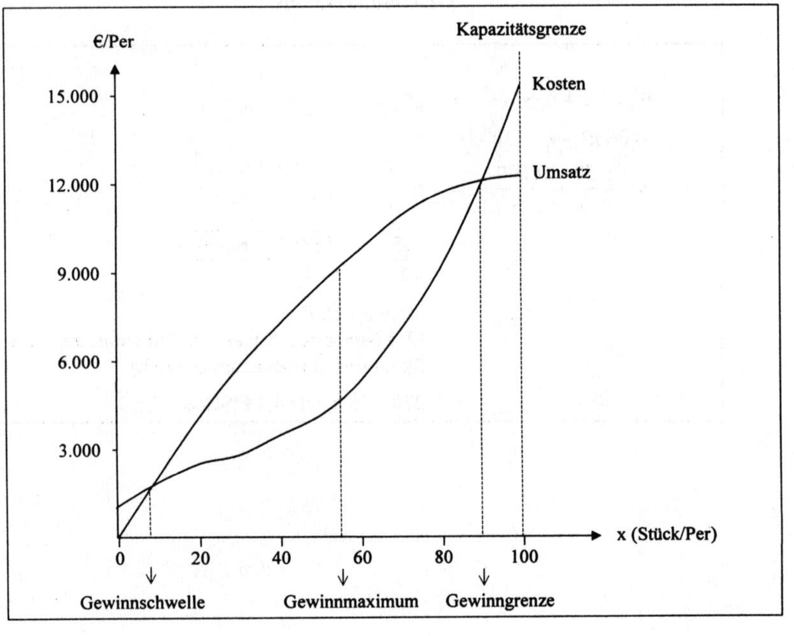

b) Bestimmung des Betriebsoptimums und des Betriebsminimums:

Rechnerische Lösung:

Betriebsoptimum:

$$k = \frac{1.000}{x} + 90 - 1{,}5\,x + 0{,}02\,x^2$$

$$k' = \frac{1.000}{x^2} - 1{,}5 + 0{,}04\,x$$

$$k' = 0$$

$$0{,}04\,x^3 - 1{,}5\,x^2 + 1.000 = 0$$

$$x^3 - 37{,}5\,x^2 + 25.000 = 0$$

$$x = 48{,}2 \text{ Stück/Per}$$

Die Lösung ergibt sich durch Probieren, die 2. und die 3. Lösung sind ökonomisch nicht relevant.

Betriebsminimum:

$$k_v = 90 - 1{,}5\,x + 0{,}02\,x^2$$

$$k_v' = -1{,}5 + 0{,}04\,x = 0$$

$$0{,}04\,x = 1{,}5$$

$$x = 37{,}5 \text{ Stück/Per}$$

Zeichnerische Lösung:

x (Stück/Per)	k	k_v	K' (€/Stück)	p	U'
0				220	220
10	177,0	77,0	66	210	200
20	118,0	68,0	54	200	180
30	96,3	63,0	54	190	160
40	87,0	62,0	66	180	140
50	85,0	65,0	90	170	120
60	88,7	72,0	126	160	100
70	97,3	83,0	174	150	80
80	110,5	98,0	234	140	60
90	128,1	117,0	306	130	40
100	150,0	140,0	390	120	20

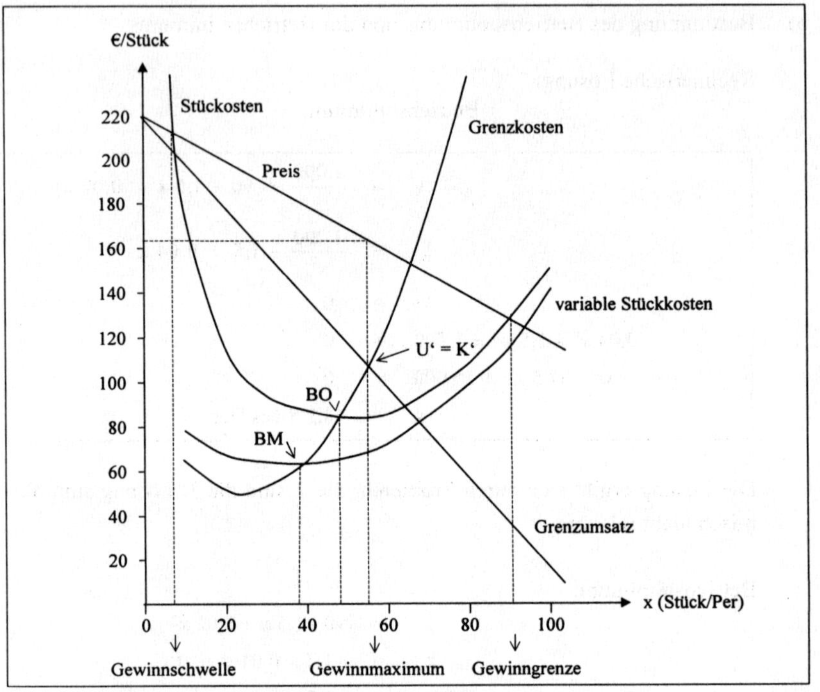

c) Langfristige Preisuntergrenze PU_l für x = 50:

$$p = k = \frac{1.000}{50} + 90 - 1{,}5 \cdot 50 + 0{,}02 \cdot 50^2 = 85 \text{ €/Stück}$$

Kurzfristige Preisuntergrenze PU_k für x = 50:

$$p = k_v = 90 - 1{,}5 \cdot 50 + 0{,}02 \cdot 50^2 = 65 \text{ €/Stück}$$

2.20

a) G = U - K

G = 200.000 - (72.00 + 104.000)

G = . 24.000 €/Monat

b) Gewinnschwelle/Gewinngrenze:

$$U = K$$
$$25\,x = 72.000 + 13\,x$$
$$12\,x = 72.000$$
$$x = 6.000 \text{ Stück/Per (Gewinnschwelle)}$$

Die Gewinngrenze liegt mathematisch im Unendlichen, praktisch an der Kapazitätsgrenze bei 9.600 Stück/Periode.

Gewinnmaximum:
Der Gewinn steigt mit der Produktionsmenge stetig an, das Gewinnmaximum liegt mathematisch im Unendlichen, praktisch an der Kapazitätsgrenze. Er beträgt bei 9.600 Stück/Periode:

$$G = U - K$$
$$G = 240.000 - (72.000 + 124.800)$$
$$G = 43.200 \text{ €/Monat}$$

c)

$$\text{Beschäftigungsgrad} = \frac{\text{Istbeschäftigung}}{\text{Sollbeschäftigung}}$$

$$= \frac{8.000}{9.600} = 0{,}8333 \cong 83{,}33\,\%$$

d) Gewinnschwelle bei einer 8 %igen Preissenkung:

$$U = K$$
$$23\,x = 72.000 + 13\,x$$
$$10\,x = 72.000$$
$$x = 7.200 \text{ Stück/Monat}$$

Gewinn bei 9.600 Stück:

$$G = U - K$$
$$G = 220.800 - (72.000 + 124.800)$$
$$G = 24.000 \text{ €/Monat}$$

e) Gewinn bei 8 %iger Preissenkung und unveränderter Absatzmenge:

$$G = U - K$$
$$G = 184.000 - (72.000 + 104.000)$$
$$G = 8.000 \text{ €/Monat}$$

2.21

a.
$$G = \text{Umsatz} - \text{Kosten} = 0$$
$$U = K$$
$$12\,x = 60.000 + 10\,x$$
$$2\,x = 60.000$$
$$x = 30.000$$

b. $K = 60.000 + 10 \cdot 100.000 = 1.060.000$
$k = 1.060.000/100.000 = 10{,}60$ €/Stück

c. $K_v = 10 \cdot 100.000 = 1.000.000$
$k_v = 1.000.000/100.000 = 10$ €/Stück

d. Maximaler Gewinn an der Kapazitätsgrenze: 150.000 Stück

Gewinn bei 100 % - iger Auslastung
$$G = 12 \cdot 150.000 - (60.000 + 10 \cdot 150.000)$$
$$G = 1.800.000 - 1.560.000$$
$$G = 240.000 \text{ €}$$

e. $10 \cdot x + 60.000 = 10{,}5 \cdot x + 40.000$

$0{,}5 \cdot x = 20.000$

$x = 40.000$

bis 40.000 Stück: Verfahren II

ab 40.000 Stück: Verfahren I

$10{,}5 \cdot x + 40.000 = 12 \cdot x$

$1{,}5 \cdot x = 40.000$

$x = 26.667$

Der Break-even-point des Verfahrens II liegt vor dem Break-even-point des Verfahrens I.

2.22

a) Betriebserfolg in der Ausgangssituation, ermittelt nach der Vollkostenrechnung:

Produkte	Menge (Stück/Per)	Umsatz (€/Per)	Kosten (€/Per)	Gewinn (€/Per)
A	1.000	44.000	45.000	- 1.000
B	2.000	64.000	60.000	+ 4.000
C	6.000	102.000	96.000	+ 6.000
D	3.000	78.000	90.000	- 12.000
Summe		288.000	291.000	- 3.000

Optimierung in der Vollkostenrechnung nach g:

Produkte	g (€/Stück)	x_{alt} (Stück/Per)	Optimierung (Stück/Per)	x_{neu} (Stück/Per)
A	- 1	1.000	- 200	800
B	+ 2	2.000	+ 500	2.500
C	+ 1	6.000	+ 2.000	8.000
D	- 4	3.000	- 1.000	2.000

b) Betriebserfolg in der Ausgangssituation, ermittelt nach der Teilkostenrechnung:

Produkte	Menge (Stück/Per)	Umsatz (€/Per)	Variable Kosten (€/Per)	Deckungsbeitrag (€/Per)
A	1.000	44.000	40.000	+ 4.000
B	2.000	64.000	56.000	+ 8.000
C	6.000	102.000	84.000	+ 18.000
D	3.000	78.000	84.000	- 6.000
Summe		288.000	264.000	+ 24.000
Fixkosten				- 27.000
Gewinn				- 3.000

Optimierung in der Teilkostenrechnung nach d:

Produkte	d (€/Stück)	x_{alt} (Stück/Per)	Optimierung (Stück/Per)	x_{neu} (Stück/Per)	D (€/Per)
A	+ 4	1.000	+ 200	1.200	+ 4.800
B	+ 4	2.000	+ 500	2.500	+ 10.000
C	+ 3	6.000	+ 2.000	8.000	+ 24.000
D	- 2	3.000	- 1.000	2.000	- 4.000
Summe					+ 34.800
Fixkosten					- 27.000
Gewinn					+ 7.800

c) Ermittlung des Betriebserfolges bei Optimierung gemäß Vollkostenrechnung:

Der Gewinn lässt sich nur mit Hilfe der Teilkosteninformation richtig ermitteln. Wenn der Vollkostenrechner mit dem Stückgewinn der Ausgangssituation rechnet, kommt er zu einem falschen Ergebnis, weil sich durch die Verminderung oder Erhöhung der Ausbringungsmengen bei den einzelnen Produkten der Fixkostenanteil pro Stück und damit auch der Stückgewinn ändert. Der Vollkostenrechner kann den richtigen Gewinn für das neue Produktionsprogramm erst am Ende der Periode bestimmen.

Falscher Gewinn (mit Vollkosteninformationen):

Produkte	x_{VK} (Stück/Per)	g (€/Stück)	G (€/Per)
A	800	- 1	- 800
B	2.500	+ 2	5.000
C	8.000	+ 1	8.000
D	2.000	- 4	- 8.000
Gewinn			+ 4.200

Richtiger Gewinn (mit Teilkosteninformationen, die der Vollkostenrechner nicht hat!):

Produkte	x_{VK} (Stück/Per)	d (€/Stück)	D (€/Per)
A	800	+ 4	3.200
B	2.500	+ 4	10.000
C	8.000	+ 3	24.000
D	2.000	- 2	- 4.000
Summe			33.200
Fixkosten			- 27.000
Gewinn			+ 6.200

d) Bei der Optimierung nach dem Vollkostenprinzip wird das Produkt A reduziert, weil es einen negativen Nettostückgewinn g hat. Da der Deckungsbeitrag von A aber positiv ist, verzichtet man bei der Zurücknahme von A auf Deckungsbeiträge. Daher ist der Gewinn bei der Entscheidung nach dem Vollkostenprinzip niedriger als bei der Entscheidung nach dem Teilkostenprinzip.

e) Keine vollkommene Reduzierung: Sortimentsgesichtspunkte

Keine beliebige Steigerung: Absatzbeschränkungen

2.23

a) 1. Gewinn nach Vollkostenrechnung:

Produkte	x (Stück/Per)	p (€/Stück)	k (€/Stück)	g (€/Stück)	G (€/Per)
A	50.000	10	8	+ 2	100.000
B	60.000	9	12	- 3	- 180.000
C	30.000	15	12	+ 3	90.000
D	80.000	7	6	+ 1	80.000
E	20.000	18	20	- 2	- 40.000
Summe					+ 50.000

2. Optimierung in der Vollkostenrechnung nach g:

Produkte	g (€/Stück)	x_{alt} (Stück/Per)	Optimierung (Stück/Per)	x_{neu} (Stück/Per)	Erwarteter Gewinn $g \cdot x_{neu}$
A	+ 2	50.000	+ 5.000	55.000	110.000
B	- 3	60.000	- 60.000	-	-
C	+ 3	30.000	+ 3.000	33.000	99.000
D	+ 1	80.000	+ 8.000	88.000	88.000
E	- 2	20.000	- 20.000	-	-
Gewinn					297.000

Der Vollkostenrechner erwartet einen Gewinn in Höhe von 297.000 €.

b) 1. Gewinn nach Teilkostenrechnung:

Produkte	x (Stück/Per)	p (€/Stück)	k_v (€/Stück)	d (€/Stück)	D (€/Per)
A	50.000	10	6	+ 4	200.000
B	60.000	9	10	- 1	- 60.000
C	30.000	15	9	+ 6	180.000
D	80.000	7	5	+ 2	160.000
E	20.000	18	13	+ 5	100.000
Summe					580.000
Fixkosten					- 530.000
Gewinn					+ 50.000

2. Optimierung in der Teilkostenrechnung nach d:

Produkte	d (€/Stück)	x_{alt} (Stück/Per)	Optimierung (Stück/Per)	x_{neu} (Stück/Per)	Erwarteter Gewinn $g \cdot x_{neu}$
A	+ 4	50.000	+ 5.000	55.000	220.000
B	- 1	60.000	- 60.000	-	-
C	+ 6	30.000	+ 3.000	33.000	198.000
D	+ 2	80.000	+ 8.000	88.000	176.000
E	+ 5	20.000	+ 2.000	22.000	110.000
Summe					704.000
Fixkosten					- 530.000
Gewinn					+ 174.000

c) Der tatsächliche Gewinn in der Vollkostenrechnung lässt sich nur mit Hilfe der Teilkosteninformationen ermitteln:

Produkte	x_{neu} (Stück/Per)	d (€/Stück)	D (€/Per)
A	55.000	+ 4	220.000
B	-	-	-
C	33.000	+ 6	198.000
D	88.000	+ 2	176.000
E	-	-	-
Summe			594.000
Fixkosten			- 530.000
Gewinn			+ 64.000

Der tatsächliche Gewinn in der Teilkostenrechnung entspricht dem erwarteten Gewinn, da sich der Deckungsbeitrag pro Stück bei einer Änderung des Produktionsprogramms nicht ändert (bei linearem Verlauf der variablen Kosten). Die Teilkostenentscheidung liefert den höheren Gewinn, weil das Produkt E mit einem positiven Deckungsbeitrag im Gegensatz zur Vollkostenrechnung gefördert wird.

2.24

a) Entscheidung des Vollkostenrechners:

Reicht der Preis des Zusatzauftrages aus, die gesamten Kosten pro Stück zu decken?

$$k = \frac{\text{Gesamtkosten}}{\text{Stückzahl}} = \frac{700.000}{10.000}$$

k = 70 €/Stück

Bei einer Kosteneinsparung von 5 €/Stück geht der Vollkostenrechner von 65 € Stückkosten aus. Der Zusatzauftrag wird daher nicht angenommen, weil der Preis von 55 € nicht ausreicht, die Stückkosten zu decken.

Betriebserfolg = Umsatz - Kosten
= 900.000 - 700.000
= 200.000 €/Monat

b) Entscheidung des Teilkostenrechners:

$d = p - k_v$

$d = 55 - 35$

$d = +\ 20$ €/Stück

Der Deckungsbeitrag des Zusatzauftrages ist positiv, daher wird der Zusatzauftrag angenommen.

Betriebserfolg = Deckungsbeitrag A + Deckungsbeitrag B - Fixkosten
= 10.000 · 50 + 2.000 · 20 - 300.000
= 240.000 €/Monat

c) Bei einer Produktion von 10.000 Uhren:

Kurzfristige Preisuntergrenze: 40 €/Stück

Langfristige Preisuntergrenze: 70 €/Stück

Bei einer Produktion von 12.000 Uhren:

Kurzfristige Preisuntergrenze für die Normalproduktion:	40 €/Stück
Kurzfristige Preisuntergrenze für den Zusatzauftrag:	35 €/Stück
Langfristige Preisuntergrenze für die Normalproduktion:	65 €/Stück
Langfristige Preisuntergrenze für den Zusatzauftrag:	60 €/Stück

2.25

a) Betriebsergebnis nach Teilkosten:

Produkte	x (Stück/Per)	d (€/Stück)	D (€/Per)
A	4.000	50	200.000
B	1.000	100	100.000
C	200	250	50.000
Summe			350.000
Fixkosten			- 300.000
Gewinn			+ 50.000

b) Beschäftigungsgrad:

Produkte	x (Stück/Per)	Gewichtungsfaktor	Einheitssorte A (Stück/Per)
A	4.000		4.000
B	1.000	1 B ≅ 2,5 A	2.500
C	200	1 C ≅ 10,0 A	2.000
Summe			8.500

$$\text{Beschäftigungsgrad} = \frac{8.500}{10.000} = 0{,}85$$

c) Die freie Kapazität kann durch A oder B oder C genutzt werden:

Produkte	Freie Kapazität (Stück/Per)	d (€/Stück)	D_1 (€/Per)	Werbekosten (€/Per)	D_2 (€/Per)
A	1.500	50	75.000	50.000	+ 25.000
B	600	100	60.000	50.000	+ 10.000
C	150	250	37.500	50.000	- 12.500

Es sollte für die Kamera A geworben werden. Der Gewinn des Unternehmens steigt dann auf 50.000 + 25.000 = 75.000 €/Periode.

d) $d = p - k_V$

$d = 55 - 35 = +20$ €/Stück

$D = d \cdot x = 20 \cdot 2.000 = 40.000$ €/Per

Durch die Annahme des Zusatzauftrages steigt der Gewinn auf:

50.000 + 40.000 = 90.000 €/Periode.

2.26

a)

Sorte	Ladenverkaufspreis		Verkaufspreis der Glanz AG			
	p_{brutto}	p_{netto}	p	k_v	d	D
A	6,04	5,21	4,17	2,20	1,97	19.700
B	10,03	8,65	6,49	2,95	3,54	42.480
C	14,02	12,09	8,46	5,84	2,62	15.720
						77.900
					$-K_f$	50.000
					G	27.900

b) $p_{netto} = 3{,}13$ €

$k_v = 2{,}05$ €

$d = 3{,}13 - 2{,}05 = 1{,}08$

$D = 1{,}08 \cdot 10.000 = 10.800$

Da sich die Fixkosten nicht verändern, steigt der Gewinn bei Annahme des Zusatzauftrages um 10.800 €.

c)

Gewinn in der Ausgangssituation	27.900
+ angestrebte Steigerung des Betriebsergebnisses	5.580
Neuer Gewinn	33.480
+ Fixkosten	50.000
Neuer Deckungsbeitrag	83.480
- Deckungsbeitrag des Produktes C	15.720
Deckungsbeitrag des Produktes B	67.760

Bei einem Stückdeckungsbeitrag von 3,60 € ergibt sich die neue Stückzahl für B:

$$x_B = \frac{D_B}{d_B} = \frac{67.760}{3{,}54} = 19.141\,\text{Stück}$$

Da bisher 12.000 Stück von B produziert wurden, müsste die Produktion um 7.141 Stück gesteigert werden.

d) Um die Stückkosten zu ermitteln, muss man für die Verteilung der Fixkosten auf die Produkte einen Schlüssel wählen, der in jedem Fall nicht verursachungsgerecht sein kann.

e) Ermittlung der vollen Kosten pro Stück

Sorte	K_v	K_f	K	k
A	22.000	11.900	33.900	3,39
B	35.400	19.145	54.545	4,55
C	35.040	18.955	53.995	9,00
	92.440	50.000	142.440	

Gewinn:

Sorte	U	K	G
A	41.700	33.900	7.800
B	77.880	54.545	23.335
C	50.760	53.995	- 3.235
	170.340	142.440	27.900

Zusatzauftrag:

$p_{netto} = 3{,}13$ €

$k = 3{,}39 - 0{,}15 = 3{,}24$ €

$g = 3{,}13 - 3{,}24 = - 0{,}09$ €

Auftrag wird abgelehnt!

Lösungen der Testklausur zu Kapitel 2

Aufgabe	a)	b)	c)	d)	e)	Punktzahl
1.	(-)	(+)	(-)	(-)		4
2.	(+)	(-)	(+)	(+)	(-)	5
3.	(+)	(-)	(+)	(+)	(+)	5
4.	(+)	(-)	(-)	(-)		4
5.	(-)	(+)	(+)	(+)		4
6.	(+)	(+)	(-)	(+)		4
7.	(+)	(+)	(-)	(-)		4
8.	(-)	(+)	(-)	(+)		4
9.	(+)	(+)	(+)	(-)		4
10.	(-)	(-)	(+)	(+)		4
11.	(+)	(+)	(-)	(+)		4
12.	(+)	(-)	(+)	(+)		4
Gesamt						50

Punktvergabe

Kennzeichen richtig	= 1 Punkt,
Kennzeichen weiß nicht oder falsch	= 0 Punkte.

Beispiel

	a)	b)	c)	d)	Punktzahl
Musterlösung zu Satz 1.	(-)	(+)	(-)	(-)	4
Alternativlösung 1	( )	(+)	(-)	(-)	3
Alternativlösung 2	(+)	(+)	(-)	(-)	3
Alternativlösung 3	( )	(+)	( )	( )	1
Alternativlösung 4	(+)	(+)	(+)	(+)	1

Bewertung

Punkte	Note
bis 50 %	5
ab 51 %	4
ab 66 %	3
ab 81 %	2
ab 96 %	1

Kapitel 3

3.1 Haupteinteilungskriterium: Art der Produktionsfaktoren
Weitere Einteilungskriterien:
- Art der Verrechnung,
- Betriebliche Funktion,
- Verhalten bei Beschäftigungsänderungen,
- Kostenträger,
- Art der Kostenerfassung.

3.2 Kalkulatorische Kosten sind Kostenarten, die in der Kostenrechnung entweder anders berechnet werden als die entsprechenden Aufwendungen in der Finanzbuchhaltung (Anderskosten) oder zusätzlich angesetzt werden (Zusatzkosten), d. h. ihnen steht kein Aufwand in der Finanzbuchhaltung gegenüber.

Beispiele:
(1) kalkulatorische Abschreibungen,
(2) kalkulatorische Zinsen,
(3) kalkulatorische Wagnisse,
(4) kalkulatorische Miete,
(5) kalkulatorischer Unternehmerlohn.

3.3 Grundsätze der Kostenartenrechnung:

(1) Grundsatz der Reinheit: „Saubere Kostenarten"

(2) Grundsatz der Einheitlichkeit: Einheitliche personale und zeitliche Zuordnung der Kosten.

3.4 In der Kostenartenrechnung werden die Kosten in Einzel- und Gemeinkosten aufgeteilt. Jede Einzelkostenart stellt variable Kosten dar. Gemeinkostenarten können dagegen aus fixen und variablen Bestandteilen bestehen. Zu welchem Anteil eine Gemeinkostenart fix oder variabel ist, lässt sich aber nur dort entscheiden, wo diese Kosten anfallen, nämlich in den einzelnen Kostenstellen. Damit lässt sich die Aufteilung in fixe und variable Kosten endgültig erst in der Kostenstellenrechnung vornehmen.

3.5 Der Aufbau der Kostenartenrechnung ist grundsätzlich in jeder Branche gleich, jedoch liegt der Schwerpunkt der Kosten in jeder Branche bei anderen Kostenarten:

- im Groß- und Einzelhandel bei den Kosten des Einkaufs und Verkaufs,
- in der Industrie bei den Kosten der Produktion,
- in Banken bei Zinskosten und Personalkosten,
- in Versicherungen bei Schadens- und Personalkosten.

3.6 Die Stoffe lassen sich in drei Gruppen einteilen:

(1) Fertigungsstoffe: Rohstoffe, Werkstoffe, halbfertige und fertige Einbauteile

(2) Hilfsstoffe: Nägel, Leim, Verpackungsmaterial

(3) Betriebsstoffe: Öle, Kraftstoff, Wasser

3.7 Bei der Fortschreibungsmethode erfasst man den Materialverbrauch durch Materialentnahmescheine. Dadurch ist der Lagersollbestand jederzeit ermittelbar.
Voraussetzung für die Fortschreibungsmethode ist die Einführung einer Lagerbuchhaltung.

Vorteile:

(1) Verursachungsgerechte Zuordnung der Materialkosten auf Kostenstellen und Kostenträger

(2) Erfassung der Lagerverluste

(3) Anwendung der permanenten Inventur

Der Nachteil der Fortschreibungsmethode liegt in ihrem Aufwand.

3.8 Bei der Inventurmethode wird der Materialverbrauch durch Gegenüberstellung der Anfangsbestände und der Zugänge mit den Endbeständen ermittelt. Die Methode lässt keine verursachungsgerechte Zuordnung der Materialkosten auf die Kostenstellen und -träger zu, es können keine Lagerverluste ermittelt werden, und das Verfahren erfordert einen hohen Aufwand, wenn häufiger ein Abschluss gemacht werden soll.

3.9 Bei der retrograden Methode wird der Materialverbrauch aus den fertiggestellten Produkten abgeleitet. Eine verursachungsgerechte Erfassung des Materialverbrauchs ist mit dieser Methode nicht möglich, Lagerverluste können nicht erfasst werden.

3.10 Verbrauchsmengen können bewertet werden:

(1) nach dem Istpreis-Verfahren,

(2) nach dem Festpreis-Verfahren.

Das Istpreis-Verfahren führt aufgrund der schwankenden Marktpreise zu dauernden Kostenänderungen, für kostenrechnerische Zwecke ist daher das Festpreis-Verfahren besser geeignet.

3.11 Hauptgruppen der Personalkosten

(1) Löhne

(2) Gehälter

(3) Sozialkosten

(4) Sonstige Personalkosten

3.12 Löhne sind das vertragsmäßige Entgelt für geleistete Arbeit. Den Gehältern liegt kein direkter Leistungsbezug zugrunde.

3.13 Gehälter sind Gemeinkosten, weil sie auf die einzelnen Kostenträger nur mit Hilfe eines Schlüssels verrechnet werden können.

3.14 Die Sozialkosten lassen sich unterteilen in:

(1) gesetzliche Sozialkosten
- Arbeitgeberanteil zur Renten-, Kranken- und Arbeitslosenversicherung,
- gesetzliche Unfallversicherung,

(2) freiwillige Sozialkosten
- Beihilfen, freiwillige Pensionszusagen,
- Zurverfügungstellung von Sportanlagen, Kindergärten usw.

3.15 Zu den sonstigen Personalkosten zählen die Kosten im Zusammenhang mit der Anwerbung neuer Mitarbeiter:
- Kosten für Anzeigen,
- Vorstellungskosten,
- Umzugskosten.

3.16 Löhne und Gehälter fallen z. T. unregelmäßig an (Urlaubslöhne und -gehälter). Daher müssen sie zeitlich richtig abgegrenzt werden.

3.17 Für die Dienstleistungskosten liegen Rechnungen der dienstleistenden Unternehmen vor, so dass die Höhe der Kosten genau bestimmt ist.

3.18 Zu den Abgaben an die öffentliche Hand zählen Steuern, Gebühren und Beiträge. Die Abgaben haben immer dann Kostencharakter, wenn sie das Unternehmen treffen sollen (Grundsteuer, Kfz-Steuer) und nicht den Unternehmer (Einkommensteuer) oder einen Dritten (Mehrwertsteuer).

3.19 Die kalkulatorischen Kosten erfüllen zwei Funktionen:

(1) Sie stellen die Vergleichbarkeit zwischen zwei unterschiedlich geführten und finanzierten Unternehmen her.

(2) Der Ansatz der kalkulatorischen Kosten ist erforderlich, damit die vom Unternehmer zur Verfügung gestellten Produktionsfaktoren (Arbeitskraft, Kapital, Gebäudenutzung) in der Kalkulation erfasst werden und über den Marktpreis vergütet werden.

3.20 Unter Opportunitätskosten versteht man den Ertrag der besten nicht gewählten Alternative.

Beispiele:

- Kalkulatorischer Unternehmerlohn: Gehalt als Geschäftsführer in einem anderen Unternehmen;
- Kalkulatorische Zinsen auf das Eigenkapital: Anlage des Eigenkapitals als Beteiligung an einem anderen Unternehmen;
- Kalkulatorische Miete: Vermietung der selbstgenutzten Räume an ein anderes Unternehmen.

3.21 In der Finanzbuchhaltung mindern die Abschreibungen den zu veröffentlichenden und versteuernden Gewinn. In der Betriebsbuchhaltung gehen die Abschreibungen in die Kalkulation ein, so dass die über den Umsatz zurückfließenden Beträge dem Unternehmen für Reinvestitionen zur Verfügung stehen.

3.22 Ursachen für Verbrauchsabschreibung:
Nutzung der Anlage, Katastrophenverschleiß, usw.

3.23 Ursachen für Zeitabschreibung:
Korrosion, technischer Fortschritt, Bedarfsverschiebung auf den Absatzmärkten, usw.

3.24

Formen der Abschreibung	Finanzbuchhaltung	Kostenrechnung
planmäßige Abschreibung	bis zur Höhe der Anschaffungskosten	über die Anschaffungskosten hinaus
außerplanmäßige Abschreibung	erlaubt nach § 253 HGB	keine - dafür Ansatz von kalkulatorischen Kosten

3.25 Bestimmung der Nutzungsdauer durch:

(1) Erfahrung mit ähnlichen Betriebsmitteln,

(2) Erfahrung Dritter,

(3) Angaben der Hersteller,

(4) Verbrauchsmengen.

3.26 Kalkulatorische Zinsen müssen in der Kostenrechnung angesetzt werden, damit das Eigenkapital angemessen verzinst wird.

3.27 Kalkulatorische Zinsen sind:
- Gemeinkosten,
- fixe Kosten,
- primäre Kosten.

3.28 Bei der Bestimmung der kalkulatorischen Zinsen gibt es folgende Schwierigkeiten:

(1) Das betriebsnotwendige Kapital ist aus der Aktivseite der Bilanz nicht ohne weiteres abzuleiten, weil in den aufgeführten Vermögensteilen auch nichtbetriebsnotwendige Teile aufgeführt sind, und weil die Bewertung nach handels- und steuerbilanzpolitischen Gesichtspunkten manipuliert sein kann.

(2) Es ist zu entscheiden, ob zinsfrei überlassenes Fremdkapital (Abzugskapital) berücksichtigt werden soll oder nicht.

(3) Der Zinssatz für die Verzinsung des Eigenkapitals kann festgelegt werden:
- nach dem Sollzinssatz für Fremdkapital,
- nach dem Opportunitätskostenprinzip.

3.29 Der Ansatz des kalkulatorischen Unternehmerlohnes ist erforderlich, um die Mitarbeit des Unternehmers in seinem Unternehmen in der Kalkulation der Kostenträger zu berücksichtigen.

3.30 Das allgemeine Unternehmerwagnis wird durch den Gewinn des Unternehmers abgegolten, weil sich die allgemeinen Risiken auch nicht annähernd eingrenzen lassen.

Die speziellen Einzelwagnisse lassen sich näherungsweise bestimmen und als Durchschnittswerte in der Kostenrechnung ansetzen.

3.31 Arten der Einzelwagnisse:

- Beständewagnis,
- Anlagewagnis,
- Ausschusswagnis,
- Gewährleistungswagnis,
- Entwicklungswagnis,
- Vertriebswagnis,
- Sonstige Wagnisse.

Die Einzelwagnisse werden bestimmt, indem der Durchschnitt tatsächlich eingetretener Wagnisverluste über mehrere Jahre auf eine geeignete Bezugsgröße bezogen wird und in die Zukunft projeziert wird.

3.32

a) Verbrauchsermittlung mit der retrograden Methode

Produkt	Rohstoffverbrauch je Stück	Produzierte Stückzahl	Gesamtverbrauch
A	2 kg	300	600 kg
B	1 kg	600	600 kg
Σ Verbrauch			1.200 kg

b) Verbrauchsermittlung mit der Inventurmethode

	Anfangsbestand		1.000 kg
+	Zugänge 3.	400 kg	
	19.	1.000 kg	
	26.	200 kg	1.600 kg
			2.600 kg
-	Endbestand laut Inventur		1.100 kg
	Σ Verbrauch		1.500 kg

c) Verbrauchsermittlung mit der Fortschreibungsmethode

Verbrauch 9.	300 kg
15.	400 kg
22.	600 kg
Σ Verbrauch	1.300 kg

d) Beurteilung der Verfahren

Die retrograde Methode ist am ungenauestens, weil Abfallmengen, Ausschuss, Schwund, Diebstahl usw. nicht erfasst werden.

Die Inventurmethode erfasst sowohl den Verbrauch als auch Schwund, Diebstahl und Verderb, ohne die Ursachen voneinander zu trennen.

Am geeignetsten ist die Fortschreibungsmethode, weil bei dieser Methode die Verbrauchsursachen erkennbar sind.

3.33

a) Verbrauchsermittlung mit der Inventurmethode

Anfangsbestand	1.000 kg
+ Zugänge	1.000 kg
	2.000 kg
- Endbestand laut Inventur	200 kg
∑ Verbrauch	1.800 kg

b) Einfach gewogenes Durchschnittsverfahren

Datum	Vorgang	Menge (kg)	Preis (€/kg)	Wert (€/Per)
01.01.	Anfangsbestand	1.000	20,00	20.000
05.03.	Zugang	400	18,00	7.200
13.08.	Zugang	400	24,00	9.600
08.10.	Zugang	200	22,00	4.400
		2.000	20,60	41.200

31.12.	Endbestand	200	20,60	4.120
	Verbrauch	1.800	20,60	37.080

c) Gleitendes Durchschnittsverfahren

Datum	Vorgang	Menge (kg)	Preis (€/kg)	Wert (€/Per)
01.01.	Anfangsbestand	1.000	20,000	20.000
05.03.	Zugang	400	18,000	7.200
	Bestand	1.400	19,430	27.200
20.03.	Verbrauch	300	19,430	5.829
	Bestand	1.100	19,430	21.371
15.04.	Verbrauch	900	19,430	17.486
	Bestand	200	19,430	3.885
13.08.	Zugang	400	24,000	9.600
	Bestand	600	22,475	13.485
18.09.	Verbrauch	200	22,475	4.495
	Bestand	400	22,475	8.990
08.10.	Zugang	200	22,000	4.400
	Bestand	600	22,317	13.390
12.11.	Verbrauch	400	22,317	8.927
31.12.	Endbestand	200	22,317	4.463

Der Materialverbrauch der Periode setzt sich aus der Summe der Einzelverbräuche zusammen:

Datum	Vorgang	Menge (kg)	Einzelpreis (€/kg)	Gesamtpreis (€)
20.03.	Verbrauch	300	19,430	5.829,00
15.04.	Verbrauch	900	19,430	17.487,00
18.09.	Verbrauch	200	22,475	4.495,00
12.11.	Verbrauch	400	22,317	8.926,80
		1.800		36.737,80

d) Die Festpreis-Verfahren sind in der Kostenrechnung besser geeignet, weil sie eine gleichmäßige Kalkulation sichern.

3.34.

a) (1) Finanzbuchhaltung

Um einen möglichst niedrigen Gewinn zu erzielen, wird die degressive Abschreibung mit einem Abschreibungssatz von 30 % gewählt. Im ersten Jahr kann der volle Jahresbetrag abgeschrieben werden, weil die Maschine in der ersten Hälfte des Jahres angeschafft wurde. In der Finanzbuchhaltung muss vom Anschaffungswert abgeschrieben werden.

Jahr	a (€/Jahr)	R (€)
0		600.000
1	180.000	420.000
2	126.000	294.000
3	88.200	205.800

(2) Kostenrechnung

In der Kostenrechnung wird die lineare Abschreibung gewählt, weil sie der Kostenverursachung am nächsten kommt. Im 1. Jahr schreibt man zeitanteilig (9 Monate) ab, um die Abrechnungsperiode verursachungsgerecht zu belasten.

$$a = \frac{700.000}{8 \text{ Jahre}} = 87.500 \text{ € pro Jahr}$$

Jahr	a (€/Jahr)	R (€)
0		700.000
1	65.625	634.375
2	87.500	546.875
3	87.500	459.375

b) Sachliche Abgrenzung

Jahr	Kostenrechnung	Finanzbuchhaltung	Abgrenzung
1	65.625	180.000	- 114.375
2	87.500	126.000	- 38.500
3	87.500	88.200	- 700

3.35

a) In der Kostenrechnung ist sowohl die Abschreibung vom Anschaffungswert als auch vom Wiederbeschaffungswert möglich. Der Liquidationserlös kann bei der Ermittlung der Abschreibungsbeträge berücksichtigt werden, um die Kosten verursachungsgerecht zu erfassen. Allerdings wird man den Liquidationserlös nur berücksichtigen, wenn er bedeutend ist und mit ausreichender Sicherheit vorausgesagt werden kann.

Soll auf einen bestimmten Restwert abgeschrieben werden, so sind die Abschreibungssätze für die geometrisch-degressive Abschreibung nach folgender Formel zu bestimmen:

$$p = 100 \; (1 - \sqrt[n]{\frac{R}{B}})$$

Abschreibung vom Anschaffungswert auf den Restwert:

$$p = 100 \; (1 - \sqrt[10]{\frac{20.000}{200.000}}) = 20{,}57 \; \%$$

Abschreibung vom Wiederbeschaffungswert auf den Restwert:

$$p = 100 \; (1 - \sqrt[10]{\frac{20.000}{250.000}}) = 22{,}32 \; \%$$

Abschreibung vom Anschaffungswert:

Jahr	linear a (€/Jahr)	linear R (€)	geometrisch-degressiv a (20,57 %) (€/Jahr)	geometrisch-degressiv R (€)	arithmetisch-degressiv a (€/Jahr)	arithmetisch-degressiv R (€)
0		200.000		200.000,00		200.000,00
1	18.000	182.000	41.140,00	158.860,00	32.727,30	167.272,70
2	18.000	164.000	32.677,50	126.182,50	29.454,57	137.818,13
:						
9	18.000	38.000	6.518,40	25.170,44	6.545,46	23.272,58
10	18.000	20.000	5.177,56	19.992,88	3.272,73	19.999,85

Abschreibung vom Wiederbeschaffungswert:

Jahr	linear a (€/Jahr)	linear R (€)	geometrisch-degressiv a (22,32 %) (€/Jahr)	geometrisch-degressiv R (€)	arithmetisch-degressiv a (€/Jahr)	arithmetisch-degressiv R (€)
0		250.000		250.000,00		250.000,00
1	23.000	227.000	55.800,00	194.200,00	41.818,20	208.181,80
2	23.000	204.000	43.345,44	150.854,56	37.636,38	170.545,42
:						
9	23.000	43.000	7.397.89	25.746,78	8.363,64	24.181,72
10	23.000	20.000	5.746,68	20.000,10	4.181,82	19.999,90

b)

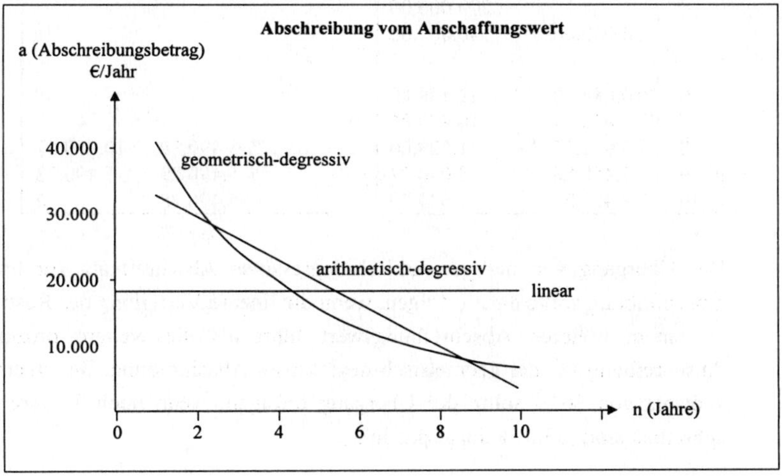

c) In der Steuerbilanz ist nur die Abschreibung vom Anschaffungswert zulässig. Der Restwert wird bei der Ermittlung der Abschreibungsbeträge nicht berücksichtigt. Die lineare Abschreibung ist erlaubt, wenn sie die AfA-Sätze zugrunde legt. Die geometrisch-degressive Abschreibung ist erlaubt mit 30 % bei n = 10.

Jahr	linear a (€/Jahr)	 R (€)	geometrisch-degressiv a (20,57 %) (€/Jahr)	 R (€)	arithmetisch-degressiv a (€/Jahr)	 R (€)
0		200.000		200.000		200.000,00
1	20.000	180.000	60.000	140.000	36.363,60	163.636,40
2	20.000	160.000	42.000	98.000	32.727,24	130,909,16
3	20.000	140.000	29.400	68.600	29.090,88	101.818,28
Σ			131.400		98.181,72	

Die arithmetisch-degressive Abschreibung ist nicht zulässig.

d) Übergang von der degressiven zur linearen Abschreibung:

Jahr	geometrisch-degressiv a (€/Jahr)	 R (€)	Übergang zur linearen Abschreibung Teiler	 a	 R
0		200.000,00			
1	60.000,00	140.000,00			
.					
.					
6	10.084,20	23.529,80			
7	7.058,94	16.470,86	: 3		
8	4.941,26	11.529,60		5.490,29	10.980,57
9	3.458,88	8,070,72		5.490,29	5.490,28
10	2.421,22	5,649,50		5.490,28	0

Der Übergang von der geometrisch-degressiven Abschreibung zur linearen Abschreibung sollte dann erfolgen, wenn die lineare Verteilung des Restwertes zu einem höheren Abschreibungswert führt als die weitere prozentuale Abschreibung bei der geometrisch-degressiven Abschreibung. Bei einem Prozentsatz von 30 % sollte der Übergang erfolgen, wenn noch 3 Jahre abzuschreiben sind (33,3 % linear pro Jahr).

3.36

a)

	linear (€/Jahr)	geometrisch-degressiv (25 %) (€/Jahr)	arithmetisch-degressiv (€/Jahr)	Leistungs-abschreibung (€/Jahr)
AW	90.000	90.000,00	90.000,00	90.000
- a_1	7.500	22.500,00	13.846,20	7.800
R_1	82.500	67.500,00	76.153,80	82.200
- a_2	7.500	16.875,00	12.692,35	9.000
R_2	75.000	50.625,00	63.461,45	73.200
- a_3	7.500	12.656,25	11.538,50	6.600
R_3	67.500	37.968,75	51.922,95	66.600
- a_4	7.500	9.492,19	10.384,65	6.300
R_4^I	60.000	28.476,56	41.538,30	60.300
+ AW	6.000	6.000,00	6.000,00	6.000
R_4^{II}	66.000	34.476,56	47.538,30	66.300
- a_5	8.250	8619.14	10.564,08	8.250
R_5	57.750	25.857,42	36.974,22	58.050

Der Abschreibungsprozentsatz errechnet sich aus dem dreifachen Satz der linearen Abschreibung ($8\ ^1/_3\ \% \cdot 3 = 25\ \%$).

b) Außer der arithmetisch-degressiven Abschreibung sind alle hier angeführten Abschreibungsmethoden steuerlich zulässig.

c) In der Kostenrechnung eignet sich für eine verursachungsgerechte Erfassung der Kosten die Leistungsabschreibung. Bei einer relativ gleichmäßigen Beschäftigungslage, wie in diesem Beispiel, ist auch die lineare Abschreibung geeignet.

d) Bei einem Abschreibungsprozentsatz von 25 % bei der geometrisch-degressiven Abschreibung erfolgt der Übergang zur linearen Abschreibung, wenn noch 4 Jahre abzuschreiben sind, d. h. nach 8 Jahren.

3.37

a) In der Kostenrechnung wird die lineare Abschreibung gewählt.

$$a = \frac{60.000}{8} = 7.500 \text{ €/Jahr}$$

Für das Jahr 01 wird zeitanteilig abgeschrieben:

$$a_{01} = 7.500 \cdot \frac{9}{12} = 5.625 \text{ €}$$

b)

Jahr	linear a (€/Jahr)	linear R (€)	geometrisch-degressiv a (30 %) (€/Jahr)	geometrisch-degressiv R (€)	arithmetisch-degressiv a (€/Jahr)	arithmetisch-degressiv R (€)
		60.000		60.000		60.000,00
01	7.500	52.500	18.000	42.000	13.333,36	46.666,64
02	7.500	45.000	12.600	29.400	11.666,69	34.999,95
03	7.500	37.500	8.820	20.580	10.000,02	24.999,93
Σ	22.500		39.420		35.000,07	

In der Handels- und Steuerbilanz kann bereits im Jahr 01 der volle Jahresbetrag abgeschrieben werden, da die Ladeneinrichtung in der ersten Hälfte des Jahres angeschafft wurde. Die arithmetisch-degressive Abschreibung ist nicht erlaubt.

c) Der Übergang von der geometrisch-degressiven zur linearen Abschreibung erfolgt nach 5 Jahren.

3.38

a) Gespaltene Abschreibung

Gebrauchsverschleiß:

$$a = \frac{400.000}{400.000} \cdot 100.000 = 100.000 \text{ €/Jahr}$$

Zeitverschleiß:

$$a = \frac{400.000}{8} = 50.000 \text{ €/Jahr}$$

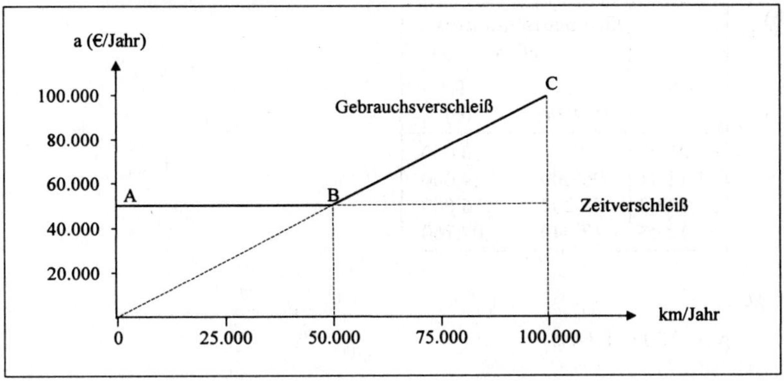

Sollkostenlinie:

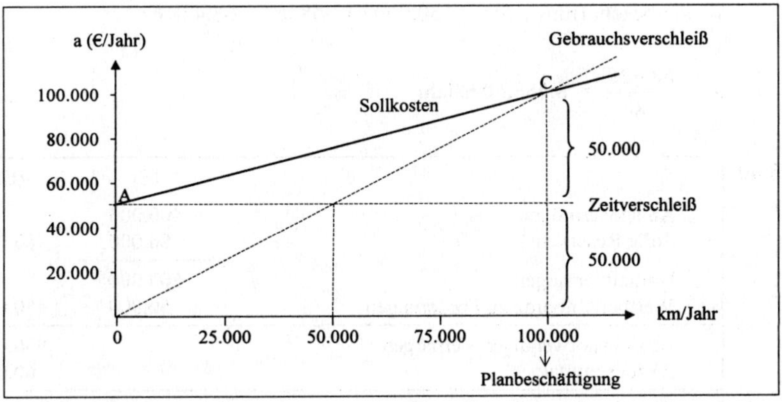

Sollkosten = 50.000 + 0,50 km/Jahr

Jahr	Leistung (km/Jahr)	a (€/Jahr)
01	80.000	90.000
02	100.000	100.000
03	120.000	110.000

b)

Jahr	Geometrisch-degressiv 30 % a (€/Jahr)	R (€)
01.01.01		320.000
31.12.01	96.000	224.000
31.12.02	67.200	156.800
31.12.03	47.040	109.760

3.39

$$p = 100 \cdot (1 + i)^n$$

$$p = 100 \cdot 1{,}04^8 = 100 \cdot 1{,}36856 = 136{,}86\ \%$$

$$\text{Wiederbeschaffungswert} = 50.000 \cdot 1{,}36856 = 68.428\ €$$

$$a = \frac{68.428}{8} = 8.553{,}50\ €/\text{Jahr}$$

3.40

		(€)	(€)
	Anlagevermögen	400.000	
+	Stille Reserven	80.000	480.000
	Umlaufvermögen	500.000	
-	Wertberichtigung zu Forderungen	50.000	450.000
	Betriebsnotwendiges Vermögen		930.000
-	Abzugskapital		60.000
	Betriebsnotwendiges Kapital		870.000
	Kalkulatorische Zinsen (15 %) pro Jahr		130.500
	Kalkulatorische Zinsen pro Monat		10.875

3.41

a)

		(€)	(€)
	Restwert des AV	800.000	
-	Stillgelegte Fabrikanlage	60.000	740.000
	Durchschnittlicher Bestand des UV	500.000	
-	Wertpapiere	80.000	420.000
	Betriebsnotwendiges Vermögen		1.160.000

b) Kalkulatorische Zinsen ohne Abzugskapital:

Betriebsnotwendiges Vermögen = Betriebsnotwendiges Kapital

Kalkulatorische Zinsen = 1.160.000 · 0,10

= 116.000 €/Periode

Kalkulatorische Zinsen mit Abzugskapital:

		(€)
	Betriebsnotwendiges Vermögen	1.160.000
-	Zinsfrei überlassenes Fremdkapital	
	Verbindlichk. a. G. von Warenlieferungen	- 180.000
	Rückstellungen	- 70.000
	Kundenanzahlungen	- 50.000
	Betriebsnotwendiges Kapital	860.000

Kalkulatorische Zinsen = 860.000 · 0,10

= 86.000 €/Periode

c)

Kostenrechnung	Finanzbuchhaltung	Abgrenzung
116.000 €	60.000 €	+ 56.000 €

3.42 (1) Restwertmethode:

	(€)	(€)
Anlagevermögen		
1. Grundstücke	1.800.000	
2. Gebäude	2.250.000	
3. Maschinen	2.000.000	
4. Betriebs- und Geschäftsausstattung	300.000	6.350.000
Umlaufvermögen		
1. Vorräte	567.000	
2. Forderungen	605.000	
3. Zahlungsmittel	8.000	1.180.000
Betriebsnotwendiges Vermögen		7.530.000

(2) Durchschnittswertmethode:

	(€)	(€)
Anlagevermögen		
1. Grundstücke	1.800.000	
2. Gebäude	1.500.000	
3. Maschinen	1.250.000	
4. Betriebs- und Geschäftsausstattung	600.000	5.150.000
Umlaufvermögen		
1. Vorräte	567.000	
2. Forderungen	605.000	
3. Zahlungsmittel	8.000	1.180.000
Betriebsnotwendiges Vermögen		6.330.000

b) Betriebsnotwendiges Kapital

(1) Betriebsnotwendiges Kapital ohne Abzugskapital:

Betriebsnotwendiges Vermögen = Betriebsnotwendiges Kapital

Restwertmethode: 7.530.000 €

Durchschnittswertmethode: 6.330.000 €

(2) Betriebsnotwendiges Kapital mit Abzugskapital:

		Restwert-methode (€)	Durchschnitts-wertmethode (€)
	Betriebsnotwendiges Vermögen	7.530.000	6.330.000
-	Zinsfrei überlassenes Fremdkapital		
	Sonst. Rückstellungen	- 100.000	- 100.000
	Kundenanzahlungen	- 250.000	- 250.000
	Betriebsnotwendiges Kapital	7.180.000	5.980.000

c) Kalkulatorische Zinsen

(1) Restwertmethode:

		ohne Abzugskapital		mit Abzugskapital
Kalkulatorische Zinsen	=	7.530.000 · 0,12	=	7.180.000 · 0,12
	=	903.600 €	=	861.600 €

(2) Durchschnittswertmethode:

		ohne Abzugskapital		mit Abzugskapital
Kalkulatorische Zinsen	=	6.330.000 · 0,12	=	5.980.000 · 0,12
	=	759.600 €	=	717.600 €

d) Sachliche Abgrenzung

Kostenrechnung	Finanzbuchhaltung	Abgrenzung
759.600 €	220.000 €	539.600 €

3.43

Wagnisart	Kalkulatorisches Wagnis in % der Bezugsgröße	Kalkulatorisches Wagnis 06 (€/Per)	
		jährlich	monatlich
Beständewagnis	2,5	14.500	1.208
Anlagewagnis	0,8	10.320	860
Ausschusswagnis	1,0	16.200	1.350
Gewährleistungswagnis	3,0	69.000	5.750
Vertriebswagnis	4,0	22.000	1.833

Lösungen der Testklausur zu Kapitel 3

	a)	b)	c)	d)	e)	Punktzahl
1.	(-)	(+)	(-)	(-)		4
2.	(-)	(+)	(+)	(+)		4
3.	(+)	(-)	(-)	(-)		4
4.	(+)	(-)	(-)	(+)	(+)	5
5.	(-)	(+)	(-)	(+)	(-)	5
6.	(+)	(-)	(-)	(-)		4
7	(+)	(-)	(+)	(+)		4
8	(-)	(+)	(+)	(-)		4
9	(+)	(+)	(-)	(-)		4
10.	(-)	(-)	(-)	(+)		4
11.	(+)	(+)	(-)	(-)		4
12.	(+)	(-)	(-)	(-)		4
13.	(-)	(-)	(+)	(-)		4
14.	(-)	(-)	(+)	(+)		4
15.	(-)	(+)	(+)	(+)	(+)	5
16.	(-)	(+)	(-)	(-)		4
Gesamt						67

Punktvergabe

Kennzeichen richtig	= 1 Punkt,
Kennzeichen weiß nicht oder falsch	= 0 Punkte.

Beispiel

	a)	b)	c)	d)	Punktzahl
Musterlösung zu Satz 1.	(-)	(+)	(-)	(-)	4
Alternativlösung 1	( )	(+)	(-)	(-)	3
Alternativlösung 2	(+)	(+)	(-)	(-)	3
Alternativlösung 3	( )	(+)	( )	( )	1
Alternativlösung 4	(+)	(+)	(+)	(+)	1

Bewertung

Punkte	Note
bis 50 %	5
ab 51 %	4
ab 66 %	3
ab 81 %	2
ab 96 %	1

Kapitel 4

4.1 Die kurzfristige Erfolgsrechnung soll

(1) den Betriebserfolg z. B. monatlich ermitteln,

(2) Grundlagen für Unternehmensentscheidungen, wie z. B. die Zusammensetzung des Produktionsprogramms, liefern.

4.2 Beim Gesamtkostenverfahren werden den gesamten Leistungen einer Periode (Umsätze plus Mehrbestände an Halb- und Fertigfabrikaten plus aktivierte Eigenleistungen) die gesamten Kosten der Periode, nach Kostenarten gegliedert, gegenübergestellt. Dabei werden die Mehrbestände und die Eigenleistungen zu den darin enthaltenen Kosten bewertet, so dass nur die umgesetzten Mengen erfolgswirksam werden.

4.3 Vorteile des Gesamtkostenverfahrens:

- einfaches und schnelles Verfahren,
- keine Kostenstellenrechnung erforderlich.

Nachteile des Gesamtkostenverfahrens:

- der Erfolg lässt sich nicht nach Kostenträgern bzw. Kostenträgergruppen auflösen,
- bei einer unzureichenden Kostenstellen- und Kostenträgerrechnung können sich Probleme bei der Bestandsbewertung ergeben. Die Kosten der Bestände und Eigenleistungen müssen geschätzt werden.

4.4

a)

	Rechnungskreis I		Rechnungskreis II							
	Finanzbuchhaltung		Abgrenzungsrechnung						Kosten- und Leistungsrechnung	
	Externer Erfolg		Betriebsfremde Aufwendungen und Erträge		Außerordentliche Aufwendungen und Erträge		Verrechnungs-korrekturen		Interner Erfolg	
Konto	Aufwand (T€)	Ertrag (T€)	Neutr. Aufwand (T€)	Neutr. Ertrag (T€)	Neutr. Aufwand (T€)	Neutr. Ertrag (T€)	Aufwand lt. FiBu (T€)	Verr. Kosten (T€)	Kosten (T€)	Leistung (T€)
1 Umsatz		540								→ 540
2 Mehrbestand		25								→ 25
3 Sonst. b. Ertr.		5		→ 5						
4 Erträge aus Rückst.aufl.		12				→ 12				
5 Materialaufw.	160,0								→160,0	
6 Löhne	250,0								→250,0	
7 Abschreib.	25,0						→ 25,0	20,0	← 20,0	
8 Verluste aus AV	10,0				→ 10					
9 Steuern	20,0		→ 1						→ 19,0	
10 Zinsaufw.	3,0						→ 3,0	4,5	← 4,5	
11 Ao. Aufw.	2,5						→ 2,5	5,0	← 5,0	
12 Unternehmerl.								6,0	← 6,0	
13 Miete								3,0	← 3,0	
	470,5	582	1	5	10	12	30,5	38,5	467,5	565
	+ 111,5		+ 4		+ 2		+ 8		+ 97,5	

b) Der Zusammenhang zwischen dem externen Gesamterfolg und dem internen Erfolg lässt sich folgendermaßen darstellen:

	Externer Gesamterfolg	=	Ertrag - Aufwand	= + 111.500
-	unternehmensbezogene Abgrenzung	=	betriebsfremder Ertrag - betriebsfr. Aufwand	= - 4.000
-	betriebsbezogene Abgrenzung	=	außerordentliche Ertrag - außerord. Aufwand	= - 2.000
-	Verrechnungskorrekturen	=	Anders-/Zusatzkosten - betrieblicher Aufwand	= - 8.000
=	Interner Erfolg	=	Leistung - Kosten	= + 97.500

Betriebsfremde Aktivitäten haben mit 4.000 € zum Gesamterfolg beigetragen. Außerordentliche Erfolge sind im Gesamtergebnis mit 2.000 € enthalten. Da die Kosten insgesamt um 8.000 € höher als die betrieblichen Aufwendungen angesetzt werden (Verrechnungskorrekturen) beträgt der interne Erfolg nur 97.500 €.

c)

Erfolgsbegriff	Aussage
Externer Gesamterfolg	gibt an, was die Unternehmung aus Transaktionen mit der Umwelt verdient hat
Betriebsfremder Erfolg	gibt an, welchen Erfolg die Unternehmung im betriebsfremden Bereich erreicht hat
Außerordentlicher Erfolg	gibt an, welchen Erfolg die Unternehmung im außerordentlichen und periodenfremden Bereich erreicht hat
Interner Erfolg	Gibt an, wie der Betrieb gearbeitet hat

4.5

a)

	Rechnungskreis I		Rechnungskreis II							
	Finanzbuchhaltung		Abgrenzungsrechnung						Kosten- und Leistungsrechnung	
	Externer Erfolg		Betriebsfremde Aufwendungen und Erträge		Außerordentliche Aufwendungen und Erträge		Verrechnungs-korrekturen		Interner Erfolg	
Konto	Aufwand (€)	Ertrag (€)	Neutr. Aufwand (€)	Neutr. Ertrag (€)	Neutr. Aufwand (€)	Neutr. Ertrag (€)	Aufwand lt. FiBu (€)	Verr. Kosten (€)	Kosten (€)	Leistung (€)
1 Zinserträge		200				200				
2 Betriebsfr. Ert.		36.000		36.000						
3 Umsatz		840.000								840.000
4 Verluste aus Abgang AV	15.000		15.000							
5 Zinsaufwand	7.000						7.000	18.000	18.000	
6 Materialaufw.	240.000								240.000	
7 Personalaufw.	160.000								160.000	
8 Steuern, ...	18.000		500		3.000				14.500	
9 Fuhrparkaufw.	70.000								70.000	
10 Instandhalt.	50.000								50.000	
11 Verwaltungsaufwendungen	62.000								62.000	
12 Abschreibung	50.000						50.000	35.000	35.000	
	672.000	876.200	15.500	36.000	3.000	200	57.000	53.000	649.500	840.000
	+ 204.200		+ 20.500		- 2.800		- 4.000		+ 190.500	

b) Abstimmung der Ergebnisse:

	Externer Gesamterfolg	=	Ertrag - Aufwand	= + 204.200
-	unternehmensbezogene Abgrenzung	=	betriebsfremder Ertrag - betriebsfr. Aufwand	= - 20.500
-	betriebsbezogene Abgrenzung	=	außerordentliche Ertrag - außerord. Aufwand	= + 2.800
-	Verrechnungskorrekturen	=	Anders-/Zusatzkosten - betrieblicher Aufwand	= + 4.000
=	Interner Erfolg	=	Leistung - Kosten	= + 190.500

Aus dem Gesamterfolg muss der betriebsfremde Erfolg heraus gerechnet werden (20.500 €). Da der außerordentliche Erfolg negativ ist und der betriebliche Aufwand höher als die Kosten angesetzt werden (negative Verrechnungskorrekturen), mindert sich der interne Erfolg insgesamt nur auf 190.500 €.

c) In den Gesamtaufwendungen und -erträgen sind betriebsfremde und außerordentliche Bestandteile enthalten, die nicht in die interne Erfolgsrechnung übernommen werden dürfen. Einige Aufwendungen (Zinsen und Abschreibungen) werden in die Kostenrechnung mit anderen Beträgen übernommen.

4.6

a)

	Rechnungskreis I		Rechnungskreis II							
	Finanzbuchhaltung		Abgrenzungsrechnung						Kosten- und Leistungsrechnung	
	Externer Erfolg		Betriebsfremde Aufw. und Erträge		Außerordentliche Aufw. und Erträge		Verrechnungs-korrekturen		Interner Erfolg	
Konto	Aufwand (T€)	Ertrag (T€)	Neutr. Aufwand (T€)	Neutr. Ertrag (T€)	Neutr. Aufwand (T€)	Neutr. Ertrag (T€)	Aufwand lt. FiBu (T€)	Verr. Kosten (T€)	Kosten (T€)	Leistung (T€)
1 Umsatz		1.000								1.000
2 Auf. v. Rückst.		20				20				
3 Wareneinsatz	668								668	
4 Personalaufw.	139						139	149	149	
5 Raumaufw.	66								66	
6 Werbeaufw.	23								23	
7 Gewerbesteuer	4								4	
8 Kfz-Aufwand	14								14	
9 FK-Zinsen	11								11	
10 Abschreibung	21						21	10	10	
11 Ao. Aufw.	26				26					
12 Unternehmerl.								18	18	
13 EK-Zinsen								6	6	
	972	1.020	-	-	26	20	160	183	969	1.000
	+ 48		-		- 6		+ 23		+ 31	

b) Aufspaltung des Erfolges:

	Externer Gesamterfolg	=	Ertrag - Aufwand	=	+ 48
-	unternehmensbezogene Abgrenzung	=	betriebsfremder Ertrag - betriebsfr. Aufwand	=	0
-	betriebsbezogene Abgrenzung	=	außerordentliche Ertrag - außerord. Aufwand	=	+ 6
-	Verrechnungskorrekturen	=	Anders-/Zusatzkosten - betrieblicher Aufwand	=	- 23
=	Interner Erfolg	=	Leistung - Kosten	=	+ 31

4.7

a) (1) Statistisch-tabellarische Ermittlung des Betriebserfolges

Gesamtleistung		
Umsatzerlöse	1.900.000	
Bestandsmehrung (unfertige Erzeugnisse)	70.000	1.970.000
- Gesamtkosten		
Fertigungsmaterialverbrauch	800.000	
Energiekosten	40.000	
Fertigungslöhne	300.000	
Hilfslöhne	100.000	
Sozialkosten	200.000	
kalkulatorische Kosten	50.000	
sonstige Kosten	150.000	
Bestandsminderung (fertige Erzeugnisse)	50.000	- 1.690.000
Betriebserfolg Juni 01		280.000

(2) Darstellung des Betriebserfolges auf einem Betriebserfolgskonto

Betriebsergebnisrechnung nach dem Gesamtkostenverfahren			
Kosten der Periode, gegliedert nach Kostenarten:		Umsatzerlöse	1.900.000
		Bestandsmehrung/UE	70.000
Fertigungsmaterial	800.000		
Energiekosten	40.000		
Fertigungslöhne	300.000		
Hilfslöhne	100.000		
Sozialkosten	200.000		
kalkulatorische Kosten	50.000		
sonstige Kosten	150.000		
Bestandsminderung/FE	50.000		
Betriebserfolg	280.000		
	1.970.000		1.970.000

b) Die Kosten sind beim Gesamtkostenverfahren nur nach Kostenarten und nicht nach Kostenträgern gegliedert.

Lösungen der Testklausur zu Kapitel 4

Aufgabe	a)	b)	c)	d)	e)	Punktzahl
1.	(-)	(+)	(-)	(-)		4
2.	(+)	(-)	(-)	(+)		4
3.	(+)	(+)	(+)	(+)		4
4.	(-)	(-)	(-)	(+)		4
5.	(-)	(-)	(-)	(+)		4
6.	(-)	(+)	(-)	(-)		4
7.	(+)	(-)	(-)	(-)		4
Gesamt						28

Punktvergabe

Kennzeichen richtig	= 1 Punkt,
Kennzeichen weiß nicht oder falsch	= 0 Punkte.

Beispiel

	a)	b)	c)	d)	Punktzahl
Musterlösung zu Satz 1.	(-)	(+)	(-)	(-)	4
Alternativlösung 1	( )	(+)	(-)	(-)	3
Alternativlösung 2	(+)	(+)	(-)	(-)	3
Alternativlösung 3	( )	(+)	( )	( )	1
Alternativlösung 4	(+)	(+)	(+)	(+)	1

Bewertung

Punkte	Note
bis 50 %	5
ab 51 %	4
ab 66 %	3
ab 81 %	2
ab 96 %	1

Kapitel 5

5.1 Die Hauptschwierigkeit bei der Kalkulation besteht darin, die Gemeinkosten verursachungsgerecht den Kostenträgern anzulasten. Eine unmittelbare Zurechnung kann nur willkürlich erfolgen. Dagegen können die Gemeinkosten den Kostenstellen in den meisten Fällen relativ genau zugerechnet werden. Mit Hilfe der Zuschlagssätze werden sie dann den Kostenträgern entsprechend der Inanspruchnahme der Kostenstellenleistung angelastet.

5.2 Grundsätze der Einteilung von Kostenstellen:

(1) Die Kostenstellen müssen in selbstständige Verantwortungsbereiche eingeteilt werden.

(2) Für jede Kostenstelle müssen sinnvolle Bezugsgrößen bestimmt werden.

(3) Die Bildung der Kostenstellen hat nach dem Prinzip der Wirtschaftlichkeit zu erfolgen.

5.3 Die Kostenstellen sollten so eingeteilt werden, dass für jede Stelle ein Kostenstellenleiter verantwortlich gemacht werden kann. Das muss nicht bedeuteten, dass die Kostenstellen räumlich voneinander getrennt sind; in der Praxis wird das aber in der Regel der Fall sein.

5.4 Die Kosten der allgemeinen Kostenstellen und der Hilfskostenstellen werden nicht direkt auf die Kostenträger verrechnet, sondern erst auf andere Hilfs- und Hauptkostenstellen umgelegt. Die Kosten der Hauptkostenstellen werden mit Hilfe von Zuschlagssätzen den Kostenträgern zugerechnet.

5.5 Aufgaben des BAB:

- Verteilung der primären Gemeinkostenarten auf die Kostenstellen
- Innerbetriebliche Leistungsverrechnung
- Ermittlung von Kalkulationssätzen
- Wirtschaftlichkeitskontrolle

Aufbau des BAB:

Kostenstellen ⇒ Kostenarten ⇓ (€/Per)	Allgemeine Kostenstellen		Materialstellen		Fertigungsstellen				Verwaltung		Vertrieb	
					Fertigungs-hilfsstellen		Fertigungs-hauptstellen					
	1	2	3	4	5	6	7	8	9	10	11	12
Kostenart 1 Kostenart 2 ... Kostenart n												
Σ primäre Gemeink.	Σ	Σ	Σ	Σ	Σ	Σ	Σ	Σ	Σ	Σ	Σ	Σ
Umlage Kostenstelle 1	→		*	*	*	*	*	*	*	*	*	*
Umlage Kostenstelle 2		→	*	*	*	*	*	*	*	*	*	*
Umlage Kostenstelle 5					→		*	*				
Umlage Kostenstelle 6						→	*	*				
Σ Gemeinkosten			Σ	Σ			Σ	Σ	Σ	Σ	Σ	ΣΣ

5.6

Gemeinkostenart	direkte Verteilung	indirekte Verteilung
Wasserkosten	cbm laut Zähler	Anzahl der Wasserhähne
Stromkosten	kWh laut Zähler	Zahl der Geräte
Gehälter	Gehaltslisten	
Büromaterial	Entnahmescheine	Anzahl der Arbeitsplätze
Mieten		qm

5.7 Stelleneinzelkosten sind Gemeinkosten, die den Kostenstellen direkt zuzurechnen sind.

Stellengemeinkosten sind Gemeinkosten, die den Kostenstellen nur mit Hilfe eines Schlüssels zuzurechnen sind.

5.8 Unter einer Bezugsgröße versteht man in der Kostenstellenrechnung eine Maßgröße für die erstellte Leistung einer Kostenstelle. So kann die Leistung einer Kostenstelle gemessen werden durch: Fertigungsminuten, Maschinenlaufzeit, Durchsatzgewicht, bearbeitete Oberfläche in qm usw.

5.9 Mit Hilfe der Kalkulationssätze werden die Gemeinkosten auf die Kostenträger verrechnet.

5.10 In einem Teilkosten-BAB werden in den Kostenstellen die einzelnen Kostenarten in ihre fixen und variablen Bestandteile aufgespalten.

5.11 In der Praxis bereitet die Trennung einiger Gemeinkostenarten in fixe und variable Bestandteile zum Teil erhebliche Schwierigkeiten.

5.12 In einem Unternehmen sind normalerweise Hilfs- und Hauptkostenstellen vorhanden. Die Hilfskostenstellen haben die Aufgabe, Leistungen für andere Kostenstellen zu erbringen. Die Verrechnung dieser Leistungen auf die einzelnen Kostenstellen ist Aufgabe der innerbetrieblichen Leistungsverrechnung. Problematisch wird die Verrechnung, wenn Hilfskostenstellen gegenseitig Leistungen austauschen. Eine Abrechnung nach dem Stufenleiterverfahren ist dann nicht möglich, weil der Kostensatz der einen Hilfskostenstelle nicht bestimmt werden kann, ohne den Kostensatz der anderen Hilfskostenstelle zu kennen und umgekehrt. Dieses Problem läßt sich nur mit dem simultanen Gleichungsverfahren oder einem iterativen Verfahren lösen.

5.13 Die exakten Verfahren der innerbetrieblichen Leistungsverrechnung erfassen und verrechnen im Gegensatz zu den nicht-exakten Verfahren den innerbetrieblichen Leistungsaustausch verursachungsgerecht.

5.14 Beim Anbauverfahren wird der Leistungsaustausch zwischen den Hilfskostenstellen nicht berücksichtigt, so dass eine verursachungsgerechte Verteilung der sekundären Gemeinkosten nicht möglich ist.

5.15 Beim Stufenleiterverfahren wird eine Hilfskostenstelle nach der anderen in geeigneter Reihenfolge abgerechnet. Dabei ergibt sich nur dann eine verursachungsgerechte Verrechnung der Kosten, wenn die abzurechnenden Hilfskostenstellen von noch nicht abgerechneten Stellen keine Leistungen empfangen haben.

5.16 Bei einer wirksamen Kostenkontrolle werden die Istkosten einer Kostenstelle den Sollkosten gegenübergestellt. Die Sollkosten können z. B. durch externe Verrechnungssätze (Strompreis der Stadtwerke) vorgegeben werden. Eine genaue Ermittlung der Istkosten der Hilfskostenstellen ist nur mit Hilfe des simultanen Gleichungsverfahrens oder eines iterativen Verfahrens möglich.

5.17 Die Ergebnisse nach dem Gleichungs- und Stufenleiterverfahren sind nur dann identisch, wenn bei der Anwendung des Stufenleiterverfahrens keine Leistungen von Hilfskostenstellen unberücksichtigt bleiben. Dann ist allerdings die Anwendung des Gleichungsverfahrens nicht erforderlich.

5.18 Bei den iterativen Verfahren beginnt die innerbetriebliche Leistungsverrechnung mit einer Startlösung, die dem vermuteten Ergebnis möglichst nahe kommt, aber zunächst nicht exakt ist. Sie wird durch Wiederholung der Verrechnung laufend verbessert, bis eine exakte Verteilung der Gemeinkosten erreicht ist. Bei einer ausreichenden Anzahl von Versuchen führen die iterativen Verfahren zu gleich guten Ergebnissen wie das simultane Gleichungsverfahren.

5.19

a)

Kostenstellen ⇒ Kostenarten ⇓ (€/Per)	Summe	Material-stelle	Fertigungs-stelle	Verwaltung	Vertrieb
Hilfsstoffe	40.000	7.600	32.400	-	-
Gehälter	27.800	5.000	10.000	8.200	4.600
Sozialkosten	200.000	40.000	80.000	40.000	40.000
Steuern	36.000	3.000	24.000	6.000	3.000
Sonstige Kosten	55.000	10.000	40.000	5.000	-
Abschreibungen	51.200	6.400	25.600	12.800	6.400
Summe	410.000	72.000	212.000	72.000	54.000

b)

	Istkosten (€/Per)	Zuschläge (%)
MEK	600.000	
MGK	72.000	12,0
FEK	175.000	
FGK	212.000	121,1
HK	1.059.000	
VwGK	72.000	6,8
VtGK	54.000	5,1
SEVt	4.000	
SK	1.189.000	

5.20

Kostenstellen ⇒ Kostenarten ⇓ (€/Per)	Summe	Material 1	Material 2	Fertigung 1	Fertigung 2	Verwaltung	Vertrieb
Fertigungsmaterial	1.000.000	500.000	500.000				
Fertigungslöhne	450.000			220.000	230.000		
Hilfsmaterial	60.000			35.000	25.000		
Hilfslöhne	180.000			100.000	80.000		
Gehälter	380.000	30.000	40.000	60.000	70.000	100.000	80.000
Sozialkosten	980.000	29.113	38.815	368.711	368.711	97.027	77.623
Miete	40.000	1.429	7.143	17.143	8.571	3.809	1.905
Energie	60.000	3.000	4.800	30.000	10.800	8.400	3.000
Kalk. Abschreib.	90.000	500	5.000	64.000	13.500	4.000	3.000
Kalk. Zinsen	50.000	415	6.665	35.000	4.590	1.665	1.665
Ist-Gemeinkosten	1.840.000	64.457	102.423	709.854	581.172	214.901	167.193
Bezugsgrößen		500.000	500.000	220.000	230.000	2.907.906	2.907.906
Istzuschlag		12,89	20,48	322,66	252,68	7,39	5,75

	Istkosten (€/Per)	Zuschläge (%)
MEK 1	500.000	
MGK 1	64.457	12,89
MEK 2	500.000	
MGK 2	102.423	20,48
FEK 1	220.000	
FGK 1	709.854	322,66
FEK 2	230.000	
FGK 2	581.172	252,68
HK	2.907.906	
VwGK	214.901	7,39
VtGK	167.193	5,75
SK	3.290.000	

5.21

a)

	Istkosten (€/Per)	Zuschläge (%)
MEK	80.000	
Variable MGK	2.000	
FEK I	40.000	2,5
Variable FGK I	10.000	
FEK II	100.000	25,0
Variable FGK II	30.000	
SEF	10.000	30,0
Variable HK	272.000	
SEVt	5.000	
Variable Gesamtkosten	277.000	
Fixkosten	110.000	39,7
Selbstkosten	387.000	

b) Sie ermöglicht die Ermittlung der variablen Gemeinkostenzuschlagssätze, die unabhängig vom jeweiligen Beschäftigungsgrad sind.

5.22

a)

Kostenstellen ⇒ Kostenarten ⇓ (€/Per)	Summe	Fertigung I	Fertigung II	Fertigung III	Fertigung IV	Fertigung V
Primäre Gemeinkosten	135.000	27.000	24.000	21.000	18.000	45.000
Verrechnung der Fertigungslöhne für						
Werkstück A		800	- 800			
B						360
C		560	- 360		- 560	
D				320	- 320	
Verrechnung des Fertigungsmaterials für						
Werkstück A		200	- 200			
B			- 120			120
C		400			- 400	
D				200	- 200	
Gemeinkosten nach Verrechnung der innerbetrieblichen Leistung	135.000	28.960	22.520	21.520	16.520	45.480

b) Zunächst werden die Fertigungsgemeinkostenzuschlagssätze vor Verrechnung der innerbetrieblichen Leistungen bestimmt:

	Fertigung I	Fertigung II	Fertigung III	Fertigung IV	Fertigung V
Gemeinkostenzuschlagssatz (%)	150	80	120	100	90

Neben den Einzelkosten werden auch Gemeinkosten in bezug auf die innerbetriebliche Leistung weiterverrechnet:

Kostenstellen ⇒ Kostenarten ⇓ (€/Per)	Summe	Fertigung I	Fertigung II	Fertigung III	Fertigung IV	Fertigung V
Primäre Gemeinkosten	135.000	27.000	24.000	21.000	18.000	45.000
Verrechnung der Fertigungslöhne für						
Werkstück A		1.000	- 1.000			
B			- 480			480
C		960			- 960	
D				520	- 520	
Verrechnung des Fertigungsmaterials für						
Werkstück A		800	- 800			
B			- 384			384
C		960			- 960	
D				520	- 520	
Gemeinkosten nach Verrechnung der innerbetrieblichen Leistung	135.000	30.720	21.336	22.040	15.040	45.864

Nach der innerbetrieblichen Leistungsverrechnung ergeben sich veränderte Fertigungsgemeinkostenzuschlagssätze:

	Fertigung I	Fertigung II	Fertigung III	Fertigung IV	Fertigung V
Gemeinkostenzuschlagssatz (%)	170,7	71,1	125,9	83,6	91,7

5.23

a) BAB

Kostenstellen ⇒ / Kostenarten ⇓ (€/Per)	Summe	1 Energie	2 Fuhrpark	3 Material	4 Fertigungs-hilfs-kosten-stelle	5 Dreherei	6 Fräserei	7 Verwaltung	8 Vertrieb
Einzelmaterial				1.800.000					
Einzellöhne						540.000	350.000		
Hilfsstoffe	44.000	7.000	5.000	5.000	4.000	10.000	9.000	2.000	2.000
Hilfslöhne	176.000	32.000	25.000	20.000	15.000	40.000	40.000	-	4.000
Gehälter	518.000	68.000	35.000	40.000	17.000	88.000	80.000	150.000	40.000
Sozialkosten	1.035.000	150.000	100.000	125.000	35.000	175.000	150.000	225.000	75.000
Kalk. Abschr.	160.000	30.000	20.000	10.000	10.000	30.000	30.000	10.000	20.000
Kalk. Zinsen	120.000	30.000	10.000	10.000	10.000	20.000	20.000	10.000	10.000
Steuern	45.000	3.000	3.000	6.000	6.000	6.000	6.000	9.000	6.000
Miete	48.000	3.000	6.000	9.000	3.000	9.000	9.000	6.000	3.000
Instandhaltung	90.000	15.000	15.000	5.000	5.000	20.000	20.000	5.000	5.000
Versicherung	60.000	4.000	4.000	8.000	4.000	8.000	8.000	12.000	12.000
Sonstige Kosten	117.000	18.000	27.000	9.000	9.000	18.000	18.000	9.000	9.000
Primäre Gemeinkosten	2.413.000	360.000	250.000	247.000	118.000	424.000	390.000	438.000	186.000
Umlage 1		⇓⇒	30.000 280.000	30.000	30.000	120.000	90.000	30.000	30.000
Umlage 2			⇓⇒	60.000	- 148.000	20.000	20.000	20.000	160.000
Umlage 4					⇓⇒	80.000	68.000		
Summe	2.413.000	0	0	337.000	0	644.000	568.000	488.000	376.000

b)

	Istkosten (€/Per)	Zuschläge (%)
MEK	1.800.000	
MGK	337.000	18,72
FEK I	540.000	
FGK I	644.000	119,26
FEK II	350.000	
FGK II	568.000	162,29
HK	4.239.000	
VwGK	488.000	11,51
VtGK	376.000	8,87
SK	5.103.000	

5.24

a)

Kostenstellen ⇒ Kostenarten ⇓ (€/Per)	Σ	1	2	3	4	5	6	7	8	9
Primäre Kosten	50.000	1.000	1.450	7.350	1.050	1.850	12.550	9.750	9.850	5.150
Umlage 1		⇓⇒	50	250	100	100	250	150	50	50
Zwischensumme			1.500	7.600	1.150	1.950	12.800	9.900	9.900	5.200
Umlage 2			⇓⇒	100	50	50	500	600	100	100
Zwischensumme				7.700	1.200	2.000	13.300	10.500	10.000	5.300
Umlage 4					⇓⇒		700	500		
Umlage 5						⇓⇒	1.000	1.000		
Σ Gemeinkosten	50.000	0	0	7.700	0	0	15.000	12.000	10.000	5.300

b)

	Istkosten (€/Per)	Zuschläge (%)
MEK	110.000	
MGK	7.700	7,0
FEK Dreherei	25.000	
FGK Dreherei	5.000	60,0
FEK Montage	8.000	
FGK Montage	12.000	150,0
HK	177.700	
VwGK	10.000	5,6
VtGK	5.300	3,0
Selbstkosten	193.000	

5.25

a) Iterationsverfahren/Einzelschrittverfahren

Die primären Gemeinkosten in Höhe von 9.550 € für das E-Werk sind Grundlage für den ersten Iterationsschritt .

1. Iteration	E-Werk	$K_1^1 = 9.550 + 0{,}05 \cdot 7.000$	= 9.900
	Wasser	$K_2^1 = 7.000 + 0{,}20 \cdot 9.900$	= 8.980
2. Iteration	E-Werk	$K_1^2 = 9.550 + 0{,}05 \cdot 8.980$	= 9.999
	Wasser	$K_2^2 = 7.000 + 0{,}20 \cdot 9.999$	= 8.999,8
3. Iteration	E-Werk	$K_1^3 = 9.550 + 0{,}05 \cdot 8.999{,}8$	= 9.999,99
	Wasser	$K_2^3 = 7.000 + 0{,}20 \cdot 9.999{,}99$	= 8.999,998

$K_1 \approx 10.000$ € $\qquad q_1 = \frac{10.000}{100.000} = 0{,}10$ €/kWh

$K_2 \approx 9.000$ € $\qquad q_2 = \frac{9.000}{10.000} = 0{,}90$ €/cbm

Mit diesen Verrechnungspreisen wird die innerbetriebliche Leistungsverrechnung vorgenommen:

		E-Werk	Wasser	Summe
	primäre Gemeinkosten	9.550	7.000	16.550
+	sekundäre Gemeinkosten anderer allg. Kostenstellen	+ 450	+ 2.000	+ 2.450
=	gesamte Gemeinkosten	10.000	9.000	19.000
-	bewertete Leistungsabgaben an andere allgemeine Kostenstellen	- 2.000	- 450	- 2.450
=	gesamte Gemeinkosten nach innerbetrieblicher Leistungsverrechnung, die auf die Hauptkostenstellen verteilt werden	8.000	8.550	16.550

Es ergibt sich damit folgender BAB:

Kostenstellen ⇒		Allgemeine Kostenstellen		Hauptkostenstellen				
Kostenarten ⇓ (€/Per)	Summe	E-Werk	Wasser	Material	Fertig. A	Fertig. B	Fertig. C	Vw+Vt
Primäre Gemeink.	75.800	9.550	7.000	4.850	18.000	12.000	15.050	9.350
Umlage Strom				500	500	3.500	2.500	1.000
Umlage Wasser				450	4.500	1.800	1.350	450
Σ Gemeinkosten	75.800	0	0	5.800	23.000	17.300	18.900	10.800

b) Gemeinkostenzuschlagssätze

	Istkosten (€/Per)	Zuschläge (%)
MEK	116.000	
MGK	5.800	5,0
FEK A	40.000	
FGK A	23.000	57,5
FEK B	36.000	
FGK B	17.300	48,1
FEK C	45.000	
FGK C	18.900	42,0
HK	302.000	
VwVtGK	10.800	3,6
Selbstkosten	312.800	

c) Stufenleiterverfahren

Bei der Anwendung des Stufenleiterverfahrens muss zunächst entschieden werden, in welcher Reihenfolge die allgemeinen Kostenstellen abgerechnet werden sollen. In diesem Fall wird das E-Werk zuerst abgerechnet, da es vom Wasserwerk nur 500 cbm Wasser erhalten hat, das bei der Ermittlung des Stromstundenverrechnungspreises nicht berücksichtigt wird.

Kostenstellen ⇒		Allgemeine Kostenstellen		Hauptkostenstellen				
Kostenarten ⇓ (€/Per)	Summe	E-Werk	Wasser	Material	Fertig. A	Fertig. B	Fertig. C	Vw+Vt
Primäre Gemeink.	75.800	9.550,00	7.000,00	4.850,00	18.000,00	12.000,00	15.050,00	9.350,00
Umlage Strom (0,0955 €/kWh)		⇓⇒	1.910,00 8.910,00	477,50	477,50	3.342,50	2.387,50	955,00
Umlage Wasser (0,9379 €/cbm)			⇓⇒	468,95	4.689,47	1.875,79	1406,84	468,95
Σ Gemeinkosten	75.800	0	0	5.796,45	23.166,97	17.218,29	18.844,34	10,773,95

	Istkosten (€/Per)	Zuschläge (%)
MEK	116.000,00	
MGK	5.796,45	5,0
FEK A	40.000,00	
FGK A	23.166,97	57,9
FEK B	36.000,00	
FGK B	17.218,29	47,8
FEK C	45.000,00	
FGK C	18.844,34	41,9
HK	302.026,05	
VwVtGK	10.773,95	3,6
Selbstkosten	312.800,00	

Wenn das Wasserwerk zuerst abgeschlossen wird, ergibt sich folgendes Ergebnis:

Kostenstellen ⇒		Allgemeine Kostenstellen		Hauptkostenstellen				
Kostenarten⇓ (€/Per)	Summe	Wasser	E-Werk	Material	Fertig. A	Fertig. B	Fertig. C	Vw+Vt
Primäre Gemeink.	75.800	7.000	9.550	4.850,00	18.000,00	12.000,00	15.050,00	9.350,00
Umlage Wasser (0,70 €/cbm)		⇓⇒	350 9.900	350,00	3.500,00	1.400,00	1.050,00	350,00
Umlage Strom (0,12375 €/kWh)			⇓⇒	618,75	618,75	4.331,25	3.093,75	1.237,50
Σ Gemeinkosten	75.800	0	0	5.818,75	22.118,75	17.731,25	19.193,75	10.937,50

	Istkosten (€/Per)	Zuschläge (%)
MEK	116.000,00	
MGK	5.818,75	5,0
FEK A	40.000,00	
FGK A	22.118,75	55,3
FEK B	36.000,00	
FGK B	17.731,25	49,3
FEK C	45.000,00	
FGK C	19.193,75	42,7
HK	301.862,50	
VwVtGK	10.937,50	3,6
Selbstkosten	312.800,00	

d) Anbauverfahren

Kostenstellen ⇒		Allgemeine Kostenstellen		Hauptkostenstellen				
Kostenarten ⇓ (€/Per)	Summe	E-Werk	Wasser	Material	Fertig. A	Fertig. B	Fertig. C	Vw+Vt
Primäre Gemeink.	75.800	9.550	7.000	4.850,00	18.000,00	12.000,00	15.050,00	9.350,00
Umlage Strom (0,1194 €/kWh)		⇓⇒		596,87	596,87	4.178,13	2.984,38	1.193,75
Umlage Wasser (0,7368 €/cbm)			⇓⇒	368,42	3.684,21	1.473,68	1.105,26	368,43
Σ Gemeinkosten	75.800	0	0	5.815,29	22.281,08	17.651,81	19.139,64	10.912,18

	Istkosten (€/Per)	Zuschläge (%)
MEK	116.000,00	
MGK	5.815,29	5,0
FEK A	40.000,00	
FGK A	22.281,08	55,7
FEK B	36.000,00	
FGK B	17.651,81	49,0
FEK C	45.000,00	
FGK C	19.139,64	42,5
HK	301.887,82	
VwVtGK	10.912,18	3,6
Selbstkosten	312.800,00	

e) Simultanes Gleichungsverfahren

Ermittlung der Verrechnungssätze:

$$
\begin{array}{rcrcrl}
9.550 & + & 500\,q_2 & = & 100.000\,q_1 & \\
7.000 & + & 20.000\,q_1 & = & 10.000\,q_2 & \mid \cdot 5 \\
\hline
9.550 & - & 100.000\,q_1 & = & -\ 500\,q_2 & \\
+\ 35.000 & + & 100.000\,q_1 & = & 50.000\,q_2 & \\
\hline
44.550 & & & = & 49.500\,q_2 & \\
 & & q_2 & = & 0{,}90\ \text{€/cbm (Wasserpreis)} &
\end{array}
$$

$$
\begin{array}{rcrcl}
7.000 & + & 20.000\,q_1 & = & 9.000 \\
 & & q_1 & = & 0{,}10\ \text{€/kWh (Strompreis)}
\end{array}
$$

Da die Verrechnungspreise mit denen des Einzelschrittverfahrens übereinstimmen, ergibt sich der gleiche BAB:

Kostenstellen ⇒		Allgemeine Kostenstellen		Hauptkostenstellen				
Kostenarten ⇓ (€/Per)	Summe	E-Werk	Wasser	Material	Fertig. A	Fertig. B	Fertig. C	Vw+Vt
Primäre Gemeink.	75.800	9.550	7.000	4.850	18.000	12.000	15.050	9.350
Umlage Wasser				450	4.500	1.800	1.350	450
Umlage Strom				500	500	3.500	2.500	1.000
Σ Gemeinkosten	75.800	0	0	5.800	23.000	17.300	18.900	10.800

Gemeinkostenzuschlagssätze:

	Istkosten (€/Per)	Zuschläge (%)
MEK	116.000	
MGK	5.800	5,0
FEK A	40.000	
FGK A	23.000	57,5
FEK B	36.000	
FGK B	17.300	48,1
FEK C	45.000	
FGK C	18.900	42,0
HK	302.000	
VwVtGK	10.800	3,6
Selbstkosten	312.800	

f) Ergebnisvergleich

	Zuschlagssatz (%)				
	Iterations-verfahren	Stufenleiter-verfahren		Anbau-verfahren	Simultanes Gleichungs-verfahren
MGK	5,0	5,0	(5,0)	5,0	5,0
FGK A	57,5	57,9	(55,3)	55,7	57,5
FGK B	48,1	47,8	(49,3)	49,0	48,1
FGK C	42,0	41,9	(42,7)	42,5	42,0
VwVtGK	3,6	3,6	(3,6)	3,6	3,6

Die nicht-exakten Verfahren führen zu teilweise erheblichen Abweichungen in den Zuschlagssätzen. Dieser Effekt würde sich bei einer Zunahme der Anzahl der allgemeinen Kostenstellen verstärken.

5.26

a) Einzelschrittverfahren

Die primären Gemeinkosten in Höhe von 4.000 € für die Stromstelle sind Grundlage für den ersten Iterationsschritt.

1. Iteration	Strom	$K_1^1 = 4.000 + 0{,}2 \cdot 4.000 + 0{,}05 \cdot 19.500$	= 5.775
	Reparatur	$K_2^1 = 19.500 + 0{,}1 \cdot 5.775 + 0{,}15 \cdot 19.500$	= 23.002,5
2. Iteration	Strom	$K_1^2 = 4.000 + 0{,}2 \cdot 5.775 + 0{,}05 \cdot 23.002{,}5$	= 6.305,125
	Reparatur	$K_2^2 = 19.500 + 0{,}1 \cdot 6.305{,}125 + 0{,}15 \cdot 23.002{,}5$	= 23.580,89
3. Iteration	Strom	$K_1^3 = 4.000 + 0{,}2 \cdot 6.305{,}125 + 0{,}05 \cdot 23.580{,}89$	= 6.440,07
	Reparatur	$K_2^3 = 19.500 + 0{,}1 \cdot 6.440{,}07 + 0{,}15 \cdot 23.580{,}89$	= 23.681,14
4. Iteration	Strom	$K_1^4 = 4.000 + 0{,}2 \cdot 6.440{,}07 + 0{,}05 \cdot 23.681{,}14$	= 6.472,07
	Reparatur	$K_2^4 = 19.500 + 0{,}1 \cdot 6.472{,}07 + 0{,}15 \cdot 23.681{,}14$	= 23.699,38
5. Iteration	Strom	$K_1^5 = 4.000 + 0{,}2 \cdot 6.472{,}07 + 0{,}05 \cdot 23.699{,}38$	= 6.479,38
	Reparatur	$K_2^5 = 19.500 + 0{,}1 \cdot 6.479{,}38 + 0{,}15 \cdot 23.699{,}38$	= 23.702,84

$K_1 \approx 6.480$ € $\quad q_1 = \frac{6.480}{50.000} = 0{,}1296$ €/kWh

$K_2 \approx 23.710$ € $\quad q_2 = \frac{23.710}{2.000} = 11{,}85$ €/h

Mit Hilfe dieser Verrechnungspreise lässt sich die innerbetriebliche Leistungsverrechnung durchführen, indem die an die Hauptkostenstellen gelieferten Leistungen mit den Verrechnungspreisen bewertet werden. Dabei werden die gesamten Gemeinkosten der allgemeinen Kostenstellen unter Berücksichtigung der gegenseitigen Belieferung vollständig auf die Hauptkostenstellen verrechnet.

		Strom-stelle	Reparatur-stelle	Summe
	primäre Gemeinkosten	4.000	19.500	23.500
+	sekundäre Gemeinkosten anderer allg. Kostenstellen	+ 1.185	+ 648	+ 1.833
=	gesamte Gemeinkosten	5.185	20.148	25.333
-	bewertete Leistungsabgaben an andere allgemeine Kostenstellen	- 648	- 1.185	- 1.833
=	gesamte Gemeinkosten nach innerbetrieblicher Leistungsverrechnung, die auf die Hauptkostenstellen verteilt werden	4.537	18.963	23.500

Kostenstellen ⇒		Allgemeine Kostenstellen		Hauptkostenstellen			
Kostenarten ⇓ (€/Per)	Summe	Strom	Reparatur	Material	Fertigung	Verwalt.	Vertrieb
Primäre Gemeinkosten	160.000	4.000	19.500	26.500	80.000	10.000	20.000
Umlage Strom				1.296	2.592	260	389
Umlage Repar.				3.555	14.223	237	948
Gemeinkosten	160.000	0	0	31.351	96.815	10.497	21.337

Es zeigt sich, dass die primären Gemeinkosten der allgemeinen Kostenstellen unter Berücksichtigung der gegenseitigen Belieferung vollständig auf die Hauptkostenstellen verrechnet wurden.

Die Zuschlagssätze errechnen sich wie folgt:

	(€/Per)	Zuschläge in %
Materialeinzelkosten	100.000	
Materialgemeinkosten	31.351	31,35
Fertigungseinzelkosten	50.000	
Fertigungsgemeinkosten	96.815	193,63
Herstellkosten	278.166	
Verwaltungsgemeinkosten	10.497	3,77
Vertriebsgemeinkosten	21.337	7,67
Selbstkosten	310.000	

b) Simultanes Gleichungsverfahren

	Input in €	=	Output in €
I Stromstelle	$4.000\ € + 10.000\ q_1 + 100\ q_2$	=	$50.000\ q_1$
II Reparaturstelle	$19.500\ € + 5.000\ q_1 + 300\ q_2$	=	$2.000\ q_2$

Die beiden Gleichungen lassen sich mit der Additionsmethode lösen. Die Gleichung I wird mit 17 multipliziert und die Gleichung II umgestellt:

$$\text{I} \quad 68.000 + 1.700\ q_2 = 680.000\ q_1$$

$$+\text{II} \quad 19.500 - 1.700\ q_2 = -\ 5.000\ q_1$$

$$87.500 = 675.000\ q_1$$

$$q_1 = \frac{87.500}{675.000} = 0{,}1296$$

$q_1 \approx 0{,}13$ €/kWh (Stromstundenverrechnungspreis)

q_2 ergibt sich durch Einsetzen der gefundenen Lösung in eine der beiden Gleichungen:

$$4.000 + 100\ q_2 = 50.000 \cdot 0{,}1296$$

$$q_2 = \frac{1185{,}184}{100} = 11{,}85184$$

$q_2 \approx 11{,}85$ €/h (Reparaturstundenverrechnungspreis)

Die Verrechnungspreise entsprechen denen des iterativen Verfahrens, damit ergeben sich der gleiche BAB und die gleichen Zuschlagssätze.

5.27

a) (1) Anbauverfahren

Kostenstellen ⇒		Allgemeine Kostenstellen			Hauptkostenstellen		
Kostenarten ⇓ (€/Per)	Summe	1	2	3	Material	Fertig.	Vw+Vt
Σ Primäre Gemeinkosten	30.600,00	600,00	2.500,00	1.500,00	5.000,00	12.000,00	9.000,00
Umlage 1 (600 : 900 = 0,67)		⇓⇒			133,33	333,34	133,33
Umlage 2 (2.500 : 800 = 3,125)			⇓⇒		625,00	1.875,00	
Umlage 3 (1.500 : 1.400 = 1,07)				⇓⇒	321,43	1.071,43	107,14
Σ Gemeinkosten	30.600,00	0	0	0	6.079,76	15.279,77	9.240,47

	Istkosten (€/Per)	Zuschläge (%)
MEK	55.000,00	
MGK	6.079,76	11,1
FEK	25.000,00	
FGK	15.279,77	61,1
SEF	4.150,00	
HK	105.509,53	
VwVtGK	9.240,47	8,8
SEVt	8.000,00	
Selbstkosten	122.750,00	

(2) Stufenleiterverfahren

Bei dem gleichmäßigen Leistungsaustausch der allgemeinen Kostenstellen ist eine zwingende Reihenfolge der Kostenstellen für das Stufenleiterverfahren nicht erkennbar. Daher ist die Anordnung der Kostenstellen beliebig.

Kostenstellen ⇒		Allgemeine Kostenstellen			Hauptkostenstellen		
Kostenarten ⇓ (€/Per)	Summe	1	2	3	Material	Fertig.	Vw+Vt
Σ Primäre Gemeink.	30.600	600	2.500	1.500,00	5.000,00	12.000,00	9.000,00
Umlage 1 (600 : 2000 = 0,30)		⇓⇒	240 2.740	90,00	60,00	150,00	60,00
Umlage 2 (2.740 : 1.400 = 1,96)			⇓⇒	1.174,29 2.764,29	391,42	1.174,29	-
Umlage 3 (2.764,29 : 1.400 = 1,97)				⇓⇒	592,35	1.974,49	197,45
Σ Gemeinkosten	30.600	0	0	0	6.043,77	15.298,78	9.257,45

	Istkosten (€/Per)	Zuschläge (%)
MEK	55.000,00	
MGK	6.043,77	11,0
FEK	25.000,00	
FGK	15,298,78	61,2
SEF	4.150,00	
HK	105.492,55	
VwVtGK	9.257,45	8,8
SEVt	8.000,00	
Selbstkosten	122.750,00	

(3) Simultanes Gleichungsverfahren

Die Gleichungen für die allgemeinen Kostenstellen lauten:

Allgemeine Kostenstelle 1: $600 + 400\,q_2 + 400\,q_3 = 2.000\,q_1$

Allgemeine Kostenstelle 2: $2.500 + 800\,q_1 + 200\,q_3 = 1.800\,q_2$

Allgemeine Kostenstelle 3: $1.500 + 300\,q_1 + 600\,q_2 = 2.000\,q_3$

Die Lösung des Gleichungssystems ergibt:

$q_1 = 1{,}00$ €/Minute

$q_2 = 2{,}00$ €/kg

$q_3 = 1{,}50$ €/m

		1	2	3	Summe
	primäre Gemeinkosten	600	2.500	1.500	4.600
+	sekundäre Gemeinkosten anderer allg. Kostenstellen	+ 1.400	+ 1.100	+ 1.500	+ 4.000
=	gesamte Gemeinkosten	2.000	3.600	3.000	8.600
-	bewertete Leistungsabgaben an andere allgemeine Kostenstellen	- 1.100	- 2.000	- 900	- 4.000
=	gesamte Gemeinkosten nach innerbetrieblicher Leistungsverrechnung, die auf die Hauptkostenstellen verteilt werden	900	1.600	2.100	4.600

Kostenstellen ⇒		Allgemeine Kostenstellen			Hauptkostenstellen		
Kostenarten ⇓ (€/Per)	Summe	1	2	3	Material	Fertig.	Vw+Vt
Σ Primäre Gemeink.	30.600	600	2.500	1.500	5.000	12.000	9.000
Umlage 1					200	500	200
Umlage 2					400	1.200	-
Umlage 3					450	1.500	150
Σ Gemeinkosten	30.600	0	0	0	6.050	15.200	9.350

	Istkosten (€/Per)	Zuschläge (%)
MEK	55.000	
MGK	6.050	11,0
FEK	25.000	
FGK	15.200	60,8
SEF	4.150	
HK	105.400	
VwVtGK	9.350	8,9
SEVt	8.000	
Selbstkosten	122.750	

b) (1) Methode des unbeirrten Darauflosrechnens

Ermittlung der Verrechnungspreise

Kostenstellen ⇒	Allgemeine Kostenstellen			Hauptkosten-stellen	Bemerkungen
Kostenarten (€/Per) ⇓	Stelle 1	Stelle 2	Stelle 3		
Primäre Gemeinkosten	600	2.500	1.500		40 % an 2
1. Umlage Stelle 1	→→	240	90	270	15 % an 3
Σ		2.740			22,2 % an 1
1. Umlage Stelle 2	609	↔	913	1.218	33,3 % an 3
Σ			2.503		20 % an 1
1. Umlage Stelle 3	501	250	↔	1.752	10 % an 2
Σ	1.110				
2. Umlage Stelle 1	→	444	167	499	
Σ		694			
2. Umlage Stelle 2	154	↔	231	309	
Σ			398		
2. Umlage Stelle 3	80	40	↔	278	
Σ	234				
3. Umlage Stelle 1	→	94	35	105	
Σ		134			
3. Umlage Stelle 2	30	↔	45	59	
Σ			80		
3. Umlage Stelle 3	16	8	↔	56	
Σ	46				
4. Umlage Stelle 1	→	18	7	21	
Σ		26			
4. Umlage Stelle 2	6	↔	9	11	
Σ			16		
4. Umlage Stelle 3	3	2	↔	11	
Σ	9	2	0	Abbruch!	
Verrechnete primäre und sekundäre Gemeinkosten (€)	1.999 ≈ 2.000	3.596 ≈ 3.600	2.997 ≈ 3.000	Runden!	
Leistung der allgemeinen Kostenstellen (ME)	2.000 Minuten	1.800 kg	2.000 Meter		
Verrechnungspreis (€/ME)	q_1 = 1 €/Min	q_2 = 2 €/kg	q_3 = 1,50 €/m		

Nach der 3. Iteration wird deutlich, dass sich die Verrechnungssätze dem Ergebnis des simultanen Gleichungsverfahrens nähern:

$$q_1 = 1{,}00 \text{ €/Minute}$$

$$q_2 = 2{,}00 \text{ €/kg}$$

$$q_3 = 1{,}50 \text{ €/m}$$

(2) Gesamtschrittverfahren

Die primären Gemeinkosten sind Grundlage für den ersten Iterationsschritt.

1. Iteration	Stelle 1	$K_1^1 = 600 + 0{,}22 \cdot 2.500 + 0{,}2 \cdot 1.500$	= 1.455,55
	Stelle 2	$K_2^1 = 2.500 + 0{,}4 \cdot 600 + 0{,}1 \cdot 1.500$	= 2.890
	Stelle 3	$K_3^1 = 1.500 + 0{,}15 \cdot 600 + 0{,}33 \cdot 2.500$	= 2.423,33
2. Iteration	Stelle 1	$K_1^2 = 600 + 0{,}22 \cdot 2.890 + 0{,}2 \cdot 2.423{,}33$	= 1.726,89
	Stelle 2	$K_2^2 = 2.500 + 0{,}4 \cdot 1.455{,}55 + 0{,}1 \cdot 2.423{,}33$	= 3.324,55
	Stelle 3	$K_3^2 = 1.500 + 0{,}15 \cdot 1.455{,}55 + 0{,}33 \cdot 2.890$	= 2.681,65
3. Iteration	Stelle 1	$K_1^3 = 600 + 0{,}22 \cdot 3.324{,}55 + 0{,}2 \cdot 2.681{,}65$	= 1.875,11
	Stelle 2	$K_2^3 = 2.500 + 0{,}4 \cdot 1.726{,}89 + 0{,}1 \cdot 2.681{,}65$	= 3.458,93
	Stelle 3	$K_3^3 = 1.500 + 0{,}15 \cdot 1.726{,}89 + 0{,}33 \cdot 3.324{,}55$	= 2.867,20
4. Iteration	Stelle 1	$K_1^4 = 600 + 0{,}22 \cdot 3.458{,}93 + 0{,}2 \cdot 2.867{,}20$	= 1.942,08
	Stelle 2	$K_2^4 = 2.500 + 0{,}4 \cdot 1.875{,}11 + 0{,}1 \cdot 2.867{,}20$	= 3.536,76
	Stelle 3	$K_3^4 = 1.500 + 0{,}15 \cdot 1.875{,}11 + 0{,}33 \cdot 3.458{,}93$	= 2.934,24
5. Iteration	Stelle 1	$K_1^5 = 600 + 0{,}22 \cdot 3.536{,}76 + 0{,}2 \cdot 2.934{,}24$	= 1.972,79
	Stelle 2	$K_2^5 = 2.500 + 0{,}4 \cdot 1.942{,}08 + 0{,}1 \cdot 2.934{,}24$	= 3.570,25
	Stelle 3	$K_3^5 = 1.500 + 0{,}15 \cdot 1.942{,}08 + 0{,}33 \cdot 3.536{,}76$	= 2.970,11
6. Iteration	Stelle 1	$K_1^6 = 600 + 0{,}22 \cdot 3.570{,}25 + 0{,}2 \cdot 2.970{,}11$	= 1.987,33
	Stelle 2	$K_2^6 = 2.500 + 0{,}4 \cdot 1.972{,}79 + 0{,}1 \cdot 2.970{,}11$	= 3.586,13
	Stelle 3	$K_3^6 = 1.500 + 0{,}15 \cdot 1.972{,}79 + 0{,}33 \cdot 3.570{,}25$	= 2.985,88

Abbruch der Iteration und Aufrundung:

$K_1 \approx 2.000$ € $\qquad q_1 = \frac{2.000}{2.000} = 1$ €/Minute

$K_2 \approx 3.600$ € $\qquad q_2 = \frac{3.600}{1.800} = 2$ €/kg

$K_3 \approx 3.000$ € $\qquad q_3 = \frac{3.000}{2.000} = 1{,}50$ €/Meter

(3) Einzelschrittverfahren

Die primären Gemeinkosten in Höhe von 600 € für die 1. Stelle sind Grundlage für den ersten Iterationsschritt.

1. Iteration	Stelle 1	$K_1^1 = 600 + 0{,}22 \cdot 2.500 + 0{,}2 \cdot 1.500$	= 1.455,55
	Stelle 2	$K_2^1 = 2.500 + 0{,}4 \cdot 1.455{,}55 + 0{,}1 \cdot 1.500$	= 3.232,22
	Stelle 3	$K_3^1 = 1.500 + 0{,}15 \cdot 1.455{,}55 + 0{,}33 \cdot 3.232{,}22$	= 2.795,73
2. Iteration	Stelle 1	$K_1^2 = 600 + 0{,}22 \cdot 3.232{,}22 + 0{,}2 \cdot 2.795{,}73$	= 1.877,41
	Stelle 2	$K_2^2 = 2.500 + 0{,}4 \cdot 1.877{,}41 + 0{,}1 \cdot 2.795{,}73$	= 3.530,54
	Stelle 3	$K_3^2 = 1.500 + 0{,}15 \cdot 1.877{,}41 + 0{,}33 \cdot 3.530{,}54$	= 2.958,44
3. Iteration	Stelle 1	$K_1^3 = 600 + 0{,}22 \cdot 3.530{,}54 + 0{,}2 \cdot 2.958{,}44$	= 1.976,25
	Stelle 2	$K_2^3 = 2.500 + 0{,}4 \cdot 1.976{,}25 + 0{,}1 \cdot 2.958{,}44$	= 3.586,34
	Stelle 3	$K_3^3 = 1.500 + 0{,}15 \cdot 1.976{,}25 + 0{,}33 \cdot 3.586{,}34$	= 2.991,87
4. Iteration	Stelle 1	$K_1^4 = 600 + 0{,}22 \cdot 3.586{,}34 + 0{,}2 \cdot 2.991{,}87$	= 1.995,33
	Stelle 2	$K_2^4 = 2.500 + 0{,}4 \cdot 1.995{,}33 + 0{,}1 \cdot 2.991{,}87$	= 3.597,32
	Stelle 3	$K_3^4 = 1.500 + 0{,}15 \cdot 1.995{,}33 + 0{,}33 \cdot 3.597{,}32$	= 2.998,39

Abbruch der Iteration und Aufrundung:

$K_1 \approx 2.000$ € $\qquad q_1 = \frac{2.000}{2.000} = 1$ €/Minute

$K_2 \approx 3.600$ € $\qquad q_2 = \frac{3.600}{1.800} = 2$ €/kg

$K_3 \approx 3.000$ € $\qquad q_3 = \frac{3.000}{2.000} = 1{,}50$ €/Meter

5.28

a) In die innerbetriebliche Leistungsverrechnung werden nur die variablen Kosten einbezogen.

Bei der Anwendung des simultanen Gleichungsverfahrens ergeben sich folgende Gleichungen:

Allgemeine Kostenstelle 1: $15.000 + 600\ q_2 = 60.000\ q_1$

Allgemeine Kostenstelle 2: $33.250 + 5.000\ q_1 = 3.500\ q_2$

Die Lösung des Gleichungssystems ergibt:

$q_1 = 0{,}35$ €/cbm

$q_2 = 10{,}00$ €/h

Damit lässt sich die Verteilung der variablen Gemeinkosten vornehmen:

	Stelle 1	Stelle 2	Summe
primäre var. Gemeinkosten + sekundäre var. Gemeinkosten anderer allg. Kostenstellen	15.000 + 6.000	33.250 + 1.750	48.250 + 7.750
= gesamte var. Gemeinkosten - bewertete Leistungsabgaben an andere allgemeine Kostenstellen	21.000 - 1.750	35.000 - 6.000	56.000 - 7.750
= gesamte var. Gemeinkosten nach innerbetrieblicher Leistungsverrechnung, die auf die Hauptkostenstellen verteilt werden	19.250	29.000	48.250

Kostenstellen ⇒ Kostenarten ⇓ (€/Per)	Summe	Allgemeine Kostenstelle 1	Allgemeine Kostenstelle 2	Materialstelle	Fertigung	Verwaltung und Vertrieb
Primäre var. Gemeink.	203.250	15.000	33.250	25.000	120.000	10.000
Umlage 1				3.500	14.000	1.750
Umlage 2				8.000	20.000	1.000
Σ variable Gemeink.	203.250	0	0	36.500	154.000	12.750

b)

	Istkosten (€/Per)	Zuschläge (%)
MEK	300.000	
Variable MGK	36.500	12,17
FEK	200.000	
Variable FGK	154.000	77,00
SEF	40.000	
Variable HK	730.500	
Variable VwVtGK	12.750	1,75
SEVt	5.000	
Variable Gesamtkosten	748.250	
Fixkosten	215.000	28,73
Selbstkosten	963.250	

c) Bei der Anwendung des Stufenleiterverfahrens würde entweder die Leistung der allgemeinen Kostenstelle 1 an 2 oder die der Kostenstelle 2 an 1 unberücksichtigt bleiben müssen, so dass die variablen Kosten nicht verursachungsgerecht verteilt werden können.

5.29

a) Nur die variablen Gemeinkosten der allgemeinen Kostenstellen werden in der innerbetrieblichen Leistungsverrechnung weiterverrechnet. Daher ergibt sich für das simultane Gleichungsverfahren folgender Gleichungsansatz:

$$\text{I} \quad 8.860\ € + 400\ q_2 = 80.000\ q_1$$

$$\text{II} \quad 2.000\ € + 4.000\ q_1 = 7.000\ q_2$$

Die Lösung der beiden Gleichungen ergibt:

$$q_1 = 0{,}1125\ €/\text{cbm}$$

$$q_2 = 0{,}35\ €/\text{h}$$

		Stelle I	Stelle II	Summe
	primäre variable Gemeinkosten	8.860	2.000	10.860
+	sekundäre var. Gemeinkosten anderer allg. Kostenstellen	+ 140	+ 450	+ 590
=	gesamte variable Gemeinkosten	9.000	2.450	11.450
-	bewertete Leistungsabgaben an andere allgemeine Kostenstellen zu variablen Gemeinkosten	- 450	- 140	- 590
=	gesamte variable Gemeinkosten nach innerbetrieblicher Leistungsverrechnung, die auf die Hauptkostenstellen verteilt werden	8.550	2.310	10.860

Damit lässt sich der BAB abschließen:

Kostenstellen ⇒	1 Allgemeine Kostenstelle I		2 Allgemeine Kostenstelle II		3 Material		4 Fertigung I		5 Fertigung II		6 Verwaltung		7 Vertrieb	
Kostenarten (€/Per) ⇓	fix	var	fix	var	fix	var	fix	var	fix	var	fix	var	fix	var
Primäre Kosten	6.000	8.860	4.000	2.000	12.000	2.090	20.000	11.250	50.000	31.700	18.000	2.357,50	10.000	4.342,50
Umlage 1		⇒				900		4.050		2.250		337,50		1.012,50
Umlage 2				⇔		210		700		1.050		105,00		245,00
Σ Gemeink.	6.000	0	4.000	0	12.000	3.200	20.000	16.000	50.000	35.000	18.000	2.800,00	10.000	5.600,00

b)

	€/Per	Zuschlag in %
MEK	80.000	
MGK (variabel)	3.200	4,00
FEK I	40.000	
FGK I (variabel)	16.000	40,00
FEK II	100.000	
FGK II (variabel)	35.000	35,00
SEF	10.000	
HK (variabel)	284.200	
VwGK (variabel)	2.800	0,99
VtGK (variabel)	5.600	1,97
SEVt	11.600	
Variable Kosten	304.200	
Fixkosten	120.000	
Selbstkosten	424.200	

5.30

a. Ermittlung der Verrechnungssätze:

I	$8.800 +$	$400\, q_2$	$=$	$50.000\, q_1$	
II	$59.000 +$	$5.000\, q_1$	$=$	$20.000\, q_2$	$\cdot 10$
	$8.800 +$	$400\, q_2$	$=$	$50.000\, q_1$	
+	$590.000 -$	$200.000\, q_2$	$=$	$-50.000\, q_1$	
	$598.800 -$	$199.600\, q_2$	$=$	0	
		q_2	$=$	3 €/m³	
	$8.800 +$	1.200	$=$	$50.000\, q_1$	
		q_1	$=$	$0{,}2$ €/kWh	

b. Gemeinkostenzuschlagssatz in der Fertigungskostenstelle

	€
Primäre Gemeinkosten	18.000
+ Strom	2.000
+ Wasser	30.000
FGK	50.000

	€	Zuschlag
FEK	80.000	
FGK	50.000	62,5 %
FK	130.000	

Lösungen der Testklausur zu Kapitel 5

Aufgabe	a)	b)	c)	d)	e)	Punktzahl
1.	(-)	(+)	(-)	(-)		4
2.	(+)	(+)	(-)	(-)	(+)	5
3.	(+)	(+)	(-)	(+)	(+)	5
4.	(+)	(+)	(+)	(-)	(+)	5
5.	(-)	(+)	(+)	(-)	(+)	5
6.	(+)	(+)	(-)	(+)		4
7.	(+)	(-)	(-)	(+)		4
8.	(+)	(-)	(+)	(-)	(+)	5
9.	(-)	(+)	(-)	(-)	(-)	5
10.	(-)	(+)	(+)	(-)		4
11.	(+)	(+)	(-)	(-)		4
Gesamt						50

Punktvergabe

Kennzeichen richtig	= 1 Punkt,
Kennzeichen weiß nicht oder falsch	= 0 Punkte.

Beispiel

	a)	b)	c)	d)	Punktzahl
Musterlösung zu Satz 1.	(-)	(+)	(-)	(-)	4
Alternativlösung 1	( )	(+)	(-)	(-)	3
Alternativlösung 2	(+)	(+)	(-)	(-)	3
Alternativlösung 3	( )	(+)	( )	( )	1
Alternativlösung 4	(+)	(+)	(+)	(+)	1

Bewertung

Punkte	Note
bis 50 %	5
ab 51 %	4
ab 66 %	3
ab 81 %	2
ab 96 %	1

Kapitel 6

6.1 Aufgaben der Kostenträgerrechnung:

(1) Bestimmung der kurz- und langfristigen Preisuntergrenze,

(2) Datenlieferung für kurzfristige Entscheidungen,

(3) Datenlieferung für die Bewertung der Bestände an Halb- und Fertigerzeugnissen und der selbsterstellten Anlagen.

6.2 In der Finanzbuchhaltung müssen am Jahresende die Bestände an Halb- und Fertigfabrikaten bewertet werden; Grundlage der Bewertung ist die Kostenträgerrechnung.

6.3 Eine genaue Vorkalkulation ist häufig bei Spezialaufträgen nicht möglich, wenn z. B. Teile des Auftrages noch entwickelt werden müssen (Bundeswehraufträge).

Eine laufende Nachkalkulation ist nicht unbedingt erforderlich bei standardisierter Massenproduktion.

6.4 Fixkosten lassen sich nur in Ausnahmefällen einem Produkt verursachungsgerecht zurechnen. In der Vollkostenrechnung müssen sie daher willkürlich auf die Produkte verteilt werden. In der Teilkostenrechnung verzichtet man auf die Verteilung des Fixkostenblocks.

6.5

Unterscheidungskriterium	Kalkulationsform
Zeitpunkt der Kalkulation	Vor-, Zwischen- und Nachkalkulation
Zweck der Kalkulation	Selbstkosten- und Absatzkalkulation
Marktsituation	Vorwärts-, Differenz- und Rückwärtskalkulation
Kalkulationsverfahren	Divisions- und Zuschlagskalkulation

6.6 Nur die einstufige Divisions-, Äquivalenzziffern- und Zuschlagskalkulationen erfordern keine Kostenstellenrechnung. Sie sind daher in Betrieben, in denen Bestandsänderungen bei Halb- und Fertigfabrikaten vorkommen, nicht zu verwenden.

6.7 Bei der einstufigen Divisionskalkulation werden die gesamten Kosten der Periode durch die gesamte während dieser Periode produzierten Menge divi-

diert. Ihre Anwendung ist nur möglich, wenn keine Bestände an Halb- und Fertigfabrikaten aufgebaut werden.
Beispiele:
(1) Elektrizitätswerk,
(2) Dienstleistungsunternehmen mit nur einer Dienstleistung.

6.8 Bei der zweistufigen Divisionskalkulation werden die Gesamtkosten des Betriebes in Herstellkosten und Verwaltungs- und Vertriebskosten unterteilt.
Bei der mehrstufigen Divisionskalkulation werden die Herstellkosten nach Produktionsstufen unterteilt.

6.9 Die Äquivalenzziffernkalkulation ist eine Sonderform der Divisionskalkulation. Sie wird angewendet in Unternehmen, die artähnliche Produkte herstellen (Brauerei, Walzstahlwerk). Die Gesamtkosten des Betriebes werden nach Verhältniszahlen (Äquivalenzziffern) auf die produzierten Sorten verteilt.

6.10 Die Divisionskalkulation lässt sich nur im Einproduktunternehmen anwenden. Die Zuschlagskalkulation eignet sich dagegen für Mehrproduktunternehmen.

6.11 Bei der einstufigen Zuschlagskalkulation werden die gesamten Gemeinkosten durch einen Gemeinkostenzuschlag verrechnet. In der mehrstufigen Zuschlagskalkulation werden für jede Kostenstelle eigene Gemeinkostenzuschlagssätze gebildet.

6.12 Das kostenrechnerische Problem der Kuppelproduktion liegt in der Ermittlung der Herstellkosten der einzelnen Kuppelprodukte. Eine Aufteilung der Herstellkosten des gesamten Kuppelproduktionsprozesses auf die einzelnen Produkte ist nach dem Verursachungsprinzip nicht möglich.

6.13 Bei der Restwertmethode werden von den Gesamtkosten des Kuppelproduktionsprozesses die Erlöse der Nebenprodukte abgezogen. Der Rest der Herstellkosten wird dem Hauptprodukt zugerechnet.

Bei der Verteilungsmethode werden die gesamten Herstellkosten mit Hilfe von Äquivalenzziffern auf die Kuppelprodukte verteilt.

6.14 In der Vollkostenkalkulation werden sämtliche Kosten (fixe und variable Kosten) in die Kalkulation einbezogen. In der Teilkostenkalkulation werden nur die durch den Kostenträger verursachten Kosten (variable Kosten) dem Kostenträger angelastet.

6.15 Die Einzellohnkosten sind als Bezugsgröße für die Gemeinkosten ungeeignet, weil sie durch exogene Einflüsse (Tarifverträge) verändert werden, ohne dass sich die Gemeinkosten in gleicher Weise ändern müssen. Außerdem verschiebt sich durch die zunehmende Mechanisierung die Relation zwischen Einzellohnkosten und Fertigungsgemeinkosten immer mehr zugunsten der Gemeinkosten. Dadurch müssen die Gemeinkostenzuschläge extrem hoch angesetzt werden. Fehlschätzungen bei den Einzellohnkosten führen dann zu großen Folgewirkungen beim Ansatz der Gemeinkosten.

6.16 Bezugsgrößen sind Maßgrößen der Kostenverursachung, mit deren Hilfe die Gemeinkosten auf die Kostenträger verteilt werden. Die Bezugsgröße ist optimal gewählt, wenn sie sich proportional zu den Gemeinkosten verhält, d. h. bei einer Änderung der Bezugsgröße (Fertigungsstunden, Maschinenstunden, qm bearbeitete Fläche usw.) um z. B. 10 %, müssen sich auch die Gemeinkosten um 10 % verändern.

6.17 Grundsätzlich sind in jeder Branche alle drei Kalkulationsverfahren anwendbar. Da es in allen Branchen kaum Einproduktunternehmen oder Anbieter von Sorten gibt, dominiert die Zuschlagskalkulation.

6.18

a)

Position	Gesamtkosten (€/Per)	Menge (Stück)	Kosten/Mengeneinheit (€/Stück)
HK	651.000	: 42.000	= 15,50
VwGK	67.200		
VtGK	25.200		
SK	743.400	: 42.000	= 17,70

b) (1) $$k = \frac{651.000}{42.000} + \frac{67.200 + 25.200}{40.000} = 15{,}50 + 2{,}31 = 17{,}81 \text{ €/Stück}$$

Wert des Bestandes: 2.000 Stück · 15,50 €/Stück = 31.000 €

(2) $$k = \frac{651.000 + 50.400}{42.000} + \frac{25.200 + 16.800}{40.000} = 16{,}70 + 1{,}05 = 17{,}75 \text{ €/Stück}$$

Wert des Bestandes: 2.000 Stück · 16,70 €/Stück = 33.400 €

(3) $$k = \frac{651.000 + 67.200}{42.000} + \frac{25.200}{40.000} = 17{,}10 + 0{,}63 = 17{,}73 \text{ €/Stück}$$

Wert des Bestandes: 2.000 Stück · 17,10 €/Stück = 34.200 €

6.19

a/b)

Position	Gesamtkosten (€/Per)	Menge (100 Liter)	Kosten/Mengeneinheit (€/100 Liter)
MEK	36.000		
MGK	1.800		
FEK	14.000		
FGK	12.600		
SEF	3.600		
HK	68.000	: 1.000	= 68,00
VwVtGK	6.400		
SEVt	1.600		
SK	76.000	: 1.000	= 76,00
U	82.000		
Gew	6.000	: 1.000	= 6,00

c)

Position	Kosten/Mengeneinheit (€/100 Liter)
HK	68,00
VwVtGK	8,00
SEVt	1,60
SK	77,60

6.20

a) Materialkosten

Sorte	x	ÄZ · x	Materialkosten pro Stück (€/Stück)	Materialkosten gesamt (€)
A	1.000	600	2,40	2.400
B	4.000	4.000	4,00	16.000
C	2.000	2.800	5,60	11.200
		7.400		29.600

Fertigungskosten

Sorte	x	ÄZ · x	Fertigungskosten pro Stück (€/Stück)	Fertigungskosten gesamt (€)
A	1.000	800	6,40	6.400
B	4.000	4.000	8,00	32.000
C	2.000	2.800	11,20	22.400
		7.600		60.800

Verwaltungs- und Vertriebskosten

Sorte	x	ÄZ · x	VwVtGK pro Stück (€/Stück)	VwVtGK gesamt (€)
A	1.000	1.000	3,00	3.000
B	4.000	4.000	3,00	12.000
C	2.000	2.000	3,00	6.000
		7.000		21.000

b) Gesamtkosten

Sorte	k (€/Stück)	K (€/Per)
A	11,80	11.800
B	15,00	60.000
C	19,80	39.600
		111.400

6.21

a)

Kosten (€/Stück)	Sorte 40 W	 60 W	 100 W
MEK	0,18	0,20	0,22
MGK	0,08	0,10	0,13
FEK	0,15	0,17	0,19
FGK	0,10	0,11	0,13
HK	0,51	0,58	0,67
VwGK	0,06	0,06	0,06
VtGK	0,09	0,09	0,09
SK	0,66	0,73	0,82

b/c) (1) Bestandsbewertung zu Herstellkosten:

Kosten (€/Stück)	Sorte 40 W	 60 W	 100 W
HK	0,510	0,580	0,670
VwGK	0,080	0,080	0,080
VtGK	0,115	0,115	0,115
SK	0,705	0,775	0,865
Wert des Bestandes	0,51 · 125.000 = 63.750 €	0,58 · 100.000 = 58.000 €	0,67 · 100.000 = 67.000 €

(2) Bestandsbewertung zu Herstellungskosten:

Kosten (€/Stück)	Sorte 40 W	 60 W	 100 W
HK	0,510	0,580	0,670
VwGK	0,060	0,060	0,060
VtGK	0,115	0,115	0,115
SK	0,685	0,755	0,845
Wert des Bestandes	0,57 · 125.000 = 71.250 €	0,64 · 100.000 = 64.000 €	0,73 · 100.000 = 73.000 €

6.22

Sorte	Materialkosten	Einheitsmengen		Fertigungskosten		Herstellkosten	Selbstkosten
		Kostenstelle 1	Kostenstelle 2	Kostenstelle 1	Kostenstelle 2		
1	5,25	7.000	6.000	1,75	1,80	8,80	9,68
2	6,83	8.000	6.400	2,50	2,40	11,73	12,90
3	7,35	14.400	12.000	3,00	3,00	13.35	14,69
4	8,93	5.200	5.600	3,25	4,20	16,38	18,02
5	10,50	4.200	3.900	3,50	3,90	17,90	19,69
		38.800	33.900				

Die Fertigungskosten für die Einheitssorten errechnen sich wie folgt:

	Kostenstelle 1	Kostenstelle 2
Kosten je Rechnungseinheit	$=\frac{97.000}{38.800}=2{,}50$ €	$=\frac{101.700}{33.900}=3{,}00$ €

6.23

a)

Position	Gesamtkosten (€/Per)	Menge (dz)	Kosten/Mengeneinheit (€/dz)
MEK	350.000		
MGK	21.000		
FEK	55.000		
FGK	66.000		
HK	492.000		
- Erlöse für Kleie	12.000		
HK des Hauptproduktes	480.000	: 6.000	= 80,00
VwGK	24.500		
VtGK	34.300		
SK	538.800	: 6.000	= 89,80

b) $k = 80 + \frac{58.800}{5.200} = 80 + 11{,}31 = 91{,}31$ €/dz

c) Wert des Mehrbestandes = 800 dz · 80,00 €/dz = 64.000 €

d) Wenn alles verkauft wird:

G = (98,50 - 89,80) €/dz · 6.000 dz = 52.200 €/dz

Bei Bestandsaufbau:

G = (98,50 - 91,31) €/dz · 5.200 dz = 37.388 €/dz

6.24

a/b)

	Normal-kosten (€/Per)	Normal-zuschlag (%)	Istkosten (€/Per)	Istzuschlag (%)	Über-/ Unter-deckung (€/Per)
1 MEK	25.000,00		26.500,00	⇓	- 1.500,00
2 MGK	3.000,00	12,0	3.047,50	11,5	- 47,50
3 FEK	35.000,00		34.500,00		+ 500,00
4 FGK	42.000,00	120,0	41.745,00	121,0	+ 255,00
5 HK	105.000,00		105.792,50		- 792,50
6 VwGK	8.400,00	8,0	7.934,44	7,5	+ 465,56
7 VtGK	6.300,00	6,0	6.664,93	6,3	- 364,93
8 SK	119.700,00		120.391,87	⇓	- 691,87
9 Gew	11.970,00	10,0	11.278,13	⇐ 9,4 ⇑	+ 691,87
10 BVP	131.670,00		131.670,00		
11 Ksk	2.687,14	2,0	2.687,14	2,0	
12 LVP	134.357,14		134.357,14	⇑	

c)

LVP	134.357,14	⇓
- Krab	6.717,86	
ZVP	127.639,28	
- Ksk	2.552,79	
BVP	125.086,49	
Gew	4.694,62	3,9 %
SK	120.391,87	⇑

6.25 Zunächst sind die Nettoerlöse der Nebenprodukte zu bestimmen:

Nebenprodukt	Marktpreis - Aufarbeitungskosten (€/kg)	Nettoerlös (€)
1	4,70	1.410
2	5,80	870
3	- 0,60	- 60
		2.220

Die Kalkulation des Hauptproduktes ergibt:

		GE	€/kg
	Herstellkosten des Kuppelproduktionsprozesses	77.220,00	
-	Nettoerlös der Nebenprodukte	2.220,00	
	Herstellkosten des Hauptproduktes	75.000,00	
	Herstellkosten des Hauptproduktes pro kg	25,00	
	VwGK	1,50	6 %
	VtGK	1,00	4 %
	SEVt	2,50	
	SK	30,00	

6.26 Die Herstellkosten werden nach dem Marktwert der Produkte verteilt:

Produkt	kg	Äquivalenzziffer (Preis/kg)	Marktwert ÄZ · x (€)	Herstellkosten pro Einheit (€/kg)	Herstellkosten gesamt (€/Per)
1	4.000	20,00	80.000	16,00	64.000
2	3.000	15,00	45.000	12,00	36.000
3	2.500	12,00	30.000	9,60	24.000
			155.000		124.000

$$\text{Kosten je DM Marktwert} = \frac{\text{Gesamtkosten}}{\text{Gesamtmarktwert}}$$

$$= \frac{124.000}{155.000} = 0{,}80 \text{ €/Marktwerteinheit}$$

Die Gesamtherstellkosten der drei Produkte ergeben sich durch die Multiplikation der Kosten je € Marktwert mit den Preisen (Äquivalenzziffern) der Produkte.

Die Selbstkosten der drei Produkte ergeben sich dann folgendermaßen:

	Produkt 1	Produkt 2	Produkt 3
HK	16,00	12,00	9,60
VwGK	0,80	0,60	0,48
VtGK	0,48	0,36	0,29
SEVt	0,72	0,54	0,33
SK	18,00	13,50	10,70

6.27

a) Nettoerlös der Nebenprodukte

Nebenprodukt	Marktpreis - Aufarbeitungskosten (€/kg)	Nettoerlös (€)
1	3,70	3.700
2	3,00	3.600
3	- 0,50	- 450
		6.850

Die Kalkulation des Hauptproduktes ergibt:

	GE	€/kg
Herstellkosten des Kuppelproduktionsprozesses	89.350	
- Nettoerlös der Nebenprodukte	6.850	
Herstellkosten des Hauptproduktes	82.500	15,00
VwVtGK (10 %)	8.250	1,50
SEVt	12.650	2,30
Verkaufsprovision	2.750	0,50
Selbstkosten	106.150	19,30
Umsatz	137.500	25,00
Gewinn	31.350	5,70

b)

	Menge (kg)	Preis (€/Stück)	Marktwert (€)	HK_1 (€)
HP	5.500	25,00	137.500	15,25
NP 1	1.000	5,10	5.100	3,11
NP 2	1.200	3,20	3.840	1,95
NP 3	900	-	-	-
			146.440	

Herstellkosten je € Marktwert

$$= \frac{\text{Gesamtkosten}}{\text{Marktwert}} = \frac{89.350}{146.440} = 0{,}61 \text{ €/Marktwerteinheit}$$

	Hauptprodukt		Nebenprodukt 1		Nebenprodukt 2		Nebenprodukt 3	
	€/Per	€/kg	€/Per	€/kg	€/Per	€/kg	€/Per	€/kg
HK 1 Aufbereitung	83.895,28	15,25	3.111,75 900,00	3,11 0,90	2.342,96	1,95		
HK2	83.895,28	15,25	4.011,75	4,01	2.342,96	1,95		
VwVtGK SEVt Provision	7.746,35 12.650,00 2.750,00	1,41 2,30 0,50	287,32 500,00	0,29 0,50	216,33 240,00	0,18 0,20	 450,00	 0,50
SK Umsatz	107.041,63 137.500,00	19,46	4.799,07 5.100,00	4,80	2.799,29 3.840,00	2,33	450,00 -	0,50 -
Gewinn	30.458,37		300,93		1.040,71		- 450,00	

VwVtGK je € Marktwert

$$= \frac{\text{VwVtGK}}{\text{Marktwert}} = \frac{8.250}{146.440} = 0{,}0563 \text{ €/Marktwerteinheit}$$

c) Beide Methoden führen nicht zu einer verursachungsgerechten Verteilung der Kosten.

6.28

a)

Nebenprodukt	Marktpreis - Weiterverarbeitungskosten (€/ME)	Nettoerlös (Mio €)
Koks Teer Benzol	0,16 0,15 1,30	8,00 0,45 0,13
		8,58

Die Kalkulation des Hauptproduktes ergibt:

		€	€/cbm
	Herstellkosten des Kuppelproduktionsprozesses	17.220.000	
-	Nettoerlös der Nebenprodukte	8.580.000	
	Restkosten des Hauptproduktes	8.640.000	
+	Weiterverarbeitungskosten (Gas)	360.000	
	Herstellkosten des Hauptproduktes	9.000.000	0,25
	VwVtGK	1.440.000	0,04
	Selbstkosten	10.440.000	0,29
	Umsatz	11.520.000	0,32
	Gewinn	1.080.000	0,03

b)

	Herstellkosten des Kuppelproduktionsprozesses	17.220.000 €
-	Erlöse der Nebenprodukte (Teer und Benzol)	580.000 €
	Herstellkosten der Hauptprodukte	16.640.000 €

Produkt	Menge (Mio ME)	ÄZ	Verrechnungs-einheiten	HK1 (€)	Weiterver-arbeitung	HK2 (€)
Gas	36 cbm	6.500	234.000	7.488.000	360.000	7.848.000
Koks	50 kg	5.720	286.000	9.152.000	1.000.000	10.152.000
			520.000	16.640.000	1.360.000	18.000.000

$$\text{Herstellkosten pro Verrechnungseinheit} = \frac{16.640.000}{520.000} = 32 \text{ €/Einheit}$$

	Gas		Koks	
	€/Per	€/cbm	€/Per	€/cbm
HK_2	7.848.000	0,218	10.152.000	0,203
VwVtGK	627.000	0,017	812.160	0,016
SK	8.475.840	0,235	10.964.160	0,219
Umsatz	11.520.000	0,320	9.000.000	0,180
Gewinn	3.044.160		- 1.964.160	

c)

Produkt	Menge (Mio ME)	ÄZ	Verrechnungs-einheiten	HK_1 (€)	Weiterver-arbeitung	HK_2 (€)
Gas	36,0	0,32	11,52	9.339.661	360.000	9.699.661
Koks	50,0	0,18	9,00	7.296.610	1.000.000	8.296.610
Teer	3,0	0,19	0,57	462.119	120.000	582.119
Benzol	0,1	1,50	0,15	121.610	20.000	141.610
			21,24	17.220.000	1.500.000	18.720.000

$$\text{Herstellkosten/Marktwerteinheit} = \frac{17.220.000}{21,24} = 810.734,4633 \text{ €/Einheit}$$

	Gas		Koks		Teer		Benzol	
	€/Per	€/cbm	€/Per	€/kg	€/Per	€/kg	€/Per	€/kg
HK_2	9.699.661	0,269	8.296.610	0,166	582.119	0,194	141.610	1,416
VwVtGK	746.128	0,020	638.201	0,013	44.778	0,015	10.893	0,109
SK	10.445.789	0,289	8.934.811	0,179	626.897	0,209	152.503	1,525
Umsatz	11.520.000	0,320	9.000.000	0,180	570.000	0,190	150.000	1,500
Gewinn	1.074.211		65.189		- 56.897		- 2.503	

d) Bei der Anwendung der verschiedenen Verfahren wird das Hauptprodukt entweder ent- oder belastet. Eine verursachungsgerechte Zuteilung der Kuppelproduktionskosten ist nicht möglich.

6.29

a)

	Stanze I (€/Mon)	Stanze II (€/Mon)
Abschreibung	700,00	1.250,00
Zinsen	280,00	500,00
Energie	252,00	480,00
Grundgebühr	40,00	50,00
Instandhaltung	400,00	600,00
Platzkosten	600,00	750,00
Werkzeugkosten	200,00	250,00
Betriebsstoffkosten	120,00	180,00
Summe	2.592,00	4.060,00
Laufstunden	140 h	160 h
Maschinenstundensatz	18,51 €/h	25,38 €/h

b)

$$\text{FGK} - \text{Zuschlag} = \frac{\text{FGK}}{\text{FEK}} \cdot 100 = \frac{20.000}{12.500} \cdot 100 = 160\%$$

c)

Position	€/Per	Menge	Kosten/Mengeneinheit (€/Deckel)
MEK	750,00		
MGK	45,00		
FEK	600,00		
FGK	960,00		
MaKo I	555,30		
SEF	250,00		
HK	3.160,30		
VwGK	316,03		
VtGK	158,02		
SK	3.634,35	: 5.000	= 0,73

6.30

a)

Position	€	Zuschläge
MEK	8.200,00	
MGK	492,00	6 %
FEK I	5.800,00	
FGK I	2.320,00	40 %
FEK II	8.900,00	
FGK II	5.785,00	65 %
MaKo A	1.320,00	22 €/h
MaKo B	1.575,00	35 €/h
MaKo C	2.380,00	28 €/h
SEF	1.200,00	
HK	37.972,00	
VwGK	3.037,76	8 %
VtGK	2.278,32	6 %
SK	43.288,08	
Gew	4.328,81	10 %
BVP	47.616,89	
Ksk	1.024,02	2 %
Prov	2.560,05	5 %
LVP	51.200,96	

b)

LVP	51.200,96	⇒⇓
Krab	1.536,03	
ZVP	49.664,93	
Ksk	993,30	
Prov	2.483,25	
BVP	46.188,38	
Gew	2.900,30	6,7 %
SK	43.288,08	⇒⇑

6.31

a)

Position	€	Zuschläge
MEK	143.750	
MGK	11.500	8 %
FEK Stanzerei	52.000	
FGK Stanzerei	95.000	25 €/qm
FEK Formerei	138.000	
FGK Formerei	192.500	55 €/h
FEK Montage	163.000	
FGK Montage	156.800	32 €/h
Var HK	952.550	
VwVtGK	114.306	12 %
SK	1.066.856	

b/c)

Position	€	Zuschläge	€/Stück
MEK	420,00		
MGK	33,60	8 %	
FEK Stanzerei	580,00		
FGK Stanzerei	1.500,00	25 €/qm	
FEK Formerei	220,00		
FGK Formerei	330,00	55 €/h	
FEK Montage	280,00		
FGK Montage	480,00	32 €/h	
HK	3.843,60		
VwVtGK	461,23	12 %	
SK	4.304,83		
Gew	516,58	12 %	
BVP	4.821,41		
Ksk	103,69	2 %	
Prov	259,22	5 %	
ZVP	5.184,32		
Krab	216,01	4 %	
LVP	5.400,33	: 500	= 10,80

6.32

a)

	Kosten (€/Per)	Zuschläge
MEK	50.000	
Var MGK	5.000	10,00 %
FEK I	9.000	
Var FGK I	9.600	20,00 €/h
FEK II	19.000	
Var FGK II	2.400	15,00 €/h
SEF	2.000	
Var HK	97.000	
Var VwGK	970	1,00 %
Var VtGK	1.940	2,00 %
SEVt	3.000	
Var SK	102.910	

	Kosten (€/Stück)
MEK	12,00
Var MGK	1,20
FEK I	2,00
Var FGK I	4,00
FEK II	4,00
Var FGK II	1,50
SEF	0,50
Var HK	25,20
Var VwGK	0,25
Var VtGK	0,50
SEVt	0,80
Var SK	26,75

b) Kurzfristige Preisuntergrenze: 26,75 €

Bei der langfristigen Preisuntergrenze sind neben den variablen Gesamtstückkosten auch die fixen Kosten pro Stück zu berücksichtigen. Daher muss zunächst ein Fixkostensatz ermittelt werden. Bei variablen Selbstkosten von 102.910 € und Fixkosten von 38.790 € in der Periode beträgt er 37,69 %.

Position	GE	Zuschlag
Variable Selbstkosten	26,75	
Fixkosten	10,08	37,69 %
Selbstkosten = Barverkaufspreis	36,83	

Langfristig liegt die Preisuntergrenze bei einem Barverkaufspreis von 36,83 €.

c) $d = p - k_v = 35{,}00 - 26{,}75 = 8{,}25$

Der Deckungsbeitrag des Zusatzauftrages ist positiv. Der Auftrag wird daher angenommen.

d) Bei der Teilkostenrechnung bleiben die variablen Gemeinkostenzuschlagssätze unverändert.

	Teilkosten / 90 % (€/Per)	Zuschläge
MEK	45.000	
Var MGK	4.500	10,00 %
FEK I	8.100	
Var FGK I	8.640	20,00 €/h
FEK II	17.100	
Var FGK II	2.160	15,00 €/h
SEF	1.800	
Var HK	87.300	
Var VwGK	873	1,00 %
Var VtGK	1.746	2,00 %
SEVt	2.700	
Var SK	92.619	

Lösungen der Testklausur zu Kapitel 6

Aufgabe	a)	b)	c)	d)	e)	Punktzahl
1.	(-)	(+)	(-)	(-)		4
2.	(-)	(-)	(+)	(-)		4
3.	(+)	(+)	(+)	(-)	(+)	5
4.	(+)	(-)	(+)	(-)		4
5.	(-)	(-)	(-)	(+)		4
6.	(+)	(+)	(+)	(-)		4
7.	(+)	(+)	(-)	(+)		4
8.	(-)	(+)	(+)	(+)	(-)	5
9.	(-)	(-)	(+)	(+)		4
10.	(-)	(-)	(-)	(+)		4
11.	(-)	(+)	(+)	(+)		4
12.	(-)	(+)	(+)	(+)		4
Gesamt						50

Punktvergabe

Kennzeichen richtig	=	1 Punkt,
Kennzeichen weiß nicht oder falsch	=	0 Punkte.

Beispiel

	a)	b)	c)	d)	Punktzahl
Musterlösung zu Satz 1.	(-)	(+)	(-)	(-)	4
Alternativlösung 1	( )	(+)	(-)	(-)	3
Alternativlösung 2	(+)	(+)	(-)	(-)	3
Alternativlösung 3	( )	(+)	( )	( )	1
Alternativlösung 4	(+)	(+)	(+)	(+)	1

Bewertung

Punkte	Note
bis 50 %	5
ab 51 %	4
ab 66 %	3
ab 81 %	2
ab 96 %	1

Kapitel 7

7.1 Die kurzfristige Erfolgsrechnung soll

(1) den Betriebserfolg z. B. monatlich ermitteln,

(2) Grundlagen für Unternehmensentscheidungen liefern, wie z. B.
- Zusammensetzung des Produktionsprogramms,
- Verfahrenswahl,
- Eigenfertigung oder Fremdbezug.

7.2 Beim Umsatzkostenverfahren auf Vollkostenbasis werden dem Umsatz einer Periode die dafür entstandenen Kosten, nach Kostenstellen gegliedert, gegenübergestellt.

7.3 Das Umsatzkostenverfahren auf Vollkostenbasis ermöglicht die Differenzierung des Erfolges
- nach Kostenträgern,
- nach Kostenträgergruppen,
- nach Absatzgebieten,
- nach Kundengruppen usw.

7.4 Beim Umsatzkostenverfahren auf Teilkostenbasis werden dem Umsatz die variablen Kosten gegenübergestellt. Das Ergebnis ist der Deckungsbeitrag, von dem die Fixkosten abgezogen werden.

7.5 Das Umsatzkostenverfahren auf Teilkostenbasis lässt optimale kurzfristige Unternehmensentscheidungen zu.

7.6 Bei Bestandsveränderungen führen die beiden Verfahren zu unterschiedlichen Ergebnissen, weil die Fixkosten in der Vollkostenrechnung stückbezogen und in der Teilkostenrechnung periodenbezogen behandelt werden. Bei Bestandsaufbau ermittelt man in der Vollkostenrechnung den höheren Erfolg, bei Bestandsabbau ist der Erfolg in der Teilkostenrechnung höher.

7.7

a) Vollkostenbasis

Um die Selbstkosten des Umsatzes zu ermitteln, müssen zunächst die vollen Stückkosten bestimmt werden:

Variable HK/Stück	= 900.000	: 10.000	= 90,00 €
Fixe HK/Stück	= 700.000	: 10.000	= 70,00 €
HK/Stück			= 160,00 €
Fixe VwGK/Stück	= 100.000	: 8.000	= 12,50 €
Variable VtGK/Stück	= 120.000	: 8.000	= 15,00 €
Fixe VtGK/Stück	= 180.000	: 8.000	= 22,50 €
SK/Stück			= 210,00 €

Umsatz/Kosten	Berichtsmonat (€)
Nettoerlös	1.800.000
HK_U (160 · 8.000)	1.280.000
VwGK	100.000
VtGK	300.000
SK_U	1.680.000
BE	120.000

Bewertung der Bestandsveränderung:

$$2.000 \text{ Stück} \cdot 160 \text{ €/Stück} = 320.000 \text{ €}$$

Teilkostenbasis

Variable HK/Stück	= 900.000	: 10.000	= 90,00 €
Variable VtGK/Stück	= 120.000	: 8.000	= 15,00 €
Variable SK/Stück			= 105,00 €

$K_f = 700.000 + 100.000 + 180.000 = 980.000$ €

Umsatz/Kosten	Berichtsmonat (€)
Nettoerlös	1.800.000
Variable HK_U (90 · 8.000) Variable VtGK	720.000 120.000
Variable SK_U	840.000
DB	960.000
- K_f	980.000
BE	- 20.000

Bewertung der Bestandsveränderung:

2.000 Stück · 90 €/Stück = 180.000 €

b) Die Gewinndifferenz von 140.000 € ist auf die unterschiedliche Bestandsbewertung zurückführen.

Umsatzkostenverfahren auf Vollkostenbasis:	320.000 €
Umsatzkostenverfahren auf Teilkostenbasis:	180.000 €
Differenz	140.000 €

7.8

a)

Leistung/Kosten	Kostenträger gesamt (€/Monat)	Zuschläge	Produkt 1 (€/Monat)	Produkt 2 (€/Monat)
Nettoerlös	728.000		320.000	408.000
MEK	88.000		40.000	48.000
MGK	4.400	5 %	2.000	2.400
FEK	140.000		60.000	80.000
FGK	280.000	200 %	120.000	160.000
HK_U	512.400		222.000	290.400
VwVtGK	102.480	20 %	44.400	58.080
SK_U	614.880		266.400	348.480
Betriebsergebnis	113.120		53.600	59.520
Gewinn/Stück			26,80	37,20

b) Die Aufteilung der Kosten in fixe und variable Bestandteile ergibt:

Kosten	gesamt (€/Monat)	fix (€/Monat)	variabel (€/Monat)
Materialgemeinkosten	4.400	2.640	1.760
Fertigungsgemeinkosten	280.000	182.000	98.000
Verwaltungs- und Vertriebsgemeinkosten	102.480	87.108	15.372
	386.880	271.748	115.132

Leistung/Kosten	Kostenträger gesamt (€/Monat)	Zuschläge	Produkt 1 (€/Monat)	Produkt 2 (€/Monat)
Nettoerlös	728.000		320.000	408.000
Var MEK	88.000		40.000	48.000
Var MGK	1.760	2 %	800	960
Var FEK	140.000		60.000	80.000
Var FGK	98.000	70 %	42.000	56.000
Var HK_U	327.760		142.800	184.960
Var VwVtGK	15.372	4,69 %	6.697	8.675
Var SK_U	343.132		149.497	193.635
Deckungsbeitrag	384.868		170.503	214.365
- Fixkosten	271.748			
Betriebsergebnis	113.120			
Deckungsbeitrag/Stück			85,25	133,98

c) (1) Umsatzkostenverfahren auf Vollkostenbasis

	Produkt 1	Produkt 2	Summe
Umsatz	288.000	382.500	670.500
Herstellkosten der Periode	- 222.000	- 290.400	- 512.400
- Bestandserhöhung	22.200	18.150	40.350
Herstellkosten des Umsatzes	- 199.800	- 272.250	- 472.050
VwVtGK	-43.730	-57.538	40.350
Selbstkosten des Umsatzes	- 243.530	- 329.788	- 573.318
Gewinn	44.470	52.712	97.182

(2) Umsatzkostenverfahren auf Teilkostenbasis

	Produkt 1	Produkt 2	Summe
Umsatz	288.000	382.500	670.500
Variable Herstellkosten der Periode	- 142.800	- 184.960	- 327.760
- Bestandserhöhung	14.280	11.560	25.840
Variable Herstellkosten des Umsatzes	- 128.520	- 173.400	- 301.920
Variable VwVtGK	- 6.027	- 8.133	- 14.160
Variable Kosten	- 134.547	- 181.533	- 301.920
Deckungsbeitrag	153.453	200.967	354.420
Fixkosten			- 271.748
Gewinn			82.672

7.9

a) Vollkosten

	A	B	C	Summe
Umsatz	180.000	450.000	600.000	1.230.000
Herstellkosten	- 180.000	- 300.000	- 440.000	- 920.000
VwVtGK	- 30.000	- 70.000	- 120.000	- 220.000
Selbstkosten des Umsatzes	- 210.000	- 370.000	- 560.000	- 1.140.000
Gewinn	- 30.000	80.000	40.000	90.000

b) Teilkosten

	A	B	C	Summe
Umsatz	180.000	450.000	600.000	1.230.000
Variable Herstellkosten	- 105.000	- 220.000	- 320.000	- 645.000
Variable VwVtGK	- 15.000	- 30.000	- 40.000	- 85.000
Variable Kosten	- 120.000	- 250.000	- 360.000	- 730.000
Deckungsbeitrag	60.000	200.000	240.000	500.000
Fixkosten				- 410.000
Gewinn				90.000

c) (1) Vollkostenrechnung

	A	B	C	Summe
Umsatz	144.000	360.000	480.000	984.000
Herstellkosten der Periode	- 180.000	- 300.000	- 440.000	- 920.000
- Bestandserhöhung	36.000	60.000	88.000	184.000
Herstellkosten des Umsatzes	- 144.000	- 240.000	- 352.000	- 736.000
VwVtGK	- 27.000	- 64.000	- 112.000	- 203.000
Selbstkosten des Umsatzes	- 171.000	- 304.000	- 464.000	- 939.000
Gewinn	- 27.000	56.000	16.000	45.000

(2) Teilkostenrechnung

	A	B	C	Summe
Umsatz	144.000	360.000	480.000	984.000
Variable Herstellkosten der Periode	- 105.000	- 220.000	- 320.000	- 645.000
- Bestandserhöhung	21.000	44.000	64.000	129.000
Var. Herstellkosten des Umsatzes	- 84.000	- 176.000	- 256.000	- 516.000
Variable VwVtGK	- 12.000	- 24.000	- 32.000	- 68.000
Variable Kosten	- 96.000	- 200.000	- 288.000	- 516.000
Deckungsbeitrag	48.000	160.000	192.000	400.000
Fixkosten				- 410.000
Gewinn				- 10.000

d) (1) Vollkostenrechnung

Falsch!

	g	x_{opt}	Gewinn
A	- 10	2.000	- 20.000
B	16	6.000	96.000
C	10	6.000	60.000
		14.000	136.000

Richtig!

	Gewinn $= D - K_f$
A	40.000
B	240.000
C	360.000
	640.000
Fixkosten	- 410.000
Gewinn	230.000

(2) Teilkostenrechnung

	d	x_{opt}	D
A	20	3.000	60.000
B	40	6.000	240.000
C	60	6.000	360.000
		15.000	660.000
		Fixkosten	- 410.000
		Gewinn	250.000

7.10

a) Vollkosten

	A	B	C	D	Summe
Umsatz	210.000	280.000	400.000	480.000	1.370.000
Herstellkosten	- 120.000	- 180.000	- 240.000	- 420.000	- 960.000
VwVtGK	- 42.000	- 36.000	- 60.000	- 68.000	- 206.000
Selbstkosten des Umsatzes	- 162.000	- 216.000	- 300.000	- 488.000	- 1.166.000
Gewinn	48.000	64.000	100.000	- 8.000	204.000

b) Teilkosten

	A	B	C	D	Summe
Umsatz	210.000	280.000	400.000	480.000	1.370.000
Variable Herstellkosten	- 102.000	- 140.000	- 192.000	- 330.000	- 764.000
Variable VwVtGK	- 18.000	- 20.000	- 28.000	- 30.000	- 96.000
Variable Kosten	- 120.000	- 160.000	- 220.000	- 360.000	- 860.000
Deckungsbeitrag	90.000	120.000	180.000	120.000	510.000
Fixkosten					- 306.000
Gewinn					204.000

c) (1) Vollkostenrechnung

	A	B	C	D	Summe
Umsatz	189.000	252.000	360.000	432.000	1.233.000
Herstellkosten der Periode	- 120.000	- 180.000	- 240.000	- 420.000	- 960.000
- Bestandserhöhung	12.000	18.000	24.000	42.000	96.000
Herstellkosten des Umsatzes	- 108.000	- 162.000	- 216.000	- 378.000	- 864.000
VwVtGK	- 40.200	- 34.000	- 57.200	- 65.000	- 196.400
Selbstkosten des Umsatzes	-148.200	-196.000	-273.200	-443.000	-1.060.400
Gewinn	40.800	56.000	86.800	-11.000	172.600

(2) Teilkostenrechnung

	A	B	C	D	Summe
Umsatz	189.000	252.000	360.000	432.000	1.233.000
Variable Herstellkosten der Periode	- 102.000	- 140.000	- 192.000	- 330.000	- 764.000
- Bestandserhöhung	10.200	14.000	19.200	33.000	76.400
Variable Herstellkosten des Umsatzes	- 91.800	- 126.000	- 172.800	- 297.000	- 687.600
Variable VwVtGK	- 16.200	- 18.000	- 25.200	- 27.000	- 86.400
Variable Kosten	- 108.000	- 144.000	- 198.000	- 324.000	- 774.000
Deckungsbeitrag	81.000	108.000	162.000	108.000	459.000
- Fixkosten					- 306.000
Gewinn					153.000

d) (1) Vollkostenrechnung

Falsch!

	g	x_{opt}	Gewinn
A	16	2.000	32.000
B	32	2.500	80.000
C	25	6.000	150.000
D	- 4	1.500	- 6.000
		12.000	256.000

Richtig!

	Gewinn $= D - K_f$
A	60.000
B	150.000
C	270.000
D	90.000
	570.000
Fixkosten	- 306.000
Gewinn	264.000

(2) Teilkostenrechnung

	d	x_{opt}	D
A	30	2.000	60.000
B	60	2.500	150.000
C	45	4.500	202.500
D	60	3.000	180.000
		12.000	592.500
		Fixkosten	- 306.000
		Gewinn	286.500

Lösungen der Testklausur zu Kapitel 7

Aufgabe	a)	b)	c)	d)	e)	Punktzahl
1.	(-)	(+)	(-)	(-)		4
2.	(+)	(+)	(+)	(-)		4
3.	(+)	(-)	(+)	(-)	(-)	5
4.	(+)	(+)	(-)	(+)		4
5.	(-)	(+)	(+)	(+)		4
6.	(+)	(+)	(-)	(+)		4
Gesamt						25

Punktvergabe

Kennzeichen richtig	= 1 Punkt,
Kennzeichen weiß nicht oder falsch	= 0 Punkte.

Beispiel

	a)	b)	c)	d)	Punktzahl
Musterlösung zu Satz 1.	(-)	(+)	(-)	(-)	4
Alternativlösung 1	( )	(+)	(-)	(-)	3
Alternativlösung 2	(+)	(+)	(-)	(-)	3
Alternativlösung 3	( )	(+)	( )	( )	1
Alternativlösung 4	(+)	(+)	(+)	(+)	1

Bewertung

Punkte	Note
bis 50 %	5
ab 51 %	4
ab 66 %	3
ab 81 %	2
ab 96 %	1

7.11

<table>
<tr><td colspan="2">K.-D. Däumler/J. Grabe
FH Kiel, FB Wirtschaft
Sokratesplatz 2
24149 Kiel</td><td>Korrekturleser(in): ____________________
Anschrift: ____________________
____
Telefon: ____________________</td></tr>
<tr><td colspan="3">Ich habe in der Kostenrechnung 1, Grundlagen, 8. Auflage, die folgenden Schreib- und Rechenfehler gefunden:</td></tr>
<tr><td>Seite</td><td>o = oberes Drittel
m = mittleres Drittel
u = unteres Drittel</td><td>Art des Fehlers
(Kurzbeschreibung)</td></tr>
<tr><td></td><td></td><td></td></tr>
<tr><td colspan="3">Die folgenden Passagen des Buches sollte man bei einer Neuauflage p praxisnäher, v verständlicher, k kürzer, a ausführlicher formulieren:</td></tr>
<tr><td>Seite</td><td>o = oberes Drittel
m = mittleres Drittel
u = unteres Drittel</td><td>Vorschlag für Neuformulierung</td></tr>
<tr><td></td><td></td><td></td></tr>
<tr><td colspan="3">Außerdem möchte ich noch bemerken:</td></tr>
</table>

Lösungen der Testklausur zu Kapitel 7

Aufgabe	a)	b)	c)	d)	e)	Punktzahl
1.	(-)	(+)	(-)	(-)		4
2.	(+)	(+)	(+)	(-)		4
3.	(+)	(-)	(+)	(-)	(-)	5
4.	(+)	(+)	(-)	(+)		4
5.	(+)	(-)	(-)	(-)		4
6.	(-)	(+)	(+)	(+)		4
Gesamt						25

Punktvergabe

Kennzeichen richtig	= 1 Punkt,
Kennzeichen weiß nicht oder falsch	= 0 Punkte.

Beispiel

	a)	b)	c)	d)	Punktzahl
Musterlösung zu Satz 1.	(-)	(+)	(-)	(-)	4
Alternativlösung 1	( )	(+)	(-)	(-)	3
Alternativlösung 2	(+)	(+)	(-)	(-)	3
Alternativlösung 3	( )	(+)	( )	( )	1
Alternativlösung 4	(+)	(+)	(+)	(+)	1

Bewertung

Punkte	Note
bis 50 %	5
ab 51 %	4
ab 66 %	3
ab 81 %	2
ab 96 %	1

Literaturverzeichnis

(Quellen und weiterführende Literatur)

R. Bramsemann, Controlling, 2. Aufl., Wiesbaden 1980.

Derselbe, Handbuch Controlling, 3. Aufl., München/Wien 1993.

Betrieb und Rechnungswesen (BBK), Loseblattsammlung, 45. Aufl., Herne/Berlin 1999.

K. Brombach/W. Walter, Einführung in die moderne Kostenrechnung, Wiesbaden 1998.

Bundesverband der Deutschen Industrie (Hrsg.), Empfehlungen zur Kosten- und Leistungsrechnung, Band 1, Kosten- und Leistungsrechnung als Istrechnung, 3. Aufl., Köln 1991.

Derselbe (Hrsg.), Empfehlungen zur Kosten- und Leistungsrechnung, Band 2, Kosten- und Leistungsrechnung als Planungsrechnung, 3. Aufl., Köln 1990.

Derselbe (Hrsg.), Empfehlungen zur Kosten- und Leistungsrechnung, Band 3, Kosten- und Leistungsrechnung als Entscheidungshilfe für die Unternehmensleitung, 3. Aufl., Köln 1991.

Derselbe (Hrsg.), Industrie-Kontenrahmen, Neufassung 1986 in Anpassung an das Bilanzrichtlinien-Gesetz (BiRiLiG), Köln 1986.

W. Busse von Colbe (Hrsg.), Lexikon des Rechnungswesens, 3. Aufl., München 1994.

A. G. Coenenberg, Kostenrechnung und Kostenanalyse, 3. Aufl., Landsberg/Lech 1997.

K.-D. Däumler, Grundlagen der Investitions- und Wirtschaftlichkeitsrechnung, 9. Aufl., Herne/Berlin 1998.

Derselbe, Anwendung von Investitionsrechnungsverfahren in der Praxis, 4. Aufl., Herne/Berlin 1996.

Derselbe, Betriebliche Finanzwirtschaft, 7. Aufl., Herne/Berlin 1997.

Derselbe, Finanzmathematisches Tabellenwerk für Praktiker und Studierende, 4. Aufl., Herne/Berlin 1998.

Derselbe, Unterjährige Zinsperioden - Finanzmathematisches Tabellenwerk, Herne/Berlin 1984.

K.-D. Däumler/J. Grabe, Kostenrechnung 2, Deckungsbeitragsrechnung, 6. Aufl., Herne/ Berlin 1997.

Dieselben, Kostenrechnung 3, Plankostenrechnung, 6. Aufl., Herne/Berlin 1998.

Dieselben, Kostenrechnungs- und Controllinglexikon, 2. Aufl., Herne/Berlin 1997.

Dieselben, Kalkulationsvorschriften bei öffentlichen Aufträgen, Herne/Berlin 1984.

A. Deyhle, Controller-Praxis, Band 1, Unternehmensplanung und Controller-Funktion, 8. Aufl., Gauting/München 1991.

Derselbe, Controller-Praxis, Band 2, Soll-Ist-Vergleich und Führungsstil, 8. Aufl., Gauting/ München 1991.

V. Drosse, Kostenrechnung, Wiesbaden 1998.

G. Ebert, Kosten- und Leistungsrechnung, 7. Aufl., Wiesbaden 1994.

G. Ebert/J. Koinecke/V. Peemöller/P. R. Preißler, Controlling, 6. Aufl., Landsberg/Lech 1996.

W. Eisele, Technik des betrieblichen Rechnungswesens, 5. Aufl., München 1993.

Fäßler/Rehkugler/Wegenast (Hrsg.), Lexikon Kostenrechnung und Controlling, 5. Aufl., Landsberg/Lech 1991.

K. P. Franz/P. Kajüter (Hrsg.), Kostenmanagement, Stuttgart 1997.

C.-Chr. Freidank, Kostenrechnung, 6. Aufl., München 1997.

C.-Chr. Freidank/U. Götze/B. Huch/J. Weber (Hrsg.), Kostenmanagement, Berlin/Heidelberg 1997.

F. Frey/H. Freiburg, Handwerkliches Rechnungswesen, 7. Aufl., Ludwigshafen 1990.

S. R. Frey, Richtig entscheiden, 3. Teil, Kostenpolitik, Winterthur 1984.

Gabler Wirtschafts-Lexikon, 14. Aufl., Wiesbaden 1997.

M. K. Götzinger/H. Michael, Kosten- und Leistungsrechnung, 6. Aufl., Heidelberg 1993.

H. L. Grob, Leistungs- und Kostenrechnung, Münster 1993.

E. Gutenberg, Grundlagen der Betriebswirtschaftslehre, Bd. 1, Die Produktion, 24. Aufl., Berlin/Heidelberg/New York 1983.

L. Haberstock, Grundzüge der Kosten- und Erfolgsrechnung, 3. Aufl., München 1982.

Derselbe, Kostenrechnung I, Einführung, 8. Aufl., Hamburg 1987.

H. Hahn, Rechnungswesen der Industriebetriebe, 3. Aufl., Bad Homburg v. d. H., 1982.

Handwörterbuch des Rechnungswesens, hrsg. v. K. Chmielewicz, M. Schweitzer, 3. Aufl., Stuttgart 1993.

E. Heinen, Produktions- und Kostentheorie, in: Allgemeine Betriebswirtschaftslehre, hrsg. von H. Jacob, 5. Aufl., Wiesbaden 1988.

S. Hoffmann, Mathematische Grundlagen für Betriebswirte, 4. Aufl., Herne/Berlin 1995.

H. J. Hoitsch, Kosten- und Erlösrechnung, Berlin/Heidelberg 1995.

H. G. Holl, Controlling - das Unternehmen mit Zahlen führen, Loseblattsammlung, Kissing, 1991.

B. Huch, Einführung in die Kostenrechnung, 8. Aufl., Heidelberg 1986.

S. Hummel/W. Männel, Kostenrechnung 1, Grundlagen, Aufbau und Anwendung, 4. Aufl., Wiesbaden 1990.

Dieselben, Kostenrechnung 2, Moderne Verfahren und Systeme, 3. Aufl., Wiesbaden 1993.

H. Jacob (Hrsg.), Allgemeine Betriebswirtschaftslehre, 5. Aufl., Wiesbaden 1988.

H. Jost, Kosten- und Leistungsrechnung, 7. Aufl., Wiesbaden 1996.

W. Kilger, Betriebliches Rechnungswesen, in: Allgemeine Betriebswirtschaftslehre, hrsg. von H. Jacob, 5. Aufl., Wiesbaden 1988.

Derselbe, Einführung in die Kostenrechnung, 3. Aufl., Wiesbaden 1987.

Derselbe, Flexible Plankostenrechnung und Deckungsbeitragsrechnung, 10. Aufl., Wiesbaden 1993.

W. Kilger/A. W. Scheer (Hrsg.), Plankosten- und Deckungsbeitragsrechnung in der Praxis, Würzburg/Wien 1980.

H. Kind, Das interne Rechnungswesen mittelständischer Industrieunternehmen - Ergebnisse einer empirischen Untersuchung, Bd. 14 der Gabal-Schriftenreihe, Speyer 1986.

J. Kloock/G. Sieben/Th. Schildbach, Kosten- und Leistungsrechnung, 8. Aufl., Düsseldorf 1999.

P. Klümper, Grundlagen der Kostenrechnung, 2. Aufl., Herne/Berlin 1984.

H. Kobelt, Wirtschaftsstatistik für Studium und Praxis, 5. Aufl., Bad Homburg 1992.

L. Kruschwitz, Innerbetriebliche Leistungsverrechnung mit nicht-exakten und iterativen Methoden, in: Kostenrechnungs-Praxis, Nr. 3, Juni 1979.

H. G. Lettow/D. Witte, Industriebuchführung mit Kosten- und Leistungsrechnung nach dem IKR, 14. Aufl., Rinteln 1995.

K. Liessmann (Hrsg.), Gabler Lexikon - Controlling und Kostenrechnung, Wiesbaden 1997.

G. Loos, Betriebsabrechnung und Kalkulation, Herne/Berlin 1993.

P. Lorson, Straffes Kostenmanagement und neue Technologien, Herne/Berlin 1993.

W. Lück (Hrsg.), Lexikon der Betriebswirtschaft, 5. Aufl., Landsberg/Lech 1993.

W. Männel, Entwicklungstendenzen entscheidungsorientierter Kostenrechnungskonzepte, in: WISU 3/88.

W. Männel (Hrsg.), Handbuch Kostenrechnung, Wiesbaden 1992.

E. Mayer, Kostenrechnung I für Studium und Praxis, 4. Aufl., Baden-Baden/Bad Homburg 1988.

K. Mellerowicz, Neuzeitliche Kalkulationsverfahren, 6. Aufl., Freiburg 1977.

R. Michel/H. D. Torspecken, Kostenrechnung, Band 1, Grundlagen der Kostenrechnung, 3. Aufl., München 1989.

Dieselben, Neuere Formen der Kostenrechnung, Band 2, 3. Aufl., München 1990.

D. Moews, Kosten- und Leistungsrechnung, 6. Aufl., München 1996.

M. Munz/H. Winkel, Lexikon der Kostenrechnung, 3. Aufl., Ludwigshafen 1977.

K. Olfert, Kostenrechnung, 10. Aufl., Ludwigshafen 1996.

C. Oltmanns, Grundlagen der Kostenrechnung in programmierter Form, 2. Aufl., Wiesbaden 1976.

H. J. Pinnekamp, Kosten- und Leistungsrechnung, München 1993.

Plinke/Wulff, Industrielle Kostenrechnung, 3. Aufl., Berlin/Heidelberg 1993.

E. Polaschewski/C. Peran/U. Schlein, Entscheidungsorientierte Kostenrechnung. Ein Leitfaden für den Praktiker, Berlin 1991.

Praxis-Lexikon, Kostenrechnung und Kalkulation von A-Z, Freiburg 1998.

Praxis des Rechnungswesens (PdR), Loseblattsammlung, Freiburg 1998.

P. R. Preißler, Entscheidungsorientierte Kosten- und Leistungsrechnung, Landsberg/Lech 1995.

P. R. Preißler/U. Dörrie, Grundlagen Kosten- und Leistungsrechnung, 5. Aufl., Landsberg/Lech 1993.

M. Radke, Die große betriebswirtschaftliche Formelsammlung, 10. Aufl., Landsberg/Lech 1999.

REFA, Verband für Arbeitsstudien und Betriebsorganisation, Methodenlehre des Arbeitsstudiums, Teil 2, Datenermittlung, 6. Aufl., München 1976.

REFA, Verband für Arbeitsstudien und Betriebsorganisation, Methodenlehre der Planung und Steuerung, Teil 1 bis Teil 5, 4. Aufl., München 1985.

Th. Reichmann, Controlling mit Kennzahlen und Managementberichten, 5. Aufl., München 1997.

H. Reschke, Kostenrechnung, 6. Aufl., Stuttgart 1991.

P. Riebel, Einzelkosten- und Deckungsbeitragsrechnung, 7. Aufl., Wiesbaden 1994.

G. Riedel, Deckungsbeitragsrechnung - wie aufbauen, wie nutzen? 4. Aufl., Stuttgart 1992.

P. Rott, Unkosten- und Lohnverschiebung bei wechselnder Produktion, Technik und Wirtschaft, 1914.

G. Scherrer, Kostenrechnung, 2. Aufl., Stuttgart/New York 1991.

E. Schmalenbach, Kostenrechnung und Preispolitik, 8. Aufl., Köln/Opladen 1963.

S. Schmolke/M. Deitermann, Industrielles Rechnungswesen IKR, 26. Aufl., Darmstadt 1998.

E. Schneider, Industrielles Rechnungswesen, Grundlagen und Grundfragen, 5. Aufl., Tübingen 1969.

B. Schumacher, Kostenrechnung in der Marktwirtschaft, Ludwigshafen 1991.

J. Schwarze, Mathematik für Wirtschaftswissenschaftler, Band 1: Grundlagen, 10. Aufl., Herne/Berlin 1996.

M. Schweitzer/O. Hettich/H.-U. Küpper, Systeme der Kosten- und Leistungsrechnung, 6. Aufl., Landsberg/Lech 1995.

G. Seicht, Moderne Kosten- und Leistungsrechnung, 8. Aufl., Wien 1995.

K. Serfling, Fälle und Lösungen zur Kostenrechnung, 4. Aufl., Herne/Berlin 1993.

J. Sommerfeld, Mathematik, Grundkenntnisse für Betriebswirte, Wiesbaden 1974.

P. Sorg, Kosten- und Leistungsrechnung, 50 praktische Fälle, Achim b. Bremen 1993.

Statistisches Bundesamt (Hrsg.), Statistisches Jahrbuch für die Bundesrepublik 1997, Stuttgart/Mainz 1997.

J. Steger, Kosten- und Leistungsrechnung, München/Wien 1996.

Vahlens Großes Controllinglexikon, hrsg. v. P. Horváth/Th. Reichmann, München 1993.

Vahlens Großes Wirtschaftslexikon, hrsg. v. E. Dichtl/O. Issing, 2. Aufl., München 1993.

K. Vikas, Neue Konzepte für das Kostenmanagement, 3. Aufl., Wiesbaden 1996.

M. Voeth/D. W. Kleine/Ch. Reinkemeier, Fallstudien und Grundlagen der Betriebswirtschaftslehre, 2. Aufl., Herne/ Berlin 1998.

H. Vormbaum, Grundlagen des betrieblichen Rechnungswesens, Stuttgart 1977.

H. Vormbaum/H. G. Rautenberg, Kostenrechnung III für Studium und Praxis, Baden-Baden/Bad Homburg 1985.

O. Wahle, Kostenrechnung II für Studium und Praxis, Ist- und Normalkostenrechnung, 3. Aufl., Bad Homburg 1989.

H. K. Weber, Betriebswirtschaftliches Rechnungswesen, Band 2, Kosten- und Leistungsrechnung, 3. Aufl., München 1991.

J. Weber, Einführung in das Controlling, Teil 1, 3. Aufl., Stuttgart 1991.

Derselbe, Einführung in das Controlling, Teil 2, 3. Aufl., Stuttgart 1991.

Derselbe, Einführung in das Rechnungswesen II, Kostenrechnung, Stuttgart 1990.

Derselbe, Einführung der Kostenrechnung in mittelständischen Unternehmen, in: Praxis des Rechnungswesens, Heft Nr. 3 v. 28.6.1990, Gruppe 8, S. 1-20.

Derselbe, Kostenrechnung im Mittelstand, Stuttgart 1991.

H. Wedell, Grundlagen des betriebswirtschaftlichen Rechnungswesens, 7. Aufl., Herne/Berlin 1998.

E. Wenz, Kosten- und Leistungsrechnung mit einer Einführung in die Kostentheorie, Herne/Berlin 1992.

H. Wiedling, Statistische Verfahren, Band 1, Gernsbach 1978.

K. Wilkens, Kosten- und Leistungsrechnung, 7. Aufl., München/Wien 1990.

G. Wöhe, Einführung in die Allgemeine Betriebswirtschaftslehre, 19. Aufl., München 1996.

G. Wöhe/H. Kaiser/U. Döring, Übungsbuch zur Einführung in die Allgemeine Betriebswirtschaftslehre, 6. Aufl., München 1990.

G. Wolfstetter, Verfahren der Kostenrechnung, Köln 1998.

A. Woll (Hrsg.), Wirtschaftslexikon, 8. Aufl., München/Wien 1996.

N. Zdrowomyslaw, Kosten-, Leistungs- und Erfolgsrechnung, München 1995.

Derselbe, Grundzüge der Kostenrechnung, Arbeitsbuch, 6. Aufl., München 1996.

K. Ziegenbein, Controlling, 6. Aufl., Ludwigshafen 1997.

G. Zimmermann, Grundzüge der Kostenrechnung, 6. Aufl., Stuttgart 1996.

W. Zimmermann/H.-P. Fries, Betriebliches Rechnungswesen, 6. Aufl., München/Wien 1995.

Stichwortverzeichnis

A

G

H

I

N

O

P

V

W

Z